DEUTSCHE DEMOKRATISCHE REPUBLIK
DEUTSCHE AKADEMIE DER LANDWIRTSCHAFTSWISSENSCHAFTEN ZU BERLIN
INSTITUT FÜR LANDWIRTSCHAFTLICHE INFORMATION UND DOKUMENTATION

Landwirtschaftliches Zentralblatt

ABTEILUNG III

TIERZUCHT · TIERERNÄHRUNG FISCHEREI

8. JAHRGANG

1963

AKADEMIE-VERLAG · BERLIN

LZ. III TIERZUCHT · TIERERNÄHRUNG · FISCHEREI · JG. 1963 · NR. 11 · SEITE 2217—2440 · BERLIN · NOVEMBER 1963

INHALTSVERZEICHNIS

NAMENVERZEICHNIS

Seitenzahl in [Klammer] bedeutet Bibliographie, mit Stern * bedeutet Buchbesprechung

LANDWIRTSCHAFTLICHES ZENTRALBLATT
ABT. TIERZUCHT · TIERERNÄHRUNG · FISCHEREI

1963 NR. 11 NOVEMBER

SAMMELREFERAT

Aus dem Institut für Pflanzenzüchtung Groß-Lüsewitz der Deutschen Akademie der Landwirtschaftswissenschaften zu Berlin

(Direktor: Prof. Dr. R. Schick)

Antithyreoidale Stoffe in Brassicaceen

A. Moll

Manuskripteingang: 10. 1. 1963

In den letzten Jahren ist von verschiedenen Autoren über Brassica-Inhaltsstoffe gearbeitet worden. Die als „Brassica-Faktor" bezeichneten Stoffe sind heute sowohl ihrer chem. Konstitution als auch ihrer pharmakologischen Wirkung nach bekannt. Andererseits scheint es, bes. in der landwirtsch. Praxis noch sehr viele Unklarheiten zu geben, so daß die toxische Wirkung teils überschätzt, teils gar nicht beachtet wird. Diese Arbeit will einen Überblick über das Problem geben, ohne – bei der Fülle der Literatur – einen Anspruch auf Vollständigkeit zu erheben.

Chemische Struktur und botanische Verteilung

1928 berichteten Chesney, Clawson u. a. (6) über das Auftreten von Schilddrüsenvergrößerungen nach Kohlfütterung bei Kaninchen. Dieselben und andere Autoren (27, 37) bestätigten in weiteren Untersuchungen diesen antithyreoidalen Effekt des Kohls. Später beschrieben neuseeländische Autoren (18, 22) das Auftreten von Struma und histol. Veränderungen der Schilddrüse nach Fütterung von Brassica-Samen, eine Tatsache, die in vielen anderen Arbeiten bestätigt wird.

Wie alle Cruciferen enthalten auch die Brassicaceen Senfölglukoside in reichem Maße, und es lag nahe, in dieser charakteristischen Stoffgruppe den antithyreoidalen Stoff, den sog. Brassica-Faktor, zu suchen. Die Senföle selbst haben keine antithyreoidalen Eigenschaften (19). Im Jahre 1949 gelang es Astwood, Greer und Ettlinger (1), den antithyreoidalen Faktor der gelben Steckrübe (yellow turnip) und der Brassica-Samen zu isolieren, seine Struktur aufzuklären und durch Synthese zu beweisen. Es handelt sich um ein L-5-Vinyl-2-thiooxazolidon, das aus einem Vorläufer durch fermentative Spaltung entsteht. Astwood nannte den Stoff Goitrin. 1956 gelang es unabhängig voneinander M. A. Greer (16) sowie O. E. Schultz und W. Wagner (30), den Vorläufer des Vinylthiooxazolidon (kurz: VTO) aus Brassica-Samen zu isolieren. Es ist ein Senfölglukosid, für das Greer den Namen Progoitrin und Schultz den der üblichen Nomenklatur entspr. Namen Glukorapiferin vorschlug. Das Aglukon des Glukosides hat 5 C-Atome, wobei sich in 2-Stellung eine Hydroxylgruppe befindet, durch die es sich von dem 3-Butenyl(= Crotonyl-)senföl, dem Hauptsenföl des Rapses, unterscheidet. Nach der enzymatischen Hydrolyse zyklisiert dieses Senföl spontan unter Bildung des VTO, das im Gegensatz zu den Senfölen nicht wasserdampfflüchtig ist.

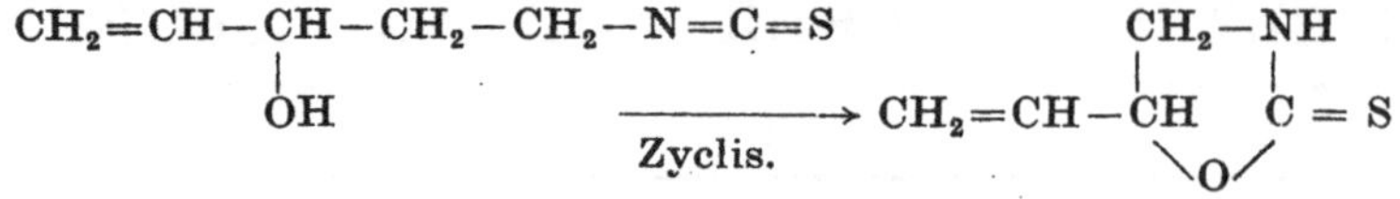

VTO

Die quantitative Bestimmung erfolgt spektralphotometrisch, da das VTO ein charakteristisches Absorptionsmaximum bei 240 mμ hat. Kreula und Kiesvaara (23) geben eine empfindliche Mikromethode zur Bestimmung in Samen, vegetativen Teilen, Silage und Milch an. In Samen ist der Gehalt viel höher als in vegetativen Teilen. Winterrapssamen haben den höchsten VTO-Gehalt (0,7-1,2%), wogegen die Sommerform sehr viel weniger enthält (0,2 bis 0,4%). Bei Rübsen ist das Verhältnis umgekehrt, Sommerrübsen enthält ø 0,5%, wogegen bei Winterrübsen der Durchschnitt bei 0,3% liegt. Sehr reich an VTO sind Kohlrübensamen (swedes), die 0,3-1,4% VTO enthalten können. Bei grünen Pflanzenteilen geben Virtanen und Gmelin (35) für Markstammkohl einen Gehalt von 2,2 mg/kg Frischgewicht und für Grünraps 28 mg/kg an. Einen rel. hohen VTO-Gehalt haben die Kohlrüben, aus denen das VTO zuerst isoliert wurde. Von Astwood u. a. (1) werden etwas abweichende Werte angegeben, die teils durch anderes Pflanzenmaterial, teils durch ungenaue Methoden zu erklären sind. Wetter (39) hat verschiedene Sorten und Herkünfte vom Raps und Rübsen untersucht, konnte aber keine bedeutenden Unterschiede feststellen.

Die Kohlarten enthalten in den vegetativen Teilen im Gegensatz zu den Samen nur ganz geringe Mengen von VTO, die nicht für die antithyreoidale Wirkung des Kohles verantwortlich sein können. Wright (40) stellte fest, daß es sich bei dem Kohlfaktor anscheinend nicht um einen strumigenen Stoff vom Typ Thiouracil wie das VTO, sondern um einen Stoff vom Thiocyanattyp handelt. Auch von Astwood (2) wurde das Thiocyanat als ein in Frage kommender Stoff in Betracht gezogen. Kohl hat einen extrem hohen Rhodanidgehalt, und tschechische Autoren (24, 25, 31, 32, 33, 34) fanden Zusammenhänge zwischen dem S- und Rhodanidgehalt, der strumigenen Wirkung sowie der Sulfatdüngung bei Weißkohl. Gmelin und Virtanen (11) stellten fest, daß das strumigene Rhodanid durch enzymatische Hydrolyse aus einem Vorläufer entsteht. Diesen Vorläufer gelang es Gmelin und Virtanen (12) zu isolieren und damit den lange gesuchten „Brassica-Faktor" aufzuklären. Es handelt sich um ein Thioglukosid, für das sie den Namen Glukobrassicin vorschlugen. Das Glukosid wird durch Myrosinase gespalten in ein Indolderivat, freies SCN^-, Glukose und K-Sulfat. Das Indolderivat bildet mit Ascorbinsäure spontan Ascorbigen, die für die Kohlarten charakteristische, gebundene Form der Ascorbinsäure. Der Indolring weist auf eine enge physiol. Beziehung zu den im Kohl sehr reichlich vorkommenden Wuchsstoffen hin (26), zumal Gmelin u.a. das Glukobrassicin in jungen Blättern in größeren Mengen fanden. Es ist das vorherrschende Indolderivat in *Brassica oleracea*, aber auch in anderen Brassicaarten wurde es festgestellt, wobei *Br. napus* die schwächste, *Br. oleracea* var. *sabauda* die stärkste Rhodanidreaktion zeigt (11). Der Gehalt der genannten Pflanzen beträgt: 2-50 mg% Rhodanid (13). Nach Gmelin (13) ist der Gehalt an SCN^- hoch genug, um die strumigenen Wirkungen hervorzurufen.

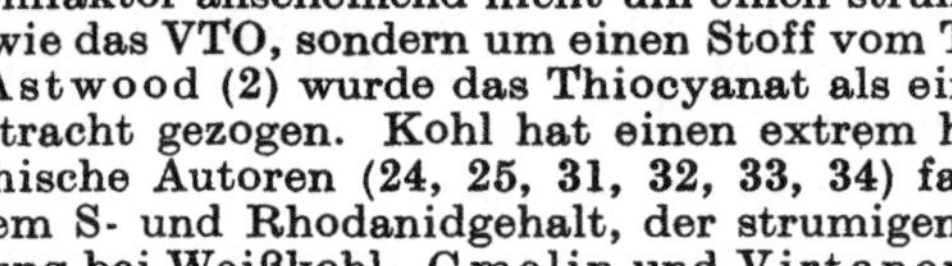

Glukobrassicin (13)

Von Jirousek (20, 21) werden außer dem VTO und dem Rhodanid für die strumigene Wirkung org. Polysulfide verantwortlich gemacht. Diese wurden polarographisch in Kohlarten nachgewiesen. Fütterung von entspr. synthetischen Produkten zeigten bei Ratten einen antithyreoidalen Effekt.

Pharmakologisches

Die toxische Wirkung der als Brassica-Faktor bekannten Stoffe beruht auf ihrer antithyreoidalen Aktivität. Der Wirkungsmechanismus des VTO entspricht dem des Thiouracil. Es verhindert den Einbau des J in das Thyreoglobulin und damit die Hormonsynthese. Durch die Verringerung der Hormonkonzentration im Blut wächst die Produktion des thyreoidstimulierenden Hormones der Hypophyse, wodurch die histol. Veränderung und die Vergrößerung der Schilddrüse bewirkt wird (17, 40). Die histol. Veränderung äußert sich in einer Hyperplasie des Schilddrüsengewebes (17, 28). Die Stärke der antithyreoidalen Wirkung des VTO, gemessen mit ^{131}J, entspricht nach Astwood (1) beim Menschen dem Propylthiouracil, bei Ratten wirkt es $^{1}/_{5}$ so stark.

Das Thiocyanat, der antithyreoidale Stoff des Kohls, scheint das org. gebundene J nicht zu beeinflussen. Es behindert vielmehr die selektive Konzentration des Jodions in der Schilddrüse (2, 17, 39) und erzeugt nach Wright (40) sogar eine Abschwemmung des akkumulierten J, wenn eine Vorbehandlung mit Thiouracil erfolgt ist. Es wird zu wenig anorg. J. angeboten, so daß das Bild des J-Mangelkropfes entsteht. Die andersartige Wirkungsweise des Kohlfaktors erklärt vielleicht, daß Greer in seiner Untersuchung verschiedener Nahrungsmittel wohl bei der Kohlrübe, nicht aber beim Kohl eine antithyreoidale Wirkung feststellte (17). Aus der Wirkungsweise der beiden Faktoren ergibt sich, daß eine zusätzliche J-Applikation im Falle des VTO nur wenig wirksam ist, wogegen im Falle des Rhodanid eine zusätzliche J-Gabe dem strumigenen Effekt entgegenwirken kann (27, 37). Nach Blum (5) genügt sogar eine Düngung der Pflanzen mit J-Salzen, um die strumigene Wirkung aufzuheben.

Fütterungsversuche

Zahlreiche Fütterungsversuche sind mit den Rückständen der Rübölgewinnung unternommen worden, da sie — abgesehen von ihrer Toxizität — ein wertvolles Eiweißfutter darstellen (Raciszewski u.a. wiesen im Rapsextraktionsschrot 0,24–0,42% VTO nach [29]). Versuchstiere waren Hühner, Puten, Schweine, Milchkühe, Ratten und Meerschweinchen (zit. in 4). Es traten teilweise schwere Vergiftungserscheinungen auf, bei Hühnern z.B. mit tödlichem Ausgang nach einer Dosis von 20% der Gesamtfuttermenge (zit. in 4). Dabei wurde von Clandinin (zit. in 4) bei Rapsölmehl eine größere Toxizität als bei Rübsenrückständen festgestellt, was durch den geringen VTO-Gehalt des Rübsens zu erklären ist.

Nordfeldt u.a. (28) beobachteten eine Wachstumsdepression bei Schweinen, wenn die Dosis an Rapsölkuchen 10–20% der Gesamtfuttermenge betrug, ebenso eine Vergrößerung der Schilddrüse auf das 5fache, der Nieren um ca. 30% sowie der Leber. Histol. zeigte sich eine epitheliale Hyperplasie der Schilddrüse. Eine zusätzliche Fütterung von jodiertem Casein verhinderte die Schilddrüsenvergrößerung, aber nicht die histol. Veränderungen. Es ergab sich das Bild eines „Kolloidkropfes“, wie er bei simultaner Behandlung mit Thiouracil und J entsteht. Die Nieren vergrößerten sich noch stärker, und die Wachstumsdepression wurde nicht aufgehoben. Nordfeldt fand, daß die Toxizität durch Wasserextraktion des Ölkuchens im Vakuum bei 50 °C vollkommen beseitigt wird. Wahrscheinlich werden die wasserlöslichen Glukoside vollkommen extrahiert.

Das Auftreten von Kropf bei Kaninchen in 60 Tagen, bei Ratten in 30 Tagen nach Fütterung von Steckrüben (turnips) wird von Hercus und Purves (18) beschrieben. Bei Schafen traten Kröpfe von 200g nach längerer Fütterung auf. Fütterungsversuche mit Grünraps lagen nicht vor. Dagegen wird das Auftreten von Struma bzw. Schilddrüsenhemmungen nach Kohlfütterung von mehreren Autoren beschrieben. Chesney u.a. (6, 37) beschreiben das Auftreten von Kropf an Kaninchen nach Kohlfütterung sowie die Verwendung von J als erfolgreiches Gegenmittel. Marine u.a. (27) bestätigen diese Versuche. Sie geben an, daß Kaninchen nach Fütterung von 75kcal (225g) Kohl p.d. nach 30 Tagen tastbare Schilddrüsenvergrößerungen aufweisen. Nach Fütterung von gekochtem Kohl traten diese Erscheinungen schon nach der halben Zeit auf. Winterweißkohl soll dabei stärker wirken als Sommerkohl. Greene u.a. (14) stellten bei Kaninchen nach Fütterung mit Markstammkohl eine Hyperplasie des Schilddrüsengewebes sowie eine verminderte J-Aufnahme fest. Langer (25) prüfte am Meerschweinchen die Wirkung von Futterkohl, Kohlrabi und Möhren. Er wählte diese Pflanzen wegen ihres unterschiedlichen Rhodanidgehaltes — wobei Kohl den höchsten, die Möhre den geringsten Gehalt hat — und stellte parallel mit steigendem Rhodanidgehalt der Pflanze eine Erhöhung des Rhodanidspiegels im Serum sowie eine Verringerung der J-Aufnahme fest. Sedlak (33) fand nach Fütterung einer strumigenen Variante vom Weißkohl einen erhöhten Spiegel von Sulphhydrylverbindungen in der Leber bei Ratten, wogegen bei Fütterung einer Variante, die keine antithyreoidalen Eigenschaften besaß*), der Spiegel normal war. Parallel mit obigen Erscheinungen gingen histol. Veränderungen der Schilddrüse und ein J-Defizit in der Schilddrüse. Langer und Michajlowskij (24) stellten nach Fütterung von Kohl und auch Kohlrüben bei Ratten, Meerschweinchen und am Menschen eine erhöhte Rhodanidausscheidung im Harn fest. Nach Absetzen der Nahrung trat eine sofortige Normalisierung ein. Einige Autoren (zit. in 2) konnten keine oder nur sehr geringe strumigene Wirkungen beim Kohl feststellen. Wahrscheinlich ist in solchen Fällen ein J-Überschuß vorhanden gewesen, so daß die Wirkung des Thiocyanat-Ions aufgehoben wurde.

Der Übergang der strumigenen Stoffe in die Milch

Das Problem einer möglichen Beeinflussung der menschlichen Schilddrüse durch Milch von Kühen, die mit Cruciferen gefüttert wurden, wurde durch die Untersuchungen von Clements (7, 8, 9) aktuell. Er schließt aus seinen Untersuchungen, daß der in Tasmanien und Queensland (Australien) endemische Kropf nicht allein durch J-Mangel, sondern durch ein zusätzlich wirksames Agens aus der Milch bedingt ist, das in einigen Jahren stärker, in anderen schwächer wirkt. In diesem Gebiet wird nach Clements Markstammkohl in großem Maßstab als Winterfutter verwendet. Außerdem sollen die Weiden stark mit Cruciferenunkräutern (*Rapistrum rugorosum, Coronopus didymus*) verunreinigt sein. Bachelard und Trikojus (3) wiesen in *Rapistrum rugorosum* Glukocheirolin, ein Senfölglukosid nach, das bei Ratten die J-Aufnahme um 70% verringert. Clements konnte durch Alkoholextraktion ein „gelbes Pulver" aus der „Kohlmilch" gewinnen, das die J-Akkumulation um 55-80% verringert. Bei Schulkindern, die ½ l Milch getrunken hatten, konnten Clements und Wishart (8) anschließend eine Verzögerung in der J-Aufnahme feststellen. Eine Verteilung von J-Tabletten in den betroffenen Gebieten führte nur in 50% der Fälle zum Erfolg. Das epidemische Auftreten von Struma in bestimmten Jahren führt Clements auf Änderungen in der Vegetation zurück; z.B. macht er für eine Kropfepidemie 1955/56 die durch den feuchten Herbst bedingte Wüchsigkeit von Cruciferenunkräutern verantwortlich. Im selben Jahr trat eine hohe Sterblichkeit bei Lämmern auf, die durch Ersticken infolge vergrößerter Schilddrüsen hervorgerufen worden war. Clements hielt nach einer Besichtigung der Weiden deren außerge-

* In sulfatarmen Lösungen gelang es, Kohl ohne erkennbare antithyreoidale Eigenschaften zu ziehen (34).

wöhnlich starke Verunkrautung mit Erodium-Arten dafür verantwortlich. Diese Schlußfolgerung ist sicherlich falsch, denn die Gattung Erodium gehört weder zu den Cruciferen, wie er annimmt, noch sind bisher antithyreoidale Stoffe oder Senfölglukoside bei Erodium-Arten oder anderen Geraniaceen festgestellt worden.

Wright (40) untersuchte ebenfalls „Kohlmilch" auf ihre strumigene Wirkung. Er konnte eine Abschwemmung des akkumulierten J ähnlich Clements nach Milchgenuß nur bei einer Vorbehandlung mit Thiouracil erreichen. Da Thiocyanat eine solche Abschwemmung bewirkt, folgert Wright, daß die Milch ein Strumigen von Thiocyanattyp enthält. Er konnte in Ziegenmilch nach Fütterung von Kohl einen Rhodanidgehalt von 4,5 mg% gegenüber 0,8 mg% nach normaler Fütterung nachweisen. Eine wäßrige Lösung von gleichem Rhodanidgehalt erzeugte ähnliche Kurven der J-Akkumulation nach Vorbehandlung mit Thiouracil. Anscheinend waren die von Clements untersuchten Kinder also schon vor dem Milchgenuß von einer Schilddrüsenhemmung betroffen.

Greene, Farran und Glascock (14) überprüften Clements'Ergebnisse mit Markstammkohl engl. Herkunft, dessen strumigene Wirkung vorher an Kaninchen bewiesen worden war. Es zeigte sich, daß die Milch mit Heu gefütterter Kühe den gleichen geringen antithyreoidalen Effekt hatte wie die Milch kohlgefütterter Kühe. Greer (17) konnte ebenfalls bei gewöhnlicher Milch eine geringe Hemmung der J-Akkumulation feststellen. Tiefgefrorene „Kohlmilch" zeigte keinen Effekt mehr. Bei einem langfristigen Vergleich der Wirkung von „Kohlmilch" mit „Weidemilch" wies letztere im Gegensatz zu der allerdings tiefgefrorenen Kohlmilch einen antithyreoidalen Effekt auf. Vff. erklären das mit dem starken Kleeanteil der Weiden. Bestimmte Kleesorten enthalten cyanogenetische Glukoside. Das Cyanid wird im Körper zu dem strumigenen Rhodanid entgiftet. Clements'Ergebnisse und Schlußfolgerungen werden von den Vff. in Zweifel gezogen, und sie haben keine Bedenken, weiterhin Markstammkohl an Milchkühe zu verfüttern.

Langer und Michajlowskij (24) konnten nach Genuß von Milch mit Brassica-Arten (Kohl und Kohlrüben) gefütterter Kühe eine erhöhte Rhodanidausscheidung im Harn sowie eine Beeinflussung der J-Akkumulation nachweisen (unveröffentlicht, zit. in 24).

Virtanen u.a. (35, 36) untersuchten sowohl den Übergang von VTO sowie den Übergang von Rhodanid in die Milch. Dabei stellten sie fest, daß das VTO sehr schnell, aber nur in geringen Mengen (0,05% der aufgenommenen Menge) aus dem Futter in die Milch übergeht. Da in grünen Pflanzen das VTO nur in geringen Mengen vorhanden ist, halten sie eine Beeinflussung der menschlichen Schilddrüse für sehr unwahrscheinlich. Dagegen wird das Rhodanid in größeren Mengen in die Milch übertragen. Nach Fütterung von 30 kg Markstammkohl bzw. Kohlrüben betrug der Rhodanidanteil der Milch 0,8 mg% gegenüber dem normalen Gehalt von 0,2 mg%. Bei einer Fütterung von 6 g Rhodanid, was einer Dosis von 60 kg Markstammkohl entspricht, betrug der Rhodanidgehalt 1,75 mg%. Da 30 kg Markstammkohl aber als normale verträgliche Menge anzusehen sind, wird der Rhodanidgehalt der Milch kaum über 1 mg% steigen. Diese Ergebnisse stimmen ungefähr mit denen von Wright überein, der bei Ziegenmilch durch Kohlfütterung eine Erhöhung des Rhodanidgehaltes um das 5- bis 6fache feststellte. Bei Fütterungsversuchen von Ratten mit Milch von Kühen, die mit Brassica-Pflanzen gefüttert worden waren, konnten von Virtanen (37) keine strumigenen Wirkungen nachgewiesen werden.

Schlußfolgerungen

Bei der Verfütterung von Brassica-Pflanzen muß den antithyreoidalen Inhaltsstoffen Rechnung getragen werden. Stark toxisch wirken die Rückstände

der Rapsölgewinnung, und sie sollten nach Bell (4) höchstens 10% der Gesamtfuttermenge betragen bzw. müßten durch geeignete Maßnahmen entgiftet werden. Sehr viel weniger gefährlich ist der strumigene Faktor des Kohls. Es bestehen kaum Bedenken hinsichtlich einer Schilddrüsenhemmung der Tiere bei Fütterung in üblichen Mengen, zumal von der Möglichkeit Gebrauch gemacht werden kann, das Tränkwasser zu jodieren und so die antithyreoidalen Wirkungen aufzuheben. Eine Zwischenstellung nimmt die Kohlrübe ein, die sowohl VTO als auch Rhodanid enthält und eine stärkere physiol. Wirkung als der Futterkohl hat, so daß auch aus diesem Grunde dem Futterkohl gegenüber der Kohlrübe der Vorzug gegeben werden sollte.
Eine einseitige Fütterung von Brassica-Arten ist in jedem Falle abzulehnen. Sollte der Futterkohl, wie es den Anschein hat, immer mehr an Bedeutung gewinnen, so ist damit zu rechnen, daß der Rhodanidgehalt der Milch bis auf 1 mg% steigt. In J-Mangelgebieten dürfte das von einiger Bedeutung sein. In Gebieten mit normaler Jodversorgung ist eine Schilddrüsenbeeinflussung weder bei Erwachsenen noch bei Kindern zu erwarten (37).

Zusammenfassung

Es werden die chem. Konstitution sowie die bot. Verteilung und die pharmakologischen Eigenschaften der als „Brassica-Faktor" bekannten Inhaltsstoffe von *Brassica napus*, *Br. rapa* und *Br. oleracea* beschrieben. Das L-5-Vinyl-2-thiooxazolidon ist der antithyreoidale Faktor der Brassica-Samen, während freies Rhodanid, das durch enzymatische Hydrolyse aus dem Thioglukosid Glucobrassicin entsteht, den strumigenen Faktor des Kohls darstellt. Beide Stoffe unterscheiden sich pharmakologisch durch ihre verschiedenen Angriffspunkte im Schilddrüsenzyklus. Eine zusätzliche J-Gabe ist nur im Falle des Rhodanid wirksam. Die angeführten Fütterungsversuche beweisen die Toxizität der Brassica-Futterpflanzen. Bei der Verfütterung der Pflanzen an Milchkühe geht das VTO nur in sehr geringen Mengen in die Milch über, so daß keine Beeinflussung der menschlichen Schilddrüse zu erwarten ist. Das Rhodanid geht in die Milch über, und diese scheint eine gewisse strumigene Wirkung zu haben, die sich unter J-Mangel stärker auswirken kann.

---

1. Astwood, E. B., Greer, M. A. und Ettlinger, M. G. J. biol. Chemistry **181** (1949) S. 121.
2. Astwood, E. B. Ann. intern. Med. **30** (1949) S. 1087.
3. Bachelard, H. S. und Trikojus, V. M. Nature [London] **185** (1960) S. 80.
4. Bell, I. M. Canad. J. agric. Sci. **35** (1955) S. 242.
5. Blum, F. Schweiz. med. Wschr. **80** (1950) S. 142.
6. Chesney, A. M., Clawson, T. H. und Webster, B. Bull. Johns Hopkins Hosp. **43** (1928) S. 261.
7. Clements, F. W. Med. J. Australia **42** (1955) S. 369.
8. Clements, F. W. und Wishart, H. W. Metabolism **5** (1956) S. 623.
9. Clements, F. W. Med. J. Australia **44** (1957) S. 645.
10. Ettlinger, M. G. J. Amer. chem. Soc. **72** (1956) S. 4792.
11. Gmelin, R. und Virtanen, A. I. Acta chem. scand. **14** (1960) S. 507.
12. Gmelin, R., Saarivirta, M. und Virtanen, A. I. Suomen Kemistilehti [Finn. Chemiker-Ztg.], B **33** (1960) S. 172.
13. Gmelin, R. und Virtanen, A. I. Suomalaisen Tiedeakatemian Toimituksia [Ann. Acad. Sci. fennicae], Sarja A. II **107** (1961) S. 3.
14. Greene, R., Farran, A. und Glascock, F. J. Endocrinol. [London] **17** (1958) S. 272.
15. Greer, M. A. und Astwood, E. B. Endocrinology **43** (1948) S. 105.
16. Greer, M. A. J. Amer. chem. Soc. **78** (1956) S. 160.
17. Greer, M. A. Amer. J. chem. Nutrit. **5** (1957) S. 440.
18. Hercus, C. E. und Purves, H. O. J. Hyg. [London] **36** (1936) S. 182.
19. Jensen, K. A., Conti, J. und Kjaer, A. Acta chem. scand. **7** (1953) S. 1267.
20. Jirousék, L. Naturwissenschaften **43** (1956) S. 328. ref. Ber. wiss. Biol. **111** (1957) S. 293.
21. Jirousék, L. Endokrinologie **33** (1956) S. 310.
22. Kennedy, T. H. und Purves, H. O. Brit. J. exp. Pathol. **22** (1941) S. 241. zit in 17.
23. Kreula, M. und Kiesvaara, M. Acta chem. scand. **13** (1959) S. 1375.
24. Langer, P. und Michajlowskij, N. **1. Mitt.** Hoppe-Seyler's Z. physiol. Chem. **312** (1958) S. 26. **2. Mitt.** Hoppe-Seyler's Z. physiol. Chem. **312** (1958) S. 31.

25. Langer, P. Nature [London] 185 (1960) S. 174.
26. Linser, H., Yoŭsseff, E. und Kiermayer, O. Z. Lebensmittel-Unters. u. -Forsch. 108 (1958) S. 358.
27. Marine, W., Baumann, E. J. und Cipra, A. Proc. Soc. exp. Biol. Med. 26 (1929) S. 822.
28. Nordfeldt, S., Gellerstedt, N. und Falkmer, S. Acta pathol. microbiol. scand. 35 (1954) S. 217.
29. Raciszewski, M., Spencer, E. und Trevoy, L. W. Canad. J. Technol. 33 (1955) S. 129.
30. Schultz, O. E. und Wagner, W. Arch. Pharmaz. 289(61) (1956) S. 597.
31. Sedlák, J., Langer, P. und Kolocai, S. Biológia [Bratislava] 14 (1959) S. 3.
32. Sedlák, J., Michajlowskij, N. und Licko, V. Biológia [Bratislava] 15 (1960) S. 183.
33. Sedlák, J. Nature [London] 186 (1960) S. 892.
34. Sedlák, J. Nature [London] 192 (1961) S. 377.
35. Virtanen, A. I. und Gmelin, R. Acta chem. scand. 13 (1959) S. 1043.
36. Virtanen, A. I. und Gmelin, R. Acta chem. scand. 14 (1960) S. 341.
37. Virtanen, A. I. Umschau Wiss. Techn. 62 (1962) S. 129.
38. Webster, B. und Chesney, A. M. Bull. Johns Hopkins Hosp. 43 (1928) S. 291.
39. Wetter, L. und Craig, B. M. Canad. J. Plant Sci. 39 (1959) S. 359.
40. Wright, E. Nature [London] 181 (1958) S. 1602.
41. Zwergal, A. Pharmazie 7 (1952) S. 93.

REFERATE

ALLGEMEINES

A. GESCHICHTE, FORSCHUNG, UNTERRICHT

Merkušin, V. V. (Merkuschin, W. W.) Učebno-opytnoe chozjajstvo. **(Eine Lehr- und Versuchswirtschaft.)** Krolikovodstvo i zverovodstvo, Moskva **5** (1962) Nr. 10. S. 19–20. – 1 Abb.

In der Lehr- und Versuchswirtschaft des Landwirtsch. Inst. Kamenez-Podolski wurde 1956 eine Kaninchenfarm eingerichtet. Gegenwärtig werden 360 Häsinnen verschiedener Rassen gehalten, davon wurden 50% in Klasse I, 37% in Klasse II und 13% in Klasse III eingestuft. Die Hauptaufgabe der Farm besteht darin, die Studenten mit den wichtigsten Rassen sowie ihren Haltungs- und Züchtungsmethoden vertraut zu machen. Daneben wurden in 5 Jahren 7500 Zuchttiere an Betriebe angrenzender Gebiete geliefert. Die Farm ist mit 4 AK besetzt. Von jedem Muttertier werden im Jahr 4 bis 5 Würfe erzielt. Das Absetzen der Jungtiere erfolgt nach 1 Mon. (30 Tagen). Große Aufmerksamkeit wird der Prophylaxe und der Heilung von Krankheiten (Stomatitis durch Penicillin per os oder i.m.) gewidmet. Es werden Versuche zur Einführung der „Broilermast" bei Kaninchen durchgeführt. Dazu werden Gehege von 1000–1200 Jungtieren geschaffen, wo die Tiere in 1 Mon. zur „Broilerreife" gebracht werden sollen. Die Schlachtung erfolgt im Alter von 2,5 Mon. F. Haseloff. 40.

Az állattenyésztési kutatóintézet jelentősebb kutatási eredményei. (Die wichtigsten Versuchsergebnisse des Forschungsinstituts für Tierzucht [1950–1961].) Budapest: Mezögazdasági kiadó. 1962. (137 S.) 8°. (1963 A 626)

Biologizace a chemizace v zemědělství. (Biologisierung und Chemisierung in der Landwirtschaft.) Praha: Státní zemědělské naklad. 1962. (410 S.) 8°. (1963 A 189)

Brockhaus ABC der Landwirtschaft. 1. Bd. A—K. 2. Bd. L—Z. Leipzig: Brockhaus Verlag. 1962. (790 S. m. 43 S. Abb.); 1963. (793–1587 S. m. Abb.) 8°. (1963 A 86, 1. 2.)

Naučnye sel'skochozjajstvennye biblioteki. Kratkij spravočnik. (Wissenschaftliche landwirtschaftliche Bibliotheken.) Hrsg.: Vsesojuznaja ordena Lenina akademija sel'skoch. nauk imeni V. I. Lenina. Moskva. 1962. (34 S.) 8°. (1962 A 1717)

B. GRUNDLAGENWISSENSCHAFTEN UND METHODIK

Patterson, H. D. und Lucas, H. L. Change-over designs. **(Gruppen-Perioden-Versuche.)** North Carolina agric. Exp. Stat., techn. Bull. **1962** Nr. 147. S. 1–52.

Versuche, in denen die Versuchseinheiten in aufeinanderfolgenden Perioden zyklisch mit verschiedenen Behandlungen auftreten, nennt man Gruppen-Perioden-Versuche. Diese Versuche gestatten es, Differenzen zwischen den Versuchseinheiten vom Versuchsfehler zu trennen. Treten neben den direkten Wirkungen Nachwirkungen auf, so kann dem durch spez. Versuchspläne begegnet werden. Vff. geben einen Überblick über solche Versuchspläne, mit denen Nachwirkungen erster Ordnung ausgeschaltet werden können. D. Rasch. 120.

Mainland, G. B.; Jacksonville, Ala., Jacksonville State Coll., Dep. of Biol. The algebraic method applied to epistatic problems. **(Die algebraische Methode, angewandt auf epistatische Probleme.)** J. Heredity **53** (1962) Nr. 3. S. 102–104. – 3.Lit.
Vielen Tier- und Pflanzenzüchtern ist die algebraische Methode zur Lösung von genetischen Problemen nicht bekannt. Die Hauptvorteile dieser Methode sieht Vf. darin, daß sie einfacher ist, schneller zum Ziele führt und weniger Anlaß zu Fehlern gibt als die herkömmlichen Verfahren. Vf. führt die Methode an einem Beispiel aus der Pflanzenzüchtung vor, wobei rote, lavendelfarbene und weiße Blüten im Verhältnis 9:3:4 erwartet werden. Für gewisse Fragestellungen kann man das Verfahren verkürzen.
G. Reißig. 160.

C. JAHRESBERICHTE UND TAGUNGEN

Anonym. Second meeting of the Scandinavian Association of Geneticists at Ås and Oslo, Norway, August 1st to 3rd, 1962. **(Zweites Treffen der Skandinavischen Genetikervereinigung in Ås und Oslo vom 1.–3. August 1962.)** Hereditas [Lund] 48 (1962) Nr. 3. S. 539–544.
Auf der 2. Tagung der Vereinigung Skandinavischer Genetiker in Ås und Oslo wurden 13 Vorträge gehalten, die sowohl Probleme der angewandten Tier- und Pflanzenzüchtung behandelten als auch Probleme der Grundlagenforschung betrafen. Fragen der Vererbung quantitativer Eigenschaften wurden in 4 Vorträgen untersucht und nahmen dementsprechend den größten Raum ein. In 4 weiteren Vorträgen wurden Probleme der Drosophila-Genetik erörtert. Die Polyploidie stand bei 5 Vorträgen zur Debatte, wobei ihre Bedeutung für die Tier- und Pflanzenwelt behandelt wurde. K. Schulz. 200.

Schmid, D. O.; München. **Bericht über den 8. Europäischen Kongreß für Blutgruppenforschung bei Tieren in Ljubljana 1962.** Züchtungskunde **35** (1963) Nr. 4. S. 180–185. – 17 Lit. 200.

Anonym. World's Poultry Science Association council action. **(Die Arbeit des Rates der World Poultry Science Association.)** Wld. Poultry Sci. J. **18** (1962) Nr. 4. S. 365–370. 200.

ALLGEMEINE TIERZUCHT

A. ENTWICKLUNGSLEHRE

Dehm, Richard. **Das Ursachen- und Zeitproblem in der Stammesgeschichte.** Naturwiss. Rdsch. **16** (1963) Nr. 4. S. 127–134. – 9 Abb.
Es wird eine Einschätzung der Methoden und Ergebnisse stammesgeschichtlicher Forschung gegeben. Dabei werden als Haupterkenntnisse der Paläontologie hervorgehoben die Artenvielfalt schon seit ältester Zeit, die Entfaltung vom Niederen zum Höheren und die Irreversibilität der Entwicklung. Vergleiche zwischen heute lebenden Arten sind nur unter Berücksichtigung der Entwicklung jeder einzelnen Art anzuerkennen. Die Frage nach den eigentlichen Ursachen der Entwicklung bleibt weitgehend offen. Als mögliche Ursachen werden kosmische Strahlung, additive Mikroevolutionen und Großmutationen erwähnt. H. Neumeister. 1020.

Kubasiewicz, Marian. **Zur Geschichte der Haustiere Pommerns.** Z. Tierzücht. Züchtungsbiol. **77** (1962) Nr. 1. S. 87–99. – 8 Abb., 1 Tab., 22 Lit.
Vf. berichtet über Tierknochenmaterial, das nach dem Kriege in Pommern an 15 Fundstellen ausgegraben wurde und dem Spätneolithikum, der Hallstattzeit, Römerzeit und dem frühen Mittelalter zuzurechnen ist. Aus Pferderesten wurden Widerristhöhenmaße von 121–146 cm ermittelt. Erhebliche Größenunterschiede konnten zwischen den Funden aus den verschiedenen Zeiten nicht festgestellt werden. Die frühmittelalterlichen Pferdeschädel

zeigten Merkmale des Przewalskipferdes und des Tarpan. Auch die Rinder unterschieden sich in den einzelnen Zeitepochen nur wenig. Die Widerristhöhe der frühmittelalterlichen Rinder variierte von 95,5–114,5 cm. Formmerkmale deuten darauf hin, daß die frühmittelalterlichen Rinder dem brachyceren Typ zugeordnet werden können. U. König. 1030.

Lepiksaar, Johannes. **Die vor- und frühgeschichtlichen Haustiere Südschwedens.** Z. Tierzücht. Züchtungsbiol. 77 (1962) Nr. 1. S. 115–123. – 48 Lit.
Auf Literaturangaben aufbauend bespricht Vf. die vor- und frühgeschichtlichen Haustiere Schwedens. 1030.

Bökönyi, Sandor. **Die Entwicklung der mittelalterlichen Haustierfauna Ungarns.** Z. Tierzücht. Züchtungsbiol. 77 (1962) Nr. 1. S. 1–15. – 10 Abb., 2 Tab., 48 Lit.
Vf. gibt auf Grund von ca. 25000 Tierknochen einen Überblick über die mittelalterliche Haustierfauna Ungarns. Er lehnt eine Beurteilung der Fauna allein aus alten schriftlichen Quellen und bildlichen Darstellungen ab und verweist auf die Notwendigkeit osteologischer Beweise. Die Rinderbestände Ungarns sind bis zum 14.–15. Jh. im wesentlichen einheitlich und lassen sich der ursprünglichen eur. brachyceren Rassengruppe zuordnen. Die ersten Primigeniustypen, durch zunehmende Größenmaße gekennzeichnet, treten im 14.–15. Jh. auf, so daß im 15.–17. Jh. 2 Rassengruppen zu verzeichnen sind. Aus Literaturangaben weist Vf. eine Zunahme der Widerristhöhe während des Mittelalters um 16 cm nach. Eingehende hypothetische Erwägungen befassen sich mit dem Ursprung des Ungarischen Steppenrindes und des Zackelschafes. Unter den mittelalterlichen Schweinen Ungarns kann Vf. 2 Rassengruppen nachweisen, wobei er bei der einen als Unterscheidungsmerkmal einen Höcker in der Mitte des Mandibelkörpers herausstellt. Die blühende mittelalterliche Pferdezucht Ungarns beweist u. a. ein Anteil von 25% Pferdeknochen, der sich zuweilen bei der Erschließung ungarischer Siedlungen nachweisen läßt. Von der Landnahmezeit bis zum Mittelalter nahm die Widerristhöhe der ungarischen Pferde um 10 cm zu. U. König. 1030.

Teichert, M. **Die Rinder aus dem Opfermoor Oberdorla.** Z. Tierzücht. Züchtungsbiol. 77 (1962) Nr. 1. S. 74–86. – 3 Abb., 7 Lit.
Vf. bearbeitete Knochenfunde aus dem Torfmoor „Rieth“ südlich von Mühlhausen, einem westgermanischen Moor- und Seeheiligtum aus dem 2.–4. Jh. Mit Hilfe der Metacarpenlängen konnten für die gefundenen Rinder folgende Widerristhöhen berechnet werden: Kühe 104–113,5 cm (⌀ 110 cm); Bullen 121–128 cm (⌀ 125 cm); Ochsen 121–130 cm (⌀ 123 cm). Ein Vergleich mit anderen Autoren ergibt einerseits eine Bestätigung der Größenabnahme der Rinder bis zum Mittelalter, andererseits zeigt sich, daß die während der römischen Kaiserzeit in Mitteldeutschland gehaltenen Rinder sich in ihrer Größe nicht von denen Süd- und Nord-Deutschlands unterscheiden. U. König. 1030.

B. ORGANE DES TIERKÖRPERS

Torten, Michael und Schalm, O. W. The relation of sedimentation rate of erythrocytes to packed cell volume (PVC) in the horse. **(Die Beziehung zwischen der Sedimentationsrate der Erythrocyten und dem PVC beim Pferd.)** Calif. Veterinarian 18 (1962) Nr. 5. S. 34–36. – 3 Abb., 1 Tab., 2 Lit. 1120.

Dole, Vincent P. und Hamlin James T.; New York, N. Y., Rockefeller Inst. Particulate fat in lymph and blood. **(Fettpartikel in Lymphe und Blut.)** Physiol. Rev. 42 (1962) Nr. 4. S. 674–701. 1120.

Zacharova, F. V. und Lebedev, I. A. (Sacharowa, F. W. und Lebedew, I. A.) Vlijanie urovnja i tipa kormlenija na vozrastnuju izmenčivost' sostava krovi krupnogo rogatogo skota. **(Der Einfluß der Fütterung auf die altersmäßige Veränderlichkeit der Blutzusammensetzung bei Rindern.)** Životnovodstvo, Moskva 24 (1962) Nr. 2. S. 82–85. — 1 Tab.

20 Färsen der Cholmogoryer Rasse wurden in 4 Gruppen eingeteilt: **I** – mäßige Fütterung; **Ia** – in der Milchperiode reichliche Fütterung, nach 6 Mon. wie **I**; **II** – reichliche Fütterung; **III** – spärliche Fütterung. Die unterschiedliche Milchfütterung brachte im 1. Mon. keinen Unterschied in bezug auf die Erythrocyten; bei allen Kälbern sanken deren Kennziffern stark ab. Die Leukocytenzahl war jedoch bei **I** um 1950 höher als bei **II**, die aber eine Lymphocytose (63,5%) aufwies. Beim Übergang zu pflanzlichen Futtermitteln stieg bei allen Gruppen der Hb- und Erythrocytengehalt, am stärksten bei **I**. Bei der vollständigen Umstellung auf pflanzliches Futter stieg der Hb-Gehalt weiter, die Erythrocyten- und Leukocytenzahl nur bei **I**. In bezug auf die Kennziffern der Leukocyten bestand kein Unterschied. Mit zunehmendem Alter sanken bei allen Gruppen diese Kennziffern, wobei bei **II** der Hb-Gehalt und im 1. Jahr auch der Erythrocytengehalt am höchsten war. Bei allen Tieren stieg der Hb-Gehalt im Sommer und auf der Weide an. Auch die Trächtigkeit führte zu Veränderungen der Blutzusammensetzung, die auch z. T. von der Fütterung beeinflußt wurden.
B. Schenk. 1120.

Domańska, Janina; Lublin, WSR, Wydział Weteryn., Katedra Fizjol. Sezonowe zmiany we krwi obwodowej u owiec. **(Jahreszeitbedingte Veränderungen im peripheren Blut von Schafen.)** Ann. Univ. Mariae Curie-Skłodowska, Sect. DD **15** (1960, hrsg. 1962) S. 93–104. — 4 Abb., 4 Tab., 34 Lit. Zus. in Russ., Engl.

Die Untersuchungen wurden an 52 Schafen der langwolligen und der Kent-Rasse durchgeführt, von welchen 39 Tiere den normalen Fortpflanzungszyklus durchmachten (Trächtigkeit, Ablammung, Laktationsperiode), während 13 Schafe das ganze Jahr über güst blieben. Im Sommer wurden die Schafe geweidet, im Winter im Stall gefüttert. Jeden Mon. wurden aus der Halsader Blutproben (1 cm^3) entnommen und daraus die Erythrocytenzahl, der Hb-Gehalt, die osmotische Resistenz der Erythrocyten und das Erythrocytenvolumen im Hämatokrit ermittelt. Der Übergang vom trockenen Winterfutter zu Weidefutter wirkte sich im Ansteigen der Erythrocytenzahl, des Hb-Gehalts, des Erythrocytenvolumens und der osmotischen Resistenz aus, bei gleichzeitigem Sinken des Resistenzminimums und Ansteigen des Resistenzmaximums. Beim Übergang zum Winterfutter erfolgt ein Rückgang der genannten hämatologischen Indices, die aber im Laufe des Winters wieder ansteigen. Die Veränderungen im Blut güster Schafe verlaufen ähnlich wie bei Schafen, die den Fortpflanzungszyklus durchmachen. Die beschriebenen jahreszeitl. bedingten Veränderungen sind zwar statistisch signifikant, überschreiten aber die physiol. Normen nicht. P. Poczopko. 1120.

Bieguszewski, Henryk; Olsztyn, Wyższa Szkoła Rolnicza, Katedra Fizjol. Zwierząt. Biały obraz krwi i aktywność układu siateczkowośródbłonkowego u jagniąt oraz u owiec dorosłych polskiej owcy długowełnistej. **(Das weiße Blutbild und die Aktivität des reticuloendothelialen Systems der Lämmer und ausgewachsenen Schafe des polnischen Langwollschafes.)** Roczniki Nauk rolniczych, Ser. B **80** (1962) Nr. 4. S. 405–423. — 7 Abb., 2 Tab., 17 Lit. Zus in Russ., Engl.

An 19 Lämmern im Abschnitt von der Geburt bis zur Vollendung des 2. Mon. und an 20 ausgewachsenen Schafen wurde das leukocytäre Bild untersucht. Parallel hierzu erfolgten Blut- und Knochenmarkuntersuchungen an 10 Lämmern und 10 ausgewachsenen Schafen. Die Aktivität des reticuloendothelialen Systems (RES) wurde ebenfalls an 10 Lämmern und 10 ausgewachsenen Schafen ermittelt. Die Anzahl der Leukocyten im Lämmerblut ist wesentlich geringer als im Blut ausgewachsener Schafe. Der Prozentsatz der Zellen des granuloblastischen Systems im Knochenmark der Lämmer ist bedeutend niedriger als in dem ausgewachsener Schafe. Untersuchungen der Aktivität des RES führten zu dem Schluß, daß dessen Vermögen zur Phagocytose bei Lämmern bedeutend höher ist als bei ausgewachsenen Schafen.

P. Poczopko. 1120.

Nikol'skij, B. S. und Gromov, A. M. (Nikolski, B. S. und Gromow, A. M.); Sagorsk, Gebiet Moskau, Unions-Forsch.-Inst. für Geflügelzucht. Ispol'zovanie komponentov donorskoj krovi kurami-recipientami. **(Verwendung der Komponenten des gespendeten Blutes bei Rezipienten-Hühnern.)** Agrobiologija, Moskva **1962** Nr. 1. S. 125–131. — 3 Abb., 2 Tab.

Vff. verfolgten den Weg der P-Verbindungen injizierten Blutes im Körper der Recipienten durch Verwendung von ^{32}P. Radioaktivität zeigt sich in den Geweben bereits am Tage nach der Injektion. Im Knochenmark wird das Maximum am 3. Tage erreicht, offenbar passieren die P-Verbindungen das Knochenmark, bevor sie in Leber, Eierstock und Eileiter stärker auftreten. Die Abführung von P-Verbindungen aus dem Blut erfolgt in größerer Menge erst nach dem Zerfall, wodurch die bis zum 19. Tage anhaltende Radioaktivität im Blut erklärt wird. In parenchymatösen Organen und Fortpflanzungsorganen hält sie 14–25 Tage lang an. Vff. schließen daraus, daß statt 2mal wöchentl. nur 2mal monatl. Blutinjektionen für die vegetative Hybridisation erfolgen müssen. Die Radioaktivität im Ei ist am 12. Tag bes. hoch. Vff. empfehlen diesen Zeitpunkt zur Bruteierentnahme für Hybridisationsversuche. Die Ausscheidung geschieht vorwiegend über Nieren, Leber und Verdauungsdrüsen bis zum 25. Tag.

W. Sommerfeld. 1120.

Oliver, W. T. und Funnell, H. S. Some properties of serum cholinesterase of swine. **(Einige Eigenschaften der Serumcholinesterase des Schweines.)** Amer. J. veterin. Res. **24** (1963) Nr. 98. S. 32–38. — 8 Abb., 1 Tab., 14 Lit. Zus. in Interlingua.

Eine Methode zur Konzentration und Reinigung von Schweineserum-Cholinesterase wird beschrieben. Bei Verwendung von Benzoylcholinchlorid als Substrat liegt die max. Aktivität des Enzyms bei pH 7,4. Durch Zugabe von EDTA tritt eine Abnahme der Enzymaktivität auf einen konstanten Wert über 0 auf, was auf die Abbindung des Metallanteils des Enzyms zurückzuführen ist, denn durch bivalente Metalle, bes. Mg und Ca, kann eine Aktivierung erzielt werden. Eine Erhöhung der Metallkonzentration über das optimale Niveau hinaus führt dagegen zu einer Hemmung des Enzyms. Die optimale Substratkonzentration liegt bei $1{,}2 \cdot 10^{-3}$M, wird aber in Gegenwart der bivalenten Metalle auf $1{,}67 \cdot 10^{-3}$M erhöht. Die Substratkonstante K_s beträgt $1{,}35 \cdot 10^{-4}$ (Metall) und $6{,}8 \cdot 10^{-5}$ (EDTA), die Michaeliskonstante $1{,}9 \cdot 10^{-4}$ (gereinigt) bzw. $1{,}2 \cdot 10^{-4}$ (EDTA) und bei optimaler Mg-Konzentration $2{,}0 \cdot 10^{-4}$ (Metall), und das Geschwindigkeitsmaximum V_m liegt bei 2,4 (EDTA), 2,7 (gereinigt) und 3,1 (Metall). Die Gleichgewichtskonstanten, die Bindungsverhältnisse und der Einfluß der Substratkonzentration zeigen, daß die aktive Seite des Enzyms aus 2 Estergruppen besteht, die ihrerseits jede eine anionische Gruppe tragen. Die Beeinflussung dieser aktiven Gruppen durch Metall- und Substratkonzentration wird dargelegt.

E. Grün. 1120.

Denisova, I. A. und Balakireva, S. Ju. (Denissowa, I. A. und Balakirewa, S. Ju.); Saratow, Univ., Lehrstuhl für Zool. der Wirbeltiere. Ėlektroforetičeskoe issledovanie belkov syvorotki krovi mlekopitajuščich (preimuščestvenno gryzunov). **(Elektrophoretische Untersuchungen der Blutserumeiweiße von Säugetieren [vorwiegend Nagetiere].)** Zoologičeskij žurnal, Moskva **42** (1963) Nr. 2. S. 268–273. — 9 Abb., 6 Lit. Zus. in Engl.

Durch papierelektrophoretische Untersuchungen konnten artspezifische Unterschiede der Bluteiweiße zwischen den untersuchten Arten sowohl quantitativ als auch qualitativ nachgewiesen werden. B. Busch. 1120.

Steigleder, Gerd Klaus. **Struktur der Haut als Grundlage ihrer Funktionen.** Naturwiss. Rdsch. **16** (1963) Nr. 4. S. 139–144. – 6 Abb., 5 Lit.

Vf. geht in seiner Abhandlung von der Funktion der Haut aus und beschreibt das Zusammenwirken der verschiedenen Strukturen. Entspr. einiger elementarer Funktionen der Haut wird die Arbeit unterteilt in: Haut im Dienst der Schutzfunktion, Haut als Organ der Vermittlung und Anpassung sowie Funktion der Haut im Gesamtstoffwechsel. Es werden die Strukturen besprochen, die der Haut helfen, die eben genannten Aufgaben zu erfüllen. Die Haut paßt sich mechanischen Belastungen an, indem sie eine dicke Hornschicht entwickelt. Die Hornschicht ist im Vergleich zu anderen Regionen nicht einfach verdickt, sondern unterscheidet sich auch strukturell. Schutz gegen Temperaturschwankungen gewährleisten die verschiedenen Hautschichten, im bes. das Fettpolster der Unterhaut. Die Gefäße stellen zugleich ein Kühl- und Heizungssystem dar. Die Schweißsekretion spielt eine bedeutende Rolle. Die Entleerung des Schweißes hängt von der elektrischen Aufladung entlang der Wand der Ausführungsgänge der Schweißdrüsen ab. Schutz gegen chem. Einwirkung bietet ein dünner Film von Lipoiden auf der Hautoberfläche. In diesem sind auch Enzyme, so Esterasen, β-Glucuronidase, Ribonuclease u. a. enthalten. Den ersten Schutz gegen Strahlen stellt wiederum die Hornschicht dar. Schutz gegen biol. Schädigung bietet der bereits erwähnte Lipoidfilm auf der Hautoberfläche. Dieser enthält Substanzen, die antibakteriell wirken, z.B. ungesättigte Fettsäuren. Außerdem sind Enzyme vorhanden, bes. β-Glucuronidase und Ribonuclease, die wichtige Bestandteile der Mikroben abbauen können. Die Ergebnisse auf dem Gebiet der Haut als Organ der Anpassung und Vermittlung sowie Funktion der Haut im Gesamtstoffwechsel müssen z. Z. als noch zu wenig gesichert angesehen werden. R. Berg. 1135.

Sadhu, D. P. und Chowdhury, D. Roy; Calcutta, Bengal, Veterin. Coll., Dep. of Physiol. and Nutrit. Consumption of oxygen by sweat glands of Indian zebu cattle. **(Sauerstoffverbrauch von Schweißdrüsen beim Indischen Zebu-Rind.)** Nature [London] **198** (1963) Nr. 4877. S. 311. – 2 Tab., 7 Lit.

Vff. untersuchten den Sauerstoffverbrauch von Hautproben (Entnahme bei lebenden Tieren) aus dem Buckel, der Wamme und dem Rücken von Zebu-Rindern. Dabei wurde die Haut entweder in ihrer ganzen Dicke oder nur die Papillarschicht zur Untersuchung herangezogen. Vff. registrierten den O_2-Verbrauch der Hautproben ohne und mit Substratzusatz (Natriumsuccinat und Natriumascorbat) mit Hilfe eines Warburg-Apparates. Der Sauerstoffverbrauch war bei Substratzusatz (bes. bei Zusatz von Ascorbat) gegenüber den Hautproben ohne Substrat erhöht. Die Hautstücke aus dem Buckelbereich verbrauchten bes. viel Sauerstoff. Weiterhin konnte eine feste Korrelation zwischen dem O_2-Verbrauch, der Stärke der Schweißproduktion und dem Produkt aus Anzahl der Schweißdrüsen pro cm^2 und dem Volumen derselben festgestellt werden. Die genannten Faktoren wiesen für den Buckelbereich die größten Zahlenwerte auf. Es wird aus den Untersuchungen geschlossen, daß der Buckel beim Zebu-Rind in bes. Maße der Thermoregulation durch Schweißabgabe dient. H. Grychtolik. 1135.

Turner, H. G., Nay, T. und French, G. T.; Rockhampton, Cattle Res. Lab., Div. of Animal Genetics; Sidney, Univ., Div. of Animal Genetics. The hair follicle population of cattle in relation to breed and body weight. **(Die Population der Haarfollikel bei Rindern in ihren Beziehungen zu Rasse und Körpergewicht.)** Austral. J. agric. Res. **13** (1962) Nr. 5. S. 960–973. – 1 Abb., 7 Tab., 12 Lit.

In einer Versuchsherde, deren Haltung, Fütterung und züchterische Bearbeitung bereits früher beschrieben wurde, erfolgten Feststellungen der Haarfollikeldichte auf der Hautflächeneinheit. Von 330 Kühen wurden jeweils eine, von 460 Kälbern jeweils 2 Hautproben ausgewertet. Die Gewichtszunahme der Kälber war mit einer abs. Abnahme der Follikelzahl verbunden, wobei zwischen den Tieren eine positive Korrelation von Körpergewicht und Follikeldichte ermittelt wurde. Bullen zeigten eine höhere Zahl von Follikeln auf der Hautflächeneinheit als weibl. Tiere, ebenfalls wurden Rassenunterschiede festgestellt. Die Heritabilität der Follikelzahl je cm^2 betrug 29%. Die Bedeutung und die mögliche Verwendung der Follikeldichte als Ausdruck einer Komponente der Körpergröße werden diskutiert.

K. Damm. 1140.

Quartermain, A. R.; Palmerston North, Massey Coll. Physiological variation in New Zealand Jersey cows during summer. I. Repeatabilities of the measurements and diurnal variations. **(Physiologische Variation bei neuseeländischen Jersey-Kühen während des Sommers. 1. Mitt. Wiederholbarkeit der Messungen und tägliche Variationen.)** New Zealand J. agric. Res. 5 (1962) Nr. 1/2. S. 82–94. — 4 Abb., 4 Tab., 20 Lit.

Vf. beschreibt nach Angaben zum lokalen Klima die Methodik der an 6 Jersey-Kühen in Mittelneuseeland (Manawatu) durchgeführten Messungen des Pulsschlages, der Respirationsrate und der rectalen Körpertemperatur. Die gewonnenen Werte werden graphisch und tabellarisch dargestellt und statistisch nach einer bes., kurz beschriebenen Methodik der Varianzanalyse ausgewertet. In der Diskussion werden die für die einzelnen physiol. Daten gewonnenen Ergebnisse kurz erörtert. G. Michel. 1350.

Quartermain, A. R.; Palmerston North, Massey Coll. Physiological variation in New Zealand Jersey cows during summer. II. Relations among the variables. **(Physiologische Variation bei neuseeländischen Jersey-Kühen während des Sommers. 2. Mitt. Beziehungen zwischen den variablen Größen.)** New Zealand J. agric. Res. 5 (1962) Nr. 5/6. S. 468–478. — 2 Abb., 5 Tab., 18 Lit. 1. Mitt. vgl. vorst. Ref.

An den im ersten Teil bei den Untersuchungen an 6 Kühen gewonnenen Werten wird in diesem Teil versucht, statistisch mittels der Korrelations- und Regressionsanalyse die Beziehungen zwischen der rectalen Körpertemperatur, dem Pulsschlag, der Respirationsrate und der Lufttemperatur festzustellen. Aus den Ergebnissen beider Teile kommt Vf. zu einigen zusammenfassenden Schlußfolgerungen, von denen auszugsweise einige angeführt werden sollen. Die angewandten Methoden werden als die wahrscheinlich geeignetsten angesehen. Es finden sich deutliche tägl. Musterbilder und signifikante Unterschiede zwischen den einzelnen Kühen bei allen Daten. Das tägl. Bild zeigt eine Spitze gegen Mittag und eine niedrige Stelle am frühen Morgen. Eine ausgeprägte Spitze gegen 22^{00} wird wahrscheinlich durch die um diese Zeit erhöhte Verdauungstätigkeit verursacht. Zwischen den einzelnen variablen Größen wurden definitiv positive Beziehungen gefunden. Dabei standen die physiol. Daten in unterschiedlichem Grade in Beziehung zur Lufttemperatur. Die Grenzen aller physiol. variablen Größen lagen nicht außerhalb der „normalen Grenze". Allg. wird aus den Untersuchungen gefolgert, daß jeder mögliche Wärmeeinfluß auf die neuseeländischen Jersey-Kühe während des Sommers von keiner großen ökonomischen Bedeutung ist. G. Michel. 1350.

Glazier, D. B. und Dukes, H. H. A study of the normal E.C.G. of the horse. **(Eine Untersuchung des normalen EKG des Pferdes.)** Irish veterin. J. 17 (1963) Nr. 2. S. 21–35. — 4 Abb., 7 Tab.

An 46 klinisch gesunden Pferden wurden EKG-Aufnahmen gemacht und aus jedem EKG folgende Fragen analysiert: Rhythmus, Herzrate, Dauer der Amplitude der P-Zacke, Dauer des QRS-Komplexes, Amplituden der einzelnen Komponenten des QRS-Komplexes, Dauer des P-R- und des Q-T-Intervalls und die Dauer der T-Zacke. Die Ableitungen erfolgten nach der Einthoomschen Dreiecksmethode. Aus dem umfangreichen Zahlenmaterial, das dem Orig. zu entnehmen ist, seien einige Werte herausgegriffen. Es konnte festgestellt werden, daß ein umgekehrtes Verhältnis zwischen der Herzrate und dem P-R- und Q-T-Intervall besteht. Die P-Zacke war häufig gekerbt oder doppelt. Die diphasische P-Zacke vom + — -Typ wurde wiederholt in der Ableitung II und III beobachtet. Die Konfiguration des QRS-Komplexes war in den Ableitungen II und III sehr ähnlich. Die Dauer des Q-T-Intervalls betrug 0,40–0,62 Sek. Bei 2 Pferden wurde in der ersten Ableitung eine U-Zacke beobachtet. W. Richter/Kleinmachnow. 1370.

Engelhardt, W. v. **Untersuchungen am Schwein über die Systolen- und Diastolendauer des Herzens und über den Blutdruck in der Ruhe und während der Erholung nach körperlicher Belastung.** Zbl. Veterinärmed., R. A **10** (1963) Nr. 1. S. 39–50.

Die erhöhte Mastleistung beim Hausschwein hat zur unphysiol. Herzbelastung geführt, so daß Herz- und Kreislauffunktionsstörungen außerordentlich häufig sind. Blutfluß in den Herzkapillaren und Gasaustausch finden fast nur während der Diastole statt; diese wird aber bei der bei Schweinen schon bei geringer Anstrengung auftretenden beschleunigten Herzfrequenz verkürzt. Hohe Herzschlagfrequenzen bedeuten für das Schweineherz also eine schwere Belastung. Während simultaner Registrierung des EKG und der Herztöne und Messungen des systolischen Blutdruckes wurden Schweine in Ruhe und nach Belastung auf dem Laufband untersucht. Die Meßergebnisse der Tiere, die mit Fischmehl gefüttert worden waren, unterschieden sich nicht von denen, die weniger Eiweiß erhalten hatten. S. Jahne. 1370.

Francis, D. W.; University Park, New Mexiko Agric. Exp. Stat. Heart rate of day-old S. C. White Leghorn chicks. **(Die Herzfrequenz von 1 Tag alten S. C. Weißen-Leghorn-Küken.)** Poultry Sci. **41** (1962) Nr. 6. S. 1960 bis 1962. — 3 Tab., 17 Lit.

23 aus einem Inzuchtstamm zufällig ausgewählte Weiße-Leghorn-Hennen wurden in 2 Gruppen eingeteilt und jede Gruppe mit einem Hahn der gleichen Rasse angepaart. Am 22. Bruttag wurde die Zahl der Herzschläge bei den Küken, die bei 96 ± 2 °F gehalten wurden, mit einem Elektrokardiograph nach der Methode von Sturkie (1954) bestimmt. Anschließend erfolgte die Tötung der Küken zwecks Geschlechtsbestimmung. Nach Austausch der Hähne wurde der Versuch wiederholt. Insgesamt schlüpften 340 Küken mit durchschnittl. 295 Herzschlägen/Min. (174–435). Zwischen den Hennen, Hähnen und Geschlechtern bestanden keine gesicherten Unterschiede in der Herzfrequenz, doch wies eine hoch signifikante Wechselwirkung zwischen Hähnen und Hennen auf einen genetischen Einfluß hin. Die Halbgeschwisterunterschiede betrugen 1,5–121,5 Herzschläge/Min. F. Döcke. 1370.

Habel, Robert E. Carbohydrates, phosphatases, and esterases in the mucosa of the ruminant forestomach during postnatal development. **(Kohlenhydrate, Phosphatasen und Esterasen in der Schleimhaut der Vormägen der Wiederkäuer während der postnatalen Entwicklung.)** Amer. J. veterin. Res. **24** (1963) Nr. 98. S. 199–211. — 14 Abb., 1 Tab., 33 Lit. Zus. in Interlingua.

Bei Rindern, Schafen und Ziegen im Alter von 1 Tag bis 3 Jahren wurden Schleimhautproben aus dem Pansen, der Haube und dem Labmagen histochemisch untersucht. Bei Tieren jeden Alters konnte im Stratum corneum und oberen Str. spinosum diastaseresistentes Material, welches bei der Perjodsäure-Schiff's-Reaktion positiv reagierte, sowohl intra- als auch intercellulär festgestellt werden. Es handelt sich hierbei um einen Kohlenhydrat-Protein-Komplex. Das Str. corneum reagierte dabei saurer bei erwachsenen Tieren als bei Kälbern, färbte sich aber nicht unter pH 4 im Methylenblau-Extinktionstest. Das Glykogen verschwand aus dem Epithel im Alter von 1–4 Wochen. Eine Schicht von Glykogengranula erscheint in der Lamina propria mucosae bei 4 Wochen alten Kälbern beim Übergang zur Trockenfütterung. Dagegen fehlt sie bei Tieren, die bis zu 1 Jahr Milch erhielten. Biopsieproben bei Tieren, deren Fütterung von Milch auf Rauhfutter umgestellt wurde, ergaben, daß diese Glykogenzone sich schnell entwickelt, während sie in anderen Körpergeweben völlig fehlt. Dies beweist, daß diese Schicht durch Resorption von Gärungsprodukten aus den Vormägen entsteht. Alkalische Phosphatase ist im Epithel vom oberen Str. spinosum bis zur Oberfläche nachweisbar. Sie tritt in allen Vormagenabteilungen auf, fehlt aber in anderen Geweben. Dies scheint ein Ausdruck der spez. resorptiven und Stoffwechselfunktion der Vormägen zu sein. 5-Nucleotidase, saure Phosphatase und nicht spez. Esterasen konnten im gesamten Ephitel nachgewiesen werden. E. Grün. 1385.

Malinovský, Lubomir; Brno, Purkyně Univ., Inst. of Anatomy. The nerve supply of the stomach in the domestic pigeon (Columba domestica). **(Innervation des Magens der Haustaube [Columba domestica].)** Československ. Morfol. 11 (1963) Nr. 1. S. 16–27. — 6 Abb., 22 Lit. Zus . in Russ., Tschech. 1385.

Gilbert, A. B. und Lake, P. E.; Edinburgh, King's Buildings, A. R. C., Poultry Res. Centre. Terminal innervation of the uterus and vagina of the domestic hen. **(Terminale Innervation von Uterus und Vagina der Haushenne.)** J. Reproduct. Fertility 5 (1963) Nr. 1. S. 41–48. — 18 Abb., 29 Lit.

Verschiedene Untersuchungen haben ergeben, daß Manipulationen an den distalen Eileiterabschnitten bei Säugetieren und Vögeln zu Störungen in der Ovarial- oder Eileiterfunktion führen können. An 10 Wochen bis 18 Mon. alten Braunen-Leghorn-Hennen, die mit Pentobarbital getötet wurden, kamen deshalb histol. Untersuchungen über die terminale Innervation des Genitaltrakts zur Durchführung. An Färbungen wurden die Methylenblau-Vitalfärbung nach Schabadasch (1935), die Silberimprägnation nach Weddell und Glees (1941) sowie die Silbercarbonatmethode nach Jabanero (1948), die sich aber nicht bewährte, angewandt. Es wurde festgestellt, daß der Uterus und dessen Übergang in die Vagina gut innerviert sind und zahlreiche Ganglienzellen enthalten. Im Uterus wurden ein ausgedehntes Geflecht starker Nervenfasern sowie ein feines Netzwerk von dünnen Fasern nachgewiesen, die mit den Muskelzellen in Verbindung standen. Die Vagina enthielt weniger dicke Nervenfasern, und im Isthmus war die Innervation vorwiegend auf die Blutgefäße konzentriert. Die Anordnung der glatten Muskulatur im hinteren Eileiterabschnitt wird beschrieben. F. Döcke. 1415.

Kuzin, A. M. und Lebedeva, N. E. (Kusin, A. M. und Lebedewa, N. Je.); Moskau, Technol. Inst. für Fleisch- und Milch-Ind., Lehrstuhl für Biol. O vlijanii chorioničeskogo gonadotropina na nekotorye okislitel'nye processy v tkanjach životnych. **(Der Einfluß der Choriongonadotropine auf einige Oxydationsprozesse in Geweben von Tieren.)** Problemy ėndokrinologii i gormonoterapii, Moskva 9 (1963) Nr. 1. S. 34–39. — 4 Abb., 1 Tab., 21 Lit. Zus. in Engl.

Die Aktivität der oxydativen Prozesse in der Leber (teilweise auch der Ovarien) von infantilen Ratten wurde nach Zugabe von Choriongonadotropinen (CG, 25–750 E/100 mg Gewebe) in vitro bestimmt. Nach Zugabe der CG konnte eine Stimulierung der oxydativen Phosphorylierung festgestellt werden.

Dieser Effekt ist jedoch von der Hormondosis abhängig: Niedrige Dosen (25–200 E) steigern die Phosphorylierung über 200% ohne Beeinflussung der O_2-Aufnahme des Gewebes, während hohe Dosen (750 E) eine Depression der Phosphorylierung und Trennung von der Respiration bewirken. Diese depressive Wirkung kann auch an Ovarien beobachtet werden. Die Aktivität der Hexokinase wurde durch CG nicht beeinflußt, während die Aktivität der Succinodehydrogenase, Cytochromoxydase und Xanthinoxydase der Leber von der CG-Dosis abhängig war. Um die gleichen Wirkungen in der Leber erwachsener Ratten zu erzeugen, muß die 2- bis 2½fach größere CG-Dosis verwendet werden als bei infantilen Tieren. E. Grün. 1510.

Burger, Ray E., Lorenz, F. W. und Clegg, M. T.; Davis, Univ. of California, Dep. of Poultry Husbandry; Dep. of Animal Husbandry. The effect of estrogen on the pituitary-thyroid axis in the immature domestic fowl. **(Die Wirkung von Oestrogen auf die Hypophysen-Schilddrüsenachse beim infantilen Haushuhn.)** Poultry Sci. **41** (1962) Nr. 6. S. 1703–1707. — 4 Tab., 17 Lit.

Weiße-Leghorn-Hahnenküken erhielten vom 1. Lebenstag an im Standardfutter Thiouracil, jodiertes Casein („Protamon“) oder Dienoestroldiacetat (DD) verabreicht oder TSH i.m. injiziert. Am 12. oder 16. Tag wurden die Tiere getötet und das Körper- (**I**) und Schilddrüsengewicht (**II**) bestimmt. Die Verfütterung von 1 Teil DD auf 10000 Teile Futter hatte nach 12 Tagen keine Abweichung in **I** und **II**, bis zum 16. Tag aber eine signifikant verstärkte Zunahme beider Gewichte im Vergleich zu den Kontrollen zur Folge. Bei gleichzeitiger Verfütterung von 1:1000 Thiouracil und DD in verschiedener Dosierung war **I** am 16. Tag gegenüber den Kontrollen erhöht, **II** aber, in Abhängigkeit von der Oestrogendosis, erniedrigt. Wurde die endogene TSH-Sekretion durch 8:10000 „Protamon“ gehemmt, wurde **II** durch verschiedene DD-Dosen nicht verändert. Das gleiche galt für den Anstieg von **II** nach exogener TSH-Zufuhr. Vff. schließen aus den Ergebnissen, daß oral verabreichtes DD nicht auf die Schilddrüse direkt wirkt, sondern den Abbau des zirkulierenden Schilddrüsenhormons beschleunigt. F. Döcke. 1512.

Kabak, Ja. M. und Sokolova, E. V. (Kabak, Ja. M. und Sokolowa, Je. W.); Moskau, Lomonossow-Univ. Vlijanie ėkstraktov iz gipotalamusa i zadnej doli gipofiza na sekreciju ljuteinizirujuščego gormona. **(Die Wirkung von Extrakten aus Hypothalamus und Hypophysenhinterlappen auf die Sekretion des luteinisierenden Hormons.)** Doklady Akademii nauk SSSR, Moskva **147(30)** (1962) Nr. 6. S. 1516–1519. — 1 Abb., 1 Tab., 10 Lit.

Aus den Versuchen an Kaninchen folgt, daß in Hypothalamus und Hypophysenhinterlappen Faktoren enthalten sind, welche die Sekretion des luteinisierenden Hormons durch die Adenohypophyse fördern. B. Busch. 1512.

Ma, Robert Chueng-Shyang; Taipei, Taiwan, China, Nat. Taiwan Univ., Dep. of Animal Husbandry. The feedback mechanism of thyroid hormone in hypophysectomized cockerels with adenohypophyseal autotransplants. **(Der Feedback-Mechanismus des Schilddrüsenhormons bei hypophysektomierten Hähnen mit Hypophysenvorderlappen-Autotransplantaten.)** Poultry Sci. **42** (1963) Nr. 1. S. 240–244. — 1 Abb., 3 Tab., 8 Lit.

Bei 3 Mon. alten Weißen-Leghorn-Hähnen wurden eine Hypophysektomie durchgeführt und der Hypophysenvorderlappen (HVL) in die Niere transplantiert. Die Methode wurde vom gleichen Autor 1960 beschrieben (Ph. D. thesis, Univ. of Illinois, Urbana, Ill.). Ein Teil der Tiere erhielt über 20 Tage 15 oder 30 μg/Tag L-Thyroxin injiziert. 18 Std. vor der 30 Tage post operationem erfolgenden Tötung wurden den operierten und den unbehandelten Kontrollhähnen 5 μc ^{131}J i.p. verabreicht. Nach der Tötung wurde die Radioaktivität in den Schilddrüsen bestimmt. Sowohl das Gewicht als auch die ^{131}J-Aufnahme der Schilddrüsen wurden durch das exogene Thyroxin herabgesetzt, wobei die ^{131}J-Aufnahme in Beziehung zur Thyroxindosis stand. Vf. schließt daraus, daß das exogene Thyroxin eine Hemmung der TSH-Sekretion auch bei der autotransplantierten Hypophyse hervorruft, die ihrerseits zu einer Herabsetzung der Schilddrüsenfunktion führt. Der Feedback-Mechanismus zwischen Schilddrüse und HVL scheint also auch dann vorhanden zu sein, wenn dieser nicht in Verbindung mit dem Hypothalamus steht. F. Döcke. 1525.

Wright, R. D.; Melbourne, Australia, Univ. of Melbourne, Dep. of Physiol. Blood flow through the adrenal gland. **(Der Blutfluß durch die Nebenniere.)** Endocrinology **72** (1963) Nr. 3. S. 418–428. — 8 Abb., 4 Tab., 22 Lit.

Bei 7 Merinoschafen wurde nach einer in früheren Arbeiten beschriebenen Methode eine Nebenniere (NN) in einen Hautlappen am Hals verpflanzt, so daß sie in Gefäßverbindung mit der A. carotis und V. jugularis stand. 1 Mon. später, d. h. 2 Mon. vor Versuchsbeginn, wurde die andere NN entfernt. Bei einem Tier wurde eine intraabdominale Transplantation durchgeführt. Der Blutfluß durch die NN beim nicht narkotisierten Tier wurde mit 5 ml/Min./g NN bestimmt. Er war rel. unempfindlich gegenüber Behandlung des Tieres mit Angiotensin, reagierte etwas stärker auf intraarteriell verabreichtes Noradrenalin, 5-Hydroxytryptamin, Bradykinin und Histamin und am stärksten auf Acetylcholin und auf ACTH in hohen Dosen (bis 60 mE/Std.). Eine deutliche Beziehung zur primär variierenden Sekretion der einzelnen Steroidhormone konnte nicht festgestellt werden, doch wurde die Steroidausschüttung verringert, wenn der venöse Blutaustritt mechanisch gehemmt wurde. F. Döcke. 1535.

Titlbach, M.; Lab. Elektronové Mikroskopie a Exp. Morfol. ČSAV. Langerhansovy ostrůvky u Gallus domesticus L. **Langerhanssche Inseln bei Gallus domesticus L.)** Československ. Morfol. **11** (1963) Nr. 1. S. 91–101. — 27 Abb., 21 Lit. Zus. in Russ., Dtsch. 1540.

Robertson, H. A., MacGillivray, A. J. und Hutchinson, J. S. M.; Aberdeen, Scotland, Univ., Dep. of Biol. Chem., Div. of Agric. Biochem. Gonadotrophins of pituitary origin in the urine of sheep after castration and ovariectomy. **(Hypophysäre Gonadotropine im Harn des Schafes nach Kastration und Ovariektomie.)** Acta endocrinol. [Copenhagen] **42** (1963) Nr. 1. S. 147–152. — 2 Tab., 20 Lit.

Mittels der Kaolin-Aceton-Extraktionsmethode von Loraine und Brown (1956) und von Albert und Mitarb. (1958) wurde die Gonadotropinaktivität im Harn eines kastrierten ♂ und ovariektomierter ♀ Schafe bestimmt. Die biol. Testierung der Extrakte erfolgte mittels des Mäuseuterus-Gewichtstestes. Die Methode von Albert u.a. erbrachte Extrakte von höherer spez. Aktivität, doch waren die Wirkungsunterschiede nicht gesichert. Die gonadotrope Aktivität der Harnextrakte der ♀ Schafe betrug 3,9–7,0% von der des JRP-HMG (Gonadotropin aus menschlichem Menopausenharn). Bei Verabreichung des Äquivalents von 1 l Harn des kastrierten Schafbockes pro Maus wurde ein deutlicher Gewichtsanstieg der Mäuseuteri erzielt. Es zeigte sich also, daß beim ♂ und ♀ gonadektomierten Schaf Harngonadotropine nachzuweisen sind. F. Döcke. 1550.

Hoffmann, J. H. und Swartz, F. J.; Louisville, Ky., Univ., School of Med., Dep. of Anatomy. Effect of sex hormone on liver polyploidy in castrated pre-weanling and hypophysectomized post-weanling rats. **(Der Einfluß des Geschlechtshormons auf die Leberpolyploidie bei kastrierten früh-abgesetzten und hypophysektomierten spät-abgesetzten Ratten.)** Growth **26** (1962) Nr. 4. S. 273–282. 1550.

Lindner, H. R. Partition of androgen between the lymph and venous blood of the testis in the ram. **(Die Verteilung von Androgenen auf die Lymphe und das venöse Blut des Hodens beim Schafbock.)** J. Endocrinol. [London] **25** (1963) Nr. 4. S. 483–494. – 4 Abb., 1 Tab., 40 Lit.
Durch Einführen eines Katheters in ein oder mehrere Lymphgefäße am Samenstrang und Probenentnahme aus der gleichseitigen Vena spermatica konnte beim Schafbock festgestellt werden, daß die abfließende Lymphe sowohl Testosteron als auch Androstendion enthält. Bei unbehandelten Tieren lag die Konzentration bei 2,5–10,6 μg/100 ml und bei denjenigen Tieren, die humanes Choriongonadotropin erhalten hatten, zwischen 8,9 und 61,4 μg/100 ml. Die Testosteronkonzentration in der Lymphe war geringer als in der Vena spermatica, lag aber 2- bis 8mal höher als die Konzentration im arteriellen Blutplasma. Es wird jedoch nur ein sehr kleiner Anteil des Testosterons auf dem Lymphwege abgeführt, da die Durchflußgeschwindigkeit des Blutes durch den Hoden 300- bis 400mal höher als diejenige der Lymphe liegt. Der direkte Übertritt von Androgenen aus den Leydigschen Zellen in die Kapillaren scheint der Hauptweg der Hormonabgabe zu sein. Darüber hinaus weist die beträchtliche Differenz der Testosteronkonzentration zwischen Lymphe und arteriellem Blutplasma darauf hin, daß auch ein direkter Übergang von den Leydigschen Zellen in die interstitielle Flüssigkeit durch Diffusion möglich ist. Infolge dieses Übertritts von Testosteron in die Gewebsflüssigkeit wird angenommen, daß die Tubuli seminiferi höheren Konzentrationen des Hormons ausgesetzt sind, als andere vom Hoden entfernt gelegene Organe. H. Gürtler. 1560.

Simmer, Hans H., Hilliard, Jessamine und Archibald, Donna; Los Angeles, Univ. of California, Dep. of Obstetrics and Gynecol.; Dep. of Anatomy; Long Beach, Calif., Veterans Adm. Hospital. Isolation and identification of progesterone and 20 α-hydroxypregn-4-en-3-one in ovarian venous blood of rabbits. **(Isolierung und Identifizierung von Progesteron und 20 α-hydroxypregn-4-en-3-one im venösen Blut des Eierstocks beim Kaninchen.)** Endocrinology **72** (1963) Nr. 1. S. 67–70. 1580.

Nelson, D. W. und Smith, E.P.; Bozeman, Mont., Agric. Exp. Stat., Dep. of Animal Sci. Urinary excretion of estrogenic compounds during estrus and gestation by the bovine as determined by three assay methods. **(Harnausscheidung von Oestrogenen beim Rind zur Zeit des Oestrus und während der Trächtigkeit; Bestimmung nach 3 verschiedenen Methoden.)** J. Dairy Sci. **46** (1963) Nr. 2. S. 135–139. – 3 Abb., 1 Tab., 22 Lit.
Vff. untersuchten die Oestrogenausscheidung im Harn von 7 Holstein-Kühen während des Oestrus sowie am 50., 100., 200. und 275. Tag der Trächtigkeit. Sie bestimmten 17α-Oestradiol, 17β-Oestradiol und Oestron jeweils nach 3 verschiedenen Methoden. Die Oestrogene wurden aus dem Harn extrahiert und vermittels Papierchromatographie aufgetrennt. Die Bestimmung der einzelnen Oestrogene erfolgte jeweils mit der Kober-Farbreaktion, fluorometrisch und biol. (Uterusgewichtstest bei der infantilen Maus nach Evans). Die Durchschnittswerte für 17α-Oestradiol während des Oestrus lagen mit der biol. Methode bei 24,2 $\pm$ 11,45 (standard error), mit der Kober-Farbreaktion bei 13,5 $\pm$ 4,23 und mit der fluorometrischen Methode bei 12 $\pm$ 3,74 μg pro 24-Std.-Sammelharn und 100 lb.-Körpergewicht. Erheblich waren die Unterschiede bei der Testierung von Oestron nach den 3 genannten Methoden (biol. 4,7 $\pm$ 0,98, Kober-Reaktion 120,4 $\pm$ 33,53 und fluorometrisch 36,9 $\pm$ 9 μg/24 Std./100 lb.). Die Ausscheidungskurven für die einzelnen Oestrogene im Verlaufe der Trächtigkeit zeigten im Hinblick auf die verschiedenartige Methodik annähernd Parallelität. Am 50. Tag war die geringste Konzentration festzustellen. Bis zum 100. Tag zeigte sich ein leichter Anstieg, der von dort ab stärker wurde. Vom 200. Tag

an bes. starkes Ansteigen der Oestrogenwerte. Der Anstieg der Konzentration von 17β-Oestradiol im Harn während der Trächtigkeit erwies sich als rel. gering. H. Grychtolik. 1580.

Hrudka, František, Popesko, Peter und *Komárek, Vladimír.* **Základy morfologie hospodářských zvierat.** (Grundlagen der Morphologie landwirtschaftlicher Nutztiere.) Bratislava: Slovensk. vyd. pôdohosp. lit. 1962. (758 S.) 8°. (1963 A 210)

C. GENETIK

Trujillo, José M., Stenius, Christina, Christian, Lawrence C. und Ohno, Susumu; Duarte, Calif., City of Hope Med. Center, Dep. of Exp. Pathol. Chromosomes of the horse, the donkey, and the mule. **(Die Chromosomen des Pferdes, des Esels und des Maulesels.)** Chromosoma [Berlin] **13** (1962) Nr. 3. S. 243–248.

Kulturen des peripheren Blutes der genannten Tiere wurden zu Chromosomenuntersuchungen verwendet. Beim Pferd findet man 32 Chromosomenpaare, die sich in 8 Gruppen einteilen lassen. Das X-Chromosom ist das zweitgrößte Element unter den metazentrischen Chromosomen. Beim Esel sind nur 31 Chromosomenpaare vorhanden, die in 6 Gruppen eingeteilt werden können. Sowohl in Größe als auch Form stimmt das X-Chromosom mit dem viertgrößten metazentrischen Chromosomenpaar überein. Beim Maulesel sind 68 Chromosomen zu finden, die sich eindeutig in den vom Pferd und vom Esel kommenden Satz differenzieren lassen. Vom Chromosomenbild ausgehend ist es unerklärlich, wieso fertile weibl. Maulesel, mit Hengsten angepaart, Nachkommen hervorbringen können, die völlig wie Pferde aussehen und keine Merkmale des Esels mehr zeigen (Anderson 1939).

H. Fischer. 1615.

Nichols, Warren W., Levan, Albert Lawrence, William C.; Camden, N.J., South Jersey Med. Res. Foundation; Lund, Inst. of Genetics. Bovine chromosomes by the peripheral blood method. **(Rinderchromosomen aus dem peripheren Blut.)** Hereditas [Lund] 48 (1962) Nr. 3. S. 536–538. – 2 Abb., 3 Lit.

Es wird eine Modifikation der aus der Humangenetik bekannten Technik für Leucocytenkultur (von Moorhead) zur Erzielung von Chromosomenpräparaten beschrieben. Mit dieser abgewandelten Methode konnten bei den Leukocyten des Rinderblutes gute Resultate erzielt werden, die allerdings nicht mit der von menschlichen Leukocyten bekannten Regelmäßigkeit zu erhalten waren. Aus bisher unbekannten Gründen ist es bedeutend schwieriger, das Blut von Bullen zu kultivieren als das von Kühen. – Die gewonnenen Präparate aus den Rinderleukocyten ergaben 58 telozentrische Autosomen, wogegen die Geschlechtschromosomen metazentrisch sind und ein submedianes Zentromer haben. H. Freye. 1615.

Nebel, B. R. und Coulon, E. M.; Argonne, Ill., Nat. Lab., Div. of Biol. and Med. Res. The fine structure of chromosomes in pigeon spermatocytes. **(Die Feinstruktur der Chromosomen in den Spermatocyten der Taube.)** Chromosoma [Berlin] **13** (1962) Nr. 3. S. 272–291.

Vff. geben mit Hilfe von 8 guten elektronenmikroskopischen Abb. und 4 ergänzenden Schemata eine Beschreibung der Feinstruktur der Pachytän-Chromosomen und des Kinetochors der Taube. Der Komplex der gepaarten homologen Chromosomen besteht aus 3 Untereinheiten. 1. Laterale Komponenten, die den korrespondierenden Chromatiden entsprechen. 2. Laterale Schlingen, die aus sehr feinen Chromatinfäden bestehen und aus den peripheren Teilen der lateralen Komponenten hervorgehen. 3. Mittlerer Spaltraum, der im wesentlichen aus ungefärbtem Material besteht. In diesem Mittelspalt sind Synapsen der Chromatiden auf makromolekularer Ebene vorhanden. Vergleichende Untersuchungen an somatischen Chromosomen aus

Wurzelspitzen der Zwiebel lassen den Schluß zu, daß die Chromosomen „Lampenbürstencharakter" besitzen. — Der Kinetochor besteht aus einer Anzahl unterschiedlich dichter Schichten. Die Spindelfasern entspringen dem zentralen Teil des Kinetochors. H. Fischer. 1615.

Nebel, B. R. und Coulon, E. M.; Argonne, Ill., Nat. Lab., Div. of Biol. and Med. Res. Enzyme effects on pachytene chromosomes of the male pigeon evaluated with the electron microscope. **(Elektronenmikroskopische Beobachtungen über die Wirkung von Enzymen auf Pachytänchromosomen der männlichen Taube.)** Chromosoma [Berlin] 13 (1962) Nr. 3. S. 292–299.
Vff. untersuchen die Wirkung von DNase, RNase und Trypsin auf den synaptischen Komplex der meiotischen Chromosomen. Nach Einwirkung von DNase werden die feinen Fäden chromatinhaltigen Materials, die von den Chromatiden ausgehen, völlig aufgelöst. Nur die Chromatiden selbst bzw. deren Matrix bleiben erhalten. Unter Einfluß von RNase schwinden die feinen Granula zwischen den Chromosomen. Nach Behandlung mit Trypsin fallen alle intrazellulären Strukturen mit Ausnahme der Chromosomen aus. Die Feinstrukturen sind dann nicht mehr so deutlich wie ohne Behandlung, trotzdem aber noch zu erkennen. Protein macht also nur einen Teil der kontinuierlichen Struktur der Chromosomen aus.
H. Fischer. 1615.

Stenius, Christina, Christian, Lawrence C. und Ohno, Susumu; Duarte, Calif., City of Hope Med. Center, Dep. of Exp. Pathol. Comparative cytological study of phasianus colchicus, meleagris gallopavo, and gallus domesticus. **(Vergleichend-zytologische Untersuchung an Phasianus colchicus, Meleagris gallopavo und Gallus domesticus.)** Chromosoma [Berlin] 13 (1962) Nr. 5. S. 515–520. — 7 Abb., 14 Lit.
Nach Colchicin-Injektionen wurden Quetschpräparate von Knochenmark- und Gonadenzellen von 16 Fasanen- und 36 Truthuhnküken im Alter von 1–3 Tagen zum Zwecke des Chromosomenvergleiches dieser beiden Arten mit dem des Haushuhnes untersucht. — Es sind bereits lebensfähige interspecielle Huhn-Fasan-Bastarde als auch interfamiliäre Huhn-Truthuhn-Bastarde beschrieben worden. Die zwischenartlichen Hybriden von Hahn und Fasan sind rel. leicht zu bekommen, doch tritt eine hohe Absterberate bei den heterogametischen Weibchen auf; die interfamiliären Hybriden zwischen Huhn und Truthuhn sind schwieriger zu erhalten, und bisher sind nur homogametische Männchen als überlebend bekannt geworden. Alle 3 Species, die der Ordnung Galli angehören, besitzen Chromosomensätze von nahezu $2n = 80\ (\pm 10)$, wobei die Z-Chromosomen identisch erscheinen. Die morphol. Untersuchung der Metaphasechromosomen brachte das überraschende Ergebnis, daß sich die Autosomensätze des Fasans (Familie Phasianidae) und des Truthuhns (Familie Meleagrididae) äußerst ähnlich sehen und beide gänzlich verschieden sind von dem des Haushuhns (Familie Phasianidae).
H. Freye 1615.

Gajdaj, V. M. (Gajdaj, W. M.); Kiew, Schewtschenko-Univ., Lehrstuhl für Biochem. und Biophysik. Vmist i sklad nukleinovych kyslot v testes i m-jazach pekinśkych kačok v period zymovogo statevogo spokoju. **(Gehalt und Zusammensetzung der Nucleinsäure in den Testes und Muskeln der Pekingenten während der winterlichen Geschlechtspause.)** Ukraïnśkyj biochimičnyj žurnal, Kyïv 34 (1962) Nr. 5. S. 649–654. — 3 Tab., 5 Lit. Orig.: ukrain., Ausz.: russ., engl.
Während der winterlichen Geschlechtsruhe erhöht sich die DNS-Konzentration in den Testes bedeutend und dementsprechend auch der allg. Nucleinsäuregehalt im Vergleich zur Periode der Geschlechtsaktivität. Untersuchungen der Zusammensetzung der Nucleinsäure in der RNS und DNS ergaben, daß die DNS aus den Hoden der Pekingenten zum AT-Typ gehören

und qualitäts- und quantitätsmäßige Veränderungen in der Zusammensetzung der Hoden-RNS in Abhängigkeit von der Geschlechtsaktivität nicht signifikant sind. Der Gehalt an RNS und DNS im Muskelfleisch ändert sich nicht. K. Neumann. 1615.

Wittmann, H. G.; Tübingen, Max-Planck-Inst für Biol. **Übertragung der genetischen Information.** Naturwissenschaften **50** (1963) Nr. 3. S. 76–88. – 3 Abb., 177 Lit.

Nach einleitenden Bemerkungen über die Struktur der Nucleinsäuren und ihre Replikation bespricht Vf. den biochem. Aufbau der Proteinsynthese. Entlang der DNS werden RNS-Fäden gebildet (Messenger-RNS), die sich an der Oberfläche von Ribosomenpartikeln anlagern und dort als Matrize für die Synthese von Proteinmolekülen wirken. Die Teilprozesse hierbei werden eingehend besprochen. Erst seit ca. 3 Jahren ist das Problem des genetischen Codes experimentell angreifbar (Bakteriophagen, TMV, polynucleotidinduzierte Peptidsynthese in zellfreien Systemen). Die Codierungseinheit ist mit großer Wahrscheinlichkeit das Triplett. Die genannten experimentellen Befunde lassen die Annahme eines überlappenden Code unwahrscheinlich erscheinen. Die in der Messenger-RNS enthaltene Information wird von einem Ende der RNS abgelesen, da die Proteinkette fortschreitend vom Aminoende her synthetisiert wird. Eine Reihe von Experimenten spricht für das Vorliegen eines degenerierten Codes. Offenbar ist diese Degeneration sehr hoch (viele sinnvolle Tripletts). Vf. führt 2 Beispiele an, aus denen hervorgeht, daß der Code universal zu sein scheint. – Vorliegende Arbeit ist ein sehr ausführliches und informatives Sammelreferat auf diesem noch rel. jungen Gebiet der genetischen Forschung. K. Bellmann. 1656.

Szabó, K., Vajda, M. und Anderko, E. Genetikai változékonyság és annak biokémiai és fiziológiai kihatásai. **(Genetische Variabilität sowie deren biochemische und physiologische Auswirkungen.)** Biol. Közlemények [Biol. Mitt.] **10** (1962) Nr. 1. S. 23–24. – Aus: Ung. Agrar-Rdsch. **1963** Nr. 2. 1667.

Leroy, Pierre und Benoit, Jacques. Dépigmentation restreinte du plumage de coqs Rhode Island Red à la suite de greffes testiculaires sous-cutanées. **(Begrenzte Depigmentation des Gefieders bei Roten Rhodeländer-Hähnen infolge subcutaner Hodenpfropfung.)** C. R. hebd. Séances Acad. Sci. **250** (1960) Nr. 6. S. 1123–1125. – 6 Abb., 1 Lit.

Durch subcutane Implantation wurden die Hoden zweier verschiedener Rassen ausgetauscht: Weiße-Leghorn- oder Weiße-Wyandotten-Hähnchen erhielten die Hoden von Roten-Rhodeländer-Hähnchen, diese die Hoden von Weißen-Leghorn- oder Wyandotten-Hähnchen. Unter 59 mit Weißen Leghorn oder Wyandotten gepfropften Rhodeländer-Hähnen unterschieden sich 17 durch das Vorhandensein weißer Federn an bestimmten Körperstellen. Bei gleichrassiger Pfropfung von Roten-Rhodeländer-Hähnen waren unter 19 Tieren 4 Träger weißer Federn. Die Überlebensrate 1 bzw. 4 Mon. nach Behandlung war bei gleichrassiger Implantation mit 78 bzw. 48% höher als bei fremdrassiger mit 52 bzw. 33%. G. Krische. 1670.

MacArthur, Robert H. Some generalized theorems of natural selection. **(Einige verallgemeinerte Sätze der natürlichen Selektion.)** Proc. nat. Acad. Sci. USA **48** (1962) Nr. 11. S. 1893–1897.

Vf. leitet Verallgemeinerungen der Sätze von Fisher (Fundamentalsatz der natürlichen Selektion) bzw. Haldane über die Fitness bei natürlicher Selektion ab, indem er auf die Voraussetzung eines konstanten Inzuchtgrades verzichtet und die Wirkung der Populationsdichte berücksichtigt. D. Rasch. 1675.

Orians, Gordon H.; Seattle, Univ. of Washington, Dep. of Zool. Natural selection and ecological theory. **(Natürliche Auslese und ökologische Theorie.)** Amer. Naturalist **96** (1962) Nr. 890. S. 257–263. – 28 Lit. 1675.

O'Donald, P. The theory of sexual selection. **(Die Theorie der Sexualselektion.)** Heredity **17** (1962) Nr. 4. S. 541–552.
Nach Darwin ist die Sexualselektion das Ergebnis des Wettbewerbes innerhalb der Geschlechter. Die Darwinsche Theorie wird diskutiert unter der Voraussetzung, daß eine Bevorzugung bestimmter männl. Typen durch die weibl. Tiere erfolgt. Für 2 Fälle wird ein mathematisch-genetisches Modell angesetzt: 1.) Für alle weibl. Tiere kann eine konstante sexuelle Bevorzugung angenommen werden. 2.) Die Gene, die die Bevorzugung hervorrufen, unterliegen selbst der Selektion. Aus diesen Ansätzen werden Gleichungen für die Genhäufigkeiten in den folgenden Generationen hergeleitet. D. Rasch. 1675.

Robertson, Alan. Selection for heterozygotes in small populations. **(Selektion auf Heterozygotie in kleinen Populationen.)** Genetics **47** (1962) Nr. 9. S. 1291–1300.
In einer theoretischen Analyse untersucht Vf. die Wirkung der Selektion auf heterozygote Individuen in kleinen Populationen. Diese Wirkung ist von der Gleichgewichtsgenhäufigkeit in großen Populationen abhängig. Der Vorteil der Heterozygoten ist umso größer, je näher die Gleichgewichtshäufigkeit bei 0,5 liegt. D. Rasch. 1675.

Dubinin, N. P. und Grozdova, T. Ja. (Dubinin, N. P. und Grosdowa, T. Ja.); Inst. für Biol. Physik der Akad. der Wiss. der UdSSR. Streptomicin, radiacija i estestvennaja mutabil'nost'. **(Streptomycin, radioaktive Strahlung und die natürliche Mutabilität.)** Doklady Akademii nauk SSSR, Moskva **148** **(31)** (1963) Nr. 6. S. 1397–1399. – 5 Tab., 9 Lit.
Bereits früher wurde die Feststellung gemacht, daß Streptomycin, in bestimmter Konzentration in die Zelle eingeführt, den natürlichen Mutationsprozeß unterdrückt. Die beschriebenen Versuche sollten den Einfluß des Streptomycins auf das Entstehen von natürlichen letalen und geschlechtsgebundenen repressiven Mutationen bei Drosophila erforschen und bestätigten den antimutagenen Effekt des Antibioticums gegenüber der natürlichen Mutabilität. Die Schutzwirkung des Streptomycins gegen radioaktive Strahlung, die von anderen Autoren an Genmutationen bei Infusorien und an Chromosomenaberrationen bei Tier- und Pflanzenzellen festgestellt wurde, konnte an Drosophila nicht bestätigt werden. Weder die Behandlung mit Röntgenstrahlen (3000 r) der mit Streptomycin (5–104 γ/ml) gefütterten bzw. gespritzten männl. Tiere, noch die Behandlung der männl. mit γ-Strahlen vom 1.–18. Lebenstag mit anschließender Analyse der Gameten in den verschiedenen Entwicklungsstadien zeigten eine Schutzwirkung. W. Bonitz. 1680.

Röhrborn, Gunter; Berlin-Dahlem, Univ., Inst. für Genetik. **Chemische Konstitution und mutagene Wirkung. II. Triazinderivate.** Z. Vererbungslehre **93** (1962) Nr. 1. S. 1–6. – 1 Abb., 1 Tab., 20 Lit. 1. Mitt. vgl. Experientia [Basel] **16** (1960) Nr. 12. S. 523.
Verschiedene Triazinderivate wurden in 5%iger wäßriger Zuckerlösung 3 Tage lang an 1–3 Tage alte ♂♂ von *Drosophila melanogaster*, Stamm Berlin wild, verfüttert. Die Mutagenität stieg vom unwirksamen 1,3,5-Triazin und Melamin über das stark wirksame Trimethylolamin (TMM), das in 1%iger Suspension bis zu 5% rezessive letale Mutationen im X-Chromosom auslöste, zum stark sterilisierenden Triäthylenmelamin (TEM) an. Die unterschiedliche Wirkung wird auf Verschiedenheiten der reaktiven Gruppen des gleichen Grundkörpers zurückgeführt. Mit Hilfe früher beschriebener Methodik (vgl. Z. Vererbungslehre **90** [1959] Nr. 1. S. 116.; Nr. 4. S. 457.) konnte gezeigt werden, daß im Spermatogenesezyklus postmeiotische Keimzellstadien gegenüber

TMM wesentlich empfindlicher sind als prämeiotische Stadien. Als mögliche Wirkform des TMM wird das Carbeniumion angenommen. Es ist unwahrscheinlich, daß der mutagene Effekt auf der Wirkung von Formaldehyd beruht, der aus TMM abgespalten werden kann. TMM und TEM werden im System chem. Mutagene der Gruppe radiomimetischer alkylierender Agentien zugeordnet. G. Scholz. 1680.

Crockett, J. R., Koger, M. und Chapman jun., H. L.; Belleglade, Florida Agric. Exp. Stat. Genetic variations in hemoglobins of beef cattle. **(Genetische Variationen des Hämoglobins bei Fleischrindern.)** J. Animal Sci. **22** (1963) Nr. 1. S. 173–176. — 3 Abb., 3 Tab., 10 Lit.

In den papierelektrophoretisch untersuchten Proben von 939 Tieren (Bullen, Kühe, Nachkommen) wurden die Hämoglobintypen *A*, *AB* und *B* gefunden sowie bei Kälbern in den ersten Lebenswochen das fetale Hb *F*. Nur bei 6 Tieren wurde ein neuer Typ gefunden, welcher als *AC* bezeichnet wurde und dem fetalen Hb ähnelt. Bei den Rassen Aberdeen Angus und Hereford und deren Kreuzungen dominierte der Typ *A*, nur 6 von 480 Tieren wiesen den Typ *AB* auf. Bei den Brahmankühen war *AB* am häufigsten vertreten, es folgten *A* und *B* sowie selten *AC*. Die Kreuzung der Brahmankühe mit Aberdeen Angus und Hereford erbrachte vorwiegend den Typ *A*. Auch bei Tieren der Santa-Gertrudis-Rasse und deren Kreuzung mit Rotbunten war der Typ *A* der häufigste. Die Auswertung der Nachkommenschaftsgruppen läßt die Annahme einer multiplen Allelie (Hb^A, Hb^B, Hb^C) wahrscheinlich werden. Zur Gewichtszunahme der Kälber wiesen die Hb-Typen keine signifikanten Beziehungen auf. B. Busch. 1690.

Braend, Mikael und Stormont, Clyde; Oslo, Veterin. Coll. of Norway, Dep. of Med.; Davis, Univ. of California, School of Veterin. Med., Serol. Lab. Haemoglobin and transferrin types in the American buffalo. **(Hämoglobin- und Transferrintypen beim amerikanischen Bison.)** Nature [London] **197** (1963) Nr. 4870. S. 910–911. — 2 Abb., 8 Lit.

In den Proben von 113 Bisons wurde nur ein einziger Hämoglobintyp gefunden, dessen eine Bande dem Rindertyp *AA* entsprach, die andere war schneller gewandert als *BB* beim Rind. Es konnte ebenfalls nur 1 Transferrintyp bestimmt werden, der dem Typ *AA* des Rindes entspricht. Somit konnte bei einer wilden Art keine Polymorphie des Hb und der Transferrine gefunden werden, obwohl das nahe verwandte Rind solche aufweist. Als Ursachen werden in Betracht gezogen: Die Stichprobe ist nicht repräsentativ und zu klein. Die genetische Variation war vorhanden, ist aber mit der starken Dezimierung des Bisonbestandes verschwunden. Es gab beim Bison keine genetische Variation dieser Merkmale. B. Busch. 1690.

Bratanov, K. und Didov, V. (Bratanow, K. und Didow, W.) Vŭrchu njakoi imunobiologični faktori pri oploždaneto na selskostopanskite životni. **(Über einige immunbiologische Faktoren bei der Befruchtung landwirtschaftlicher Nutztiere.)** Naučni trudove. Visš selskostopanski institut „Georgi Dimitrov". Zootechničeski fakultet, Sofija **12** (1963) S. 31–40. — 3 Abb., 1 Tab., 17 Lit. Zus. in Russ., Engl.

Im Blutserum untersuchter Kühe stellten Vff. Spermioagglutinine fest, deren Titer gegenüber Bullenspermien, die nicht befruchteten, 1:512 und gegenüber solchen, die bereits bei der ersten Besamung zur Befruchtung führten, 1:32 war. Im Blutserum von 20 untersuchten Kaninchen wurden nur in einem Falle Spermioagglutinine gegenüber Bullenspermien und nicht in einem einzigen Falle komplementbindende Antikörper festgestellt. Nach Impfung der Kaninchen mit Bullenspermien wurden jedoch solche nachgewiesen. Sowohl vor wie auch nach der Impfung waren in den Seren der Versuchskaninchen keine Agglutinine gegenüber Bullen-Erythrocyten feststellbar. Das Ergebnis des mit verdünnten Immun-Antispermienseren von Kaninchen angewandten Coombs-Testes war negativ. G. Radew. 1690.

Okada, Ikuo, Takagi, Shiro und Matsumoto, Kyuki; Sapporo, Hokkaido Univ., Fac. of Agric., Dep. of Animal Sci. Genetic differences in the time of appearance of cellular antigens in the chicken. **(Genetische Unterschiede im Zeitpunkt des Auftretens von Zellantigenen beim Huhn.)** Jap. J. Genetics **37** (1962) Nr. 2. S. 102–109. – 1 Abb., 3 Tab., 15 Lit. Orig.: engl.

Die Vff., denen bereits der Nachweis von 3 Blutgruppensystemen beim Huhn gelang, berichten in der vorliegenden Arbeit über die Antigene dieser *B*-, *F*- und *H*-Systeme während der Embryonalentwicklung von Leghornküken. Das Blut der Embryonen wurde durch Herz- oder Gefäßpunktion gewonnen, nach Entfernung eines Teiles der Eischale und Schalenmembran. – Bei den *F*- und *H*-Systemen konnten die Antigene schon auf einer frühen Stufe der ontogenetischen Entwicklung nachgewiesen werden. Die Antigene des *B*-Systems zeigen in ihrem ersten Auftreten erhebliche zeitliche Unterschiede; der Zeitpunkt des ersten Auftretens variiert von späten Embryonalstadien bis zu einigen Tagen nach dem Schlupf. H. Freye. 1690.

Meacham, T. N., Cunha, T. J., Combs, G. E., Wallace, H. D., Warnick, A. C. Shirley, R. L. und Simpson, C. F. Effect of gamma irradiation on pigs fed low vitamin A rations. **(Die Wirkung der Gammabestrahlung auf Schweine, die mit niedrigen Vitamin-A-Gaben gefüttert wurden.)** Proc. Soc. exp. Biol. Med. **111** (1962) Nr. 1. S. 30–34. – 1 Abb., 7 Tab., 11 Lit.

Vff. studierten den Einfluß niedriger Vit.-A-Gaben auf Schweine, die einer Gammabestrahlung ausgesetzt wurden. Von den im Hauptversuch bestrahlten Schweinen starb das 1. Tier 7 Tage nach der Einwirkung einer Dosis von 350 r. Am Ende von 15 Tagen waren alle Kontrollen sowie 9 von 10 mit niedrigen Vit.-A-Gaben gefütterten Schweinen gestorben. Die durchschnittl. Überlebenszeit lag bei den Kontrollen bei 234 und bei den im Versuch mit Vit. A stehenden Schweinen bei 286 Std., dabei stimmten die Überlebenszeiten nicht vollständig mit den Vorversuchen und den aus der Literatur erhaltenen Daten überein. Dem Tod ging eine Reihe von Symptomen voraus, die näher beschrieben werden. Der Anfangsgehalt des Blutes an Vit. A in der 3. Lebenswoche betrug 25,5 μg/100 ml Plasma; am Ende einer 13wöchigen Vorbereitungszeit vor der Bestrahlung konnte er zu 21,55 und 7,17 μg/100 ml Plasma bei den Kontrollen bzw. bei den mit niedrigen Vit.-Gaben gefütterten Schweinen festgestellt werden. Am Ende der Bestrahlungsperiode lag der Vit.-A-Gehalt bei den nicht bestrahlten Kontrollen bei 23,9 und bei den ebenso nicht bestrahlten mit geringen Vit.-A-Gaben gefütterten Schweinen (Kontrollen) bei 5,3 μg/100 ml Plasma. Die Symptome bei den nicht bestrahlten Schweinen mit Vit.-A-Defizit waren gering. Einige Tiere schienen leicht im Gehen zu schwanken. Gleiche Differenzen im Vit.-A-Gehalt konnten in der Leber nachgewiesen werden. Die tägl. Gewichtszunahmen betrugen bei den Kontrollen 417,3 g, bei den Schweinen mit Vit.-A-Defizit 361,0 g. Die Gewichtsdifferenz war statistisch nicht zu sichern. Bei den bestrahlten Schweinen konnten andere Symptome als eine um 2 Tage kürzere Überlebenszeit klinisch und im Sektionsbild gegenüber den Kontrollschweinen im Gegensatz zu den im Vit.-A-Versuch stehenden Tieren nicht gefunden werden. G. Mehlhorn. 1695.

Willham, R. L. und Cox, D. F.; Ames, Iowa, Iowa State Univ., Dep. of Animal Sci. Effect of paternal irradiation on 154 day weight in swine. **(Der Einfluß bestrahlter Eber auf das 154-Tage-Gewicht ihrer Nachkommen.)** Genetics **47** (1962) Nr. 12. S. 1639–1646.

Das 154-Tage-Gewicht von Schweinen ist ein gebräuchliches Maß für die Wachstumsrate. Dieses Maß wurde gewählt, um diejenigen genetischen Strahlenreaktionen zu erfassen, die das Gewicht beeinflussen. Zu diesem Zweck wurden Schweine aus guten Duroc- und Hampshire-Zuchten aufgekauft. Die Testes 6 Mon. alter Eber aus diesen Zuchten wurden mit 300 r lokal bestrahlt. Die kürzeste Erholungszeit von 150 Tagen zwischen Bestrahlung und Anpaarung garantiert, daß alle zur Befruchtung gelangenden Spermien aus bestrahlten Spermatogonien stammen. – Die Anpaarung wurde einmal mit Sauen aus den aufgekauften Zuchten (Exp. I) und zum anderen mit Tieren durchgeführt, die als Kontrollen selbst gezüchtet worden waren (Exp. II). In den Würfen beider Zuchtansätze ist die Mortalitätsrate höher als normal. Im Exp. I war das 154-Tage-Gewicht signifikant niedriger und in Exp. II signifikant höher als bei den Kontrollen. Diese Daten zeigen, daß die genetischen Wirkungen der Bestrahlung als Resultante von genetischen und umweltbedingten Faktoren manifest werden. H. Fischer. 1695.

Šreder, V. N. (Schreder, W. N.); Moskau, Sewerzow-Inst. für Tiermorphol. der Akad. der Wiss. der UdSSR. Vozdejstvie ionizirujuščej radiacii na nukleinovyj obmen v organizme samok v svjazi s razvitiem mužskich i ženskich osobej v ich potomstve. **(Einfluß ionisierender Strahlung auf den Nucleinwechsel im Organismus der Muttertiere in Zusammenhang mit dem Geschlechtsverhältnis in der Nachkommenschaft.)** Doklady Akademii nauk SSSR, Moskva **145(80)** (1962) Nr. 5. S. 1160–1162. – 2 Tab., 5 Lit.

Untersucht wurde die Einwirkung von Röntgenstrahlen auf das Geschlechtsverhältnis in der Nachkommenschaft von Kaninchen. Die mit verschieden starken Dosen total bzw. lokal bestrahlten Häsinnen wurden in verschiedenen Zeitabständen nach der Bestrahlung mit unbestrahlten Rammlern gepaart. Im Blutserum der mit 250 r total bestrahlten ♀ Tiere zeigten sich bedeutende Veränderungen des Kernstoffwechsels, gekennzeichnet durch starkes Absinken der Aktivität der alkalischen Phosphatase, starkes Ansteigen von DNS, geringeres von RNS, verbunden mit Absinken der Oxydationsaktivität des Blutserums. Bei lokaler Bestrahlung (Gegend der Ovarien) mit 75 r wächst die Aktivität der alkalischen Phosphatase an, während die übrigen Merkmale denen bei totaler Bestrahlung entsprechen. Bei Totalbestrahlung steigt der Anteil der ♂♂ Tiere in der Nachkommenschaft stark an. Eine lokale Bestrahlung mit 75 r führte zum Verlust der Fortpflanzungsfähigkeit. Geringere Dosen (25 r) verschieben das Geschlechtsverhältnis zugunsten der ♂♂ Exemplare. Analoge Versuche mit Zuchtböcken zeigten eine größere Widerstandsfähigkeit der Geschlechtsdrüsen gegenüber Röntgenstrahlen. In der Nachkommenschaft überwogen ebenfalls die ♂♂ Individuen (80–85%). G. Bernert. 1695.

Kaškin, K. P., Grabar, P. N. und Courcon, Jamine. (Kaschkin, K. P., Grabar, P. N. und Courcon, Jamine.); Leningrad, Zentr. Forsch.-Inst. für Med. Radiol.; Paris, Pasteur-Inst., Abt. für Mikrobenchemie. Ėlektroforetičeskij i immunochimičeskij analiz syvorotkoj krovi myšej, letal'no oblučennych rentgenovymi lučami. **(Elektrophoretische und immunochemische Analyse des Blutserums bei Mäusen, die durch Röntgenstrahlen abgetötet wurden.)** Biochimija, Moskva 28 (1963) Nr. 1. S. 89–100. – 4 Abb., 28 Lit. Zus. in Engl. 1695.

Furman, Aleksej Evgen'evič. **Vozniknovenie i formirovanie dialektičeskoj koncepcii razvitija v biologii.** (Die Herausbildung einer dialektischen Konzeption der Entwicklung in der Biologie.) Moskva: Izd. Moskovskogo univ. 1961. (282 S.) 8°. (1962 A 1708)

Unter d. Red. v. *Lebedinskij A. V.* und *Moskalev, Ju. I.* **Biologičeskoe dejstvie radiacii i voprosy raspredelenija radioaktivnych izotopov.** (Die biologische Wirkung der Strahlung und Fragen der Verteilung radioaktiver Isotope.) Moskva: Gosatomizdat. 1961. (190 S.) 8°. (1963 A 27)

D. FORTPFLANZUNG

Rigor, E. M., Meyer, R. K., First, N. L. und Casida, L. E.; Madison, Univ. of Wisconsin. Endocrine differences associated with follicular development and ovulation rate in swine due to breed and energy intake. **(Rassen- und durch die Energieaufnahme bedingte endokrine Unterschiede in Verbindung mit der Follikelreifungs- und Ovulationsrate bei Schweinen.)** J. Animal Sci. **22** (1963) Nr. 1. S. 43–50. – 8 Tab., 12 Lit.

85 Jungsauen von 2 Rassen [Chester White (**I**) und Poland China (**II**)] in 2 Altersstufen (2. und 4. Oestrus) erhielten energiereiches (**III**) oder energiearmes Futter (**IV**) und z.T. 100 mg/Tag Progesteron (**V**) i.m. vom 8.–21. Zyklustag oder zusätzlich ca. 1000 IE PMS i.m. am 17. Zyklustag. Die Tiere wurden zu verschiedenen Zeitpunkten nach der Behandlung geschlachtet, ihre Ovarien histol. untersucht und die Hypophysen auf ihren Gehalt an FSH- und ICSH-Aktivität an Ratten getestet. **III** bewirkte eine signifikante Erhöhung der potentiellen Ovulationsraten um 3,3 Eizellen, wobei die **I** stärker reagierten. Durch **V** wurde das Follikelwachstum bei **IV** stärker gehemmt als bei **III**, während zwischen den Rassen kein Unterschied bestand. Die **I** reagierten aber stärker auf PMS. Der Gonadotropingehalt der Hypophysen wurde durch die Ernährung nicht beeinflußt, doch wies **II** einen höheren HVL-Gehalt an FSH und ICSH auf als **I**. Das FSH-ICSH-Verhältnis war bei den mit **V** behandelten Tieren größer als bei oestrischen. F. Döcke. 1763.

Bellows, R. A., Pope, A. L., Meyer, R. K. ,Chapman, A. B. und Casida, L. E.; Madison, Univ. of Wisconsin. Physiological mechanisms in nutritionally induced differences in ovarian activity of mature ewes. **(Physiologische Mechanismen bei ernährungsbedingten Unterschieden in der Ovaraktivität geschlechtsreifer Mutterschafe.)** J. Animal Sci. **22** (1963) Nr. 1. S. 93–100. – 4 Tab., 17 Lit.

128 5–7 Jahre alte weibl. Weißkopfschafe wurden in 2 Gruppen über 51 Tage entweder zur Deckung des Erhaltungsbedarfs mit einem Gras-Alfalfaheu-Gemisch ad lib. gefüttert (**I**) , oder sie erhielten zusätzlich 2 lb. einer Getreidemischung pro Tier und Tag (**II**). Die durchschn. Gewichtszunahme während dieses Zeitraumes betrug in den beiden Gruppen 3 bzw. 25 lb. pro Schaf. Im ersten Oestrus nach Beendigung der Vorbereitungsperiode erhielt die Hälfte der Tiere jeder Gruppe zwecks "flushing" während eines Zyklus 2mal tägl. 25–50 g Natriumpropionat in ansteigender Dosierung peroral verabreicht. Ein Teil der Schafe wurde kastriert, ein weiterer Teil erhielt vom 1.–16. Zyklustag 10 mg/Tag Progesteron s.c. injiziert oder Progesteron und eine zusätzliche s.c. Injektion von 800 IE PMS. Nach der Schlachtung im frühen Oestrus wurden das Fleisch-Fettverhältnis festgestellt, die Ovarien histol. untersucht, das Gewicht des Follikelsekrets ermittelt und die Hypophysen auf ihren Gehalt an FSH- und ICSH-Aktivität getestet. Durch die Ovariektomie wurde die hypophysäre Gonadotropinkonzentration bei beiden Fütterungsgruppen in gleichem Maße erhöht, doch war der Gesamtgehalt bei **II** infolge des höheren Hypophysengewichts größer. Die Ovarien der **II**-Tiere enthielten mehr Follikelsekret, reagierten aber auf PMS nicht stärker als die der **I**-Gruppe. Das Na-Propionat rief keinen signifikanten Anstieg in der Follikelsekretmenge hervor. Größere Tiere hatten allg. größere Hypophysen und mehr Follikelsekret. Vff. nehmen an, daß das "flushing" bei Mutterschafen mit einer gesteigerten Proteinsynthese verbunden ist. F. Döcke. 1763.

McClure, T. J. und Ronaldson, J. W.; Hamilton, Dep. of Agric., Ruakura Animal Res. Stat. Progesterone levels in the ovarian venous plasma of ewes with abnormal ova. **(Der Progesteronspiegel im Ovarialvenen-Plasma von Schafen mit abnormen Eizellen.)** New Zealand J. agric. Res. **5** (1962) Nr. 5/6. S. 507–509. – 2 Abb., 4 Lit.

Von 17 narkotisierten ♀ Schafen wurden am 6. Tag nach der Paarung 30 ml Blut aus der Ovarialvene entnommen und anschließend das Uterushorn der Seite durchgespült, auf der das Ovar einen aktiven Gelbkörper aufwies. Das Progesteron wurde in den Blutproben nach der modifizierten Methode von Edgar und Ronaldson (1958) chromatographisch bestimmt. Von 9 Tieren wurden normale Morulae und Blastocysten und von 8 Schafen abnormale Eizellen aus dem Uterus gewonnen. Die Progesteronkonzentration im Ovarialvenen-Plasma betrug ⌀ 1,25 μg/ml bzw. 1,46 μg/ml. Es schien also keine Beziehung zwischen der Aktivität des Gelbkörpers und der Entwicklung der Eizellen zu bestehen. F. Döcke. 1763.

Howe, G. R. und Black, D. L.; Amherst, Univ. of Massachusetts, Dep. of Dairy and Animal Sci. Migration of rat and foreign spermatozoa through the utero-tubal junction of the oestrous rat. **(Die Wanderung von Ratten- und artfremden Spermien durch die Uterus-Tubenverbindung bei der oestrischen Ratte.)** J. Reproduct. Fertility **5** (1963) Nr. 1. S. 95–100. — 3 Tab., 10 Lit.
Mittels Laparotomie wurden unbeweglich gemachte, in Ringerlösung suspendierte Ratten-, Kaninchen-, Bullen- und menschliche Spermien in die Uterushörner oestrischer Albinoratten infundiert. Die Tiere wurden nach Zeiträumen von 1 Std. 30 Min. bis 10 Std. 15 Min. getötet, Ligaturen um die Uterus-Tubenverbindungen und um das cervikale Uterusende gelegt und Abstriche vom ausgedrückten bzw. ausgespülten Tuben- und Uterusinhalt angefertigt. Die Ovarien und je 1 Uterussegment wurden histol. aufgearbeitet. Es zeigte sich, daß in wenigstens einer Tube aller besamten Tiere Spermien nachzuweisen waren. Vff. schließen daraus, daß für die Wanderung in die Tuben eine Eigenbeweglichkeit der Spermien nicht erforderlich ist und daß das Ostium uterinum tubae kein Hindernis für artfremde Spermien darstellt.
F. Döcke. 1764.

Gardner, Mark L., First, N. L. und Casida, L. E.; Madison, Univ. of Wisconsin. Effect of exogenous estrogens on corpus luteum maintenance in gilts. **(Die Wirkung exogener Oestrogene auf die Erhaltung des Corpus luteum bei Jungsauen.)** J. Animal Sci. **22** (1963) Nr. 1. S. 132–134. – 3 Tab., 13 Lit.
Nach mehreren Vorversuchen, die der Ermittlung der wirksamen Oestrogendosen dienten, wurden 2 Hauptversuche durchgeführt, in denen Jungsauen tägl. 1 mg Stilboestrol, 7,5 oder 15 mg Oestradiol-17β oder 7,5 oder 15 mg Oestron i.m. injiziert erhielten. Die Injektionen wurden am 11. Zyklustag begonnen und bis zum 33. Tag fortgesetzt. Einige Tiere wurden während der Behandlung laparotomiert, um 2 oder mehr Corpora lutea (C.l.) mit Tusche zu kennzeichnen. Nach der Schlachtung am 34. Tag wurden die C.l. entfernt, gewogen und nach der Methode von Loy und Mitarb. (1957) auf ihren Progesterongehalt untersucht. Kontrollsauen wurden am 15. Tag geschlachtet, also z.Z. der höchsten Progesteronkonzentration in den C.l. Alle 3 Oestrogene bewirkten die Erhaltung funktionsfähiger C.l. über den Untersuchungszeitraum und damit eine Unterdrückung des Oestrus. Während sich das C.l.-Gewicht signifikant verringerte, war die Progesteronkonzentration gegenüber den Kontrollen gesichert erhöht, so daß der Gesamtgehalt der C.l. an Progesteron unverändert blieb. Der Effekt war von der Oestrogendosis unabhängig.
F. Döcke. 1765.

Hulet, C. V., Blackwell, R. L., Ercanbrack, S. K., Price, D. A. und Wilson, L. O. Mating behaviour of the ewe. **(Das Paarungsverhalten des Mutterschafes.)** J. Animal Sci. **21** (1962) Nr. 4. S. 870-874.
In 24 Ein-Vatertier-Zuchtboxen wurden insgesamt 173 Mutterschafe während einer Brunstperiode fortlaufend beobachtet. Die Mutterschafe stellten häufig den ersten geschlechtlichen Kontakt her, indem sie den Bock aufsuchten. I. allg. folgten die Muttertiere den Böcken während der Brunstdauer. Falls 2 oder mehr Schafe gleichzeitig brünstig waren, bedrängten bestimmte Tiere

andere brünstige Muttern und versuchten dadurch die Aufmerksamkeit der Vatertiere zu gewinnen. Während einer durchschnittl. Brunstperiode wurde ein Mutterschaf 18mal bedrängt, 25mal besprungen und 6mal gedeckt. Von den Vff. wurden noch eine Anzahl anderer Paarungsverhaltensmerkmale analysiert. W. Schäfer. 1768.

Faber, Hans von; Stuttgart-Hohenheim, Landwirtsch. Hochschule, Zool. Inst. Time differences in the response of secondary male sexual characters to androgens: facial caruncles and penis of the muscovy duck (Cairina moschata). **(Zeitunterschiede in der Reaktion der sekundären männlichen Geschlechtsmerkmale auf Androgene: Gesichtskarunkeln und Penis der Moschusente [Cairina moschata].)** Endocrinology 72 (1963) Nr. 1. S. 169. — 1 Tab., 3 Lit.

Die Gesichts- und Schnabelkarunkeln der Moschusente entsprechen als sekundäres Geschlechtsmerkmal in vieler Beziehung dem Hahnenkamm. 5 männl. Entenküken wurden im Alter von 17 und 24 Tagen je 0,1 ml „Testosid-Depot" entspr. 15 mg Testosteroncaprinoylacetat und 2,5 mg Testosteronpropionat s.c. injiziert. Am 32. Tag wurden die Tiere getötet und Gewicht und Länge des Penis mit unbehandelten Kontrollen verglichen. Durch die Androgenbehandlung wurden weder eine Entwicklung der Gesichts- und Schnabelkarunkeln noch eine Rotfärbung der Gesichtshaut oder des Schnabels hervorgerufen. Dagegen lagen Gewicht und Länge des Penis signifikant höher als bei den Kontrollen. Histol. wurden eine Zunahme des Bindegewebes und eine stärkere Vaskularisierung beobachtet. F. Döcke. 1771.

Hulet, C. V., Ercanbrack, S. K., Price, D. A., Blackwell, R. L. und Wilson, L. O. Mating behavior of the ram in the one-sire pen. **(Das Paarungsverhalten des Schafbockes im Ein-Vatertier-Stall.)** J. Animal Sci. 21 (1962) Nr. 4. S. 857–864.

32 Zuchtboxen mit jeweils 1 Schafbock und 18–38 Mutterschafen wurden fortlaufend jeweils über eine Zeitdauer von 7 Tagen hinsichtlich der darin ablaufenden Paarungsvorgänge unter Beobachtung gehalten. Die Anzahl der brünstigen Mutterschafe und individuelle Unterschiede bei den Vatertieren waren die beiden wichtigsten Faktoren, die das Paarungsverhalten der Schafböcke beeinflußten. Im Durchschnitt deckten die Vatertiere 45mal in 6 Tagen, wobei ein oder mehrere Mutterschafe 70% dieser Zeit brünstig waren. Eine ansteigende Zahl an brünstigen Mutterschafen führte zu einer merklichen Zunahme an Paarungen pro Bock/Tag. Die Zahl der Aufsprünge je Paarung wurde durch die Anzahl der brünstigen Muttertiere nicht beeinflußt. Die Suchzeit differierte nur unwesentlich, ganz gleich, ob 1; 2 oder 3 Mutterschafe brünstig waren. Die Böcke, die die wenigsten Aufsprünge pro Paarung benötigten, deckten im Durchschnitt die meisten Mutterschafe.
W. Schäfer. 1778.

Hulet, C. V., Ercanbrack, S. K., Blackwell, R. L., Price, D. A. und Wilson, L. O. Mating behaviour of the ram in the multi-sire pen. **(Das Paarungsverhalten des Schafbockes im Mehr-Vatertier-Stall.)** J. Animal Sci. 21 (1962) Nr. 4. S. 865–869.

Sieben Zuchtboxen mit einer alle 48 Std. wechselnden Anzahl und Kombination von Jährlingen und Altböcken sowie je 18–38 Mutterschafen wurden kontinuierlich 8 Tage unter Beobachtung gehalten. Die Altböcke dominierten stets über die Jährlingsböcke, und zwar in stärkerem Maße als Jährlingsböcke über andere Jährlinge. Der Dominanzgrad hatte einen bedeutenden Einfluß auf die Anzahl an Annäherungen, Aufsprüngen, Deckakten und Paarungen pro Aufsprung. Falls mehr als ein Muttertier brünstig war, konnte das vorherrschende Vatertier jedoch die Paarungsaktivität der untergeordneten Böcke nicht völlig beschränken. Die Anwesenheit von mehr als einem Vatertier in der Boxe ließ die Gesamtzahl an Paarungen nur leicht ansteigen. Je stärker die Vorherrschaft eines Vatertieres war, desto geringer war auch die Gesamtpaarungsaktivität. Boxen mit einzelnen Altböcken gewährleisteten die wirksamste individuelle Ausnutzung der einzelnen Vatertiere. Vorherrschende Böcke, die unfruchtbar, gering fruchtbar oder genetisch minderwertig waren, reduzierten das Lammergebnis beträchtlich, verlängerten die Lammsaison und verringerten damit die Produktion. W. Schäfer. 1778.

Merker, H.-J.; Berlin, Univ., Forsch.-Abt. für Elektronemikroskopie. **Elektronenmikroskopische Untersuchungen über die Bildung der Zona pellucida in den Follikeln des Kaninchenovars.** Z. Zellforsch. mikroskop. Anatom. 54 (1961) Nr. 5. S. 677–688. — 6 Abb., 44 Lit.

Ob die Bildung der Zona pellucida (ZP) des Säugetiereies von den Follikelzellen oder von der Eizelle selbst ausgeht, konnte in den zahlreichen bisher vorliegenden licht- und elektronenmikroskopischen Untersuchungen nicht eindeutig geklärt werden. — Vf. trägt mit seinen elektronenmikroskopischen Befunden an Ovarien junger Kaninchen zu der Auffassung bei, die die Follikelzellen für die Bildung der ZP verantwortlich macht. Während sehr früher Wachstumsstadien ruhender Follikel entsteht zwischen Ei und Follikelzellen ein Spaltraum, in den baumartig verzweigte, gegen die Eizelle gerichtete Fortsätze der Follikelzellen hineinragen. Auf der Eimembran entwickeln sich zahlreiche Mikrovilli. Der Spaltraum füllt sich mit einer wolkigen Substanz, die sich allmählich zur ZP heranbildet und die unmittelbar an der Eioberfläche am stärksten verdichtet erscheint. Dabei entsteht der Eindruck, als ob die ZP von außen her wächst. — Nach neueren Vorstellungen ist das endoplasmatische Reticulum an der Synthese der Proteine und Mucopolysaccharide beteiligt. Diese Substanzen bilden den Hauptbestandteil der ZP. Die Eizellen enthalten sehr wenig, die Follikelzellen dagegen viel Strukturen des endoplasmatischen Reticulums. Auch unter diesem Gesichtspunkt wird die Produktion der ZP durch den Follikelapparat wahrscheinlich. Die Aufgabe der Eizelle könnte in einer Verdichtung und Ausfällung der durch die Follikelzellen bereitgestellten ZP-Substanzen bestehen. P. Kauffold. 1785.

Foote, R. H., Hafs, H. D., Staples, R. E., Gregoire, A. T. und Bratton, R. W.; Ithaca, N. Y., Cornell Univ., Dep. of Animal Husbandry. Ovulation rates and litter sizes in sexually receptive and nonreceptive artificially inseminated rabbits given varying dosages of luteinizing hormone. **(Ovulationsraten und Wurfgrößen bei paarungsbereiten und nicht paarungsbereiten künstlich besamten Kaninchen, die verschiedene Dosen von luteinisierendem Hormon erhielten.)** J. Reproduct. Fertility 5 (1963) Nr. 1. S. 59–66. — 6 Tab., 23 Lit.

Vorversuche ergaben, daß nur 41% von geschlechtsreifen weibl. Kaninchen, die bei konstanter Fütterung und unter konstanten Lichtverhältnissen gehalten wurden, zu einem bestimmten Zeitpunkt paarungsbereit waren (Lordosereflex). Eine Beziehung zwischen Paarungsverhalten und Lgw. bestand nicht. Durch eine einmalige i.v. Injektion von 5 mg luteinisierendem Hormon (LH) („Armour") konnten bei den nicht paarungsbereiten Tieren Ovulationen ausgelöst werden. Applikation von 2,5 mg LH an 75 paarungsbereite und nicht paarungsbereite weibl. Kaninchen im Gewicht von 2–3 kg führte zu 91% Trächtigkeit nach KB und zur Geburt von 307 Jungen. Ähnlich gute Resultate, die sich voneinander nicht signifikant unterschieden, wurden nach Injektion von 1 oder 0,5 mg LH erzielt. Bei Wiederholung der Behandlung nach dem Absetzen der Jungen wurden ebenfalls normal große Würfe geboren. Eine Vorbehandlung der Tiere mit FSH verbesserte die Ergebnisse nicht wesentlich.
F. Döcke. 1792.

Doyle, L. L., Gates, A. H. und Noyes, R. W.; Palo Alto, Calif., Stanford Univ., School of Med., Dep. of Obstetrics and Gynecol. Asynchronous transfer of mouse ova. **(Asynchrone Übertragung von Mäuseeizellen.)** Fertility and Sterility **14** (1963) Nr. 2. S. 215–225. – 2 Abb., 6 Tab., 11 Lit.

Von geschlechtsreifen weibl. BALB/c-Mäusen, die mit fertilen Männchen gepaart worden waren, wurden am 2.–5. Trächtigkeitstag nach einer in einer früheren Arbeit beschriebenen Methodik befruchtete Eizellen gewonnen und auf Empfänger übertragen, die zwecks Auslösung einer Pseudogravidität von vasektomierten Männchen gedeckt worden waren. Nach Tötung der Empfänger am 18. Tag wurden die Feten gezählt und gewogen sowie ihr Geschlecht bestimmt. Aus Eizellen, die am 2. Tag der Pseudogravidität transplantiert wurden oder deren Entwicklungsstadium gegenüber dem des Empfängeruterus zurücklag, entwickelten sich in keinem Fall Feten. Die jüngeren Eizellen schienen am Abend des 4. Tages zu Grunde zu gehen, also zum Zeitpunkt, an dem die Implantation synchron übertragener Eizellen beginnt. Eizellen, deren Entwicklung um 1–2 Tage weiter fortgeschritten war als die des Empfängeruterus, überlebten dagegen, und die sich aus diesen Eizellen entwickelnden Feten waren signifikant schwerer als die nach synchroner Übertragung gewonnenen. F. Döcke. 1814.

Šmidt, G. A. (Schmidt, G. A.); Moskau, Sewerzow-Inst. für Tiermorphol. der Akad. der Wiss. der UdSSR. Fazy blastocisty i trofoblastičeskogo puzyŕka u karakul'skoj ovcy. **(Die Phasen des Blastocysten und des Trophoblastenbläschens beim Karakulschaf.)** Doklady Akademii nuak SSSR, Moskva **147(30)** (1962) Nr. 4. S. 989–991. – 3 Abb., 11 Lit.

Beim Karakulschaf dauert die Blastocystenphase von der Mitte des 6. bis zum Ende des 10. Tages, bei der Kuh vom Ende des 7. bis Mitte des 14. Tages. Am Ende des 9. Tages entsteht eine Höhle, die innerhalb von 1–1,5 Tagen nach außen durchbricht. Die Oberfläche der Embryonalscheibe bleibt einige Std. lang gewölbt. Im Verlauf des 11. und 12. Tages kommt es zu einer allmählichen Vergrößerung des Trophoblasten. Am 13. Tag folgt ein Längenwachstum des Trophoblasten, der 7,5 mm erreicht. Auch der 14. Tag ist durch ein starkes Wachstum gekennzeichnet. B. Busch. 1840.

First, N. L., Stratman, F. W. und Casida, L. E.; Madison, Univ. of Wisconsin. Effect of sperm age on embryo survival in swine. **(Der Einfluß des Spermienalters auf das Überleben der Embryonen beim Schwein.)** J. Animal Sci. **22** (1963) Nr. 1. S. 135–138. – 2 Tab., 22 Lit.

192 Kreuzungssauen wurden mit Sperma von 4 Ebern besamt, das mit erhitzter homogenisierter Milch verdünnt und 6 (**I**) oder 54 Std. (**II**) bei 6–8 °C aufbewahrt worden war. Die Samenübertragung während der ersten 24 Std. des Oestrus erfolgte intracervikal mit 5×10^9 Spermien in 50 ml Gesamtvolumen. Die Hälfte der Sauen wurde 60–72 Std. post insem. geschlachtet. Die Eizellen wurden aus den Tuben und Uterushörnern ausgespült und auf Zellteilungen sowie auf Spermien in der Z. pellucida untersucht. Der Rest der Sauen wurde am 25. Tag nach der Besamung geschlachtet, um die Zahl der überlebenden Embryonen festzustellen. Die durchschn. Konzeptionsrate bei den nach 3 Tagen geschlachteten Sauen betrug 61% für **I** und 39,3% für **II**. Dieser Unterschied war, ebenso wie der zwischen den Ebern, nicht gesichert. Dagegen lag der Anteil befruchteter Eizellen bei **II** signifikant niedriger. Es bestand eine gesicherte Wechselwirkung zwischen Spermienalter und Ebern. Der Trächtigkeitsprozentsatz (68,8 bzw. 29,2%) der am 25. Tag geschlachteten Sauen stand, ebenso wie das Verhältnis von gefundenen Embryonen zur Zahl der Gelbkörper und das Überleben der Embryonen, in signifikanter Abhängigkeit von Spermienalter und Eber. F. Döcke. 1844.

Polin, Donald, Wynosky, Elizabeth R. und Porter, Curt C.; Rahway, N.J., Merck Inst. for Therapeutic Res. Amprolium 10. Influence of egg yolk thiamine concentration on chick embryo mortality. **(Amprolium 10. Der Ein-**

fluß des Thiamingehaltes des Eidotters auf die Mortalität des Hühnerembryo.) Proc. Soc. exp. Biol. Med. **110** (1962) Nr. 4. S. 844–846. — 1 Abb., 1 Tab., 6 Lit.
Durch Verfütterung des Coccidiostaticums Amprolium in genügend starker Dosis kann bei Hühnern und in Eiern ein Thiamin-Mangel erzielt werden. Die Droge wird im Eidotter abgelagert, und zwar in Stärken, die in Korrelation zu dem Amprolium-Spiegel des Futters stehen. Amprolium selbst ist harmlos für den sich entwickelnden Embryo; nur bei sehr hohen Gaben wurde eine Mortalität bei den Embryonen beobachtet. — Die freie Thiamin-Konzentration im Dotter betrug ⌀ 2,91 ppm während der ersten 3 Tage, als 0,2%ige Amprolium-Diät an die Hennen verfüttert wurde; bis zum 11. Tage der Behandlung fiel dieser Gehalt ab auf 0,38 ppm. Die max. Wirkung auf die Schlupfrate der Küken trat allerdings nicht vor der 3. Behandlungswoche auf. Nach Abbruch des Diätfutters erreichte die freie Thiamin-Konzentration des Dotters nach 6 Tagen den Normalstand, das normale Schlüpfen wurde nach 3 Tagen beobachtet. Das Minimum von freiem Thiamin im Dotter für die optimale Entwicklung der Weißen-Leghorn-Küken lag bei 0,63 ppm. — Es wird darauf hingewiesen, daß neben dem untersuchten freien Thiamin auch Thiamin in gebundener Form im Dotter von physiol. Bedeutung sein kann.
H. Freye. 1844.

Srukov, M. N. (Srukow, M. N.) O sosudistoj sisteme moločnoj železy u koz. **(Über das Gefäßsystem der Milchdrüse bei der Ziege.)** Vestnik Leningradskogo universiteta **17** (1962) Nr. 21. Serija biologii Nr. 4. S. 113–131. — 5 Abb., 19 Lit.
Nach der Untersuchung von Gefäßkorrosivpräparaten konnte bestätigt werden, daß sich die Euterarterie in je einen vorderen, mittleren und hinteren Zweig teilt. Die Zitzenarterie entspringt aus der mittleren, manchmal auch aus der hinteren Euterarterie. Gefäß-Anastomosen wurden innerhalb der Drüsenpartien und zwischen den Euterhälften gefunden. Auf die enge Verbindung zwischen der starken Vaskularisierung und der Milchsekretion wird hingewiesen.
B. Busch. 1862.

Bílek, Jan, Janovský, Miloš, Makoč, Zdeněk und Kozlík, Vladimir; Praha, Ústav pro Péči o Matku a Dítě; Ústav Leteckého Zdravotnictví; Státni Ústav pro Kontrolu Léčiv. Hodnoty oxytocinu v krvi při ejekčním reflexu. **(Die Oxytocinwerte im Blut beim Milch-Ejektionsreflex.)** Živočišná Výroba 8**(36)** (1963) Nr. 1. S. 41–46. — 2 Abb., 3 Tab., 10 Lit. Zus. in Russ., Dtsch.
Bei Kühen des Tschechischen Rotflecks wurde das aus dem Blut extrahierte Oxytocin bestimmt und festgestellt, daß der Oxytocinspiegel in der Ruhezeit, d. h. außerhalb der Melkzeit, verhältnismäßig hoch ist (0,009 IE). Ferner konnte ermittelt werden, daß sich der Gehalt dieses Hormons im Blut nach Reizung der Euterzitzen durch Massage wider Erwarten nicht steigert. Man kann annehmen, daß das Oxytocin durch Stimulation der Neurohypophyse (wahrscheinlich durch die Reizwirkung auf die Barorezeptoren der Milchdrüse auch außerhalb der Ejektionszeit) kontinuierlich ausgeschieden wird. Es ist wahrscheinlich, daß im Verlauf der Ejektion die Inaktivierung durch die Milchdrüse beschleunigt wird. Das läßt sich aus der beobachteten Senkung des Oxytocinspiegels im Blut während der Ejektion ableiten. Auch die Stimulation der Hypophyse während des Versuches durch einige bedingte Faktoren, z. B. durch visuelle und Schallwirkung u. a., läßt sich nicht von der Hand weisen. Auch dadurch könnte die Tatsache erklärt werden, daß der Oxytocinwert schon vor der Reizung der Euterzitzen verhältnismäßig hoch sein kann und warum er bereits zu Beginn des Melkens ansteigt. ČSSR/ÚVTI. 1864.

Lascelles, A. K. Removal of milk constituents from the mammary gland of the ewe. **(Die Rückführung von Milchbestandteilen durch die Milchdrüse beim Schaf.)** Nature [London] **191** (1961) Nr. 4796. S. 1404–1405. 1864.

Foote, R. H. und Heath, Allen; Ithaca, N.Y., Cornell Univ., Dep. of Animal Husbandry. Effect of sperm losses in semen collection equipment on estimated sperm output by bulls. **(Der Einfluß von Spermienverlusten bei der Spermagewinnung auf den geschätzten Spermienausstoß von Bullen.)** J. Dairy Sci. **46** (1963) Nr. 3. S. 242-244. — 2 Tab., 5 Lit.
Vorversuche hatten ergeben, daß nach der Gewinnung eines Bullenejakulates ca. 1 ml Sperma mit ca. 1,6 Md. Spermien an der Wand der künstlichen Vagina hafteten, d. h. ca. 19% des Gesamtejakulates. In 2 erneuten Versuchen mit insgesamt 60 Ejakulaten wurde bestätigt, daß sich nach der Spermagewinnung noch ca. 1,5 Md. Spermien mittels Na-Zitratlösung oder Aqua dest. aus der künstlichen Vagina ausspülen ließen. Nach Einbringen von Spermien in die Vagina zeigte sich, daß eine Präparierung des Gummischlauches mit Silicon keine und Anfeuchten eine geringgradige Erhöhung der Zahl der durch einfaches Ausspülen wiedergewonnenen Spermien ergab. Vff. fordern, daß zur Spermaentnahme Vaginen von einer Länge benutzt werden, die ein Absetzen des Ejakulates unmittelbar vor dem Auffanggläschen ermöglicht. Bei der Messung des Spermienausstoßes eines Bullen sollten die in der Vagina zurückbleibenden Spermien bestimmt und entspr. berücksichtigt werden.

F. Döcke. 1885.

Rodin, I. I.; Moskau, Veterinärmed. Akad. Novyj pribor dlja polučenija spermy ot barana. **(Ein neues Gerät zur Gewinnung von Schafbocksperma.)** Veterinarija, Moskva **40** (1963) Nr. 2. S. 68-69. — 1 Abb.
Vf. beschreibt in dem Artikel ein neues Gerät zur Gewinnung von Schafbocksperma, welches die Mängel des bisherigen (Abkühlen des Gerätes, Austrocknen der Vaseline, Ungenauigkeit in der Druckerzeugung) nicht mehr aufweist.

K. Witt. 1885.

Ostaško, F. I. und Gajvoronskij, G. S. (Ostaschko, F. I. und Gaiworonski, G. S.); Dubrowizy, Gebiet Moskau, Unions-Inst. für Tierzuchtforsch. Ob ošibkach pri opredelenii fotoėlektrometričeskim metodom koncentracii spermatozoidov. **(Über auftauchende Fehler bei der Bestimmung der Spermienkonzentration mit der photoelektrometrischen Methode.)** Vestnik sel'skochozjajstvennoj nauki, Moskva **7** (1962) Nr. 12. S. 130-133. — 3 Abb., 4 Lit. Zus. in Engl., Franz., Dtsch.
Vff. entwickelten die beschriebene Methode zur Dichtebestimmung von Bullen- und Schafbocksperma. Sie ist einfach in der Anwendung und von hoher Genauigkeit. Zur Verwendung kommen ein Photoelektrocolorimeter FEK-M und ein Erythro-Hämometer (sowj. Erzeugnisse). Durch Aufstellung einer graduierten Kurve kann man die Spermienkonzentration in einem beliebigen Ejakulat feststellen. Zu diesem Zwecke bestimmt man die optische Dichte des Ejakulates. Die Methode wurde 1959-60 in der Praxis erprobt. Bei vergleichsweise parallelem Auszählen der Spermien mit Hilfe der Zählkammer trat ein mittlerer Fehler von $\pm 5\%$ auf, der nach Meinung der Vff. für den Routinebetrieb zulässig ist. Ferner werden vergleichende Untersuchungen zu 3 weiteren in der Literatur beschriebenen Varianten zur Bestimmung der Spermienkonzentration beschrieben; der Fehler erreicht hierbei 4,0-5,5%. Die Fehlerursachen suchen Vff. in der Untersuchungsmethodik.

I. Tschinkel. 1886.

Abraham, K. A. und Bhargava, P. M.; Hyderabad, India, Regional Res. Lab. Nucleic acid metabolism of mammalian spermatozoa. **(Nucleinsäurestoffwechsel von Säugetier-Spermatozoen.)** Biochem. J. **86** (1963) Nr. 2. S. 298-307. — 3 Abb., 6 Tab., 28 Lit.
Vff. untersuchen den Einbau von ^{32}P-Phosphat (P), 8-^{14}C-Adenin (A), 6-^{14}C-Orotsäure (O), 2-^{14}C-Thymin (T) und 2-^{14}C-Uracil (U) in Suspensionen von gewaschenen Büffel- und Bullenspermatozoen. Die ersten 3 Verbindungen, jedoch nicht T und U, wurden in die gesamten Nucleinsäuren der Spermato-

zoen eingebaut. Bei mehrstündiger Einbauzeit wurde der Hauptanteil der markierten Vorstufen in die RNS inkorporiert, die DNS enthielt weniger als 0,02%. Chloramphenicol stimulierte den Einbau von P, A und O. Ribonuclease und eine Mischung aus Penicillin und Streptomycin hatten keinen signifikanten Effekt auf diesen Einbau. Die Zugabe einer Aminosäurenmischung (21 Aminosäuren, 20 mg einer jeden Aminosäure/ml) zum Inkubationsmedium ergab einen 2- bis 3fach höheren Einbau von P, A und O. — Der Zusatz eines Homogenates aus Ratten-Testes verminderte die Einbaurate von O, Zugabe von Samen-Plasma hemmte den O-Einbau gänzlich. Das gleiche wurde für den A-Einbau ermittelt, wenn nichtgewaschene Spermatozoen verwendet wurden. — Die Ergebnisse werden ausführlich diskutiert.

H. Bergner. 1887.

Povoa jun., H.; Rio de Janeiro, Brazil. Enzyme localization in proteins separated by paper electrophoresis in human seminal plasma. **(Die Enzymlokalisation in Proteinen des menschlichen Seminalplasmas, die durch Papierelektrophorese getrennt wurden.)** Experientia [Basel] **18** (1962) Nr. 12. S. 552. — 1 Tab., 6 Lit. 1887.

Davis, I. S., Bratton, R. W. und Foote, R. H.; Ithaca, N.Y., Cornell Univ., Dep. of Animal Husbandry. Livability of bovine spermatozoa at 5 °C in tris-buffered and citrate-buffered yolk-glycerol extenders. **(Die Lebensfähigkeit von Bullenspermien bei 5 °C in Eidotter-Glycerin-Verdünnern, die mit „Tris“ und Citrat gepuffert wurden.)** J. Dairy Sci. **46** (1963) Nr. 1. S. 57 bis 60. — 3 Tab., 15 Lit.

18 Ejakulate von 16 Fleisch- und Milchviehbullen wurden in 2 Stufen mit Eidotter (20%)-Glycerin(7%)-Verdünnern versetzt, die mit 0,15; 0,2 und 0,25 Mol „Tris“ (Hydroxymethylaminomethan) abgepuffert und mit Citronensäure auf pH-Werte von 6,50; 6,75 und 7,00 eingestellt wurden. Bei 0,2 Mol Tris und pH 6,75 war das Spermienüberleben optimal und betrug nach 8tägiger Aufbewahrung bei +5 °C ⌀ 42% gegenüber 35 bzw. 18% in den Kontrollverdünnern CUE und Eidotter-Citrat-Glycerin. Die Unterschiede waren gesichert.

F. Döcke. 1891.

Davis, I. S., Bratton, R. W. und Foote, R. H.; Ithaca, N.Y., Cornell Univ., Dep. of Animal Husbandry. Livability of bovine spermatozoa at 5, —25, and —85 °C in tris-buffered and citrate-buffered yolk-glycerol extenders. **(Lebensfähigkeit von Bullenspermien bei +5°, —25° und —85 °C in Tris- und Citrat-gepufferten Eigelb-Glycerin-Verdünnern.)** J. Dairy Sci. **46** (1963) Nr. 4. S. 333-336. — 3 Tab., 10 Lit.

Mit 0,2 und 0,25 Mol Tris gepufferter Eigelb-Glycerin-Verdünner erwies sich dem Citrat-gepufferten Standardverdünner überlegen. Für die Aufbewahrung der Spermien bei —25 °C waren die verwendeten Verdünner unbefriedigend.

H. Cziharz. 1891.

Kégl, T. A bikaondó csiratartalma és a csiraszám csökkentése megelőző rendszabályok alkalmazásával. **(Über den Keimgehalt des Bullenspermas und die Verminderung der Keimzahl durch vorbeugende Maßnahmen.)** Magyar Állatorvosok Lapja [Ung. veterinärmed. Bl.] **17** (1962) Nr. 8. S. 296-300. — Aus: Ung. Agrar-Rdsch. **1963** Nr. 2.

Vf. führte vergleichende Untersuchungen durch, um festzustellen, ob zwischen der Keimzahl und dem Katalasewert des Bullenspermas eine Korrelation besteht. Es wurde auch die Wirksamkeit von 2 Vorhautspülungsflüssigkeiten auf die Verminderung der Keimzahl des Samens geprüft. — Die einfach und rasch durchführbare Katalase-Probe ermöglicht eine gute Orientierung über den Bakteriengehalt und die Verwendbarkeit des Spermas, wobei festgestellt werden kann, ob das Sperma schwach, mittelmäßig oder stark verunreinigt ist. — Falls die Vorhaut der Bullen mit der Lösung nach Mezö (frisch hergestellte 3%ige Borsäurelösung, dazu unmittelbar vor der Verwendung 0,01% Kaliumpermanganat) ausgespült wurde, konnte ein Sperma mit bedeutend niedrigeren Keimzahlen gewonnen werden als nach einer Spülung mit 0,05%iger Xanthakridinlösung. Die Wirkung der Mezöschen Lösung ist dauerhafter. Nach Meinung des Vf. genügt zur Gewinnung eines keimarmen Spermas in der Praxis eine aller 2 Wochen vorgenommene Spülung. Die Untersuchungen bewiesen, daß eine regelmäßige Behandlung der Vorhaut der Bullen zur Sicherung des Erfolges der KB notwendig ist. 1891.

Prokopcev, V. M. (Prokopzew, W. M.) Bornaja kislota v sostave razbavitelja spermy chrjaka. **(Die Borsäure in Verdünnern für Ebersperma.)** Svinovodstvo, Moskva **17** (1963) Nr. 2. S. 34-35.
In einem Bicarbonat-Bor-Verdünner (75 ml aqua dest., 3,5 g Glukose, 0,2 g Na-Bicarbonat, 0,25 mg Eigelb) behielt im Verhältnis 1:2 verdünntes Ebersperma bei +5 bis +7 °C bis zu 20 Tagen seine Beweglichkeit. Die Borsäure erhöhte das Pufferungsvermögen des Verdünners und senkte dessen pH-Wert von 7,2-7,3 im Bicarbonatverdünner auf 6,8-7,0. Außerdem hat die Borsäure auch bakteriostatische Wirkung, ohne wie die Antibiotica die Beweglichkeit der Spermien zu verringern. B. Schenk. 1891.

Paršutin, G. V. (Parschutin, G. W.) Vlijanie mikrobov na spermu žerebcov. **(Einfluß von Mikroben auf das Hengstsperma.)** Trudy. Vsesojuznyj naučno-issledovatel'skij institut konevodstva, Moskva **23** (1960) S. 107-118. — 3 Tab., 12 Lit. Zus. in Engl.
Bei der Spermakonservierung ermöglicht der Einsatz von Verdünnern, die die schädliche Wirkung der in den Sekreten der Anhangsdrüsen enthaltenen Mikroben neutralisieren, Schutz vor dem Verderben des Spermas. Die folgende Abkühlung des verdünnten Spermas auf +2 bis 0 °C hemmt die Entwicklung der Mikroben und verhindert die Verausgabung von Energie durch die Spermien. Das Vorhandensein einer geringen Menge der im konservierten Sperma am häufigsten vorkommenden Mikroben ist nicht die Hauptursache für das Absterben der Spermien, sondern vielmehr eine Zerstörung der biochem. Struktur der Spermien selbst. Die Verdünnung und Konservierung bei 0 °C gewährleisten bei richtiger Anwendung eine Lagerung des Spermas über 2-3 Tage ohne größere Entwicklung von Mikroorganismen.
G. Bernert. 1891.

Clamohoy, L. L. und Foote, R. H.; Ithaca, N.Y., Cornell Univ., Dep. of Animal Husbandry. Effects of dyes on survival of bull spermatozoa stored in yolk and milk extenders at 5 and —79 °C. **(Der Einfluß verschiedener Farben auf das Überleben von Bullenspermien in Eidotter- und Milchverdünnern bei +5 und —79 °C.)** J. Dairy Sci. **46** (1963) Nr. 1. S. 61-64. — 3 Tab., 11 Lit.
Die flüssigen Nahrungsmittelfarben „erdbeerrot", „smaragdgrün", „weinrot", „braun", „zitronengelb" und „blau" (Warner Jenkinson Manufacturing Co., St.Louis 6, Miss.) wurden in einer Menge von 0,6 ml/100 ml Verdünner Bullensperma zugesetzt, das in einem Eidotter(50%)-Citrat(2,9%)-Verdünner, im CUE oder in einem Magermilch-Verdünner bei +5 °C bzw. in einem Eidotter (20%)-Citrat-Glycerin- oder Magermilch-Glycerin(10%)-Verdünner unter Antibioticazusatz bei —79 °C aufbewahrt wurde. Während einer 30tägigen Tiefkühlkonservierung übte keiner der Farbstoffe einen ungünstigen Effekt auf die Spermien aus, und während einer 12tägigen Aufbewahrung bei +5 °C wirkte lediglich „braun" spermicid, doch verringerte sich diese Wirkung bei einer niedrigeren Farbstoffkonzentration (0,2 ml/100 ml Verdünner). Mit Ausnahme der braunen sind also die geprüften Nahrungsmittelfarben zur Identifizierung von Bullensperma geeignet. F. Döcke. 1892.

Hahn, R. **Zur Konservierung des Ebersamens.** Tierärztl. Umschau 18 (1963) Nr. 4. S. 165-166. 169-171.
Das von Du Mesnil Du Buisson beschriebene Verfahren der Kohlensäureinaktivierung von Ebersperma wird variiert und eingeführt. Als Verdünnerlösung dienen 20,0 g Natriumcitrat (2 H_2O), 2,1 g Natriumbicarbonat, 0,4 g Kaliumchlorid, 3,0 g Glukose, 3,0 g Sulfanilamid in 1000 ml aqua bidest. Zur Keimhemmung erfolgt ein Zusatz von 1 Mill. IE Penicillin und 1 g Streptomycin auf 1000 ml Verdünnerlösung. Die fertige Verdünnerlösung wird in 2 gleichgroße Portionen geteilt und die eine Hälfte in Inseminationsflaschen zu je 100 ml abgefüllt (Verdünnerlösung I). Die andere Hälfte wird mit CO_2 bis zur Sättigung angereichert (Verdünnerlösung II). Das gewonnene und beurteilte Sperma wird mit der Verdünnerlösung II gemeinsam in einem Wasserbad auf 20 °C abgekühlt. Nach der Abkühlung erfolgt die Vorverdünnung des Spermas mit der Verdünnerlösung II. Das vorverdünnte Sperma wird nun je nach Dichte in verschieden große (20 ml-50 ml) Zuschmelzampullen abgefüllt. Eine Ampulle soll ca. 5×10^9 Spermien enthalten. Die Anabiose der Spermien im CO_2-Verdünner ist so groß, daß das verdünnte Sperma vor der Beurteilung ca. 20 Min. in einer eigens dafür konstruierten Schüttelapparatur bei 37 °C geschüttelt werden muß. Das verdünnte Sperma wird bei 15 °C versandt. Die Besamung erfolgt mit einem modifizierten Aamdalschen Besamungsbesteck mit 1-3 Tage altem Samen. Die Besamungsergebnisse schwanken infolge der unterschiedlichen Erfahrungen der Besamer.

K. Rothe. 1892.

Rudič, V. M. (Ruditsch, W. M.); Schachunja, Gebiet Gorki, Stat. für Künstl. Besam. Landwirtsch. Nutztiere. Iskusstvennoe osemenenie svinej pri transportirovke semeni. **(Künstliche Besamung der Schweine mit transportiertem Sperma.)** Svinovodstvo, Moskva 16 (1962) Nr. 2. S. 10-12. — 1 Tab.
Für den Transport von Ebersperma über größere Entfernungen wurde ein Verdünner „DU" entwickelt, der eine Aufbewahrung von 3 Tagen bei Zimmertemperatur gestattet. Der Verdünner enthält auf 1 l aqua dest. 13 g Glukose, 14,4 g Na-Citrat, 1,5 g Na-Bicarbonat, 0,29 g Kaliumchlorid, 3 g weißes Streptocid, je 1 Mill. IE Penicillin und Streptomycin und 100 ml Eidotter. Der fertige Verdünner wird vor der Zugabe der Antibiotica und des Eidotters mit CO_2 gesättigt. Bei der Spermagewinnung und Insemination wurde das im Unions-Inst. für Tierzuchtforschung entwickelte Verfahren angewendet. Die Befruchtungsrate betrug in 2 Betrieben 55 bzw. 68%.

G. Häßler. 1892.

Kelly, J. W. und Hurst, Victor. Relationship between certain laboratory criteria and fertility of frozen bovine semen. **(Beziehungen zwischen verschiedenen Laboruntersuchungsergebnissen und Fruchtbarkeit bei Tiefgefriersperma von Bullen.)** Amer. J. veterin. Res. 24 (1963) Nr. 98. S. 136-138.
Es werden die Befruchtungsergebnisse, die mit tiefgekühltem Bullensperma erzielt werden, mit Aktivitätsbeurteilungen des Spermas gleicher Chargen verglichen. Die Ampullen werden bei −79 °C aufbewahrt und in Eiswasser (1 °C) aufgetaut, das Sperma wird in gekühlte Probeampullen umgefüllt. Die Aktivitätsuntersuchung erfolgt bei Inkubation auf 38 °C von jeweils 10 Ampullen jeder Charge. Die Proberöhrchen werden während der Untersuchung bei einer konstanten Temperatur von 38 °C im Wasserbad gehalten und so lange untersucht, bis die durchschnittl. Aktivität von 10 Ampullen nur noch 0,5 beträgt. Die Beurteilung erfolgt in Abstufungen von 0-100%. Die Kriterien, die zum Vergleich mit der Befruchtungsrate herangezogen werden, sind folgende: Die Summe der Durchschnittsaktivität (Gesamtsumme von 10 Ampullen), die Durchschnittsaktivität (Gesamtsumme dividiert durch Anzahl der Untersuchungen), die Beobachtungsdauer in Std. (Beobachtungsdauer der 10 Ampullen bis zur Aktivität 0,5), Verhältnis von Aktivität und

Lebensdauer (Durchschnittsaktivität mit Beobachtungsdauer multipliziert) und Vorwärtsbeweglichkeit nach dem Auftauen (in %). Zwischen der Summe der Durchschnittsaktivität, durchschnittl. Beobachtungsdauer und der Befruchtungsrate sind enge Beziehungen feststellbar. Die 3 genannten Kriterien sind für die Beurteilung tiefgefrorenen Bullenspermas geeigneter als die Überlebensrate. K. Rothe. 1897.

Borovikov, K. A. **Erfolge bei der Bekämpfung der Sterilität durch die Anwendung des Präparates SShK (Serum trächtiger Stuten).** Aus: Životnovodstvo, Moskva **1961** Nr. 4. S. 61–62. (Übers. aus d. Russ., Maschinenschr. vervielfält.) 4°. — TO 642.

Jakovlev, Vladimir Georgievič. **Biochimija laktacii.** (Biochemie der Laktation.) Hrsg.: Akad. nauk Kirgizkoj SSR. Frunze: Izd. Akad. nauk. Kirgizskoj SSR. 1962. (229 S.) 8°. (1963 A 460)
Janovskij, Ivan Ivanovič. **Razmnoženie sel'skochozjajstvennych životnych.** (Die Vermehrung der landwirtschaftlichen Nutztiere.) Hrsg.: Uzbekskaja akad. sel'skochoz. nauk. Taškent. 1960. (71 S.) 8°. (1963 A 583)

E. ZÜCHTUNG

Šostak, V. O. (Schostak, W. O.); Charkow, Forsch.-Inst. für Tierzucht des Waldsteppen- und Polessje-Gebietes der Ukrain.SSR. Efektyvnist' pleminnogo vykorystannja inbrednych plidnykiv. **(Einfluß von Inzuchtbullen in der Zuchtarbeit.)** Visnyk sil'skogospodarskoï nauky, Kyïv **5** (1962) Nr. 4. S. 73-78. — 2 Tab. Orig.: ukrain., Ausz.: russ.
An mehreren Simmentaler und Lebediner Bullen aus Zucht- und Produktionsbetrieben wurde der Einfluß der Verwandtschaftspaarung auf die Aufzuchtleistungen und die Leistungen der Nachkommen untersucht. Junge und erwachsene Tiere, die durch unterschiedliche Selektion von verschiedenen Inzucht- und Fremdzuchtbullen (Outbreed) erhalten wurden, zeigten keinen wesentlichen Unterschied in Lgw. und Körpermaßen. Verschiedentlich waren die Nachkommen von Outbreed-Bullen besser. Die Milchleistungen waren bei den Töchtern von Bullen, die mit Hilfe zielgerichteter Verwandtschaftspaarung auf der Basis wertvoller Blutlinienbegründer gezogen waren, bedeutend höher als von Outbreed-Vatertieren. Die Verwandtschaftspaarung wird nur auf der Basis wertvoller Vorfahren bei der Linienbildung mittels hervorragender Tiere empfohlen. K. Neumann. 1930.

Kusner, H. F. A heterózis kérdése a törzs- és haszonállat tenyésztésében. **(Das Problem der Heterosis in der Stamm- und Gebrauchszucht.)** Magyar tudományos Akad., biol. Csoportjának Közleményei [Ung. Akad. Wiss., Ber. biol. Abt.] **5** (1962) Nr. 1/2. S. 111-158. — Aus: Ung. Agrar-Rdsch. **1963** Nr. 2.
Auf der vom 5.-7. Sept. 1960 von der Ungarischen Akademie der Wissenschaften durchgeführten Tagung hielt Kusner in der Sektion für Tierzucht den einleitenden Vortrag. Er sprach über die in der SU mit der reziproken Kreuzung verschiedener Tierrassen erzielten Ergebnisse sowie über die Erfahrungen ähnlicher Versuche in anderen Ländern. Er schlußfolgerte, je detaillierter und gründlicher wir die spez. Wirkung der Eltern auf die wertbestimmenden Eigenschaften ihrer Nachkommen kennen, um so besser können wir die züchterischen Arbeitsmethoden i. allg. fundieren, und um so besser kommt der Heterosiseffekt zur Geltung. Er besprach die Möglichkeiten, den Heterosiseffekt zu fixieren, und bestritt die Überlegenheit der durch Kreuzung ingezüchteter Linien erzeugten „Hybrid“-Hühner bzw. -Hennen den einfach gekreuzten bzw. reinrassig selektierten Tieren gegenüber. Falls der mütterliche Organismus stark ingezüchtet ist, kann er — infolge der inzuchtbedingten Degeneration — die normalen Bedingungen der embryonalen (und bei Säugetieren auch der postembryonalen) Entwicklung nicht voll gewährleisten. Dagegen können die gekreuzten F_1-Mütter oder jene rassereinen, deren Vitalität durch Blutauffrischung erhöht wurde, mit entspr. Vatertieren zielbewußt

gepaart, die günstigsten Bedingungen zur Entwicklung der Nachkommen bieten. Anschließend berichtete Fábián über Untersuchungen zur Klärung der theoretischen Grundlagen der erhöhten Lebensfähigkeit bei Hybriden. Es kann angenommen werden, daß eine der Ursachen der erhöhten Vitalität des hybriden Organismus durch eine allg. Schwächung der aktivierenden Energie der Fermente bedingt ist. Stohl befaßte sich vom Blickpunkt der Heterosis mit Fragen der Hybridisierung innerhalb einer Rasse und zwischen verschiedenen Rassen. Horn erläuterte das Problem der Heterosis aus einigen biol. und populationsgenetischen Aspekten. Die Ergebnisse der in Ungarn mit Jersey-Rindern durchgeführten Kreuzungsversuche scheinen zu beweisen, daß im Falle einer Kreuzung bei Eigenschaften, die mit einem geringen h^2-Wert gekennzeichnet sind, Ergebnisse erzielt werden können, die die Erwartungen übertreffen. Außerdem können sicherlich auch günstige Wechselwirkungen zu den unerwarteten Erfolgen beitragen. Aus den Ergebnissen der mit Schweinen in Ungarn durchgeführten Kreuzungsversuche geht ebenfalls hervor, daß auch hier die Zucht auf Heterosis gute Erfolge verspricht. 1935.

Gregory, Keith E., Arthaud, V. H., Koch, R. M. und Swiger, L. A.; Univ. of Nebraska, U.S. Dep. of Agric., Dep. of Animals Husbandry. Inheritance of a spastic lethal in cattle. **(Die Vererbung eines spastischen Letalfaktors beim Rind.)** J. Heredity **53** (1962) Nr. 3. S. 130-132. — 1 Abb., 1 Lit.
In einer Linie von Hereford-Rindern (1945-56) sind während 12 Jahren des Bestehens insgesamt 221 Kälber geboren worden, davon waren 20 Tiere spastisch-letal; das erste belastete Kalb wurde 1949 geboren. 17 von 81 Zuchtkühen und 7 von 10 Bullen hatten spastisch-letale Nachkommen. — Bei Geburt scheinen die Kälber normal, nach 2-5 Tagen erscheinen die charakteristischen Symptome; unkoordinierte Bewegungen, Schwierigkeiten beim Stehen und später Kontraktion der Bein-, Rücken- und Nackenmuskulatur bei plötzlichem Laut (z. B. Händeklatschen), was schließlich zu extremer Steifheit führt. Der Tod tritt gewöhnlich 1 Woche nach Auftreten des ersten Krankheitssymptoms ein. Eine Abnormität des Nervensystems konnte an den toten Kälbern nicht gefunden werden. — Nach den Erhebungen der Vff. wird für diesen spastischen Letalfaktor ein einfach autosomalrecessiver Erbgang angenommen, wie er auch bereits von Jersey-Rindern berichtet wurde.
H. Freye. 1950.

Meijer, W. C. Ph.; Naarden. Verkregen en aangeboren depigmentaties bij de huisdieren gezien in het licht van de recente stand der humane dermatologie. **(Erworbene und angeborene Depigmentationen bei den Haustieren aus der Sicht des gegenwärtigen Standes der Human-Dermatologie.)** Tijdschr. Diergeneeskunde **87** (1962) Nr. 20. S. 1305-1320. — 13 Abb., 12 Lit. Zus. in Engl., Franz., Dtsch.
Mit dieser Arbeit schließt Vf. seine Beiträge über die Farbabweichungen der Haare bei den Tieren ab. Seine Befunde vergleicht Vf. mit jenen vom Menschen und überträgt die bei diesem gefundenen Ursachen auf das Tier. Von den physiol. Farbabweichungen der Haare, die beim Menschen recht häufig sind, fand Vf. u. a. einen Fall von Hemileukotrichie neurogenen Ursprungs bei einem Bali-Stier. Unter den pathologischen Farbabweichungen wird erblicher Albinismus in Verbindung mit Photophobie bei einem Bali-Jungbullen erwähnt. Es folgen Angaben über das vererbbare vorzeitige Ergrauen der Rinder, welches in der Rinderzucht Hollands eine beachtenswerte Rolle spielt. Diese Depigmentation sollte durch züchterische Maßnahmen systematisch bekämpft werden, auch wenn ein Produktionsausfall, z. B. an Milch, nicht oder noch nicht zu verzeichnen ist. W. Kuhlmann. 1950.

Borisenko, E. Ja. (Borissenko, Je. Ja.) K razrabotke priemov otbora i podbora sel'skochozjajstvennych životnych s učetom ich konstitucional'nych osobennostej. **(Ausarbeitung von Selektionsverfahren für landwirtschaftliche**

Nutztiere, unter Berücksichtigung konstitutioneller Besonderheiten.) Izvestija Timirjazevskoj sel'skochozjajstvennoj akademii, Moskva **1961** Nr. 3. S. 57-66. — 4 Tab., 13 Lit. Zus. in Engl. 2020.

Bekseev, S. G. **Beschleunigung des Selektionsprozesses.** (Übers. aus d. Russ., Maschinenschr. vervielfält.) 4°. — TO 633.

Ivanova, O. A. **Theoretische Probleme der Linienzucht landwirtschaftlicher Nutztiere.** Aus: Theorie u. Praxis der Zucht landwirtschaftlicher Nutztiere. (Übers. aus d. Russ., Maschinenschr. vervielfält.) 4°. — TO 605.

Potemkin, N. D. **Theorie und Methoden der zootechnischen Beurteilung von Konstitutionen und Exterieur landwirtschaftlicher Nutztiere.** Aus: Theorie und Praxis der Zucht landwirtschaftlicher Nutztiere 14 S. (Übers. aus d. Russ., Maschinenschr. vervielfält.) 4°. — TO 647.

Nachkommenschaftsprüfung mit Tieren. Aus: Nachkommenschaftsprüfung mit Tieren. Zusammenfassung aus Bd. **17** 4 S. 4°. (Übers. aus d. Dän., Maschinenschr. vervielfält.) — TO 648.

F. WACHSTUM UND ENTWICKLUNG

Puşcaru, D., Oprescu, St. und Dinu, I. Contribuţii la studiul dinamicii de creştere a tineretului taurin de diferite rase, de la naştere pînă la virsta de 2 ani. **(Beiträge zum Studium des Jungviehwachstums verschiedener Rinderrassen von der Geburt bis zum Alter von 2 Jahren.)** Studii Cercetări Biol. [Bucureşti], Ser. Biol. animală **13** (1961) Nr. 4. S. 549-568. — 3 Abb., 6 Tab., 17 Lit. Zus. in Russ., Franz.

Die untersuchten 1673 Tiere entstammten folgenden Rassen und Produktionszonen: Rote Steppenrasse — Getreide- und Viehzuchtzone; Simmentaler — Viehzucht- und Getreidezone; Braunvieh — Viehzuchtzone. Vff. stellten fest, daß es zwischen den Rassen große Unterschiede bez. des Körpergewichtes und der Ausbildung verschiedener Körperteile gibt, die sowohl rassenspezifisch wie auch von der Haltung in den einzelnen landwirtsch. Regionen abhängig sind. Der spez. Futterverbrauch der untersuchten Tiere lag i. allg. über den üblichen Normen. V. Bontea. 2110.

Lebedev, I. A. (Lebedew, I. A.); Moskau, Lenin-Akad. der Landwirtsch.-Wiss. Vlijanie kormlenija na rost kostjaka telok formirovanie ich moločnoj produktivnosti. **(Der Einfluß der Fütterung auf die Entwicklung des Knochengerüstes und der Milchleistung bei Färsen.)** Vestnik sel'skochozjajstvennoj nauki, Moskva **7** (1962) Nr. 11. S. 74-81. — 4 Abb., 9 Tab., 10 Lit. Zus. in Engl., Franz., Dtsch.

Untersuchungen an 9 Färsen der Cholmogoryer Rasse, die mäßig (**I**) und reichlich (**II**) gefüttert wurden, ergaben, daß das abs. und rel. Gewicht des Skeletts vom Alter und der Fütterung der Tiere abhängen. Das stärkste Skelettwachstum ist in der 2. Hälfte der Embryonalperiode und in den ersten 3-6 Lebensmonaten (Anstieg auf das Doppelte) zu verzeichnen. Je besser die Fütterung ist, desto intensiver entwickelt sich das Skelett (mit 192 Tagen bei **I** — 23,76 kg, bei **II** — 25,37 kg). In der Embryonalperiode ist die Wirbelsäule schwerer als die Knochen der Extremitäten; in der postnatalen Periode verändert sich dieses Verhältnis. Der Gewichtsanteil der Wirbelsäule steigt jedoch mit steigendem Alter an, und mit 12-18 Mon. ist der Ausgleich erreicht (bei **II** schon mit 12 Mon.). Das Längenwachstum des Skeletts verläuft langsamer als das Gewichtswachstum. In den ersten 98 Lebenstagen erhöhte sich die Länge des Skeletts bei **I** um 27% und bei **II** um 33%. Bei **II** wurden außerdem mehr Ca und P abgelagert. Der besseren Entwicklung des Skeletts bei **II** entsprachen auch höhere Milchleistungen (bei **I** Unterschied Mutter-Tochter = -123 l, bei **II** = $+1136$ l). B. Schenk. 2120.

Mirzojan, Ėduard Nikolaevič. **Istorija izučenija individual'nogo razvitija sel'skochozjajstvennych životnych v Rossii.** (Die Geschichte der Untersuchung der individuellen Entwicklung der landwirtschaftlichen Nutztiere in Rußland.) Hrsg.: Akad. nauk SSSR, Inst. istorii estestvoznanija i techniki. Moskva: Izd. Akad. nauk SSSR. 1961. (154 S.) 8°. (1962 A 1210)

G. ÖKOLOGIE EINSCHLIESSLICH HALTUNG UND PFLEGE

Scholz, K.; Knau, Inst. für Tierhalt. der Dtsch. Akad. der Wiss. zu Berlin. **Probleme der Tierhaltung in großen Beständen.** Tierzucht **17** (1963) Nr. 3. S. 111-113.

Die Intensivierung, Industrialisierung und Leistungssteigerung der tierischen Produktion erfordert in bes. Maße die Beachtung derjenigen Faktoren, welche die Erzeugung nach Qualität und Quantität positiv zu beeinflussen vermögen. Neben der züchterischen Arbeit zählen hierzu die Fütterung und die Tierhaltung. Eingegangen wird auf die zu den Umwelteinflüssen zählenden Klimaelemente, deren Untersuchungen zur Festlegung der optimalen Klimaleistungszonen für die einzelnen Tierarten, Alters- und Nutzungsklassen führen. Über die sinnvolle Übertragung wiss. Untersuchungsergebnisse in die Praxis beim Bau zweckmäßiger und optimaler Ställe gibt die Kommission für ländliches Bauwesen Auskunft. Staatl. Versuchsbauten sollen bei der Klärung der Probleme wertvolle Hilfe leisten. Zu klären sind Fragen der zweckmäßigsten Ausführung und Bewirtschaftung von Offenställen sowie über den Schutz der Tiere vor Witterungseinflüssen bei der Auslauf- und Weidehaltung. Abschließend wird auf die Verhaltensforschung hingewiesen, die bes. infolge der neuen Haltungs- und Produktionsanforderungen Bedeutung erlangt hat.

J. Strecke. 2165.

Pavlov, P., Stoev, P. und Nenov, C. (Pawlow, P., Stoew, P. und Nenow, Z.) Proučvane na mikroklimata v otkrit i zakrit kravarnik. **(Mikroklimauntersuchungen in geschlossenen und offenen Kuhställen.)** Naučni trudove. Visš selskostopanski institut „Georgi Dimitrov". Zootechničeski fakultet, Sofija **12** (1963) S. 59-68. — 2 Abb., 3 Tab., 7 Lit. Zus. in Russ., Dtsch.

Die vergleichenden Untersuchungen des Mikroklimas im geschlossenen und offenen Kuhstall haben gezeigt, daß der Offenstall die für die Kuhhaltung nötigen hygienischen Anforderungen nicht gewährleistet. Es stellte sich heraus, daß die Lufttemperatur im Offenstall starken Schwankungen ausgesetzt ist und in den Wintermonaten die zulässige Norm unterschreitet. Die Luftgeschwindigkeit und der Abkühlungskoeffizient im Offenstall liegen mehrfach höher als im geschlossenen, in welchem sich die hygienischen Erfordernisse in den zulässigen Grenzen bewegen. Die Kohlendioxydmenge lag in beiden Ställen in den Grenzen der Normen. Während die Luftfeuchtigkeit im geschlossenen Kuhstall normal war, lag diese im Offenstall zufolge der großen Wasserausdünstung aus der Einstreu und der Dungschicht weit über der Norm. Die Beleuchtung im geschlossenen Stall betrug im Durchschnitt 166 und die im Offenstall 344 Lux. Die Menge der Mikroorganismen in der Luft des Geschlossenstalles war größer als die des Offenstalles.

G. Radew. 2165.

Johnson, H. D. und Ragsdale, A. C. (unter techn. Mitarb. von Robertson, Delano). Environmental physiology and shelter engineering. LIII. Temperature effects on thyroid I^{131} release rate of dairy calves. **(Umweltphysiologie und Stallbau. 53. Mitt. Temperatureinflüsse auf die thyreoidale ^{131}J-Freisetzungsgeschwindigkeit von Kuhkälbern.)** Univ. Missouri, Coll. Agric., agric. Exp. Stat., Res. Bull. **1960** Nr. 709. S. 1-32. — 11 Abb., 10 Tab., 27 Lit.

Je 3 Jersey-, Schweizer Braunvieh- und Holstein-Kälber wurden im Klimastall bei 50 und 80 °F bis zum Alter von 12 Mon. gehalten. Anschließend wurden die Tiere kontinuierlich steigenden Temperaturen von 35-95 °F ausgesetzt. Im vorliegenden Bericht wird aus der Vielzahl der durchgeführten Messungen über die Veränderungen der thyreoidalen ^{131}J-Aktivität berichtet, die in Abständen von 6 Wochen mittels Injektion einer einmaligen ^{131}J-Gabe und Auszählen der Aktivität der Schilddrüse mit Hilfe eines den Tieren angepaßten Szintillationszählers gemessen wurde. Die ^{131}J-Freisetzungsgeschwindigkeit war bei den Jerseykälbern während des Wachstums ca. 2mal so groß wie bei den Kälbern der beiden anderen Rassen. Bei beiden Temperaturen und allen 3 Rassen stieg die thyreoidale ^{131}J-Aktivität mit dem Alter an. Bezogen auf die Lgw.-Einheit ergab sich jedoch ein Abfall. Der Anstieg der thyreoidalen ^{131}J-Aktivität mit dem Lgw. bzw. mit dem Alter war bei den Jerseys signifikant höher als bei den Braunvieh- und den Holstein-Kälbern. Bezogen auf die Oberflächeneinheit hatte die Temperatur keinen Einfluß auf die thyreoidale Aktivität, sie verminderte sich jedoch unter Einbezug des Alters und der Temperatur als unabhängige Variablen. Bei den Temperatursteigerungsversuchen ergab sich ein signifikanter Abfall in der thyreoidalen ^{131}J-Freisetzungsgeschwindigkeit bei allen Kälbern, vornehmlich bei Temperaturen oberhalb 80 °F. Die Ergebnisse sind biostatistisch ausgewertet und im einzelnen diskutiert. R. Schiemann. 2165.

Johnson, H. D. und Ragsdale, A. C. Environmental physiology and shelter engineering. LVII. Surface area determinations of beef and dairy calves during growth at 50° and 80 °F environmental temperatures. **(Umweltphysiologie und Stallbau. 57. Mitt. Oberflächenbestimmungen von Bullen- und Kuhkälbern während des Wachstums bei Umgebungstemperaturen von 50 und 80 °F.)** Univ. Missouri, Coll. Agric., agric. Exp. Stat., Res. Bull. **1961** Nr. 770. S. 1-27. – 7 Abb., 9 Tab., 21 Lit. 56. Mitt. vgl. LZ. Abt. III 7 (1962) Nr. 7. S. 1462.

In 2 Versuchsreihen im Klimastall wurden je 3 Bullenkälber im Alter von 2-14 Mon. der Rassen Shorthorn, Santa Gertrudis und Brahman bzw. je 3 Kuhkälber der Rassen Jersey, Braunvieh und Holstein bei 50 und 80 °F gehalten. Aus den zahlreichen Messungen wird in der vorliegenden Veröffentlichung über die laufenden Messungen der Oberfläche der Tiere der 6 Rassen während des Wachstums berichtet. Die Messungen wurden mit Hilfe eines spez. Oberflächenintegrators, der beschrieben wird, nach einer im Detail festgelegten Methodik ausgeführt. Zwischen der Oberfläche der Jerseys und der der anderen 5 Rassen ergaben sich signifikante Unterschiede. Bestimmte signifikante Unterschiede zeigten sich auch bei einzelnen Oberflächenvergleichen zwischen den anderen Rassen. Für die einzelnen Rassen wurden Parabeln der allg. Form $y = ax^b$ zwischen Oberfläche (y) und Lgw. (x) berechnet. In den Versuchen bestand kein signifikanter Temperatureinfluß zu der Gesamtoberfläche. Die Ausbildung der Größe der Oberflächen der verschiedenen anhängenden Körperteile, wie Ohren, Wamme, Beine, Schwanz, Vagina, im Verhältnis zur Gesamtoberfläche ist angeführt und die evtl. Bedeutung dieser Verhältnisse bez. der Akklimatisation der Rassen an die verschiedenen Umwelttemperaturen im Verlauf des Wachstums diskutiert. R. Schiemann. 2165.

Krohn, Hans; Bad Mergentheim. **Optimales Stallklima im Zusammenhang mit baulichen Maßnahmen.** Dtsch. Geflügelwirtsch. **15** (1963) Nr. 11. S. 131 bis 136. – 11 Abb., 1 Tab.

Der vorliegende Bericht eines öffentlichen Vortrages gibt eine Zusammenstellung der heute üblichen Bauweisen natürlicher und zwangsbelüfteter Geflügelställe und beschäftigt sich bes. mit neueren Erkenntnissen zur Gestaltung eines optimalen Stallklimas. J. Strecke. 2165.

Stietenroth, Karl. **Gutes Stallklima im Winter.** Bauen auf d. Lande **14** (1963) Nr. 2. S. 56-58.

Vf. führt Formeln an, die der Errechnung des Wärmehaushaltes im Stall zugrunde gelegt werden müssen. Die Ausgangsformel lautet $Q_{Ti} = Q_B + Q_L$ kcal/h (Q_{Ti} = Wärmeabgabe der Tiere je 500 kg Lgw. in kcal/h, Q_B = Wärmeverlust der raumumschließenden Bauteile; Q_L = Wärmebedarf in kcal/h für 500 kg Lgw., um einströmende Luft auf Stalltemperatur zu erwärmen). Für 500 kg Tiergewicht ist $Q_B = (F_F \cdot k_F + F_T \cdot k_T + F_W \cdot k_W + F_D \cdot k_D)$.

$(t_i - t_a)$ kcal/h. Hierin bedeuten: wärmeabgebende Fensterfläche (F_F), Türfläche (F_T), Wandfläche (F_W), Deckenfläche (F_D) in m²/500 kg Tiergewicht und Wärmedurchgangszahl für Fenster (k_F), Türen (k_T), Wände (k_W), Decken (k_D), t_i — Lufttemperatur im Stall in °C, t_a — Lufttemperatur im Freien in °C. Der Ausdruck $(F_F \cdot k_F + F_T \cdot k_T + F_W \cdot k_W + F_D \cdot k_D) = \sum Fk$ kcal/h °C. Es ist also $Q_B = \sum Fk \cdot (t_i - t_a)$ kcal/h. Da für 500 kg Tiergewicht $Q_L = V \cdot (t_i - t_a)$ kcal/h ist, ergibt sich $Q_{Ti} = Fk \cdot (t_i - t_a) + V \cdot (i_i - i_a)$ kcal/h (V — für 500 kg Lgw. in den Stall einströmende Luft in m³/h; i_i — Wärmeinhalt der Stalluft in kcal/m³; i_a — Wärmeinhalt der Außenluft in kcal/m³). Wenn der im Stall anfallende Wasserdampf vollständig mit der Lüftung abtransportiert werden soll, muß $V = \frac{ix}{x_i - x_a}$ m³/h sein (T_{ix} — von 500 kg Lgw. anfallende Wasserdampfmenge in g/h; x_i, x_a — Wassergehalt der Stall- bzw. Außenluft in g/m³). B. Schenk. 2165.

Ádám, T. und Kazár, Gy. A levegő hőmérsékletének, relativ parátartalmának és fokozott légáramlásának komplex hatása a szopósmalacokra. **(Komplexe Wirkung der Lufttemperatur, der relativen Luftfeuchtigkeit und der verstärkten Luftströmungsgeschwindigkeit auf Saugferkel.)** Állattenyésztés [Tierzucht] **11** (1962) Nr. 3. S. 271–275. — Aus: Ung. Agrar-Rdsch. **1963** Nr. 2.

Während einer Winter- und Sommerperiode untersuchten Vff. in einem Abferkelstall mit 52 Buchten den Einfluß von Temperatur, rel. Luftfeuchtigkeit und der Windgeschwindigkeit auf die Entwicklung und den Gesundheitszustand von Saugferkeln, unter bes. Berücksichtigung der Tiere, die in 4 an der Tür gelegenen und in den 4 geschütztesten Buchten in der Mitte des Abferkelstalles untergebracht waren. Untersucht wurden im Winter 326, im Sommer 308 Ferkel von je 52 Mangalica-Sauen. Die Ferkel wurden zwischen dem 3. und 11. Dez. bzw. zwischen dem 2. und 6. Juni geboren und mit 56 Tagen abgesetzt. Ausgemistet bzw. eingestreut wurde im Winter tägl., im Sommer alle 3 Tage. Die Ferkel hielten sich im Winter ständig im Stall auf, im Sommer konnten sie frei in den Auslauf gelangen. Im Winterversuch blieb die Durchschnittstemperatur in den Buchten an der Tür stets unter der Temperatur der in der Mitte des Stalles gelegenen Buchten, der Unterschied betrug im Durchschnitt des Versuches 2,3 °C. In den ersten 2 Wochen nach der Geburt betrug die durchschnittl. Lufttemperatur während des Lüftens am Morgen in den türnahen Buchten 4,3 °C, dagegen 8,4 °C in den Buchten der Stallmitte. Eine stärkere Windgeschwindigkeit als 0,45 m/s kam in der Mitte des Stalles niemals vor, wogegen in den Buchten an der Tür während der Säugezeit — bei einer Durchschnittstemperatur von 4,2 °C und einer rel. Luftfeuchtigkeit von 94% — in 8 Fällen Geschwindigkeiten von 0,45–0,63 m/s gemessen werden konnten. Mit 28 Tagen betrug das Durchschnittsgewicht der Ferkel in den türnahen Buchten 4,22 kg, in den mittleren Buchten 4,72 kg. Die Ferkelverluste bis zum Alter von 28 Tagen beliefen sich im Stalldurchschnitt auf 6,4%, sie betrugen jedoch in den Buchten an der Tür 16,6%; in den Buchten, die sich in der Mitte des Stalles befanden, war überhaupt kein Verlust zu verzeichnen. Bis zum Alter von 56 Tagen gestalteten sich die prozentualen Verluste in obiger Reihenfolge: 9,8; 25,0 und 8,3%. Die Ferkel erreichten im Alter von 56 Tagen Durchschnittsgewichte von 12,74 kg, 11,82 kg und 13,02 kg. Während des Sommerversuches standen sämtliche Türen und die westlichen Fenster des Abferkelstalles stets offen, deshalb waren die Unterschiede zwischen der Temperatur an einzelnen Stellen des Stallraumes und der Außenluft nur gering. Das gilt auch für den Feuchtigkeitsgehalt der Luft. Die Ferkelverluste des Sommerversuches betrugen bis zum 56-Tage-Alter im Stalldurchschnitt 4,9%, im Durchschnitt sowohl der türnahen als auch der in der Stallmitte gelegenen Buchten 6,7%. Die Ferkel erreichten mit 56 Tagen in obiger Reihenfolge folgende Durchschnittsgewichte: 14,20 kg, 14,05 kg und 14,10 kg. Auf Grund ihrer Versuchsergebnisse schlagen Vff. – auch unter guten hygienischen Bedingungen – die Abschirmung der Türseite der türnahen Buchten mit einer 60 cm hohen Bretterwand sowie die Verwendung von reinem Einstreustroh vor. 2165.

Terechina, M. T., Bobyleva, Z. I., Sipko, I. I., Kotenko, N. A., Ljubimov, Ju. A. und Ziborova, V. P. (Terechina, M. T., Bobylewa, S. I., Sipko, I. I., Kotenko, N. A., Ljubimow, Ju. A. und Siborowa, W. P.); Stawropol, Landwirtsch. Inst. Ul'trafioletovye luči v praktike merinosovogo ovcevodstva. **(Ultraviolette Strahlen in der Merinoschafhaltung.)** Veterinarija, Moskva **40** (1963) Nr. 2. S. 49–51.
Für die bessere Entwicklung der Merinolämmer wird die Anwendung von UV-Strahlen empfohlen. Vff. beschreiben die Methodik der Bestrahlung, die Reaktion der Tiere und die Auswirkung der Strahlen. Vor allem wird die Bestrahlung der Lämmer bei Winter- und Frühjahrslammung sowie bei Stallhaltung der Tiere empfohlen. K. Witt. 2170.

Karapetjan, S. K.; Akad. der Wiss. der Armen. SSR. Stimuljacija svetom metoboličeskich processov v životnom organizme. **(Lichtstimulation der Stoffwechselprozesse im Geflügelorganismus.)** Doklady Akademii nauk Armjanskoj SSR, Erevan **34** (1962) Nr. 3. S. 135–139. – 1 Tab., 14 Lit. Orig.: russ., Ausz.: armen.
Vf. schildert den großen Einfluß der zusätzlichen Beleuchtung auf die physiol. Prozesse beim Geflügel. Die Beleuchtung während der Zeit abnehmender Tageslichtlänge wirkt nicht nur saisonverschiebend, sondern direkt leistungssteigernd. Die Beeinflussung erstreckt sich bis auf die Vorgänge des Nahrungsstoffwechsels. Eigene Versuche an Hühnern ergaben eine Erhöhung der Verdauungsleistungen durch Zusatzbeleuchtung. Die Verdaulichkeit aller Nährstoffe einer Ration wurde gegenüber der Kontrollgruppe erhöht, bei Rohfaser von 38,2% auf 48,0%, bei Rohprotein von 87,5% auf 89,4%, bei N-freien E. von 86,7% auf 88,1%, bei Ca von 71,8% auf 77,2%. Ein weiterer Versuch bestätigte dieses Ergebnis. H. Sommerfeld. 2170.

Shutze, J. V., Lauber, J. K., Kato, M. und Wilson, W. O.; Pullman, Univ., Dep. of Poultry Sci. Influence of incandescent and coloured light on chicken embryos during incubation. **(Der Einfluß von weißem und farbigem Licht auf die Kükenembryonen während der Brut.)** Nature [London] **196** (1962) Nr. 4854. S. 594–595. – 2 Abb., 5 Lit.
Eier von Weißen-Leghorn-Hennen, die während der Brut ständig weißglühendem Licht ausgesetzt waren, schlüpften im Durchschnitt 16 Std. früher als bei Dunkelheit gebrütete Eier. Eine ähnliche Wirkung wurde mit rotem, gelbem und blauem Licht erzielt. Hinsichtlich Körpergewicht, Augengewicht und Augengröße der geschlüpften Tiere waren keine Unterschiede festzustellen. H. Pingel. 2170.

Manuilova, N. A., Popov, V. V. und Timošuk, N. B. (Manuilowa, N. A., Popow, W. W. und Timoschuk, N. B.) Vlijanie prepryvistogo osveščenija na razmery glaz zritel'nych dolej golovnogo mozga u žarodyšej kuricy. **(Der Einfluß intermittierender Belichtung auf die Größe der Augen und des Sehzentrums von Hühnerembryonen.)** Žurnal obščej biologii, Moskva **24** (1963) Nr. 2. S. 98–105. – 5 Abb., 1 Tab., 8 Lit. Zus. in Engl.
Die physiol. bes. aktive intermittierende Belichtung zeigt vom 9. Tag der Inkubation bis zum Ende der embryonalen Entwicklung selektive stimulierende Wirkung auf das Wachstum der Augen und des Sehzentrums der Hühnerembryonen, indem irgendeine spez. Funktion der Augen vorzeitig angeregt wird. Da jüngere Embryonalstadien zu einer derartigen formativen Reaktion nicht fähig sind, entwickeln sie sich in dieser Zeit infolge innerer inadäquater Reizung. E. Rieske. 2170.

Grosse, F. und Pfeiffer, H.; Halle/S., Martin-Luther-Univ., Halle-Wittenberg, Inst. für Tierzucht. **Der Einfluß der Umgebungstemperatur auf die Ansatzleistung, den Futterverbrauch und die Energieverwertung beim Schwein.** Arch. Tierernähr. **18** (1963) Nr. 1. S. 1–7. – 1 Abb., 3 Tab., 9 Lit.

Vff. vergleichen 36 Schweine im Massivstall bei durchschnittl. 22 °C (I) mit 14 Schweinen in Freilufthaltung (Dez.–März, durchschnittl. 3 °C) (II). Die tägl. Zunahmen waren bei niedrigen Temperaturen trotz gleicher Futteraufnahmen signifikant geringer. Der Futterverbrauch für gleiche Gewichtszunahmen war bei II um 20,1% (Deutsches Edelschwein) bzw. 21,5% (Veredeltes Landschwein) schlechter als bei I. An Hand der Ausschlachtungsergebnisse berechnen Vff. bei II eine ungünstigere energetische Verwertung des Futters von 12%. Der durchschnittl. Fettgehalt sank bei tiefen Temperaturen (statistisch nicht gesichert). Vff. schlußfolgern, daß aus betriebs- und nährstoffökonomischen Gründen die Mast von Schweinen während der kalten Jahreszeit in Freilufthaltung abgelehnt werden muß.

H. Bergner. 2180.

Hanke, B.; Altgeringswalde, Kreis Rochlitz. **Heizungssystem verbessert Stallklima in Ferkelställen.** Tierzucht **17** (1963) Nr. 3. S. 126–128. – 3 Abb., 3 Tab., 11 Lit.

Durch ungünstige Stallverhältnisse, insbesondere feuchtkaltes Stallklima, entstehen bei der Ferkelaufzucht immer noch hohe, aber vermeidbare Verluste. Zur Schaffung eines optimalen Stallklimas wurden deshalb in den letzten Jahren Infrarotstrahler, Elektroheizmatten und Heizlüfter eingesetzt. Die Vorteile dieser 3 Systeme sind in dem geschilderten Heizungssystem für einen Zuchtstall mit 48 Abferkelbuchten vereinigt, das im Betriebszeitraum vom 1.11.1962–1.1.963 zu Ferkelverlusten von nur 2,2% führte. Die in einem Heißluftofen erzeugte Warmluft wird durch einen 3,5 kW Ventilator in Rohren unter die bes. hergerichteten Ferkelnester geführt, ohne daß die Tiere im Luftstrom stehen, und entweicht in 40 cm Höhe über dem Fußboden über einen Ableitschacht zur Erwärmung der Stalluft. Somit wird eine Erwärmung von unten (Heizmatte) als auch von oben (Infrarotstrahler) und durch die Warmluft (Heizlüfter) gewährleistet. J. Strecke. 2180.

Alekseeva, G. I. (Alexejewa, G. I.); Taschkent, Inst. für Tierzuchtforsch. der Usbek.SSR. Fiziologičeskaja charakteristika merinosovych ovec v processe akklimatizacii v Uzbekistane. **(Physiologische Charakteristik der Merinoschafe im Akklimatisationsprozeß in Usbekistan.)** Životnovodstvo, Moskva **24** (1962) Nr. 9. S. 75–78. – 4 Abb.

Es wird empfohlen, Merinoschafe im Herbst nach Usbekistan und in andere warme Gegenden zu bringen, denn zu dieser Zeit herrschen dort optimale Umweltbedingungen. Akklimatisationsuntersuchungen wurden an Schafen der Grosnyer und der Kaukasischen Rasse in Gegenüberstellung zu den einheimischen durchgeführt. Physiol. Messungen wurden morgens und bei max. Lufttemperatur und Sonneneinstrahlung angestellt. Die Anpassung der Merinoschafe an die neuen Umweltbedingungen äußerte sich in wesentlichen physiol. Veränderungen, die durch erhöhten Stoffwechsel und Vervollkommnung der Wärmeregulierung gekennzeichnet sind. In der Ablammzeit habe n die Muttern im 2. Jahr der Akklimatisation einen erhöhten Stoffwechsel, die Oxydationsprozesse sind intensiver. Das bedingt ein höheres Lgw. der Muttern und höhere Geburtsgewichte. Zwillingsgeburten treten häufiger auf. Die Milchleistung der Muttern liegt ebenfalls höher. Die Wolleistung ist größer. In diesen Kennziffern übertreffen die Schafe der Kaukasischen Rasse die der Grosnyer. In den physiol. Eigenschaften unterscheiden sich die Nachkommen der eingeführten Schafe nicht wesentlich von den einheimischen, was ein Zeichen vollkommener Akklimatisation ist. R. Filina. 2240.

Scholtyssek, S.; Stuttgart-Hohenheim. **Arbeitswirtschaftliche und hygienische Probleme beim Bau und bei der Einrichtung von Hühnerställen.** Dtsch. Geflügelwirtsch. **14** (1962) Nr. 47. S. 601–603. — 7 Abb., 7 Lit.

Bei den umfangreichen Planungsarbeiten, die der Bau einer Geflügelproduktionsstätte verlangt, muß versucht werden, optimale Lösungen auf den Gebieten der Arbeitswirtschaft und Hygiene zu kombinieren. Vf. behandelt verschiedene Aufstallungsarten, die Bauausführung, Bauweise (Pavillon-, Flach- und Geschoßbau) und Erschließungsformen (Kamm- und Sternbau) für Stallbauten in arbeitswirtschaftlicher und hygienischer Sicht und zeigt deren Vor- und Nachteile auf. So ist z.B. der Pavillonbau — vom Standpunkt der Hygiene — auf Grund der Trennungsmöglichkeit der Bestände den Geschoßbauten vorzuziehen. Arbeitswirtschaftlich gesehen ist jedoch der Geschoßbau erstrebenswert, da hier Arbeitswege und Arbeitsaufwand geringer sind. Bez. der Bauausführung sollen Baumaterialien verwendet werden, die wenig Unterhaltungskosten verursachen, leicht zu reinigen und zu desinfizieren sind sowie eine günstige Klimagestaltung im Stall ermöglichen. Es folgen Überlegungen zur Verbesserung der Stallarbeiten — wie Fütterung der Tiere, Eierbergung, Tierpflege, Stallreinigung, Wartung und Pflege der Betriebsanlagen — in arbeitswirtschaftlicher und hygienischer Sicht.

J. Strecke. 2260.

Wilfahrt, A.; Schöneiche, Kreis Fürstenwalde. **Neuer Anbindestall für 374 Kühe in der LPG Müncheberg.** Wiss.-techn. Fortschr. Landwirtsch. **4** (1963) Nr. 4. S. 166–169. 2275.

Thieme, F.; Ruhlsdorf. **Kritische Betrachtungen zum Abferkelstallproblem.** Tierzucht **17** (1963) Nr. 3. S. 123–126. — 4 Abb., 3 Lit.

Die Ferkelaufzucht in einreihigen Abferkelställen ist bes. arbeitsaufwendig. Deshalb wird die Errichtung mehrreihiger Abferkelställe vorgeschlagen, die folgende Besonderheiten aufweisen. Für die Ferkel von je 12 Sauen, denen bei der Mutter weder Fütterungseinrichtungen, Ferkelnest und Infrarotstrahler zur Verfügung stehen sowie in der Abferkelbucht Vorrichtungen gegen das Erdrücken fehlen, sind ein gemeinsamer Tränk- und Futterplatz von der Größe einer Abferkelbucht und ein gemeinsamer Sammelauslauf vorgesehen, die durch Schlupflöcher in den Buchtentüren erreichbar sind. Die Sauenbucht selbst kann in Liege- und Kotplatz unterteilt werden, deren Entmistung durch die Buchtentür auf den Stallgang erfolgt. Auch für die Sauen wird ein gemeinsamer Freßplatz erwogen. Ein zweireihiger Aufzuchtstall dieser Art, der im VEG Keuern, Krs. Döbeln (Sa.), in Nutzung ist, wird näher erläutert. Neben der Erhöhung der Arbeitsproduktivität verspricht man sich von der neuen Stallart beim Bau erhebliche Material- und Kosteneinsparung, im Stall bessere Arbeitsbedingungen und Stallhygiene und eine höhere Produktionsleistung der Tiere. J. Strecke. 2275.

Garrett, W. N., Kelly, C. F. und Bond, T. E.; Davis, Univ. of California, Dep. of Animal Husbandry; Dep. of Agric. Engng. Total and shaded space allotments for beef feedlots as affected by ration in a high temperature environment. **(Der Bedarf von Mastrindern an Gesamtfläche und überdachter Fläche bei hohen Temperaturen in Abhängigkeit von der Fütterung.)** J. Animal Sci. **21** (1962) Nr. 4. S. 794–797. — 5 Tab., 11 Lit.

In den Jahren 1959–61 wurde in jeweils 84tägigen Perioden während der Sommermonate geprüft, welchen Einfluß unterschiedlich große Auslaufflächen und davon überdachte Auslaufflächen bei verschieden energiehaltigen Rationen auf die Zunahmen und den Futterverzehr haben. Verglichen wurden Schattenflächen von 27 und 48 sq.ft. bei 90, 135 oder 200 sq.ft. Gesamtauslauf je Mastrind und Rationen, die 67 oder 56 megcal Nettoenergie je 100 lb. Futter enthielten. Die Ergebnisse zeigten keinerlei Einfluß der Größe der

Gesamtauslauffläche bzw. der Schattenfläche auf Zunahmen oder Futterverzehr. Die energiereichere Ration bewirkte höhere Zunahmen.
K. Damm. 2300.

Eichhorn, Horst und Sedlmeier, Max; Weihenstephan. **Ein neues Boxenlaufstall-System für Rinder.** Bauen auf d. Lande 14 (1963) Nr. 2. S. 49–52. — 5 Abb., 2 Tab., 7 Lit.

Um die arbeitswirtschaftlichen Vorteile des Laufstalles trotz seines hohen Strohverbrauches nutzen zu können, entstanden die Spaltenbodenställe mit Dungkeller (Norwegen) und die Boxenställe (USA). Bei ersteren befriedigt das Sauberhalten der Tiere nicht; außerdem ruhen sie infolge der unbequemen Unterlage zu wenig. Auch bei den bekannten Boxenställen mit offenem Kotgang kommt es zum Verschmutzen der Boxen und damit der Tiere. In Auswertung dieser Erfahrungen wurde im Institut für Landtechnik Weihenstephan ein Boxenlaufstall mit durch Spaltenboden verdecktem Kotkanal und Mistschieber-Entmistung entwickelt. In der Mitte des Stalles befinden sich der Futtergang, im Anschluß daran nach beiden Seiten Krippen mit Futterschnekken, nicht verschließbares Freßgitter, durch Bügel (die ein Seitwärtstreten verhindern) abgegrenzte Freßplätze (120 × 80 cm), verdeckter Kotgraben (180 cm) und Liegeboxen (180 × 110 cm). Spaltenboden und Liegeboxen befinden sich in einer Ebene, was dazu führte, daß einige Tiere die Liegeboxen rückwärtsgehend betraten (erhöhte Verschmutzung!). Das Hinlegen am Freßplatz wird durch dessen Kürze und den auf 60 cm erhöhtenKrippenrand verhindert. Nach 4 Wochen ruhten sämtliche Tiere in den Liegeboxen. Auf dem Eichenbohlen-Spaltenboden zeigte sich erhöhte Rutschgefahr für die Tiere; es werden daher Betonbohlen mit rauher Oberfläche (Auftrittsbreite 12,5 cm, Höhe 14 cm, untere Breite 6 cm) vorgeschlagen. Die Mistschieber (Breite 160, Höhe 45, Länge 150 cm) mit klappbaren Schieberrückwänden werden bei 2seitiger Aufstallung mittels Seilwinde wechselseitig vor- bzw. zurückgezogen. Für Reihen über 35 Tiere wird die Schwemmentmistung empfohlen. Es folgen Angaben über den erforderlichen Stallraum bei den verschiedenen Aufstallungsformen (z. B. Fläche: Mittellangstand, zweireihig 6,12; Laufstall 8,15; Boxenlaufstall 6,32 m^2/Kuh). Abschließend unterbreiten Vff. Vorschläge für einen einreihigen Boxenlaufstall mit befahrbarem Futtertisch und einen zweireihigen Boxenlaufstall mit Futterschnecke, beide mit Melkstand.
E. Kulpe. 2305.

Jüres, Peter; Westensee über Kiel. **Offenstallhaltung im Neubaubetrieb.** Mitt. dtsch. Landwirtsch.-Ges. 78 (1963) Nr. 21. S. 705–707. — 5 Abb. 2320.

Petit, K. L. Étude d'une étable à stabulation libre avec self-feeding pour bétail à l'engrais. **(Studie eines Offenstalles mit Selbstfütterung für Masttiere.)** Vème Congr. int. Génie rural Bruxelles 2 (1959, hrsg. 1960) S. 681–690. — 2 Abb.

Vf. beschreibt Konstruktion, Bau- und Betriebskosten eines Offenstalles für Mastrinder. Gegenüber der in Belgien sonst üblichen Stallhaltungsform ergeben sich beträchtliche Einsparungen bei den Baukosten und dem Anteil der Lohnkosten. Bei ausschließlicher Silage-Selbstfütterung werden nur unzureichende Zunahmen in der Mast erzielt. U. König. 2320.

Wacker, G. **Intensive Weidewirtschaft in rindviehstarken Großbetrieben. XVII. Grundsätze für die Einrichtung von Jungviehweidekombinaten.** Tierzucht 17 (1963) Nr. 3. Grünland/Feldfutter 4 S. 2–5. — 16. Mitt. vgl. LZ. Abt. III 8 (1963) Nr. 8. S. 1613.

Die Kälberweiden sollten möglichst auf hofnahen Mineralböden liegen. Auf hoffernen Weiden, Pensionsjungviehweiden, zwischengenossenschaftlichen Jungviehweiden und in Jungviehaufzuchtstationen ist die Einrichtung eines Jungviehweidekombinates zweckmäßig, dem ein oder zwei Weidenutzungseinheiten zugeordnet sind. Sie ermöglichen hohe Weideerträge und hohe tierische

Leistungen bei guten Arbeitsbedingungen mit wenig Personal. Im Interesse der Übersicht und Kontrolle sollten zuchtreife, noch zu bedeckende Tiere eine Gruppe (bis zu 100 Stck.) bilden. Das übrige Jungvieh über 1 Jahr kann mit einigen 100 Stck. (nicht unter 50) in einer Gruppe mit eigener Weidenutzungseinheit gehalten werden. Die Weidezentrale mit Weideschuppen, Tränk- und Ruheplätzen sowie Möglichkeiten der Tierbehandlung und jede Weidenutzungseinheit müssen mit einem stabilen Außenzaun umgeben sein. Auf leicht zur Vernässung und Verschmutzung neigenden Standorten ist es oft vorteilhafter, statt der Jungviehweidezentrale für jede Nutzungseinheit 2 befestigte Tränk- und Fangplätze anzulegen, die von 4 Koppeln genutzt werden können.
E. Buhtz. 2355.

Kirk, H. **Intensive Weidewirtschaft in rindviehstarken Großbetrieben. XVIII. Der Einsatz von Weichlaubhölzern für den Bau von Koppelzäunen und Möglichkeiten ihres Schutzes vor holzzerstörenden Organismen.** Tierzucht 17 (1963) Nr. 3. Grünland/Feldfutter 4 S. 5–8. — 2 Abb., 1 Tab., 13 Lit. 17. Mitt. vgl. vorst. Ref.

Um den Nutzholzbedarf für Koppelpfähle zu decken, müssen Weichlaubhölzer verwendet werden. Es handelt sich in erster Linie um die Holzarten Pappel, Birke und Erle. Bei Anwendung öliger Holzschutzmittel kann nur trockenes Holz verwendet werden, das weiß geschält und an dem jede notwendige Bearbeitung vor der Imprägnierung vorgenommen wurde. Die im landwirtsch. Betrieb durchführbaren, hier beschriebenen Holzschutzmaßnahmen sind: Anstrichverfahren, Einlagerungsverfahren, dabei insbesondere Trogtränkverfahren mit oder ohne Erwärmung der Tränkflüssigkeit, Pasten-Patronenverfahren und Bandagenverfahren. Nach dem Patronen- oder Bandagenverfahren geschützte Hölzer können sofort verwendet werden. Da die Holzschutzmittel z.T. für Mensch und Tier giftig sind, müssen gegebene Hinweise bei der Verwendung der Holzschutzmittel und deren Verarbeitung genau beachtet werden. E. Buhtz. 2355.

Schulz, H.; Freising-Weihenstephan. **Schleppereinsatz in der Innenwirtschaft.** Mitt. dtsch. Landwirtsch.-Ges. 78 (1963) Nr. 11. S. 340–344. — 7 Abb.

Durch Hydraulik- und Frontladerausstattung ist der Schleppereinsatz vielseitiger und auch für die Innenwirtschaft interessant geworden. Voraussetzung ist die Schaffung geeigneter Gebäude (Durchfahrbreiten und -höhen). Für die Mechanisierung der Stallmistwirtschaft bieten sich für größere Betriebe der Frontlader und Heckschwenklader, für kleinere der Dreipunktlader (80 bis 120 dt Ladeleistung/h) an. Auch für das Entmisten von Anbindeställen und Schweineställen sind diese Geräte gut geeignet, da sie gleichzeitig den Transport und das Stapeln übernehmen. Auf die Einsatzmöglichkeiten des Einachsschleppers wird hingewiesen. Beim Säubern der Auslaufflächen können Frontlader bzw. Heckplanierschild verwendet werden. Für die Rüben-, Silage- und Grünfutterfütterung eignen sich Schleppergeräte gleichfalls. Schlepperlader leisten bei der Silageentnahme aus Flachsilos mit 80 dt/h mehr als das Doppelte von Oben- und Untenfräsen in Hochsilos. Es folgen Angaben über die Beschickung der Silos und Heulagerräume mit den verschiedenen Geräten. Abschließend weist Vf. auf die Einsatzmöglichkeiten der einzelnen Schlepperan- bzw. -aufbaugeräte in der Innenwirtschaft und auf die Wirtschaftlichkeit des „Frontladerhofes" hin. E. Kulpe. 2425.

Velebil, M. Některé zásady k zavádění mechanizace v živočišné výrobě. **(Einige Grundsätze für die Einführung der Mechanisierung in die tierische Produktion.)** Výstavba socialist. Vesnice **1963** Nr. 1. S. 7–10. — 5 Abb., 1 Tab.

Bei der Lösung von baulichen Arbeiten ist eine folgerichtige Berücksichtigung des Maschinensystemes geboten. Im Gegensatz zu Einzweckmaschinen, die direkt in die Bauten eingegliedert werden, wie Melkanlagen, sind Mehrzweckmaschinen meist ortsbeweglich, mit Traktorenanschluß. Als Beispiel ist ein Verteilungskarren mit automatischer Entleerung in den Futtertrog, der zur Verteilung von Grünfutter, Futterstroh, Heu, Gärfutter, Futtermittelmischung, zum Gütertransport für Silierzwecke u.ä dient, angeführt. Ein anderes leistungsstarkes Gerät ist das Räumschild am Kettentraktor „DT-54" für Entmistungszwecke. Die Ausnutzung von Mechanisierungsmitteln ist am besten bei jenen mechanisierten Ketten, wo sie in mehreren Wechselschichten verwendet werden. ČSSR/ÚVTL 2425.

Žadan, I. A. und Tiščenko, A. B. (Shadan, I. A. und Tistschenko, A. B.) Mechanizacija prigotovlenija i razdači kormov. **(Die Mechanisierung der Futterzubereitung und -verteilung.)** Svinovodstvo, Moskva 17 (1963) Nr. 2. S. 41-43. — 1 Abb.
Die Futterküche zur Naßfutterzubereitung im Kolchos „Swerdlow" (Gebiet Pensa) enthält u.a. 2 Futterzerkleinerer DKU-M und UDK-T, einen Elevator und Bunker, einen Dampferzeuger, eine Hackfruchtwäsche MRK-5, 2 Pastenzubereiter und einen Futtermischer. Das Futter, dessen Zubereitung detailliert erläutert wird, gelangt mittels Druckluft durch Rohrleitungen in die Vakuumfutterautomaten im Freßstall. B. Schenk. 2425.

Larkin, V. und Bokser, L. (Larkin, W. und Boxer, L.); Forsch.-Inst. für Ländl. Bauten und Anlagen der Akad. für Bauwes. und Architektur der UdSSR. O kompleksnoj mechanizacii v pticevodstve. **(Durchgehende Mechanisierung in der Geflügelzucht.)** Pticevodstvo, Moskva **1962** Nr. 5. S. 22-23. — 2 Abb., 2 Tab.
In der Geflügelwirtschaft ist der Einsatz der Technik bestimmend für die Senkung des Arbeitsaufwandes und der Selbstkosten. Während in den Typenprojekten von 1958-59 nur 0,6-3,3% der Bausumme für Ausrüstung und Mechanisierung vorgesehen wurden, waren es 1960 schon 15-20%. Soll eine Pflegerin 15000 Hühnerküken betreuen, so müssen 12-20% der Bausumme für Ausrüstung vorgesehen werden. Die Auslastung der Maschinen ist z.T. noch ungenügend. Während der Eierwagen 35% der Tageszeit in Gebrauch ist, läuft ein neuer Futterbandtyp nur 1,4% der Arbeitszeit und ein Mischfutterlader nur 6,4%. Dadurch wird der Aufwand an Material und z.T. auch an Energie sehr hoch. Der Metallaufwand für Ausrüstung schwankt bei 1960 projektierten Ställen für Legehennen zwischen 98 und 326 kg je 1000 Hennen, der Energieaufwand zwischen 4,3 und 19,7 kWh je 1000 Eier. Vff. fordern, die Frage der Komplexmechanisierung nicht nur von der arbeitsökonomischen, sondern auch von der material- und energiewirtschaftlichen Seite zu betrachten. H. Sommerfeld. 2425.

Meincke, K. und Kreitmeier, L. J.; Weihenstephan. **Die Technik in der Stallentmistung.** Dtsch. landwirtsch. Presse 85 (1962) Nr. 50. S. 513. 515. — 6 Abb.
Die bisher angebotenen Stallentmistungsanlagen lassen sich halb- und vollmechanischen sowie Schwemmentmistungsanlagen zuordnen. Halbmechanisch arbeiten Seilzuganlagen, der Frontlader, die Dungschwebebahn, der Schubautomat und der Einachsschieber. Außer bei der Dungschwebebahn und dem Frontlader wird bei diesen Anlagen der Dung durch einen Schieber auf der Kotplatte befördert. Halbmechanische Anlagen erfordern einen Arbeitsaufwand von 1-1,3 AK min/Tier/Tag. Die Entmistung erfolgt tägl. oder jeden 2. Tag. Eine vollmechanische Dungförderung ermöglichen das Traunecker Kotbrett und die Mistraupe, die den Dung auf einer beweglichen Kotplatte tragend befördern sowie die Schubstange und der Ringkreisförderer, welche einen gleitenden Dungtransport vornehmen. Der Arbeitsaufwand bei diesen Anlagen beträgt 1-1,2 AK min/Tier/Tag. Infolge des begrenzten Fassungsvermögens der Kotrinne bei vollmechanischen Anlagen muß tägl. 2mal ent-

mistet werden. Die größte Arbeitsersparnis bieten Schwemmentmistungsanlagen, die aber im Gegensatz zu den mechanisch arbeitenden Systemen wesentlich speziellere Geräte und Einrichtungen erfordern. Der Arbeitsaufwand beträgt hierbei 0,5-0,9 AK min/Tier/Tag. Entspr. dem Fassungsvermögen der Staurinnen wird tägl. oder nur jeden 2.-3. Tag entmistet. Einige Besonderheiten, die sich beim Betrieb der erwähnten Anlagen ergeben, werden erörtert. J. Strecke. 2425.

Anonym. **Das Neueste — die Elektronenkuh.** Dtsch. landtechn. Z. **14** (1963) Nr. 2. S. 61.
In Amerika wurde eine automatische Kälbertränkanlage „Nursette" entwickelt. Sie besitzt einen Trichter, der 12,5 kg Milchpulver faßt. Darunter ist eine Mischschüssel aus Plastik mit Rührwerk. Milchpulver für bis 3/4 l Milch wird mit warmem Wasser vermischt. Dieser Prozeß dauert 3 Min., dann wird ein Vakuum, das die Zitze absperrt, zurückgezogen, und das Kalb kann saugen. Mit dem Leerwerden des Mischbehälters setzt ein neuer Mischprozeß ein, das Kalb bekommt keine Milch mehr aus der Zitze infolge Absperrung durch das einsetzende Vakuum, es geht weg. Ein Überfressen der Kälber hat sich deswegen nicht gezeigt. Die Kunstzitze wird einmal tägl. sterilisiert. Es können bis 200 Kälber mit der „Nursette" gefüttert werden. Der Apparat kostet bei 6 Mon. Garantie DM 2500. H. Senger. 2425.

Budso, I. und *Krausp, V.* **Die Hauptrichtungen der Automatisierung der Produktionsprozesse in der tierischen Produktion.** Aus: Mechanizacija i élektrifikacija socialističeskogo sel'skogo chozjajstva, Moskva 1962 Nr. 4. (Übers. aus d. Russ., Maschinenschr. vervielfält.) 4°. – TO 576.

Kukla, G. und *Kozel, P.* **Die Mechanisierung der Arbeiten in den Milchviehfarmen.** Aus: Technika v sel'skom chozjajstve SSSR, Moskva 1962 Nr. 9. (Übers. aus d. Russ., Maschinenschr. vervielfält.) 4°. – TO 578.

Eine Farm für 3000 Schweine. Hrsg. von der Ukrain. Verein. des Ministerrates der Ukrain. SSR. (Übers. aus d. Ukr., Maschinenschr. vervielfält.) 4°. – TO 607.

Hurd, Louis M. **Amerykańskie metody chowu drobiu.** (Modern poultry farming.) Warszawa: PWRiL. 1962. (421 S.) 8°. (1963 A 352)

Javors'kij, Al'fred Al'fredovič. **Zastosuvannja traktoryv na tvarynnyćkych fermach.** (Der Einsatz von Traktoren auf Tierzuchtfarmen.) Kyïv: Deržavne vydav. sil'škog. lit. Ukr. RSR. 1962.

Meljukov, Aleksej Nikolaevič. **Biofizika i životnovodstvo.** (Biophysik und Tierzucht.) Moskva: Izd. „Znanie". 1963. (28 S.) 8°. – Stenogramma lekcii, Ser. 5 Nr. 7. (SR 168,7)

Spravočnik sovchoznogo stroitelja. (Handbuch für den Sowchos-Baumeister.) Moskva: Sel'chozizdat. 1962. (598 S.) 8°. (1962 A 1469)

Trautwein, Karl und *Fritzsche, Karl.* **Aufzuchthygiene und Aufzuchtkrankheiten der Haustiere.** Frankfurt/M.: DLG-Verlag. 1962. (166 S.) 8°. (1963 A 514)

A bibliography of farm buildings research. Part. III. Buildings for poultry. 1st supplement 1958-1961. London: Agric. Research Council. 1963. (296 S.) 4 s.

H. NUTZUNG UND QUALITÄT TIERISCHER ERZEUGNISSE

Thymian, E. **Zum neuen Lebensmittelgesetz.** Wirtschaft **18** (1963) Nr. 11. S. 19.
Vf. gibt einen kurzen Überblick über den Inhalt des Gesetzes über den Verkehr mit Lebensmitteln und Bedarfsgegenständen — Lebensmittelgesetz — (GBl I 1963 Nr. 12), welches das bisher gültige, aus dem Jahr 1927 stammende Gesetz ablöst. Er geht im wesentlichen auf die qualitativen Anforderungen, die an die Erzeugnisse zu stellen sind, ein sowie auf die Regelungen, welche die Überwachung der Herstellung und des Verkehrs mit Lebensmitteln, den Einsatz von Fremdstoffen und die Straf- und Ordnungsbestimmungen zum Inhalt haben. K. Hahn. 2505.

Krusen, Felix. **Einige Beispiele für die Auswirkung der neuen lebensmittelrechtlichen Vorschriften auf Ernährung und Landwirtschaft.** Dtsch. Lebensmittel-Rdsch. **59** (1963) Nr. 1. S. 18-19.

Es werden Beispiele gegeben, wie die Verordnungen zur Erreichung größerer Reinheit der Lebensmittel (Fremdstoff-Gesetz) in wirtschaftliche Vorgänge eingreifen können. Das Verbot geringer Mengen von Salpeterzusatz zu Schnittkäse bringt erhebliche wirtschaftliche Schwierigkeiten mit sich. Bei der Verwendung von Hexamethylentetramin bei bestimmten Fischerzeugnissen werden gesundheitliche Bedenken erhoben. Ohne ausreichende Konservierung tritt ein frühes Verderben ein, und die Gefahr einer Fischvergiftung liegt sehr nahe. Die gesundheitlichen Schäden werden aber dadurch größer als bei den konservierten Präserven. Das Verbot der Verwendung von Borsäure zur Krabbenkonservierung hat ebenfalls einschneidende wirtschaftliche Folgen. Ein anderes Problem ergibt sich aus dem Verbot der unzulässigen Verwendung von Lachgas (Distickstoffmonoxyd) zum Verschäumen von Sahne (Rahm). Wenn sich auch herausgestellt hat, daß die Verwendung von Lachgas kein gesundheitliches Problem darstellt, so stellt sich die Frage, ob es erwünscht ist, einen sonst als Narkosegas verwendeten Stoff zur Herstellung von Schlagsahne zu benutzen. Der Rückgang der Verwendung von Fremdstoffen hat zur Folge, daß viele phys. Verfahren der Lebensmitteltechnologie beschleunigt weiter entwickelt werden. Es wird auf die neuartigen Verfahren (Gefriertrocknung, Schaumschichttrocknung u.a.) hingewiesen.

F. Rathmann. 2505.

Ivanov, A. (Iwanow, A.) Novye doil'nye apparaty. **(Neue Melkapparate.)** Kolchoznoe proizvodstvo, Moskva **22** (1962) Nr. 12. S. 27-29. — 4 Abb., 2 Tab.

Es werden 4 neue Melkapparate beschrieben, die gegenüber den bisher vorhandenen verbessert und vereinfacht sind. Dabei handelt es sich um die 3-Takt-Melkapparate „Wolga“ und „Temp“, den 2-Takt-Einraum-Melkapparat „Stimul“ und den fahrbaren Melkapparat „PDA-1“. Der „PDA-1“ ermöglicht eine genaue Kontrolle des Gemelks jeder einzelnen Kuh.

K. Witt. 2511.

Beljančikov, N. I. (Beljantschikow, N. I.) Doil'nyj apparat s zaščitoj soska vakkuma. **(Melkapparat mit Zitzenschutz gegen Vakuum.)** Izvestija Timirjazevskoj sel'skochozjajstvennoj akademii, Moskva **1961** Nr. 4. S. 239-240. — 1 Abb. Zus. in Engl. 2511.

Irwin, George D. und McKee, Dean E. Stanchion, herringbone parlor, or no dairy. **(Standmelkanlage, Fischgrätenmelkstand oder keine Milchviehhaltung.)** Michigan State Univ., agric. Exp. Stat., quart. Bull. **45** (1962) Nr. 2. S. 297-317. — 1 Abb., 7 Tab.

Die Milchgewinnung mit Hilfe des Fischgrätenmelkstandes (FGM) findet größtes Interesse, so daß die Frage aktuell ist, unter welchen wirtschaftlichen Bedingungen sich der Wechsel vom Melken im Anbindestall zum Offenstallsystem mit FGM bezahlt macht. Aus Betriebsergebnissen des Jahres 1959 im Staat Michigan wurde versucht, eine Antwort zu finden. Nach betriebswirtschaftlichen Gesichtspunkten wurde das Gebiet in 5 verschiedene Gebiete eingeteilt und diese wieder nach Bodentypen und Getreideerzeugungsarten, woraus sich geringe Milchproduktionsmöglichkeiten, gute und dann Rinder- und Schweinemastmöglichkeiten ergeben. Zur Gestaltung der Milchproduktion sind die vorhandenen AK, das zur Verfügung stehende Kapital wie der erzielbare Milchpreis entscheidende Faktoren. Bei Vergrößerung der Herde erfordert die Erweiterung der Standmelkanlage eine sehr große Kapitalanlage, die nicht nur geringer ist, sondern auch noch weniger AK erfordert, wenn man für die ganze Herde ein neues Offenstallsystem mit einem FGM baut; so lautet das Ergebnis dieser Untersuchungen. Im einzelnen werden dargelegt der Arbeits- und Kapitalbedarf und die Methoden der Untersuchung, der Einfluß der verschiedenen Milch- und Schweinepreise unter dem Gesichtspunkt 5 verschiedener Situationen. H. Senger. 2511.

Phillips, G. M. Circulation cleaning of dairy equipment. Pipeline installation examined. **(Untersuchung der Zirkulationsspülung an einer Pipeline-Anlage.)** Rhodesia agric. J. **59** (1962) Nr. 6. S. 303-305. — 5 Abb., 1 Tab.
Die Untersuchung ergab, daß die Zirkulationsspülung erst bei einer Einlauftemperatur von 155-160 °F nach jedem Melken in einer Anlage mit 6 Melkzeugen gute Ergebnisse zeigte. Monatl. einmal wurde mit einem Milchsteinentferner gespült. Bei nicht exaktem Auflösen und Abgießen bei der Herstellung der Spüllösungen sammelten sich Salzreste an abgesonderten Stellen der Rohrleitungen an. Wegen der geringen Durchdringungskraft der Spüllösungen sind verschmutzte Stellen nicht wirksam gereinigt. Erst ein Anteil von 75 ppm akt. Chlor ergab genügende Resultate, wenn die Temperatur 160 °F überstieg. Einen Einfluß auf den Reinigungseffekt haben die Art der Leitungsverlegung, die benutzten Chemikalien, die chem. und bakteriologische Beschaffenheit des Spülwassers, die Stärke und Temperatur der Spülflüssigkeit und die Beschaffenheit der Utensilien. H. Senger. 2511.

Pino, Nino und Chiofalo, Luigi. Modifications de la viscosité, de la tension superficielle et de la conductibilité électrique du lait à la suite du transport. **(Veränderungen der Viskosität, der Oberflächenspannung und der elektrischen Leitfähigkeit der Milch durch den Transport.)** Lait **43** (1063) Nr. 421/422. S. 1-22. — 2 Abb., 49 Lit. Zus. in Engl.
An sich bleiben alle 3 Werte bemerkenswert stabil. Veränderungen der Viskosität und Leitfähigkeit sind mehr zufälliger Natur. Die Oberflächenspannung jedoch nimmt ab mit Beginn des Transportes bis zu den einzelnen Be- und Verarbeitungsphasen. Vff. gehen näher auf die ernährungsphysiologische und hygienische Bedeutung des Milchtransportes ein. Bes. Bedeutung hat nach ihrer Ansicht die Bestimmung der Oberflächenspannung. C. Wolf. 2512.

Boržkovskij, S. E. (Borshkowski, S. Je.) Raznoobrazie soderžanija žira i NŽSO i korreljacii meždu nimi v moloke korov. **(Unterschiedlicher Gehalt der Kuhmilch an Fett und fettfreier Trockenmasse und deren Korrelation.)** Žurnal obščej biologii, Moskva **24** (1963) Nr. 2. S. 140-148. — 1 Abb., 8 Tab., 8 Lit. Zus. in Engl.
Vergleichende Versuche zeigen, daß die Variabilität des Gehalts an fettfreier Trockenmasse im Vergleich zur Variabilität des Fettgehalts geringer ist. Da zwischen Gehalt an Fett und fettfreier Trockenmasse eine positive Korrelation besteht, bedingt die Erhöhung des einen auch die des anderen.
E. Rieske. 2512.

Nejim, H. T.; Baghdad, Iraq, Univ., Coll. of Agric., Dep. of Animal Husbandry. The composition of Iraqi sheep's milk. **(Die Zusammensetzung von Schafmilch aus dem Irak.)** J. Dairy Res. **30** (1963) Nr. 1. S. 81-85.
Die Milchproduktion der ca. 10 Mill. Schafe des Iraks besitzt einen großen wirtschaftlichen Wert für das Land. Für die Untersuchungen wurde die Sammelmilch von einer Schafherde der Awassi-Rasse verwendet, die einzelnen Tiere befanden sich in unterschiedlichen Laktationsstadien. Folgende durchschnittl. Ergebnisse wurden erzielt: Spez. Gew. 1,0366; pH 6,65; potentieller Säuregrad 0,217%; Fett 6,88%; Eiweiß 6,18%; Milchzucker 5,75%; Asche 0,928%; CaO 0,29%; P_2O_5 0,32%; CaO in der Asche 31,5%; P_2O_5 in der Asche 34,3%; Tr.-Subst. ohne Fett 12,99%. H. Hauke. 2512.

Kiermeier, Friedrich und Johannsmann, Herbert. **Über den Mangangehalt der Kuhmilch.** Z. Lebensmittel-Unters. u. -Forsch. **118** (1962) Nr. 4. S. 304-308.
Nach Brückmann und Zondeck besitzt das neugeborene Säugetier keinerlei Vorrat an Mangan und ist in seiner Versorgung ausschließlich auf die Milch angewiesen. Über den eigentlichen Manganbedarf bei Tier und Mensch liegen sehr unterschiedliche Angaben vor, vermutlich, weil dem sehr geringen Be-

darf ein sehr großes Angebot bei allen pflanzlichen und sehr vielen tierischen Mitteln gegenüber steht. — Bei 161 Milchproben aus dem Einzugsgebiet Weihenstephan ergaben die Untersuchungen einen Mangangehalt zwischen 4,5 und 67,4 g/l. Bei den während des Weideganges untersuchten Milchproben konnte eine Abhängigkeit vom Mangangehalt im Erdboden nachgewiesen werden, nicht aber z.Z. der Stallfütterung (Winter 1959/60). Vff. sehen die Ursachen in der Tatsache, daß während dieser Zeit größere Mengen betriebsfremder Futtermittel angeboten wurden. Chr. Dietz. 2512.

Rammell, C. G.; Wellington, New Zealand, Wallaceville Dairy Lab., Dep. of Agric. The occurrence and significance of blood in bovine milk. **(Über das Vorkommen und die Bedeutung von Blut in Milch von Kühen.)** J. Dairy Res. **30** (1963) Nr. 1. S. 1-5. — 3 Tab., 2 Lit.

Da vom Vf. schon früher eine Relation zwischen dem Blutgehalt der Milch und der Fettoxydation im Cheddar-Käse festgestellt worden war, wurden jetzt 3214 Milchproben aus 32 Käsereien des nördl. Teiles von Neuseeland auf ihren Blutgehalt untersucht. Der Blutgehalt der Milch schwankte von Farm zu Farm deutlich. Über 75% aller Milchproben enthielten weniger als 2,5 ppm Blut. Das Blut gelangte vorwiegend durch Zitzenverletzungen in die Milch. Ein Zusammenhang zwischen dem Blutgehalt der Milch und dem Typ der verwendeten Melkmaschinen konnte nicht festgestellt werden. Es wurde jedoch ein vermehrtes Vorkommen von Blut in der Milch dann beobachtet, wenn auf bestimmten Farmen die Hygiene der Tierhaltung stark vernachlässigt worden war. Der festgestellte Blutgehalt beeinträchtigte nicht die Haltbarkeit der Milch oder Butter. H. Hauke. 2512.

Berge, S. Forholdet mellom protein og fett i mjølk av forskjellige husdyrarter. **(Das Verhältnis zwischen Eiweiß und Fett in der Milch verschiedener Haustierarten.)** Tidsskr. norske Landbruk **69** (1962) Nr. 12. S. 288–297. — 2 Tab., 20 Lit.

Bei Errechnung der Regression von Eiweiß auf Fett müssen die Variation innerhalb der Melkzeit, die Variation innerhalb der Laktation und die Variation zwischen den Laktationen berücksichtigt werden. Die Variation innerhalb der Laktation wird im wesentlichen durch die Tagesmilchmenge bestimmt. In selektierten Beständen stellen sich die Zusammenhänge anders dar als in nicht selektierten. Die Synthese von Fett und von Protein stellt an den Körper ganz verschiedenartige Ansprüche. Bei 3% Fett liegt der Proteingehalt der Milch bei 3%. Schwarzbunte Dänische Kühe haben bei 4,47% Fett 3,75% Protein. Bei den Jerseys stehen 6,4% Fett 4,36% Protein gegenüber. In 1 Tab. werden Angaben über den Fett- und Eiweißgehalt der Milch von verschiedenen Tierarten zusammengestellt und das Verhältnis von Eiweiß zu Fett angegeben. Die Zusammenfassung der Untersuchungsergebnisse zeigt, daß eine einfache lineare Regression besteht. Der Zusammenhang läßt sich durch die Formel $f = 2p - 3$ ausdrücken, wobei f dem Fett- und p dem Eiweißgehalt entspricht. Verglichen mit dem Fettgehalt ist der Proteingehalt schwerer zu verändern. Die Variation des Fettgehaltes ist größer als die des Proteingehaltes. In den dänischen Nachkommenschaftsprüfungen für Bullen zeigen die Jerseys eine andere Verhältniszahl von Protein zu Fett als die beiden großen Milchrassen Rotes Dänisches Milchvieh und Schwarzbuntes Dänisches Milchvieh. Das Fett:Eiweiß-Verhältnis wird durch die Formel $f/p = 2 - \frac{3}{p}$ ausgedrückt. Bei Rindern mit Fettgehalten von 3–7% wird es für möglich gehalten, den Eiweißgehalt um $\pm$ 0,5% zu verschieben. Bei feststehendem Eiweißgehalt müssen Verschiebungen im Fettgehalt um 1% möglich sein. Den wirtschaftlich begründeten Anforderungen kann mit Hilfe eines wohldurchdachten Zuchtprogrammes entsprochen werden. J. K. Hinrichsen. 2512.

Lunaas, Torleiv; Oslo, Veterin. Coll. of Norway, Dep. of Reproduct. Physiol. and Pathol. Transfer of oestradiol-17 β to milk in cattle. **(Ausscheidung von 17 β-Oestradiol in der Milch beim Rind.)** Nature [London] **198** (1963) Nr. 4877. S. 288–289. – 1 Tab., 8 Lit.
Vf. untersuchte nach einmaliger i. m. Injektion von 50 mg 17 β-Oestradiol bei einer Kuh die Oestrogenkonzentration in der Milch. Nach Entfernung des Milchfetts wurden die freien und konjugierten Oestrogene in einem Schritt extrahiert. Nach Verteilung zwischen Wasser und Äther vor und nach heißer Säurehydrolyse erfolgte Isolierung von Oestradiol und Oestron als Methyläther entspr. der Methode von Brown. Es ergab sich, daß nur geringe Mengen von 17 β-Oestradiol in freier Form in die Milch übertreten. Der größte Teil (ca. 0,3% der injizierten Dosis) wurde in konjugierter Form während der ersten 48 Std. nach der Injektion ausgeschieden. Oestron erschien nur konjugiert in geringer Menge in der Milch. Da am Tage der Injektion nur die freien Oestrogene im Blut anstiegen und andererseits die Oestrogenausscheidung in der Milch vorwiegend in konjugierter Form erfolgte, vermutet der Vf., daß die Konjugation der freien Oestrogene in der Brustdrüse erfolgen könnte.
H. Grychtolik. 2512.

Ware, G. W. und Brakel, W. J.; Wooster, Ohio Agric. Exp. Stat., Dep. of Zool. and Entomol.; Dep. of Dairy Sci. Excretion of 3-Cl-aniline and isopropyl-N-(3-chlorophenyl) carbamate (CIPC) in the milk and urine of dairy cows fed CIPC. **(Ausscheidung von 3-Cl-Anilin und Isopropyl-N-[3-chlorophenyl] carbamat [CIPC] in der Milch und im Harn von mit CIPC gefütterten Milchkühen.)** J. Dairy Sci. **46** (1963) Nr. 2. S. 120–123. 2512.

Matsuoka, Osamu, Enomoto, Yoshikazu und Ohkubo, Yoshio. Experimental studies on contamination of milk with radioactive strontium. **(Experimentelle Untersuchungen über die Kontamination der Milch mit radioaktivem Strontium.)** Jap. J. veterin. Sci. **24** (1962) Nr. 4. S. 201–214. – 12 Abb., 20 Tab., 12 Lit. Orig.: jap., Ausz.: engl.
Kaninchen und Ratten wurde radioaktives Sr und Ca in Grundversuchen über die Kontamination der Milch mit Spaltprodukten des fallout verabreicht. Diese Isotope wurden einzeln entweder tägl. injiziert oder den Tieren ad libitum tägl. mit dem Trinkwasser verabfolgt. Der Übergang des ^{89}Sr und des ^{45}Ca in die Milch wurde durch Proben der Kaninchenmilch, die künstlich gewonnen wurde, oder der saugenden Ratten auf Radioaktivität überprüft. Durch diese Methode wurde die Bewegung des Sr im Tierkörper studiert. Es konnte festgestellt werden, daß 2% des per os aufgenommenen Sr in die Milch übergehen. Dsgl. wurden Untersuchungen darüber angestellt, welche Wirkung die Verabreichung einer gesättigten Dosis Träger- und nicht radioaktiven Ca in derselben Zeit hat. Die chem. Bindung des ^{89}Sr in der Kaninchenmilch ist vermittels der Alkoholkoagulation untersucht worden. Gleichzeitig dienten dazu die Bestimmung des isoelektrischen Punktes und die Ultrazentrifugation. Es wurde festgestellt, daß das ^{89}Sr an das Casein der Milch gebunden ist. Kuhmilch, die in vitro mit ^{89}Sr und ^{90}Y gemischt wurde und durch Lab zur Gerinnung gebracht worden war, zeigte die größte Aktivität in der koagulierten Fraktion. Die Gefahr, die durch den Übergang des Radio-Sr in die Milchprodukte entsteht, wird diskutiert. G. Mehlhorn. 2512.

Anonym. New equipment for determining protein and fat content in milk. **(Neue Ausrüstungen für die Bestimmung des Protein- und Fettgehaltes in Milch.)** Indian Dairyman **15** (1963) Nr. 3. S. 99–100. – 2 Abb.
Es werden 2 automatisch arbeitende Geräte zur Protein- und Fettgehaltsbestimmung in Milch, die von der Firma N. Foss Electric, Dänemark, entwickelt worden sind, beschrieben. Mit dem Pro-Milk-Gerät kann innerhalb von 15 Min. bei 10 Milchproben der Proteingehalt bestimmt werden. Die Eiweißbestimmung wird mit der Amidoschwarz-Methode durchgeführt. Bei Ver-

gleichsuntersuchungen wurden mit dem Pro-Milk-Gerät nur Abweichungen von 0,04% zu den Werten, die mit der Kjeldahlmethode erzielt worden waren, festgestellt. Die Bestimmung des Fettgehaltes der Milch mit dem Milko-Tester dauert für jede Probe nur 30 Sek. Dabei wird das Eiweiß vorher aus der Milch entfernt und der Fettgehalt colorimetrisch bestimmt. Im Vergleich zu der Methode nach Röse-Gottlieb differieren die mit dem Milko-Tester festgestellten Werte nur um 0,06%. H. Hauke. 2512.

Castillo, L. S., Gerpacio, A. L., Dulay, T. A. und Gruela, A. M. Comparison of the Babcock and detergent methods of butterfat analysis. **(Ein Vergleich der Milchfettbestimmung nach Babcock mit anderen Testmitteln.)** Philippine Agriculturist 46 (1962) Nr. 1. S. 53–64. — 6 Tab., 7 Lit.

Die seit 70 Jahren offiziell anerkannte Methode zur Milchfettbestimmung ist die von Babcock in Amerika. Nachteilig ist die Verwendung von konz. Schwefelsäure. Man entwickelte deshalb die beiden Testmittel Triton X-100 und Triton N-101 zur Fettbestimmung in Milch, Magermilch und Sahne. Untersucht wurden im ganzen 252 Proben, je Art 84. Die Unterschiede waren nicht signifikant, es schien aber, daß Triton X-100 (octyl-phenoxy-polyethoxy-ethanol) gegenüber dem Triton N-101 (monyl-phenoxy-polyethoxy-ethanol) bessere Resultate gibt. Gegenüber der Babcock-Methode lagen die Ergebnisse bei Triton X-100 um 0,01; 0,04 und 0,14% niedriger, bei Triton N-101 um 0,10; 0,13 und 0,35%. Man nimmt an, daß die etwas schlechteren Resultate bei Triton N-101 durch die geringere Löslichkeit kommen und der dadurch geringeren Oberflächenaktivität trotz des höheren Molekulargewichts. Zur Sahnefettbestimmung erwiesen sich 10 ml der Testmittel für 9 g Sahne als ausreichend; die Unterschiede lagen in der zulässigen Fehlergrenze von 0,5%. Eine Woche lang tägl. durchgeführte Milchmengen- und Fettbestimmungen ergaben die bekannten Schwankungen, und zwar bei Kreuzungskühen Holstein × Rote Sindhi von 3,24–4,39, bei Schweizer-Braunvieh-Kühen von 3,09 bis 3,76% und bei Wasserbüffelkühen von 6,23–8,61%. Die Differenzen in der tägl. Milchleistung betrugen entspr. 2,87 kg, 1,43 kg und 1,76 kg. Beide Testmittel sind zur Untersuchung von Magermilch ungeeignet, die weniger als 0,5% Fett enthält. Triton N-101 wird zur Untersuchung von Wasserbüffelmilch nicht empfohlen. H. Senger. 2512.

Hansson, Egon und Rasmusson, Yngve. **Weitere Untersuchungen über die saure Phosphatase der Milch.** Z. Lebensmittel-Unters. u. -Forsch. 118 (1962) Nr. 2. S. 141–147.

Es wird eine Methode zur Herstellung von Konzentraten der sauren Milchphosphatase beschrieben. Kurzzeiterhitzte Magermilch (72°C, 15 Sek.) wird mit Lab versetzt und nach der Gerinnung das Koagulum gewonnen. Aus dem Koagulum wird das Enzym durch Zusatz von Salzsäure (0,5 n) in kleinen Portionen herausgelöst (pH-Wert 3,5–4) unter gleichzeitiger Bearbeitung im Mixgerät. Die breiige Masse wird zentrifugiert und die überstehende Fermentlösung weiter verarbeitet, und schließlich wird die Fällung des Fermentes mit Aceton vorgenommen. Das getrocknete Enzympräparat ist stabil und weist auch nach 6monatiger Lagerung keinen Aktivitätsverlust auf. Bezogen auf N wird mit der Methode eine ca. 60fache Anreicherung gegenüber dem Ausgangsmaterial erreicht. Die angereicherte saure Phosphatase weist ein Aktivitätsoptimum bei pH 4,18 auf; die Fermentlösungen sind im pH-Bereich von 3–9 ziemlich stabil. Durch Tageslicht wird das Ferment schnell inaktiviert. Bei Anwesenheit von Oxalat wird das Ferment stark gehemmt; eine geringere Hemmwirkung üben die Weinsäure, die Apfelsäure und die Citronensäure aus. Durch Ascorbinsäure wird eine Aktivierung erzielt; durch Natriumfluorid sowie durch Kupferchlorid wird das Ferment stark gehemmt; Cystein ist ohne Einfluß. E. Kolb. 2512.

Pickering, A. und Jayne-Williams, D. J.; Reading, Univ., Nat. Inst. for Res. in Dairying. Preliminary observations on the measurement of dissolved oxygen in milk as an index of keeping quality. **(Vorläufige Beobachtungen über die Messung von gelöstem Sauerstoff in Milch als Index für die Qualitätserhaltung.)** J. Soc. Dairy Technol. **16** (1963) Nr. 1. S. 28–30. – 2 Abb., 3 Tab., 7 Lit.

Die elektrochemische Messung von gelöstem Sauerstoff scheint sich schneller und leichter mechanisieren zu lassen als der Resazurin-Test. Erste Versuche wurden in dieser Richtung unternommen, um festzustellen, ob ein neuer Elektrodentyp verwandt werden kann, um die Qualität der Milch abzuschätzen. Die Verfahrenstechnik wird beschrieben. W. Zeller. 2512.

Citti, J. E., Sandine, W. E. und Elliker, P. R.; Corvallis, Oregon State Univ., Dep. of Microbiol. Some observations on the Hull method for measurement of proteolysis in milk. **(Einige Beobachtungen über die Hull-Methode zum Messen der Proteolyse in Milch.)** J. Dairy Sci. **46** (1963) Nr. 4. S. 337. – 1 Abb., 3 Lit. 2512.

Vester, C. F.; Leiden, Government Dairy Stat., Standardization of methods for the analysis of milk and milk products in the Netherlands. Introduction to standard specification NEN 955 detection of coliform bacteria in milk and in liquid milk products. **(Standardisierung der Untersuchungsmethoden für Milch und Milchprodukte in den Niederlanden. Einführung zum Standard NEN 955 über die Bestimmung coliformer Bakterien in Milch und flüssigen Milchprodukten.)** Nederl. Melk-en Zuiveltijdschr. **16** (1962) Nr. 4. S. 302-307. 2512.

Vester, C. F.; Leiden, Government Dairy Stat., Standardization of methods for the analysis of milk and milk products in the Netherlands. Introduction to standard specification NEN 1507 the colony count of milk. **(Standardisierung der Untersuchungsmethoden für Milch und Milchprodukte in den Niederlanden. Einführung zum Standard NEN 1507 über die Anzahl der Kalorien in der Milch.)** Nederl. Melk-en Zuiveltijdschr. **16** (1962) Nr. 4. S. 308 bis 314. 2512.

Vester, C. F.; Leiden, Government Dairy Stat., Standardization of methods for the analysis of milk and milk products in the Netherlands. Introduction to standard specification NEN 3142 determination of phosphatase activity in milk and in liquid milk products. **(Standardisierung der Untersuchungsmethoden für Milch und Milchprodukte in den Niederlanden. Einführung zum Standard NEN 3142 über die Bestimmung der Phosphatase-Aktivität in Milch und flüssigen Milchprodukten.)** Nederl. Melk-en Zuiveltijdschr. **16** (1962) Nr. 4. S. 315-320. 2512.

Beck, Gg. **Milchuntersuchung in den Veterinäruntersuchungsämtern.** Arch. Lebensmittelhyg. **13** (1962) Nr. 5. S. 121-124.

Die laboratoriumsmäßige Untersuchung der Milch erstreckt sich auf Veränderungen, die geeignet sind, im Sinne der §§ 3 und 4 des Milchgesetzes bzw. der 1. AV zum Milchgesetz die menschliche Gesundheit zu schädigen und darauf, ob Anhaltspunkte für ein Verdorbensein nach § 6 vorliegen. In den letzten Jahren hat jedoch die qualitätsmäßige Bewertung von Lebensmitteln eine immer größere Bedeutung erhalten. Deshalb kann mit der Feststellung pathogener Keime die Überwachung des Grundnahrungsmittels Milch noch nicht als abgeschlossen angesehen werden. Vor allem spielt der allg. Keimgehalt, der die Qualität der Milch bestimmt, eine große Rolle. Hier ist nicht nur die Ermittlung der Keimzahl, sondern auch die der Keimart wichtig. Nach einheitlichen Untersuchungsmethoden werden auch die nicht als spezifisch-pathogen anzusprechenden Keimarten ermittelt, z.B. Säure- und Alkalibildner, Caseolyten, Anaerobier, nicht zuletzt die Keime der Coli-Aerogenes-Gruppe, denen sehr viele Ernährungsstörungen zuzuschreiben sind. Vf. streift kurz die wichtigsten Untersuchungsmethoden für rohe und bearbeitete Trinkmilch, wobei er die einzelnen Schnelltests, Färbetechniken und Nährmedien erwähnt. H. Heimbürge. 2514.

Macander-Golcz, W. Recherches sur la présence de „Mycobactéries" types Hominis et Bovis, dans le lait de marché à Varsovie. **(Untersuchungen über das Vorkommen von Mycobakterien [Typus humanus und T. bovinus] in der Handelsmilch Warschaus.)** Lait **43** (1963) Nr. 421/422. S. 30-35. — 17 Lit. Zus. in Engl.

In der Markenmilch wurden zu 38,5% Tuberkelbakterien vom Typ humanus und zu 22,2% vom Rindertyp gefunden. Nach Ansicht des Vf. tritt diese Infektion bes. zu Beginn des Frühjahrs und des Winters auf. Als Ursachen für die Verbreitung der Tbc werden angeführt: die schlechten Stallverhältnisse, die nicht genügende Isolierung tuberkulöser Tiere und die zu geringe hygienische Kontrolle auf dem Lande. Zum Nachweis von Tuberkelbakterien in Milch sind nach Ansicht des Vf. der Tierversuch und der Loewenstein-Jensen-Nährboden am besten geeignet. C. Wolf. 2514.

Olson, jun., Joseph C.; St. Paul, Univ. of Minnesota, Dep. of Dairy Ind. Hygienic aspects of milk and payment for quality. **(Die Ansichten der Hygiene über Milch und die Bezahlung nach Qualität.)** J. Milk Food Technol. **25** (1962) Nr. 11. S. 355-361. — 6 Lit.

Jede Eigenschaft, die die Milchqualität bezeichnet, kann beeinflußt werden durch hygienische oder sanitäre Verfahren, die in der Produktion und Verteilung angewandt werden. In enger Beziehung damit steht das Vorhandensein und das Wachstum von Mikroorganismen. Strenge Standards für Reinheit in der Industrie verringern die Gefahr von Krankheitsübertragung durch Milch und erhöhen somit die ästhetische Attraktivität. Milch hoher sanitärer Qualität und von ungeschmälertem Nährwert läßt den Verbrauch steigen und liegt somit sowohl im Interesse der Verbraucher als auch der Milchindustrie. — Die hohe Qualität hängt weitgehend vom Einfluß des sanitären Kontrollprogrammes ab. Wesentliche Elemente dieser Programme sind: a) Standards oder Forderungen, die gesichert werden müssen; b) Durchsetzung; c) Erziehung; d) Pasteurisierungszwang. Gleichfalls sind genaue Kenntnisse über Art der Mikroorganismen in Milch und ihre Kontrolle auf den Einfluß der Milchbehandlungsverfahren sowie der Entwicklung bei der Kühlung und dem Milchtransport notwendig. Unterschiede müssen gemacht werden zwischen der bakteriologischen Qualität roher Milch als Indikator für hygienische Gewinnung und bakteriologischer Qualität als Indikator für die Haltbarkeit. Bedeutungsvoll ist bei der Qualitässteigerung ein Anreiz für die Erzeuger, solche Milch zu erzeugen. Deshalb sollten Mindestanforderungen gestellt werden. W. Zeller. 2516.

Anonym. **Untersuchungen über die Milchqualität bei Melk-Absauganlagen.** Mitt. Lehr- u. Versuchsanst. Viehhalt. Landwirtsch.-Kammer Schleswig-Holstein **32** (1962) Nr. 87. S. 29-32. — 5 Tab.

In Zusammenarbeit mit dem Inst. für Tiergesundheit in Kiel wurden folgende Fragen geprüft: Wie steht es mit der bakteriologischen Beschaffenheit einer in Absauganlagen gemolkenen Milch, welchen Einflüssen innerhalb der Anlage unterliegt die Milchqualität und welche Rangfolge ergibt sich für diese Einflüsse? Die Untersuchungen wurden 1 Jahr lang in 2 Anlagen durchgeführt. Beide benutzten zum Spülen 0,5%ige Calgonit DA-Lösung jeweils 10 Min., aber die eine mit 80 °C, die andere mit 45 °C. Kein Betrieb führte im Prüfzeitraum eine Generalreinigung durch. Zu Frage 1 ergab sich, daß eine keimarme Milch mit einer Absauganlage ermolken werden kann. Zu Frage 2 und 3 ergab sich, daß eine Qualitätsbeeinflussung sich am stärksten durch das benutzte Kunststoffschwämmchen, dann durch die Rohrleitungen und dann erst durch die langen Milchschläuche ergab. H. Senger. 2516.

Iskandarjan, M. **Bestimmung der Milchreinheit beim Einsatz von Reinigungszentrifugen.** Int. Z. Landwirtsch. [Sofia/Berlin] **1962** Nr. 6. S. 108. — 1 Abb.
Vf. entwickelte ein Verfahren zur Bestimmung der Reinheit von Milch mit Hilfe einer Zentrifuge. Milchproben werden in gewöhnlichen Butyrometern, die der Fettgehaltsbestimmung dienen, zentrifugiert, wobei sich auf dem Grund der Butyrometer nur weiße Eiweißbestandteile absetzen, wenn die Milch einwandfrei ist, andernfalls erscheinen darin eingebettet Schmutzbestandteile, deren Ablagerung je nach Größe und Entfernung von der Drehachse die Verschmutzung rechnerisch ermitteln läßt. Die dazu entwickelte Formel soll als Standardvorschlag zur Feststellung der Milchreinheit durch Anwendung von Zentrifugen in allen Mitgliedsländern des RGW dienen. H. Senger. 2516.

Rackow, H. G. **Forderungen an die Milchüberwachung und -untersuchung unter besonderer Berücksichtigung der Vorzugsmilch.** Arch. Lebensmittelhyg. **13** (1962) Nr. 6. S. 129–136.
Die Vorschriften für die einheitliche Durchführung des LMG, die eine Einschränkung der tierärztlichen Milchüberwachung festlegten, können bei den jetzigen praktischen Verhältnissen nicht mehr aufrecht erhalten werden. Angesichts der gestiegenen Anforderungen an die hygienischen und qualitativen Ansprüche der Milch sollte eine neue Rechtsgrundlage geschaffen werden, in der die uneingeschränkte Zuständigkeit des tierärztlichen Sachverständigen und der Veterinäruntersuchungsanstalten in Hinblick auf die hygienische Überwachung dieses vom Tier stammenden Lebensmittels vom Erzeuger bis zum Verbraucher festgelegt wird. Damit ist aber auch eine Überarbeitung und Vereinheitlichung der Untersuchungsmethoden notwendig. Für die Keimzahlbestimmung nach dem Kochschen Plattenverfahren wird der Chinablau-Milchzucker-Agar als Nährboden der Wahl bezeichnet. Auf Grund der Untersuchungsergebnisse in Bremen wird es für möglich gehalten, die Ansprüche an die Höchstkeimzahl durch eine Senkung von 150000 auf 100000 pro ml zu erhöhen. Zur Colibestimmung wird der bisherige „Colitest" dem „Hygienetest" mittels TTC-Bouillon gegenübergestellt. Diese beiden und die Rubrognost-Nährlösung werden für die amtliche Milchüberwachung für geeignet gehalten. Sollte die Galle-Gentianaviolett-Pepton-Lösung in die Überwachung der Vorzugsmilch unter Verzicht auf den weitergehenden Hygienetest eingeführt werden, so sollte zusätzlich der Caseolytennachweis zur Beurteilung des Wertes und der Haltbarkeit der Vorzugsmilch herangezogen werden. Zur Feststellung und Beurteilung von Staphylokokken sowie zur Methodik des Hemmstoffnachweises wird noch keine abschließende Stellung bezogen. Abschließend wird gefordert, daß auch die Fettgehaltsbestimmung unter Berücksichtigung des Artikels 5 Absatz 3 der Vorschriften für die einheitliche Durchführung des LMG obligatorisch von den Veterinäruntersuchungsanstalten durchzuführen ist. W. Lehmann. 2516.

Kielwein, G. **Eine chemische Laboratoriumsprobe zur Marken- und Vorzugsmilchuntersuchung.** Arch. Lebensmittelhyg. **13** (1962) Nr. 5. S. 116–118.
Die bei Euterentzündungen stark vermehrt auftretenden Immunglobuline sind mit Hilfe der Hitzekoagulationsprobe mit $CaCl_2$ in Anlehnung an die Weltmannprobe zu erfassen. Insgesamt wurden 1114 Einzelmilchproben mit dieser Methode untersucht, deren Technik beschrieben wird. Die Koagulationsprobe ist ab ca. 21 Tagen nach dem Abkalben anwendbar und ergab bei akuten Mastitiden in 71%, chronischen Mastitiden und infizierten Euterkatarrhen in 93,8% und bei Ausscheidern in 59,6% der Fälle ein positives Resultat. Bei nicht infizierten Euterkatarrhen war sie in 75,2% und bei normalem Milch-

befund in 27,2% positiv. In weiteren Untersuchungen wurde festgestellt, daß bei kurzfristigen Euterinfektionen nicht selten nur die Koagulationsprobe anspricht, weshalb ein solcher Befund zumindest als verdächtig anzusehen ist. Für die Untersuchungen von Marken- und Vorzugsmilch wird vorgeschlagen, die Koagulations- und Schalmprobe routinemäßig anstelle der arbeitsraubenden Zellgehaltsbestimmung einzuführen. Fällt nur die Koagulationsprobe positiv aus, wird die Überprüfung der entspr. Kühe empfohlen.

H. Heimbürge. 2516.

Vincent, G. L'utilisation de la production laitière belge en 1961. **(Die Verwertung der belgischen Milchproduktion im Jahre 1961.)** Rev. Agric. [Bruxelles] **15** (1962) Nr. 8/9. S. 1023–1038. — 17 Tab.

Manche Zahlen, die den vorliegenden Angaben zugrundeliegen, sind problematisch und daher vorsichtig zu bewerten. Das trifft bes. für die Relativzahlen zu, die den Anteil der verschiedenen auf den landwirtsch. Betrieben hergestellten oder verwerteten Milcherzeugnisse betreffen. Die Vergleichbarkeit der Werte des Jahres 1961 mit denen der vergangenen Jahre zeigt jedoch bestimmte, in der Methode beruhende Mängel. Daher müssen die Angaben über die auf den Betrieben selbst hergestellten Milcherzeugnisse in ihrer Größenordnung bewertet und nicht als exakte Werte betrachtet werden. Die Gesamtmilchproduktion ist von 3431217000 l auf 3792888000 l im Jahre 1961 angestiegen. Im Gegensatz hierzu ist die Butterherstellung zurückgegangen. 1953 wurden 66,96% der Gesamtmilchmenge zu Butter verarbeitet, 1960 jedoch nur noch 60,64% und 1961 59,07%. Demgegenüber hat die Käseproduktion zugenommen. 1953 wurden aus 1,25% der Gesamtmilchmenge, 1960 aus 2,54% und 1961 aus 3,22% der Gesamtmilchmenge Käse hergestellt. Noch klarer treten diese Verhältnisse zutage, wenn man die rel. Verwertung der ausschließlich in den Molkereien verarbeiteten Milch zur Herstellung der verschiedenen Milcherzeugnisse betrachtet. Die Vollmilchverwertung innerhalb der Erzeugerbetriebe ist von 57,49% der Gesamtmilchmenge im Jahre 1953 auf 47,90% im Jahre 1960 und 44,10% im Jahre 1961 zurückgegangen. Auch hier ist in der Milchverwertung zur Butterproduktion für den Haushalt ein Rückgang von 63,79% im Jahre 1953 auf 52,04% im Jahre 1961 zu verzeichnen. Der Frischmilchverbrauch ist von 20,57 auf 25,53% im Jahre 1960 und 28,34% im Jahre 1961 angestiegen. Desgleichen hat der Anteil der zu Futterzwecken im Erzeugerbetriebe verwendeten Vollmilch ständig zugenommen. Die Summe der für Milcherzeugnisse bezahlten Prämien ist in Belgien in stetem Anstieg begriffen. 1955 betrug sie bfr 66 Mill. 1961 476 Mill. Dadurch kam es zu einer Steigerung der Milcherzeugung und einer preislichen Begünstigung der Vollfetterzeugnisse. Hierdurch konnte eine Verminderung der bisherigen Butterüberschüsse erreicht werden. Eine derartige Steuerung der Milchverwertung ist berechtigt, weil 1. dadurch die Produktion von Milcherzeugnissen gesteigert wurde, 2. durch Zahlung von Qualitätsprämien die Qualität der Erzeugnisse verbessert wurde, 3. der Kostenanteil je 1 Werkmilch gegenüber den Kosten beim Butterexport gesenkt wurde, 4. der Überschuß an Magermilch, dem Nebenerzeugnis der Butterproduktion vermindert wurde. Die Gewährung dieser Prämien in Belgien ist erforderlich, da der Preis für diese Erzeugnisse am Weltmarkt durch die Hauptüberschußländer künstlich niedergehalten wird, andererseits die belgische Wirtschaft gegenüber Importen völlig liberalisiert ist. Sobald sich der Preis am Weltmarkt zu den reellen Gestehungskosten in einem vertretbaren Verhältnis befindet, sind auch keine Preisstützungen mehr notwendig. H. Busse. 2518.

Fletcher, L. B. und McCorkle jun., C. O.; Iowa State Univ.; Davis, Exp. Stat. Growth and adjustment of the Los Angeles milkshed. **(Die Entwicklung und Ordnung der Milchverteilung von Los Angeles.)** Univ. Calif., Calif. agric. Exp. Stat., Bull. **1962** Nr. 787. S. 1–88. — 15 Abb., 25 Tab., 28 Lit.

Grundlage der umfangreichen Untersuchung ist die Entwicklung der Milchversorgung im Staat Los Angeles bis 1975. Wenn pro Einwohner 292 lb. Milch benötigt werden sollen (1955–177 lb.) dann muß die Milchleistung der 1 209 900 Kühe (1958 — 945 000) 10 400 lb./Jahr betragen. Berücksichtigt werden muß bei der Planung die ständige Bevölkerungszunahme (1940 — 3 Mill., 1960 — 6 Mill.). Man rechnet 1975 in der Stadt Los Angeles mit 9 Mill. und mit den anderen Verbraucherzentren zusammen mit 15 Mill. Einwohnern. Die umfangreichen Planungsarbeiten analysieren eingehend die strukturellen Eigentümlichkeiten des Milchmarktes von Los Angeles, wie die Fragen der Milchhändler, Molkereien und deren Einzugsgebiete in Abhängigkeit von der geographischen Lage. Die Kosten und örtlichen Besonderheiten werden eingehend untersucht, bes. die Milchleistung je Kuh, Anzahl der Kühe, Erzeugerkosten, Transportkosten. Weiterhin sind von Interesse die Erzeugerpreise, Vermittlungsgewohnheiten und die Niederlassungsordnung. In einem abschließenden Kapitel wird die Lieferordnung der Vergangenheit, Gegenwart und Zukunft besprochen. W. Zeller. 2518.

Bothwell, P. W. Reviews of the progress of dairy science. Section F. Milkborne disease. **(Berichte über den Fortschritt der Milchwissenschaft. Sektion F. Durch Milch übertragene Krankheiten.)** J. Dairy Res. **30** (1963) Nr. 1. S. 109 bis 159. — 5 Tab., Lit. 2519.

Plaschke, W. und Mette, C.; Berlin, Veterinärhyg. Dienst für den Eisenbahntransport; Veterinäruntersuchungs- und Tiergesundheitsamt des Magistrats von Groß-Berlin. **Über den bakteriologischen Status von Kühlwaggons vor und nach der Reinigung und Desinfektion.** Mh. Veterinärmed. **18** (1963) Nr. 4. S. 143–146. — 1 Tab.

Auf die unterschiedlichen Gegebenheiten in der Überwachung des Transportwesens durch tierärztliche Institutionen in verschiedenen Ländern und spez. auf diesbezügliche Unzulänglichkeiten im eigenen Land wird hingewiesen. Erschwerende organisatorische Belange finden Erwähnung. Der Veterinär-Hygienedienst für den Eisenbahntransport, der dem Min. für Verkehr beigeordnet wurde, muß seine Aufmerksamkeit verstärkt den Kühlwaggons zuwenden. Unter diesen Aspekten wurden Untersuchungen über bisher übliche Reinigung und Desinfektion der Kühlwaggons (Trockeneis-Metall, Naßeis-Holz) verschiedener Ausrüstung angestellt und Desinfektionsmittel auf ihre Brauchbarkeit geprüft. Über den Keimbefall, der an Hand ausführlich dargestellter Methodik gefunden wurde, und über seine Beeinflussung wird berichtet. Geeignete Desinfektionsmittel werden aufgeführt. Auf die hygienischen Mängel der geprüften Kühlwaggons wird eingegangen. R. Tönnies. 2521.

Savić, J. und Tadić, R. Ispitivanje ponašanja svinja za vreme i posle onamljivanja ugljendioksidom. **(Untersuchungen über das Verhalten der Schweine während und nach der Bestäubung durch Kohlendioxyd.)** Technol. Mesa [Beograd] **3** (1962) Nr. 9. S. 2–7. — 7 Abb., 1 Tab., 7 Lit.

Das Verhalten und die Reflexe bei verschiedener Gaskonzentration und verschiedenen Betäubungszeiten werden beobachtet. Die Versuchstechnik wird erläutert (Versuchskammer, Auffüllen der Kammer mit CO_2, Bestimmung der Konzentration, Auswahl und Vorbereitung der Tiere zur Betäubung und Untersuchung des Zustandes der Tiere während des Betäubens). Aus den Versuchen resultiert: 1. die CO_2-Konzentration beeinflußt die Betäubungsintensität und den Grad der Betäubung. 2. Nach Verschwinden des Cornealreflexes soll das Tier noch ca. 15 Sek. ergänzend in der Betäubungskammer gehalten werden. Das Fehlen des Cornealreflexes ist kein richtiges Merkmal der tiefen Betäubung. 3. Die CO_2-Betäubungsmethode ermöglicht eine ausreichende Betäubung ohne unerwünschte Veränderung im Organismus.
K. Metz. 2522.

Tadić, R. und Cirić, M. Ispitivanje uticaja omamljivanja svinja CO_2 na iskrvarenje i fizikohemijske promene u mesu. **(Untersuchung des Einflusses der Betäubung von Schweinen durch CO_2 auf die Ausblutung und die physikalisch-chemischen Veränderungen im Fleisch.)** Technol. Mesa [Beograd] **3** (1962) Nr. 9. S. 7–10. — 3 Abb., 2 Tab., 6 Lit.
Ermittelt wurden Angaben über die phys.-chem. Veränderungen im Fleisch. Die Ergebnisse werden ausgewertet. Bei der CO_2-Betäubung ist die Entblutungszeit kürzer und die Entblutung günstiger. Die Tiere sind vollständig erschlafft und im tiefen Betäubungsszustand. Die Hb-Menge im Fleisch und das Fehlen der unerwünschten Veränderungen im Fleisch sprechen für die CO_2-Betäubung. K. Metz. 2522.

Ganter, Gyula. Összehasonlító vizsgálatok a sertéshús kivérzettségi fokára, tekintettel a kábitás módjára. **(Vergleichende Untersuchungen des Ausblutungsgrades von Schweinefleisch mit Rücksicht auf die Betäubungsmethoden.)** Húsipar [Fleischindustrie] **11** (1962) Nr. 3. S. 143–146. — 4 Abb., 2 Tab., 6 Lit.
Die Betäubungsmethoden haben wesentlichen Einfluß auf den Ausblutungsgrad der Tiere, die Veränderungen des Fleisches nach der Schlachtung und die Verwendungsmöglichkeit des Rohstoffes. Die Untersuchungen wurden in 2 Richtungen durchgeführt: 1. Feststellung des in den Muskeln verbliebenen Blutes mit der unmittelbar nach der Schlachtung im Fleisch vorhandenen Blutfarbstoffmenge als Ausgangspunkt. Die Auswertung der Versuche ergibt, daß zwischen den Betäubungsmethoden ein wesentlicher Unterschied besteht. Die durchschnittl. Extinktionswerte werden verglichen. 2. Untersuchung des Zusammenhanges zwischen pH-Wert und Ausblutungsgrad. Es wurde ermittelt, daß, je mehr Blut im Muskelgewebe zurückgeblieben ist, der Glykogenzerfall langsamer ist. Dies könnte auf die Alkalität des Blutes zurückgeführt werden, die die Säuerung langsamer verlaufen läßt. K. Metz. 2522.

Hunt, K. E.; Oxford, Univ., Inst. für Landwirtsch. Betriebswirtsch. **Die Vermarktung von Schlachtgeflügel in Europa.** Fatis Rev. [Bad Godesberg] **9** (1962) Nr. 3/4. S. 77–81. — 3 Abb.
In neuerer Zeit entstehen in den meisten Ländern umfangreiche Schlachtgeflügelbestände. Die Broilermast in größeren Produktionseinheiten setzt eine Überwindung traditioneller Vermarktungsmethoden voraus. Zwischen den Produktions- und Verarbeitungsbetrieben sowie den Händlern bildet sich oft eine Kette, mit der auch Futtermittel-, Maschinen- und Gerätehändler verbunden sind. Dabei können mehrere Glieder der Kette einer Firma angehören, oder es bestehen weitgehend vertragsähnliche Abmachungen zwischen den Betrieben. In den letzten Jahren gab es ein Überangebot an Broilern. Sinkende Preise und Rückgang der Produktion waren die Folge. Der Verkauf von tiefgefrorenem, bratfertigem Geflügel setzt sich immer mehr durch. W. Rudolph. 2522.

Vapcarova, M. (Wapzarowa, M.) Sŭstav na teleškoto meso. **(Zusammensetzung des Kalbfleisches.)** Izvestija na Centralnija naučnoizsledovatelski veterinarnochigienen institut za životinski produkti, Sofija **2** (1962) S. 239 bis 244. — 2 Tab., 11 Lit. Zus. in Russ., Dtsch.
Die mittlere chem. Zusammensetzung des knochenlosen Fleisches betrug bei Mastkälbern: Wasser 72,77%, Gesamteiweiß 18,90%, Fett 7,71%, Mineralsalze 1,04% und 149 cal/100 g Fleisch; b) bei ungemästeten Kälbern in gleicher Reihenfolge: 77,28%, 19,58%, 1,89%, 1,09% und 98 cal. Die Knochen der Mastkälber machen 19,22% und die der ungemästeten 21,45% vom Gesamtschlachtgewicht aus. Z. Tomow. 2524.

Wilson, P. N. Palatability of water buffalo meat. **(Schmackhaftigkeit von Wasserbüffelfleisch.)** J. agric. Soc. Trinidad & Tobago **61** (1961) Nr. 4. S. 457–460. — 1 Tab., 1 Lit.

An einem zwanglos durchgeführten „Schmackhaftigkeitsessen" nahmen 28 Personen (Hausfrauen, Hoteliers, Lebensmittellieferanten, Landwirtschaftsexperten und Tierärzte) teil, um die Verwertung von Wasserbüffelfleisch zu prüfen. Dabei wurden den Gästen 3 Platten mit geschnittenem Bratenfleisch vorgelegt. Die mit A, B und C etikettierten Platten enthielten Fleisch von einem einheimischen Kreuzungsrind, einem 21. Mon. alten Wasserbüffel und einem erstklassigen, aus Europa importierten Mastbullen. Während des Essens merkten die Gäste nicht die Identität der Fleischarten, sie wurde ihnen erst nach der Mahlzeit und nach Ausfüllung eines Fragebogens mitgeteilt. Bewertet wurden von den Teilnehmern die Farbe des Fleisches und Fettes, das Gewebe (Faserung), der Geschmack und die allg. Ansehnlichkeit des Fleisches. Im Ergebnis dieser Umfrage schnitt das Büffelfleisch mit 76,6 Punkten am besten ab. An 2. Stelle stand das Fleisch von dem importierten Rind mit 70,7 Punkten, unmittelbar gefolgt vom einheimischen Kreuzungsrind mit 69,3 Punkten. Von den 28 Gästen nahmen 14 das Wasserbüffelfleisch in ihre erste Wahl, 7 bevorzugten das Fleisch mit der Etikette C, 5 mit der Etikette A und 2 sowohl A und B. Jedes Vorurteil gegen den Genuß von Wasserbüffelfleisch ist unbegründet, wenn die Tiere entspr. aufgezogen, nicht überaltert geschlachtet und attraktiv zubereitet werden. Bes. das blaßweiße Fett von Wasserbüffeln wurde hoch eingeschätzt. Schließlich ist im Interesse der Erhaltung des Geschmacks Wasserbüffelfleisch frisch zu verwerten.

O. Siegl. 2524.

Wierbicki, Eugen, Tiede, Milton G. und Burell, Robert C.; Waterloo, Iowa, Rath Packing Co., Forsch.- und Entwickl.-Abt. **Die Bestimmung der Fleischquellung als Methode zur Untersuchung der Wasserbindungskapazität von Muskelproteinen mit geringem Safthaltevermögen.** Fleischwirtschaft 14 (1962) Nr. 10. S. 942–951. – 2 Abb., 5 Tab. 2524.

Witt, M. **Züchterische und fütterungstechnische Maßnahmen zur Verbesserung der Schlachtkörperqualität von Rindern und Schweinen.** Mitt. Lehr- u. Versuchsanst. Viehhalt. Landwirtsch.-Kammer Schleswig-Holstein **82** (1962) Nr. 87. S. 11–17. 19. 22–25.

Das Fleischbildungsvermögen beim Schwein ist in seiner oberen Grenze durch die Erbanlagen festgelegt. Beziehungen zwischen Form und Fleischbildungsvermögen lassen am lebenden Tier gewisse Schlüsse auf die Schlachtkörperqualität zu, endgültige Auskunft über den Fleischanteil im Schlachtkörper erhält man nur über die Ausschlachtung. Eine zutreffende Qualitätsbezahlung ist daher nur über die Totvermarktung möglich. Hierbei sollte die Körperlänge nicht zum fast allein entscheidenden Maßstab werden. Unter Tieren mit etwa gleichem Futterverzehr wird der Aufwand je kg Zunahme um so geringer, je höher der Fleischanteil bei der Gewichtszunahme ist. Die Mast- und Schlachtleistungsprüfung dient hierbei zur Ermittlung dieser günstigen Eigenschaften. Die Intensität der Fütterung und die Höhe des Futterverzehrs bestimmten unabhängig von den Erbanlagen das Fleisch-Fettverhältnis. Ausgezeichnete Schlachtkörperqualitäten werden durch ungünstige Futterverwertung und auf Kosten der Rentabilität der Mast erkauft. Beim Rind bestehen zwischen Form und Schlachtkörperqualität viel engere Beziehungen, weil eine Fetthülle, wie sie das Schwein besitzt, fehlt. Die Qualität des Fleisches wird weitgehend durch die Form der Muskulatur bestimmt. Art und Umfang der Muskelbildung ist durch die Fütterung nicht zu steuern. Die in genügend großem Rahmen stehenden breitwüchsigen Tiere mit voller Muskulatur befriedigen die Ansprüche von Produzenten und Konsumenten. Das mit höherem Futteraufwand erzeugte bessere Fleisch von gut ausgemästeten reifen Ochsen wird im Gegensatz zu den USA in Deutschland nicht besser bezahlt.

Herbert Winkler. 2526.

Tayler, J. C., Rudman, J. E. und Kemp, C. D.; Hurley, Berks., Grassland Res. Inst. Relationships between certain carcass measurements, weights of wholesale joints and sample joint composition of Hereford cross-bred steers. **(Beziehungen zwischen Fleischmessungen, Gesamtkeulengewichten und Keulenzusammensetzung bei Hereford-Kreuzungsbullen.)** J. agric. Sci. **57** (1961) Nr. 3. S. 347–353. — 1 Abb., 5 Tab., 8 Lit.

Die Untersuchungen wurden an 74 Hereford-Kreuzungsbullen, im Alter von 22–23 Mon. geschlachtet, gemessen und zerlegt, durchgeführt. Die Ansatzstellen für die Schlachtkörpermessungen sind ausführlich erörtert. Zwischen dem Gewicht der Keule und dem des Fleisches war in jedem Falle eine hohe signifikante Korrelation ($r = +0{,}74$–$0{,}98$) vorhanden, so daß 55–96% der Veränderungen im Keulengewicht eine Änderung im Fleischgewicht zur Folge hatten. Eine niedrige Korrelation ergab sich zwischen dem Gewicht der Gliedmaßen und dem des Fleisches. Rel. geringe Korrelationen waren auch zwischen Fleischgewicht und der Zusammensetzung der Fleischteile zu erkennen. Die Zusammensetzung des Rippenstückes (13. Rippe) steht mit der des gesamten Fleisches bei Herefords, Friesian und Shorthorn in linearer Beziehung und wird deshalb als zuverlässiges Merkmal angesehen. Ferner läßt das femur-Gewicht Rückschlüsse auf den Knochengehalt zu. Die partiellen Korrelationen zwischen prozentualer Zusammensetzung des Rippenstückes und dem Gewicht der Bratenstücke sind unterschiedlich hoch und nur z. T. signifikant. Die Korrelationen zwischen verschiedenen Fleischmessungen und dem effektiven Fleischgewicht lagen zwischen $r = +0{,}27$ und $r = +0{,}81$. Die partiellen Korrelationen waren zwar alle positiv, überschritten aber nicht den Wert von 0,51. Aus weiteren Korrelationen wird erwartet, daß sowohl längere Beine (femur) als auch ein größerer Umfang der Lende zu höherem Fleischgewicht führen. Signifikant positiv korreliert waren noch die Länge von Radius ulna mit Schienbeingewicht, Brusttiefe minus Fleischdicke über der Brust mit Gewicht der Flanke und Bruststück. Die Dicke der s.c. Fettschicht wurde durch die Muskelgröße nicht signifikant beeinflußt. Unter Berücksichtigung des jedoch niedrigen Aussagewertes von Fleischmessungen wird bei großen Populationen auf die Heranziehung von Schnellmethoden (Bestimmung des spez. Gew.) zur Einschätzung des Verfettungsgrades orientiert. O. Siegl. 2526.

Mason, I. L. **Die Tendenz der Rindfleischerzeugung in Großbritannien.** Züchtungskunde **34** (1962) Nr. 9/10. S. 406–425.

1 Drittel des jährl. Fleischverbrauches in Großbritannien kommt vom Rind. Beim Frischfleisch beträgt der Anteil mehr als die Hälfte. 75% der Rindfleischproduktion stammen aus der eigenen Erzeugung, die in den letzten 25 Jahren um $^1/_3$ zugenommen hat. Die Kalbfleischerzeugung spielt mit weniger als 1% nur eine untergeordnete Rolle. $^3/_4$ der Schlachtrinder werden lebend verkauft. Für jung kastrierte Ochsen und nicht tragende Färsen bestimmter Gewichtsabschnitte, aber nicht für Kühe und Bullen, gewährt die Regierung Subventionen. Während vor dem Kriege nur wenig „Baby-Beef" von Tieren im Alter von 10–15 Mon. erzeugt wurde, ist bes. seit 1954 eine Erhöhung eingetreten. Ein Großteil des erzeugten Rindfleisches stammt von Milchviehrassen. In England sind die Schwarzbunten die herrschende Milchviehrasse, die Herefords die Hauptfleischrasse. Daß eine hohe Milchleistung und eine hohe Fleischleistung sich nicht gegenseitig ausschließen, demonstrieren die Simmentaler und Schwarzbunten. Mit Hilfe der Fleischleistungsprüfungen sollen die engl. Rassen verbessert werden. Auch die Einfuhr von 30 Charollais-Bullen dient diesem Ziel. H. Kleiber. 2528.

Anonym. **Rabbit-comeback.** (Kaninchen-Comeback.) Meat Marketing **35** (1962) Nr. 23. S. 10–11.

In England wird dem Kaninchenfleisch für die Zukunft eine große Möglichkeit zugesprochen. Der Verzehr von Wild und Geflügel beträgt z. Z. ca. 290 g pro Kopf und Jahr. Aussichtsreich sind 2 Rassen (Weiße Neuseeländer und Kalifornische), die mit 8–10 Wochen bei einem Gewicht von 4–5 lb. geschlachtet werden. Innereien werden als Abfall verarbeitet. Die Felle lassen sich nur zu Hüten, Handschuhen etc. verarbeiten, da sie für den Kürschner unreif sind. Das Fleisch wird nach dem Schlachten im Wasser geschockt, verpackt und gefroren als halbe oder ganze Kaninchen verkauft. Eine ganz bes. Chance hat Kaninchenfleisch in Dosen, wenn genügend Fleisch produziert wird, um die techn. Möglichkeiten einer Konservenlinie auszulasten. Im Einkauf kostet 1 kg lebend ca. 3,80, Fleisch im Verkauf ca. DM 7,20–10,00 das kg. Die Rentabilität einer Kaninchenhaltung im großen sowie die in England dafür bestehenden gesetzlichen Bestimmungen werden besprochen.
G. Theloe. 2528.

Hülße, Heinrich. **Zur Untersuchung und Beurteilung von Eiern im Rahmen der tierärztlichen Lebensmitteluntersuchung.** Arch. Lebensmittelhyg. **13** (1962) Nr. 5. S. 124–125.
Neben der Gewichtsbestimmung der Eier und der Prüfung der äußeren Beschaffenheit der Eischalen auf Aussehen, Verschmutzung und Geruch, der Durchleuchtung und Begutachtung des Eiinneren muß auch die Verpackung hinsichtlich der Einhaltung der bestehenden Vorschriften überprüft werden. Im wesentlichen beziehen sich Beanstandung bei der Eiuntersuchung auf Verstöße gegen die Verordnung „Deutsches Standardei" und auf irreführende Bezeichnungen. So werden z. B. Schmutzeier oder sogar Auslandseier, von denen man nicht weiß, wann sie gelegt und bei welchen Temperaturen sie gelagert wurden, als Standardeier abgestempelt. Falsche Verpackungsdaten, falsche Gewichtsklassen und das Anbieten von „vollfrischen Auslandseiern' sind Beispiele irreführender Bezeichnungen. — Es werden klare, einfache, verbraucherfreundliche Bestimmungen und Verordnungen für den Eierhandel im gesamten Bundesgebiet gefordert. H. Heimbürge. 2535.

Mountney, G. J.; Columbus, O., Columbus Agric. Exp. Stat. Some factors influencing the texture of an egg product in sausage casing. **(Die Einflußnahme einiger Faktoren auf die Beschaffenheit von Backwaren bei Verwendung von Eiprodukten.)** Poultry Sci. **41** (1962) Nr. 4. S. 1215–1218. — 5 Tab., 7 Lit.
Die Untersuchungen wurden durchgeführt, um neue Produkte der Nahrungsmittelindustrie zu entwickeln. Es wurden neben anderen Bestandteilen bei unterschiedlichen Mengen Gelatine, Sojamehl, Natriumphosphat und Wasser der Feuchtigkeitsgehalt, pH-Wert sowie die Reißfestigkeit während der Lagerung ermittelt. Mit steigendem Wassergehalt ging auch eine Änderung in der Beschaffenheit des Produktes einher, während eine Beeinflussung des Feuchtigkeitsverlustes durch längere Lagerung bei Variation der Gelatine sowie Wassermengen nicht eintrat. Ebenfalls war die Zugabe von Natriumphosphat ohne Bedeutung für die Beschaffenheit. Die größte Veränderung zeigte sich bei 22,3% Wasser, 6% Gelatine und 2,8% Sojamehl. Der Eianteil an dem Rezept betrug 47,8%. E. Urban. 2535.

Anonym. **Produzentenring und Eiervermarktung in England.** Geflügelhof [Zollikofen-Bern] **26** (1963) Nr. 17. S. 292–293. 2535.

Rostovcev, N. F. **Probleme der gesteigerten Erzeugung von Fleisch und Milch.** Aus: Razvitie životnovodstva v SSSR, Moskva 1958 S. 26–44. (Übers. aus d. Russ., Maschinenschr. vervielfält.) 4°. — TO 649.

Haßkamp, Heinrich. **Der Markt für Schlachtkälber und Kalbfleisch und seine Beziehungen zu anderen Schlachtvieh- und Fleischmärkten.** Aktuelles aus d. Vieh- u. Fleischwirtschaft. Hiltrup/Münster: Landwirtschaftsverl. 1960. (173 S.) 8° = Landwirtschaft — angewandte Wissenschaft Nr. 103. (SR 509, 103)

Sommer, Otto A. **Schlachtkälber. Markt- u. Qualitätsfragen.** Aktuelles aus d. Vieh- u. Fleischwirtschaft. Hiltrup/Münster: Landwirtschaftsverl. (162 S.) 8° = Landwirtschaft – angewandte Wissenschaft Nr. 113. (SR 509, 113)

Weber, Werner. **Rechtsfragen der milchwirtschaftlichen Marktordnung.** Göttingen: Schwartz 1962. 51 S. 8°. (1963 A 522)

Second report of the joint FAO/WHO expert committee on meat hygiene. Rome: FAO 1962. 87 S. 8° = FAO-Agricultural studies No. 58. (SP 393, 58)

The Australian dairy industry. An economic study. Ed. by N.T. Drane and H. R. Edwards. Melbourne: Cheshire 1961. XVI, 321 S. 8°. (1963 A 439)

K. TIERPSYCHOLOGIE

Hutchison, G. H., Woof, R., Mabon, R. M., Salehe, I. und Robb, J. M.; Mpwapwa, Tanganyika, Veterin. Res. Stat. A study of the habits of zebu cattle in Tanganyika. **(Eine Untersuchung des Verhaltens des Zebus in Tanganyika.)** J. agric. Sci. **59** (1962) Nr. 3. S. 301–317. – 2 Abb., 12 Tab., 13 Lit.

Während der ersten 6 Lebensmonate, die in die Trockenzeit fielen, beobachteten Vff. 72 Std. hintereinander und Zwischenpausen von 1 Mon. das Verhalten von 5 Kurzhorn-Zebu-Rindern und ihrer Kälber unter günstigen Haltungsbedingungen: Die Kühe kamen nachts in einen überdachten und künstlich beleuchteten Hofplatz, tagsüber von 7^{00}–16^{00} auf die Weide, nachmittags zurück; mittags suchten sie ihre Wasserstelle zwischen Hofplatz und Weide auf. Während der Nacht stand ihnen vom Juni an Silagefutter zur Verfügung. Mehrere Tätigkeiten wurden untersucht: Die Kühe brachten 14,5 der 24 Std. eines Tages stehend zu, im Juli/Sept. zogen sie — wegen der Verschlechterung des natürlichen Futters – mehr umher, im Okt. stellten sie diese nutzlos gewordenen Wanderungen wieder ein. Im ganzen waren sie nachmittags reger als vormittags. Nachts unterbrachen sie ihre Ruhe in den ersten 3 Mon., um die Kälber saugen zu lassen oder sie standen ohne sichtbaren Grund auf und fraßen etwas nach längerem Stehen. Die ersten 2–3 Std. am Tage grasten die Kühe intensiv, dann ruhten sie; mittags grasten sie von neuem, ruhten wiederum und suchten in den letzten 2–3 Std. vor dem Aufsuchen des Nachtraums wählerisch und ohne großen Eifer nach Futter. Die Weidezeit wurde vom Futter bestimmt; war die Weide im Mai frisch und üppig, fraßen die Kühe 7,15 Std.; im Juli, als sie verbraucht und trocken war, 4,8 Std. Dafür nahm der Silageverzehr von 0 auf 2 Std. je Nacht zu. 2 Std. käuten die Rinder am Tage wieder, nachts 6,5 Std. Die Kälber grasten im 2. Mon. 4 Std. tägl., im 5. schon 5–6 Std. Auch Silage nahmen sie bereits im 2. Mon. auf und fraßen davon mit 6 Mon. 1,7 Std./Nacht. Im Alter von 18 Tagen begann das Wiederkäuen, war aber erst im 2. Mon. allgemein (6,1 Std./Tag). Die dafür aufgewandte Zeit hing von der Silageaufnahme ab, weniger deutlich von der Dauer des Grasens. Die Kälber saugten gleichbleibend 9,2 Min. je Versuch. Die Zahl der Saughandlungen ging vom 1. zum 6. Monat von 9,5 auf 5- bis 6mal zurück und verlagerte sich immer mehr auf die Nacht. Zusatzfütterung um 5^{00}, 13^{00} und 21^{00} während der ersten beiden Lebensmonate und von dann ab um 5^{00} und 18^{00} ergänzt den natürlichen Saugrhythmus am besten, wenn die Kälber zurückhaltend gefüttert werden sollen. C. Engelmann. 2610.

Karapetjan, S. K. und Aršakjan, A. V. (Karapetjan, S. K. und Arschakjan, A. W.); Orbeli-Inst. für Physiol. der Akad. der Wiss. der Armen. SSR. Vnešnee tormoženie bezuslovnych refleksov jajcekladki u ptic pri narušenii ustanovivšegosja stereotipa soderžanija. **(Hemmung des unbedingten Reflexes des Eierlegens beim Geflügel bei Änderung der gewohnten Haltungsweise.)** Izvestija Akademii nauk Armjanskoj SSR. Biologičeskie nauki, Erevan **15** (1962) Nr. 3. S. 3–13. – 4 Abb., 6 Tab., 14 Lit. Orig.: russ., Ausz.: armen.

Vff. untersuchten den Einfluß von Umsetzungen der Legehennen aus der gewohnten Umgebung in eine andere auf die Legetätigkeit. In allen Fällen ergab die Umsetzung einen Leistungsabfall, der in den ersten Tagen schwächer, dann stärker verlief und bis zum 10.–15. Tag anhielt. Anschließend nahm die Legeleistung innerhalb von 25–30 Tagen wieder zu. Starke Depressionen wurden beim Umsetzen legender Hennen aus Ausläufen in Käfige beobachtet, im umgekehrten Fall blieb die Abnahme geringer. Sehr ungünstig wirkte die Umsetzung aus einem Auslauf in einen benachbarten. Die Ausgangsleistung war nach 60 Tagen noch nicht wieder erreicht. Ähnlich, aber weniger kraß, wirkte die Umsetzung aus einem Käfig in einen benachbarten. Bei einem Praxisversuch mit 2265 Batteriehennen, die im Febr.–Apr. mit der Legeleistung von 41,6 bis auf 20,9% zurückgegangen waren, stieg nach kurzer Depression die Legeleistung durch Umsetzung in Ausläufe. Vff. warnen vor Veränderung der Umweltbedingungen während der Hauptlegetätigkeit.

W. Sommerfeld. 2610.

Tinbergen, N. The work of the animal behaviour Research Group in the Department of Zoologie, University of Oxford. **(Die Arbeit der Arbeitsgruppe tierische Verhaltensforschung in der Fachrichtung Zoologie an der Universität von Oxford.)** Animal Behaviour **11** (1963) Nr. 1. S. 206–209. 2610.

SPEZIELLE GROSSTIERZUCHT

A. ALLGEMEINES

Schäfer, H. **Tierzucht und Tierhaltung in Steppengebieten.** Mitt. dtsch. Landwirtsch. Ges. **78** (1963) Nr. 11. S. 370–372.

Für die vom Vf. 10 Jahre lang geleitete Farm Haribes wird im letzten Beitrag eine Gegenüberstellung der Einnahmen und Ausgaben vorgelegt. Allein 88,3% der Einnahmen stammen aus der Schafhaltung, sie dokumentieren, in welch einseitiger Weise sich die Nutzung der Savanne vollzieht. Je nach Niederschlagsmenge ist eine Mindestgröße der Farmen erforderlich, um dem Farmer eine bescheidene Verzinsung seines Kapitals zu gewährleisten. In Haribes kann mit einer Verzinsung des investierten Kapitals von wenig über 2% gerechnet werden. Einer Vermehrung der Tierbestände sind in den Steppengebieten durch die natürlichen Gegebenheiten enge Grenzen gesetzt. Eine Verbesserung des Betriebsergebnisses wird demzufolge in diesem Gebiet nur über die Leistungssteigerung beim Einzeltier möglich sein.

Herbert Winkler. 3001.

Malnati, Giancarlo; Arusha, Tanganyika, Veterin. Dep. Su alcuni problemi zoo-economici in un paese africano. **(Einige tierzüchterisch-ökonomische Gesichtspunkte in Tanganjika.)** Zootecn. e Veterin. **18** (1963) Nr. 1/2. S. 19 bis 23. — 2 Abb. 3001.

Achmedova, Kuljan Batiševna. **Geografija živothovodstva Alma-Atinskoj oblasti.** (Die Geographie der Tierzucht im Gebiet Alma-Ata.) Hrsg.: Akad. nauk Kazachskoj SSR, Otdel geografii. Alma-Ata: Izd. Akad. nauk Kazachskoj SSR. 1962. (176 S.) 8°. (1962 A 1707)

Ivanov, P., Gruev, V. und *Kadijski, El.* **Živothovŭdstvo.** (Tierzucht.) Plovdiv: Dŭržavno izd. „Christo G. Danov". 1961. (606 S.) 8°. (1962 A 1313)

Starodubcev, Viktor Sergeevič. **Specializacija i intensifikacija skotovodstva v kolchozach Kirgizii.** (Spezialisierung und Intensivierung der Viehwirtschaft in den Kolchosen Kirgisiens.) Hrsg.: Akad. nauk Kirgizskoj SSR, Inst. ėkonomiki. Frunze: Izd. Akad. nauk Kirgizskoj SSR. 1962. (77 S.) 8°. (1963 A 456)

B. PFERDE

Dušek, Jaromír; Slatiňany, Výzkumná Stanice pro Chov Koní. Využití tažné síly koní různých užitkových typů v zemědělských potažních pracích. **(Die Ausnutzung der Zugkraft von Pferden verschiedener Nutzungstypen bei landwirtschaftlichen Gespannarbeiten.)** Živočišná Výroba **7(35)** (1962) Nr. 12. S. 831–844. — 3 Abb., 3 Tab., 14 Lit. Zus. in Russ., Dtsch.

Eingehende Untersuchungen ergaben, daß für die Mehrzahl der landwirtsch.

Gespannarbeiten der Pferdetyp mit einem Lgw. von 550–600 kg als der wirtschaftlichste zu betrachten ist. Für landwirtsch. Betriebe ist folgendes Verhältnis das geeignetste: 60% Warmblüter bzw. leichte Kaltblüter (550 bis 600 kg Lgw.), 30% Kaltblüter mit 650 kg Lgw. und 10% leichte Pferde mit 450–500 kg Lgw. Als normale Zugleistung kann bei mittelschweren Pferden die rel. Zugkraft von 12% angesehen werden. Es werden Gleichungen zur Berechnung der Zugkraft von Pferden im Mehrgespann vorgeschlagen.
F. Svoboda. 3110.

Hámori, D. und Adorján, A. **Rassenkreuzungsversuche mit Warm- und Kaltblutpferden.** Arch. Tierzucht **6** (1963) Nr. 1. S. 54–75. — 9 Abb., 5 Tab., 31 Lit.
Die ungarische Kaltblutzucht stellt eine große Anzahl Stuten, die infolge von In- und Exterieurmängeln nicht zur Reinzucht geeignet sind. Nach eingehender und kritischer Übersicht über die zitierte Lit. berichten Vff. über Methodik und Ergebnis eines Kreuzungsversuches (1953–57) unter Verwendung von Kaltblutstuten minderer Qualität — 3 Typen — und a) Vollblut- und Halbblutaraberhengsten (99 Paarungen), b) Traberhengsten (187 Paarungen) sowie c) Lipizzanerhengsten (66 Paarungen). Die aus den Paarungen anfallenden Nachkommen wurden im Alter von 26–28 Mon. auf ihre Zug- und Schrittleistung hin getestet mit dem Ergebnis, daß die Konstitution aller Kreuzungstiere besser als die der Kaltblutmutterstuten ist und die Kreuzungsprodukte von Lipizzanerhengsten die besten Exterieureigenschaften aufweisen. Die Nachkommen aus Paarungen von Kaltblutstuten mit Traberhengsten waren allg. sehr heterogen und im Exterieur sehr unausgeglichen. — Über die Anforderungen der Zug- und Schrittleistungsprüfung wird ausführlich berichtet, ebenso über die Körpermaße der Kreuzungstiere. Das Training von Kaltblutstuten (einspänniges Ziehen) nahm 1 Mon., von Kreuzungstieren 2,5–3 Mon. und von Warmblutpferden 6 Mon. in Anspruch. Der Wert der Produkte aus den 3 Kreuzungsgruppen in der landwirtsch. Praxis wird genau angegeben.
J. E. Flade. 3306.

Zwoliński, Jerzy; Poznań, Katedra Szczegółowej Hodowli Zwierząt. Niektóre dane o ciążach bliźniaczych u klaczy. **(Einige Angaben über Zwillings-Trächtigkeit bei Stuten.)** Roczniki wyższej Szkoły rolniczej Poznaniu **1959** Nr. 5. S. 25–46. — 3 Abb., 3 Tab., 6 Lit. Zus. in Russ., Engl. 3312.

Tumanova, E. I. (Tumanowa, Je. I.) Reakcija serdečno-sosudistoj sistemy i organov dychanija loščadi na fizičeskuju nagruzku v svjazi s različnym kormleniem. **(Einfluß verschiedenartiger Fütterung und Arbeit auf Kreislaufsystem und Atmungsorgane der Pferde.)** Trudy. Vsesojuznyj naučno-issledovatel'skij institut konevodstva, Moskva **23** (1960) S. 206–213. — 5 Tab., 6 Lit. Zus. in Engl.
Die Reaktion des Herzgefäßsystems wird durch den Anteil des Saftfutters in der Ration sowie durch Niveau und Vollwertigkeit der Ernährung beeinflußt. Bei erhöhten Saftfuttergaben steigt die Pulsfrequenz während des Arbeitsprozesses nicht mehr an als bei gemäßigten Gaben. Das gleiche trifft für Atmungshäufigkeit und Blutdruck zu. Aus diesem Grunde besteht bei Verfütterung höherer Saftfuttergaben an im Training stehende Jungpferde keine Gefahr. Eine Verbesserung des Eiweiß- und Vit.-Gehalts der Nahrung durch Einführung von Futterhefe in die Ration verändert nicht die Reaktion des Organismus bei physischer Belastung, verkürzt aber die Regenerationszeit.
G. Bernert. 3340.

Baboczhay, S., Cseh, F. und *Takács, J.* **A lótörzskönyvezés és utódellenórzés évkönyve 1961. (Jahrbuch der ungarischen Stutbuchführung und der Pferde-Nachkommenschaftsprüfungen 1961.) Budapest: Mezögazdasági Kiadó. 1962. (131 S.) — Aus: Ung. Agrar-Rdsch. 1963 Nr. 2.**

Das Jahrbuch berichtet detailliert über die Arbeit der Zuchtbetriebe, die den nach administrativen Einheiten regional organisierten Inspektionen unterstehen. Der Stammzuchtbetrieb von Szilvásvárad ist z.Z. der einzige Stammzuchtbetrieb, der sich mit der Zucht von Lipizzanern befaßt. Unter den Familien und Blutlinien sind hier die Maestosos, Neapolitanos und Plutos am zahlreichsten vertreten. Unter der Leitung der Inspektion der Komitate Vas, Veszprém und Zala sind mehrere Stammzuchten – z. B. der Sportpferdezuchtbetrieb von Rádiháza – tätig. Im Distrikt der Inspektion für die Komitate Komárom, Györ-Sopron und Fejér liegt die Araber-Stammzucht von Bábolna. Im Komitat Békés-Csongrád wird die Zucht von Ungarischem Halbblut und Nonius mit 182 Deckhengsten betrieben. Hierher gehört auch der Sportpferdebetrieb von Mezöhegyes. – In den Vollblutgestüten fohlten 59 % der 222 Stuten ab, bei den Trabern konnten 158 Stuten ein Abfohlergebnis von 75,2 % erzielen. – Im Landesdurchschnitt von 35 779 gedeckten Stuten betrug das Geburtsergebnis 40,6 %, das ist um 4,2 bis 7,1 % geringer als das der vorangegangenen 3 Jahre. Auf den Besamungsstationen wurden 10 399 Stuten inseminiert. – Die rassenmäßige Verteilung sämtlicher ungarischen Deckhengste ist wie folgt: Ungarisches Halbblut 465, Nonius 288, Lipizzaner 58, Araber 117, Kaltblüter 271, Englisches Vollblut 43, Traber 22.

Uppenborn, Wilhelm. **Pferdezucht und Pferdehaltung.** 2. neubearb. u. erw. Aufl. Offenbach/M.: Bintz-Dohany. 1961. (247 S.) 8°. (1963 A 528)

C. RINDER

Grote, R.; Oldenburg. **Melkbarkeitsprüfung wesentlich vereinfacht.** Tierzüchter **14** (1962) Nr. 14. S. 522–524. – 3 Abb.

Vf. berichtet über die festgelegten „Richtlinien für die Durchführung der Melkbarkeitsprüfungen", wonach der Leistungsanteil der Vorderviertel als „untere Grenze" festgelegt wird. Das mittlere Minutengemelk wird in einer bestimmten Höhe festgelegt, wodurch eine gute, mittlere und schlechte Milchhergabe zum Ausdruck kommt. Die Untersuchungsergebnisse der 200 zuletzt untersuchten Kühe werden näher erläutert durch Angabe von Durchschnitts- und Höchstwerten bez. Minutengemelk, Nachgemelk, Blindmelkzeit und Anteil in den vorderen Euterhälften. Von den untersuchten Kühen (nur Kühe mit Euternote 2 und besser) waren 51 % in der Melkbarkeitsnote schlechter als in der Euterformnote, 29 % waren besser und 20 % waren gleich. Die Untersuchungen lassen sich wesentlich vereinfachen und billiger als mit der 4/4-Maschine ermitteln, wenn nach Vorschlag des Vf. eine einfache Melkmaschine durch Verbindung zweier Aggregate umgebaut wird, so daß die Feststellung der Hälftengemelke möglich ist. Auf die technische Durchführung und praktische Ratschläge über die Euterprüfung wird eingegangen.

H. Fiedler. 3546.

Suchánek, Bohumil; Rapotín, Výzkumný Ústav pro Chov Skotu. Výsledky výzkumu funkčních vlastností vemene krávy. **(Erfolge der Forschungen über die Funktionseigenschaften des Kuheuters.)** Náš Chov **1963** Nr. 1. Beil. S. 1–4. – 3 Abb., 6 Tab.

Die durchschnittl. Leistungskapazität der Euter von 80 Kühen der Rotfleckvieh-Herde in Rapotín (Mähren) betrug in der 1. Laktation 9,71 kg, in der 2. Laktation (49 Kühe) 12,27 kg und in der 3. und den weiteren Laktationen (98 Kühe) 13,74 kg Milch. Die größte Kapazität (20,6 kg Milch) wies das Euter der Kuh „Oodi" 6387 auf. Bei der untersuchten Herde betrug die Vorderviertelleistung durchschnittl. ca. 42,5% (Hinterviertel 57,5%). Die Melkbarkeit wurde nach dem 4-Min.-Gemelk beurteilt. Es betrug bei Kühen in der 1. Laktation ∅ 4,98 kg, bei Tieren in der 2. Laktation 6,00 kg und bei Kühen in 3. und den weiteren Laktationen 6,60 kg Milch. Bei Kühen mit kürzeren Euterzitzen war die Melkbarkeit im Vergleich zu Tieren mit längeren Zitzen durchschnittl. günstiger. In allen Hochzuchten des Rotfleckviehs werden derzeit bereits Melkbarkeitsprüfungen durchgeführt. Schon im Jahre 1963 sollen die Ergebnisse dieser Prüfungen bei der Selektion von Bullen berücksichtigt werden. ČSSR/ÚVTI. 3546.

Fiala, Jiří und Šafář, Petr. Výsledky kontroly dědičnosti plemenných býků za rok 1961. **(Ergebnisse der Erbwertermittlung für Bullen im Jahre 1961.)** Náš Chov **1963** Nr. 2. S. 40–43. – 1 Abb., 6 Tab.

Von den insgesamt 76 geprüften Zuchtbullen zeigten sich 35 als Verbesserer der Milchleistung (Töchter-Mütter-Vergleich). Als bedeutsamer Milchfettvererber wurde der ostböhmische Bulle „Ezop“ BY 3882-49 (Ep-2) festgestellt, der den durchschnittl. Milchfettgehalt der Töchter gegenüber dem der Mütter um 0,58% steigerte. In den kommenden Jahren sollen die Erbwertprüfungen in der ČSSR wesentlich ausgedehnt und vertieft und die Ergebnisse als Unterlagen bei der Zuchtwahl und Linienzucht benutzt werden.

ČSSR/ÚVTI. 3550.

Heidhues, T. **Züchterische Planung in der Rinderzucht, Besamung und Nachkommenprüfung. 2. Teil.** Tierzüchter **14** (1962) Nr. 9. S. 309-311. — 1. Teil vgl. LZ. Abt. III 8 (1963) Nr. 4. S. 728.

Bei Zuchtwertschätzungen an einer kleinen Zahl von Nachkommen und in einer Herde kann das Ergebnis durch die Umwelt stark beeinträchtigt werden. Bei der KB ist es möglich, eine große Anzahl Töchter in verschiedenen Herden zu testen und den Zuchtwert ihrer Väter mit beliebig großer Genauigkeit zu schätzen. Die Schätzungsgenauigkeit wird erhöht, wenn die Töchter mehr als einen Abschluß haben. Der Vergleich von Bullen mit verschiedener Töchterzahl geschieht über den Durchschnitt der Genossenschaft oder des Zuchtverbandes. Für die Zuchtwertschätzung bei Mastleistung und Schlachtwert ist das Stationsprüfungsverfahren zu kostspielig und in der Zahl der zu prüfenden Bullen begrenzt. Der Eigenleistungsprüfung von züchterisch wertvollen Jungbullen auf Mastprüfstationen und Schätzung der Mastleistung über das auf Auktionen gewonnene Lgw. sollte Beachtung geschenkt werden.

Herbert Winkler. 3550.

Vleck, L. D. van. Effect of incomplete records on sire evaluation. **(Die Wirkung unvollständiger Leistungen auf die Zuchtwertschätzung.)** J. Dairy Sci. **45** (1962) Nr. 12. S. 1511–1515.

Werden bei der Zuchtwertschätzung von Bullen nicht alle Töchterleistungen berücksichtigt, werden insbesondere Teilleistungen der 1. Laktation von gemerzten Töchtern vernachlässigt, so können sich verzerrte Schätzwerte ergeben. Vf. untersucht an umfangreichem Material die Wirkung dieser Merzung auf die Zuchtwertschätzung für 4 Herdendurchschnittsklassen und 6 Bullenklassen (Einteilung nach der Stellung der Töchter zu ihrem Stalldurchschnitt). Obwohl es sich zeigte, daß auf niedrigem Herdenniveau eingesetzte Bullen gegenüber denen, die in guten Herden eingesetzt wurden, etwas bevorzugt sind, wenn die Leistungen gemerzter Kühe nicht mit in die Zuchtwertschätzung einbezogen werden, kann man die Leistungen der gemerzten Tiere unberücksichtigt lassen, da diese Bevorzugung unwesentlich ist.

D. Rasch. 3550.

Haring, F., Weniger, J. H., Gruhn, R. und Langholz, H. J.; Göttingen, Univ., Inst. für Tierzucht und Haustiergenetik. **Einsatz von Saftfutter und Trockenfutter in der Mast von Jungbullen. Ein Beitrag zur Methodik der Nachkommenprüfung auf Mastleistung und Schlachtwert beim Rind.** Züchtungskunde **35** (1963) Nr. 3. S. 98–113. — 3 Abb., 16 Tab., 7 Lit. Zus. in Russ., Engl., Franz.

Die Untersuchungen wurden an 3 Nachkommenschaftsgruppen von Besamungsbullen der Rasse Deutsche Schwarzbunte in Friedland durchgeführt. An eine gleich gehaltene Aufzucht bis 130 kg Lgw. schloß sich die Mast bis 430 kg Endgewicht in der Gr. I auf Saftfutterbasis (Silage) und in der Gr. II auf Trockenfutterbasis (Trockenschnitzel) an. Entspr. den gegebenen Preisverhältnissen ist die Saftfuttermast rentabler als die Trockenfuttermast. Hinsichtlich der Wachstumsintensität, der Futterverwertung und der Zweihälftenausbeute wurde ein statistisch gesicherter Einfluß der Väter nachgewiesen. Für Zwecke der Nachkommenschaftsprüfung auf Mast- und Schlachtleistung eignet sich die Trockenfuttermast besser als die Saftfuttermast. Die

Trockenfuttermast ermöglicht eine höhere Schätzgenauigkeit, weshalb man bei einer Mastprüfung auf Saftfutterbasis größere Nachkommenschaftsgruppen überprüfen muß. K.-G. Breitenstein. 3550.

Swiger, L. A., Koch, Robert M., Gregory, K. E. und Arthaud, V. H. Selecting beef cattle for economical gain. **(Die Selektion bei Mastrindern nach der Wirtschaftlichkeit ihrer Zunahme.)** J. Animal Sci. **21** (1962) Nr. 3. S. 588–592. — 1 Abb., 5 Tab., 4 Lit.

Die auf die Produktion eines 1000 lb. schweren Mastrindes einwirkenden genetischen Elemente wurden untersucht. Zur Errechnung der Indices wurden das Gewicht beim Absetzen, die durchschnittl. Tageszunahme nach dem Absetzen und der geschätzte Futterverzehr vom Absetzen bis zum Gewicht von 1000 lb. herangezogen. Die Produktionskosten für ein Mastrind von 1000 lb. errechneten sich aus der Zahl der vom Absetzen bis zum Körpergewicht von 1000 lb. benötigten Tage und dem Futterverbrauch (in TDN) vom Absetzen bis zum genannten Lgw. Der Futterverzehr wurde auf 1000 lb. umgerechnet, wobei die exponentiellen Beziehungen zwischen der Futterverwertung und dem Körpergewicht durch Auswertung der Einzeldaten in der Fütterung Berücksichtigung fanden. Bei gleichzeitiger Selektion auf Absatzgewicht und durchschnittl. Tageszunahme nach dem Absetzen beträgt der Koeffizient wahrscheinlich 0,73, sowohl unter Berücksichtigung der genetisch bedingten Varianz der Gestehungskosten als auch bei Einbeziehung des Futterverzehres des Einzeltieres bei der Errechnung des Index. Die Befunde deuten an, daß in der Rindfleischproduktion ein erheblicher genetischer Fortschritt bei niedrigeren Kosten durch Selektion auf das Absatzgewicht und die Gewichtszunahmen nach dem Absetzen erzielt werden kann.
H. Busse. 3560.

Legault, C. R. und Touchberry, R. W.; Urbana, Univ. of Illinois, Dep. of Dairy Sci. Heritability of birth weight and its relationship with production in dairy cattle. **(Die Erblichkeit des Geburtsgewichtes und seine Beziehungen zu den Leistungen der Milchkühe.)** J. Dairy Sci. **45** (1962) Nr. 10. S. 1226–bis 1233. — 5 Tab., 21 Lit.

Die Heritabilität des Geburtsgewichtes von 1234 Kälbern 5 verschiedener Milchviehrassen (Ayrshire, Brown Swiss, Guernsey, Holstein und Jersey) wurde nach 3 Methoden berechnet. Die erhaltenen Werte betrugen auf der Grundlage der väterlichen Halbgeschwisterkorrelation 0,38, der Intra-Bullen-Töchter-Mütter-Regression 0,48 und der Vollgeschwisterkorrelation 0,51. Die Differenzen können auf Stichprobenfehler, Epistasie- oder Dominanzeffekte, additive genetische Effekte des Geburtsgewichtes als einer Eigenschaft der Mütter oder auf Maternaleffekte der Mütter auf das Geburtsgewicht des Kalbes zurückgeführt werden. Die geringe Abweichung der Ergebnisse der 3 Methoden läßt die Schlußfolgerung zu, daß der Maternaleffekt innerhalb der Rasse gering und das Geburtsgewicht hauptsächlich eine Eigenschaft des Kalbes ist. Es bestanden keine Korrelationen zwischen Geburtsgewicht des Kalbes und der nachfolgenden Leistung der Mütter und ebenfalls nicht der eigenen Leistung des Kalbes. Die Untersuchungen gestatten die Schlußfolgerung, daß Geburtsgewicht und Produktionsleistungen bei Milchrindern unabhängig voneinander vererbt werden. J. Lenschow. 3578.

Treece, J. M., Gilmore, L. O. und Fechheimer, N. S.; Wooster, Ohio Agric. Exp. Stat. Factors affecting spotting in Holstein-Friesian cattle. II. Association of head pattern and amount of pigmented body area. **(Faktoren, die die Scheckung der Holstein-Friesian-Rinder bewirken. 2. Mitt. Zusammenhänge zwischen der Farbzeichnung des Kopfes und dem Anteil der pigmentierten Körperfläche.)** J. Heredity **52** (1961) Nr. 5. S. 250–252. — 1 Abb., 2 Tab., 12 Lit. 1. Mitt. vgl. LZ. Abt. III **5** (1960) Nr. 4. S. 589.

An einem Material von 901 Holstein-Friesian-Rindern wurden die Zusammenhänge zwischen der Farbzeichnung des Kopfes und dem Anteil der pigmentierten Körperfläche untersucht. Bei Gruppierung des Gesamtmaterials nach der Farbzeichnung des Kopfes in 5 Klassen (1. weißer Kopf, 2. Blesse, 3. Stern und Schnippe, 4. Stern und 5. pigmentierter Kopf) ergaben sich hochsignifikante Klassendifferenzen für den Anteil der pigmentierten Körperfläche. Auf Grund der Ergebnisse wird angenommen, daß 5 Genotypen für die Farbzeichnung des Kopfes zu unterscheiden sind, die sich ebenfalls in starkem Maße auf die Pigmentierung der Körperfläche auswirken.

D. Fewson. 3580.

Hansson, A.; Wiad. **Praktische Ergebnisse der Zwillingsforschung beim Rind.** Züchtungskunde **34** (1962) Nr. 9/10. S. 435–450. — 2 Abb., 14 Tab.

Nach 20jähriger Untersuchung des Einflusses der unterschiedlichen Aufzuchtintensität (40–140%) auf das Wachstum und die Milchleistung, die mit eineiigen Rinderzwillingen des Schwedischen Rotbunten Viehs durchgeführt wurde, ergaben sich folgende Ergebnisse: Der Einfluß der Aufzuchtintensität auf das Wachstum steigert sich stark bis zum Alter von ungefähr 1 Jahr. Nach ca. 18 Mon. nimmt der Einfluß der Aufzuchtintensität ganz schnell bis zum 3. Lebensjahr ab. Nach diesem Zeitpunkt vermindert sich der Einfluß nach und nach und ist im Alter von 6–7 Jahren praktisch verschwunden. Die Heritabilität der Körperentwicklung war größer als 0,80. Die Milch und Butterfettleistung nimmt mit steigender Aufzuchtintensität ab. Da der Fettgehalt bei höherer Aufzuchtintensität ansteigt, nimmt die Butterfettleistung etwas weniger ab als die Milchleistung. Die höheren Leistungen werden auf die bessere Futterverwertung, die geringere Verfettung, die bessere Entwicklung des Nervensystems und der Funktionen der Hypophyse sowie der anderen endokrinen Organe und den erhöhten Stoffwechsel der schlechter aufgezogenen Tiere zurückgeführt. Das durchschnittl. Alter der Tiere beim ersten Kalben sank von 34,9 Mon. (40% Fütterungsintensität) auf 25,6 Mon. bei 140% Aufzuchtintensität. Die schlecht ernährten Tiere (40%) zeigten eine sehr schwache Brunst und unregelmäßige Brunstzyklen. An Hand der Versuchsergebnisse wird gefordert, daß eine rel. sparsame Aufzucht angewandt werden soll, wobei die Rationen vielseitig zusammengesetzt sein und das notwendige Eiweiß-Stärkewertverhältnis enthalten müssen. Vf. vertritt die Ansicht, daß „der Zusammenhang zwischen Aufzuchtintensität und Wachstum je Futtereinheit zeigt, daß das Gesetz der abnehmenden Produktivität auch für das Wachstum der Rinder gilt“.

G. Koriath. 3585.

Comberg, G., Andreae, U. und Meyer, H.; Hannover, Inst. für Tierzucht und Vererbungsforsch.; Mariensee-Trenthorst, Max-Planck-Inst. für Tierzucht und Tierernähr. **Untersuchungen über den Mineralstoffgehalt der Milch bei eineiigen Rinderzwillingen.** Z. Tierzücht. Züchtungsbiol. **78** (1962) Nr. 1. S. 5–11.

In einer Gemeinschaftsarbeit wurden von Okt. 1960 – Sept. 1961 bei 6 eineiigen Zwillingspaaren während einer Laktation Milchproben auf den Ca-, P-, Mg-, K- und Na-Gehalt analysiert. Es zeigte sich, daß die Variation des prozentualen Gehaltes der einzelnen Mineralien in der Milch „zwischen Paaren“ größer als „zwischen Paarlingen“ war. Damit war die genetische Variation stärker als die umweltbedingte ausgeprägt. Die Intrapaarkorrelation für die Milchmineralien, die nicht die Heritabilitätswerte im engeren Sinne angibt, da auch Dominanz- und Epistasieeffekte bei den Unterschieden zwischen den Paaren mit eingeschlossen sind, ergab für Ca = 0,77, P = 0,78, Mg = 0,68, Na = 0,83 und K = 0,91. Der Gehalt der Milch an diesen Mineralien ist somit stark von genetischen Faktoren abhängig. Zwischen den Milchmineralien wurden folgende Korrelationskoeffizienten errechnet (genetische Korrelation) Ca:P = 0,93, Ca:Mg = 0,75, P:Mg = 0,94, Ca:Na = −0,59, K:Na = −0,66. Weitere Untersuchungen der Beziehungen der Milchmineralien sind notwendig. G. Koriath. 3585.

Gall, Chr.; München, Univ., Inst. für Tierzucht, Vererbungs- und Konstitutionsforsch. **Umweltgestaltung für Zucht auf hohe Lebensleistung und lange Nutzungsdauer der Milchkuh.** Bayer. landwirtsch. Jb. **39** (1962) Nr. 7. S. 771-791. — 74 Lit.

Die Selektion auf Lebensleistung setzt optimale Umweltverhältnisse für hohe Leistungen und lange Nutzungsdauer voraus. Die Auswirkungen falscher Ernährung werden an Beispielen eines zu geringen Angebotes an Mn, Fe, Mg, P und Cu dargestellt. Bes. wird hierbei auf die Notwendigkeit einer ausgeglichenen Bodendüngung hingewiesen. Der Wert einzelner Futtermittel für eine den Bedürfnissen entsprechende ausgewogene Fütterung wird dargestellt. Hinsichtlich der Haltung werden Vorteile des Laufstalles hervorgehoben. Weitere Darlegungen befassen sich mit der richtigen Aufzucht. Vor einer übersteigerten Fütterungsintensität während der Aufzucht wird gewarnt. Weitere Ausführungen umreißen die das Fortpflanzungsgeschehen beeinflussenden Faktoren sowie die notwendigen Forderungen zum Melken. K.-G. Breitenstein. 3604.

Hansson, Artur, Düring, Troed und Zólkowski, Jerzy; Wiad, Sweden, Animal Breeding Inst. Effect of specific combining ability (nicking) and inbreeding on the yield of milk in dairy cows. **(Der Einfluß der speziellen Kombinationseignung [Nicking] und der Inzucht auf die Milchleistung von Kühen.)** Kungl. Lantbrukshögskolans Ann. **27** (1961) S. 287-296. — 8 Tab., 23 Lit.

Vff. analysierten Unterlagen aus der schwedischen Milchleistungsprüfung der Rotbunten (SRB) und der Schwarzbunten Rasse (SLB) und fanden einen signifikanten negativen Einfluß der Inzucht auf die Leistung an fettkorrigierter Milch in beiden Rassen. Die Regression der 1. Laktationsleistung (in 305 Tagen von Färsen, die im Alter von 23-36 Mon. gekalbt hatten) auf den Inzuchtgrad war −14,3 kg (SRB) bzw. −10,1 kg (SLB). Die spez. Kombinationseignung hatte keinen signifikanten Einfluß auf die genetische Verbesserung der Milchleistungsfähigkeit der Kühe. A. Schaaf. 3606.

Vaher, L. Linejnoe razvedenie i podbor par dlja ulučšenija ėstonskoj černopestroj porody krupnogo rogatogo skota. **(Linienzüchtung und Zuchtwahl zur Verbesserung des Estnischen Schwarzbunten Rindes.)** Sots. põllumajandus **1962** Nr. 3. S. 118-121. — Orig.: estn. Aus: Referativnyj žurnal. Biologija, Moskva **1962** Nr. 16. L 86. S. 13-14.

In Estland wurden im Jahre 1961 mehr als 35 000 Kühe künstlich besamt. Auf den KB-Stationen werden Gruppen von 5-7 Bullen verschiedener Linien gehalten. In manchen Gruppen wurden Verbesserungen der Linien festgestellt, dann wurden die Bullen zusammen mit ihren Söhnen gehalten. Eine Analyse der Stationen hat gezeigt, daß mit Sperma von Bullen der Estnischen Schwarzbunten Rasse 71% der Kühe besamt wurden, 26% mit dem importierter holländischer Bullen und 3% mit Sperma Schwarzbunter aus Schweden. Als die besten Vatertiere erwiesen sich die Holländer Bullen und ihre Söhne. So ist der Bulle „Adema" 197 FRS 22 231 ein hervorragendes Vatertier. Jede seiner 126 Töchter hatte durchschnittl. eine Leistung von 4127 kg Milch mit 4,01% Fett aufzuweisen. Sein Enkel „Annas Adema" 30 587 ist der Stammvater der gegenwärtig in Estland verwendeten 18 Zuchtbullen. Zum Erlangen einer hochleistungsfähigen Nachkommenschaft der Töchter von den importierten Bullen ist es zweckmäßig, diese mit Importbullen anderer Linien oder deren Söhnen zu paaren. Ahnentafeln der besten Bullen und Leistungstabellen werden angeführt. übersetzt v. Th. C. Boetticher. 3606.

Voronov, V. N. (Woronow, W. N.) Značenie individual'nych osobennostej bykov-proizvoditelej pri mežporodnom skreščivanii krupnogo rogatogo skota. **(Die Bedeutung der individuellen Besonderheiten der Zuchtbullen bei der Rassenkreuzung von Rindern.)** Tr. In-ta genet. AN SSSR **1961** Nr. 28. S. 322-335. – Aus: Referativnyj žurnal. Biologija, Moskva **1962** Nr. 23. L 86. S. 11.
Es werden kurz die Resultate 10jähriger Beobachtungen über die Ergebnisse der Kreuzung Ostfriesischer Kühe mit Bullen der Kostroma-Rasse dargelegt. Die Qualität der Kreuzungstiere hing im wesentlichen von den individuellen Besonderheiten der Kostromaer Zuchtbullen ab. Vf. ist der Ansicht, daß es am zweckmäßigsten ist, die Zuchtbullen nach den ersten 3 Töchter-Laktationen zu beurteilen. Es wird Material über das Verhältnis des Lgw. der Kühe zu ihrer Milchleistung angeführt. Die höchste Milchleistung hatten Kühe mit einem Lgw. von 500-600 kg. In der Arbeit werden Zuchtbullen mit Ahnentafel vorgestellt. Gegenwärtig arbeitet man an der Kreuzung der F_1-Kühe mit Jersey-Bullen. übersetzt v. Ch. Eshkowa. 3606.

Dilanjan, Z. Ch. und Mnacakanjan, L. B. (Dilanjan, S. Ch. und Mnazakanjan, L. B.) Sostav i svojstva moloka pomesej različnych pokolenij. **(Die Zusammensetzung und die Eigenschaften der Milch von Kühen verschiedener Kreuzungsgenerationen.)** Sb. dokl. Vses. konferencii po moločn. delu, posvjašč. 100-letiju so dnja rožd. prof. Av. A. Kalantara, Erevan **1960** (hrsg. 1961) S. 84-91. – Aus: Referativnyj žurnal. Biologija, Moskva **1962** Nr. 16. L 83. S. 13.
In den Kolchosen der Kreise Stepanawan und Kotaik der Armen. SSR wurden Zusammensetzung und Eigenschaften der Milch des einheimischen Viehs und der Kreuzungstiere aus der Verdrängungskreuzung von einheimischem Landvieh mit Schweizer Braunvieh (1., 2., 3. und 4. Generation) untersucht. Es wird darauf hingewiesen, daß bei der Selektion und Paarung der Tiere nicht nur auf den Fettgehalt, sondern auch unbedingt auf den Eiweißgehalt (bes. an Casein) geachtet werden muß. übersetzt v. Th. C. Boetticher. 3606.

Ivanova, N. I., Brovina, N. und Festin, A. (Iwanowa, N. I., Browina, N. und Festin, A.) Ob izmenčivosti chimičeskogo sostava moloka i krovi u černopestrych korov i ich pomesej s džerzejskoj porodoj. **(Über die Veränderlichkeit der chemischen Zusammensetzung der Milch und des Blutes bei den Schwarzbunten Kühen und ihren Kreuzungen mit der Jersey-Rasse.)** V sb.: Povyšenie produktivnosti s-ch. životnych, Moskva **1961** S. 27-34. – Aus: Referativnyj žurnal. Biologija, Moskva **1962** Nr. 15. L 160. S. 21.
In einem Versuch an 2 Gruppen von Kühen der Schwarzbunten Rasse und ihren Kreuzungstieren mit Jerseys (1. Generation) wurden im 2., 5. und 8. Mon. nach dem Kalben die Milch und das Blut untersucht. Die Unterschiede in der Zusammensetzung beider zeugen von einem intensiveren Stoffwechsel und dem hohen Stand der Redox-Prozesse bei den Kreuzungstieren.
übersetzt v. I. Posdirca. 3606.

Fandeev, B. V. und Burenina, E. P. (Fandejew, B. W. und Burenina, Je. P.) Moločnaja produktivnost' korov-pomesej černo-pestrogo i krasnogo gorbatovskogo skota. **(Die Milchleistung der Kreuzungskühe aus Schwarzbuntem und Rotem Gorbatow-Rind.)** Izvestija Timirjazevskoj sel'skochozjajstvennoj akademii, Moskva **1961** Nr. 4. S. 105-112. – 1 Abb., 3 Tab., 16 Lit. Zus. in Engl. 3606.

Collins, W. E., Inskeep, E. K., Tyler, W. J. und Casida, L. E.; Madison, Univ. of Wisconsin, Div. of Genetics, Dairy Cattle Res. Branch; Dep. of Dairy Sci. Variation in conception rates of Guernsey cattle. **(Schwankungen in der Konzeptionsrate von Guernsey-Rindern.)** J. Dairy Sci. **45** (1962) Nr. 10. S. 1234-1236. – 3 Tab., 6 Lit.

Von 1950-59 wurden die Fruchtbarkeitsdaten von 79 Guernsey-Herden mit 2470 Bullentöchtern gesammelt, die von 2 Besamungsstationen betreut wurden. Aus ø 1–4 Abkalbungen pro Bullentochter wurde aus den Intra-Bullen-Korrelationen von väterlichen Halbgeschwister-Gruppen eine Heritabilität der Konzeptionsrate aus Erstbesamungen von 0,08 (1. Besamungsstation) und 0,02 (2. Besamungsstation) errechnet. Wurden nur die Färsenabkalbungen zu Grunde gelegt, betrugen die entspr. Werte 0,06 und 0. Die Regression von den Töchtern auf die Mütter ergab Heritabilitätsschätzungen von 0,03 und 0,10. F. Döcke. 3610.

Bawa, H. S. und Gulati, K. R. Effect of cross-breeding on gestation period of cows in hilly areas. **(Der Einfluß der Kreuzung auf die Trächtigkeitsdauer von Kühen bei Haltung im Hügelland.)** Indian veterin. J. **37** (1960) Nr. 10. S. 511-515. 3612.

Šipilov, V. S. (Schipilow, W. S.) Normal'nye (uplotnennye) otely — važnejšij reserv uveličenija pogolov'ja korov i povyšenija ich produktivnosti. **(Normale [gedrängte] Kalbetermine, die wichtigste Reserve für die Vergrößerung des Viehbestandes und der Leistungen der Kühe.)** Izvestija Timirjazevskoj sel'skochozjajstvennoj akademii, Moskva **1961** Nr. 4. S. 127-140. — 2 Abb., 4 Tab., 29 Lit. Zus. in Engl. **3614.**

Kahoun, Jindřich; Brno, VŠZ, Katedra Chovu Skotu a Inseminace. Analýza vzestupné fáze laktace, roční doby telení a ekonomiky chovu dojnic z hlediska perzistence laktační křivky. **(Analyse des Laktationskurvenverlaufes, der Jahreszeit des Kalbens und der Ökonomik der Milchviehhaltung unter dem Gesichtspunkt des Durchhaltevermögens.)** Živočišná Výroba 8(**36**) (1963) Nr. 2. S. 91-110. — 5 Tab., 39 Lit. Zus. in Russ., Franz., Dtsch.
Vierjährige Untersuchungen in der Rotfleckvieh-Herde des Hochschulgutes Žabčice bei Brno (Mähren) ergaben bei der Bewertung der Beziehungen zwischen ansteigender Phase der Laktationskurve und Persistenz die höchste Korrelation (r = —0,394) bei max. Tagesmilchleistungen. Zur Erreichung einer hohen Milchleistung während der Gesamtlaktation ist eine Tageshöchstleistung von 18–20 kg Milch bei einer wesentlichen Verlängerung der ansteigenden Phase der Laktationskurve am günstigsten. Vom Gesichtspunkt der Gesamtmilchleistung je Laktation, der Persistenz der Laktationskurve, der optimalen Höhe der max. Tagesmilchleistung wie auch der Länge der ansteigenden Laktationskurvenphase ist die Kalbung im Winter am günstigsten, die Kalbung im Aug., Sept. und Okt. dagegen weniger günstig. Bei einem gleichen Gesamtnährstoffverbrauch, aber einem unterschiedlichen Anteil an voluminösem Kraftfutter produzierte jede Kuh mit höherem Persistenz-Index bei einer Milchleistung von 3200 kg je Laktation um 89,45 Kčs und bei einer Milchleistung von 3500 kg um 123,25 Kčs billiger als die Tiere mit steilerer Laktationskurve. Außerdem wurden im ersteren Falle insgesamt 200 kg Kraftfutter eingespart. ČSSR/ÚVTI. 3616.

Edwards, J. und O'Connor, L. K.; Thames Ditton, Surrey, Milk Marketing Board, Product. Div. The breeding of improved milking cows through artificial insemination. **(Die Zucht von Hochleistungskühen durch künstliche Besamung.)** Nature [London] **190** (1961) Nr. 4778. S. 759-761.
Die Geschichte der KB in Großbritannien ist gerade 20 Jahre alt: Im Nov. 1942 wurde das erste Besamungszentrum in Cambridge gegründet. Gegenwärtig bestehen 29 solcher Zentren, von denen jährl. 2 Mill. Kühe oder 60% des Bestandes besamt werden. Bei mehr als 10000 möglichen Besamungen pro Bulle im Jahr werden dafür ca. 200 Bullen benötigt, die zunächst am günstigsten aus der besamten Population selektiert werden. Dadurch wird zwar ein schneller Fortschritt möglich, es wächst aber die Gefahr der Inzucht mit 0,32% Leistungsrückgang für jedes Prozent Zunahme des Inzucht-

koeffizienten. Abschließend werden das Für und Wider zu ergreifender Gegenmaßnahmen in der Zucht (Beschränkung der Zahl der Söhne je Bulle, Zuführung außenstehender Bullen, Aufteilung der Besamungspopulation in getrennte Linien) besprochen. A. Schaaf. 3618.

Franke, E. R. **Vollmilcharme Kälberaufzucht richtig durchgeführt.** Wiss.-techn. Fortschr. Landwirtsch. **8** (1962) Nr. 10. S. 453–454. – 4 Tab.

Die Wachstumsintensität des Kalbes ist genutzt, wenn die tägl. Zunahme 750–800 g beträgt und mit 16 Wochen ein Gewicht von 125 kg erreicht ist. Im Versuch standen 3 Gruppen aus je 3 weibl. Kälbern. Sie erhielten in den ersten 16 Wochen, neben Heu und Kraftfutter, in Gr. I: 200 kg 2,5%ige Molkereimilch, 560 kg Magermilch, 2 kg Kälpan; in Gr. II: 100 kg 2,5%ige Molkereimilch, 650 kg Magermilch, 20 kg Wirkmil; in Gr. III : 100 kg 2,5%ige Molkereimilch, 650 kg Magermilch, 2 kg Kälpan. Die tägl. Zunahmen betrugen: Gr. I – 770 g, Gr. II – 762 g, Gr. III – 744 g. Aus dem Versuch wird gefolgert, daß bei Verwendung von Kälpan 200 kg Molkereimilch nicht unterschritten werden sollen, während bei Wirkmil 100 kg ausreichen. Als Komponenten des Kraftfuttergemisches sind zu fordern: 35% Hafer, 10% Trockenschnitzel, 20% Leinsamen oder Leinextraktionsschrot bzw. 40% Kälbernährmehl. I. Morgenstern. 3634.

Weiland, G. und Klose, J. **Die Bedeutung der Kolostralmilch im Kampf gegen Kälberverluste. Untersuchungen über den Kolostralmilchverzehr der Kälber bei 6 Mahlzeiten in den ersten drei Lebenstagen.** Tierzucht **16** (1962) Nr. 11. S. 472-476. – 5 Tab., 7 Lit.

Im Versuch an 60 Kälbern wurde die Richtigkeit der Ansicht geprüft, den Kälbern in den ersten Tagen nicht mehr als 0,5–1 l Kolostralmilch pro Mahlzeit zu tränken. Der Durchschnittsverzehr beim 1. Tränken lag bei 1,8 kg, bei Schwankungen von 0–4,1 kg. Der mittlere Gesamtverzehr der ersten 3 Tage betrug 12,5 kg, das entspricht ca. 2 kg pro Mahlzeit. Es zeigte sich ferner, daß Kälber aus Färsen weniger aufnehmen als Kälber aus Kühen. Neben der Geburtsmasse beeinflußt der Geburtsverlauf (Schwergeburten) den Kolostralmilchverzehr. Der Verzehr zur 2. und bei weiteren Mahlzeiten ist unabhängig davon, wieviel das Kalb bei der 1. Mahlzeit gesoffen hat. Der Praxis wird empfohlen, bei den ersten Tränkzeiten möglichst viel Kolostralmilch zu geben. Gleichzeitig wird auf Geburts-, Melk- und Tränkhygiene hingewiesen, um das schutzlos geborene Kalb nicht schon vor dem ersten Tränken zu infizieren. I. Morgenstern. 3634.

Krüger, L. und Meyer, F. **Erfahrungen bei der Aufzucht von Kälbern für die Jungbullenmast.** Mitt. dtsch. Landwirtsch.-Ges. **77** (1962) Nr. 45. S. 1472. 1474-1475. 1478.

An 406 Bullenkälbern wurden Aufzuchtversuche mit verschieden hohen Gesamt-Milchmengen durchgeführt. Verglichen wurde eine 16-Wochen-Aufzucht bei einer Gesamt-Milchmenge von 700 kg zu einer 12-Wochen-Aufzucht bei einer Gesamt-Milchmenge von 600 kg. Für die 16-Wochen-Aufzucht wurden drei Tränkpläne empfohlen: 1. 300 kg Vollmilch, 400 kg Magermilch; 2. 150 kg Vollmilch, 550 kg Magermilch und 3. 75 kg Vollmilch, 625 kg Magermilch. Für die 16 Wochen dauernde Aufzucht betrug der Kraftfutterverzehr 90 kg und der Heuverzehr 75 kg. Für die 12wöchige Aufzucht wurden 55 kg Kraftfutter und 40 kg Heu benötigt. Die Ergebnisse dieser Untersuchungen waren folgende: Während der Aufzucht hatten die Kälber mit den höchsten Vollmilchgaben auch die höchsten tägl. Zunahmen, dagegen waren während der Mast zwischen den einzelnen Gruppen keine Unterschiede mehr zu erkennen. Für normale und gesunde Kälber genügt eine 12-Wochen-Aufzucht, dagegen sollte für etwas schwächer entwickelte Kälber die 16-Wochen-Aufzucht berücksichtigt werden. G. Buß. 3634.

Clark, B. und Keener, H. A.; Durham, N.H., Univ., Dep. of Dairy Sci. Effect of frequent feeding on weight gain response in young dairy heifers. **(Die Wirkung häufigerer Fütterung auf die Gewichtsentwicklung junger Milchviehfärsen.)** J. Dairy Sci. **45** (1962) Nr. 10. S. 1199–1202. — 4 Tab., 15 Lit.
In 4 aufeinanderfolgenden Versuchen wurde der Gewichtszuwachs von Holstein-Färsen bei 24- oder 10maliger in Vergleich zu 2maliger Fütterung pro Tag bei begrenzter und unbegrenzter Futterzuteilung verglichen. Häufigere Fütterung führt nur bei begrenzter Ration und nur in einer Periode von 30–38 Tagen zu schnellerer Gewichtsentwicklung, im weiteren Verlauf der Versuchsperioden glichen sich die Unterschiede aus. Statistisch gesicherte Differenzen in der Futteraufnahme wurden nicht beobachtet.
J. Lenschow. 3636.

Petersen, Werner. **Neue Erkenntnis bei der Mast schwerer Kälber.** Dtsch. landwirtsch. Presse **85** (1962) Nr. 36. S. 369–370.
Die ständig steigende Nachfrage nach Kalbfleisch kann nicht durch eine größere Anzahl von Mastkälbern, sondern nur durch eine Erhöhung der Mastendgewichte gelöst werden. Dazu wurden Untersuchungen an Mastkälbern bis zu einem Mastendgewicht von 100, 120, 140 und 180 kg durchgeführt. Verglichen wurden die ausgesprochene Tränkemast und die Mast mit Tränke und Kraftfutter. Die Kraftfuttermast war der Tränkmast überlegen. Es wurden höhere tägl. Zunahmen erreicht, und die Wirtschaftlichkeit stieg an. Die Schlachtqualität zeigte keine nennenswerten Unterschiede. Eine weitere Ausmästung über 200 kg wird abgelehnt, da sie unwirtschaftlich ist.
G. Buß. 3652.

Mediavilla, Alberto. Producción láctae y sarcopoyesis en agrupaciones vacunas de la Costa Verde. **(Die Milch- und Fleischproduktion der Rinder der Costa Verde.)** Arch. Zootecn. [Córdoba] **11** (1962) Nr. 43. S. 280–327. — 10 Abb., 8 Tab., 25 Lit. Zus. in Engl., Franz.
Im Gebiet der Costa Verde, deren natürliche Bedingungen beschrieben werden, macht die sog. Rassengruppe Eo, die sich in ihren charakteristischen Merkmalen von jeglicher anderen benachbarten Rinderpopulation unterscheidet, ca. 60% des Gesamtrinderbestandes aus. Das Gebiet ist für die Rinderzucht gut geeignet. Von einer Reihe von Tieren werden die wichtigsten Körpermaße genannt. Trotz der rel. geringen Milchleistung erbringen die Tiere gute Milchfettleistungen, die Leistungen sind stark saisonabhängig. Die Leistungen je Tier betragen ⌀ 2162 kg Milch und 90 kg Butterfett in einer 8monatigen Laktation. Die tägl. Zunahmen bei der Kälbermast werden mit 0,95 kg angegeben. Die Durchführung der Mast wird ökonomisch analysiert. Die Anwendung von Magermilch zum teilweisen Ersatz der Vollmilch in der Kälbermast wird empfohlen. K. Damm. 3662.

Höll, Čestmír; Rapotín, Výzkumný Ústav pro Chov Skotu. Vliv pořadí laktace na produkční a některé další ukazatele u červenostrakatých dojnic. **(Einfluß der Zahl der Laktationen auf die Milchleistung und einige weitere Eigenschaften bei Milchkühen des Rotfleckviehs.)** Živočišná Výroba **8(36)** (1963) Nr. 2. S. 111–222. — 12 Tab., 11 Lit. Zus. in Russ., Franz., Dtsch.
Die statistische Bearbeitung der Ergebnisse von Untersuchungen an einer größeren Anzahl von Kühen des Rotfleckviehs aus dem Rübenbaugebiet Mittelmährens ergab folgendes: Die durchschnittl. Leistung von insgesamt 2412 Kühen betrug 2199,3 kg Milch mit 3,97% Fett. Von diesen Kühen wiesen 23,1% Milchleistungen über 3800 kg Milch und 46,1% einen Milchfettgehalt von mehr als 4% auf. Die höchsten Milchleistungen wurden in der 4., 5. und 6. Laktation festgestellt. Die Milchleistung in der 1. Laktation erreichte 73%, die in der 2. Laktation 92% und die in der 3. Laktation 95% der Höchstleistung (3531 kg Milch). Die Zahl der Laktationen hatte keinen Einfluß auf den Milchfettgehalt. In der 3. und den weiteren Laktationen

zeigte sich ein geringer, statistisch nicht signifikanter Abfall des Milchfettgehaltes. Die Kalbungszahl hatte weder einen Einfluß auf die Länge der Zwischenkalbezeit noch auf die Länge der Laktation und die Dauer der Trockenperiode. Alle diese 3 Kennziffern zeigten eine bedeutende Variation. Das weist darauf hin, daß für die eigentliche Zuchttechnik hier noch bedeutende Reserven liegen. ČSSR/ÚVTI. 3662.

Smith, J. W. und Legates, J. E.; Raleigh, North Carolina State Coll., Dep. of Animal Sci. Relation of days open and days dry to lactation milk and fat yields. **(Beziehungen zwischen Zeitraum bis zur Wiederbelegung und der Trockenperiode zur Milch- und Milchfettleistung in der Laktation.)** J. Dairy Sci. **45** (1962) Nr. 10. S. 1192–1198. — 2 Abb., 4 Tab., 26 Lit.
Die Untersuchungen wurden an 4385 Laktationsleistungen von Holsteinkühen in 9 Herden durchgeführt. Die Zeitspanne vom Kalben bis zur erneuten Trächtigkeit (Serviceperiode) sowie die Länge der Trockenperiode standen in geringer positiver Korrelation zum Alter der Kühe. Zwischen der 90-Tage-Leistung und der Serviceperiode wurden nur unbedeutende Beziehungen ermittelt, so daß hohe Leistungen zu Beginn der Laktation wenig Einfluß auf die Fruchtbarkeit der Kühe hatten. Zwischen der Länge der vorangegangenen Trockenperiode und der Serviceperiode bestanden ebenfalls nur unwesentliche Zusammenhänge. Die Länge der Trockenperiode hatte geringen Einfluß auf die Milchleistung der folgenden Laktation. Vff. führen das auf das Niveau der Fütterung zurück. Eine deutliche Beziehung bestand zwischen der Länge der Serviceperiode und der 305-Tage-Milchleistung. Die 305-Tage-Leistung erhöhte sich um ca. 1000 lb., wenn die Serviceperiode von 60 auf 160 Tage anstieg. Die gefundenen Heritabilitätswerte für die Länge der Serviceperiode waren unbedeutend. Um bei Zuchtwertschätzungen von Bullen die Fehler zu verringern, werden Korrekturfaktoren für Laktationsleistungen mit unterschiedlicher Serviceperiode vorgeschlagen. J. Lenschow. 3662.

Hladký, Jaroslav; Praha, VŠZ. Vztah některých rozměrů hrudníku a břicha k mléčné produkci krav. **(Die Beziehung einiger Brust- und Rumpfmaße zur Milchleistung der Kühe.)** Náš Chov **1963** Nr. 2. Beil. S. 4–5. — 3 Abb., 1 Tab.
Untersuchungen an insgesamt 405 Kühen des Rotfleckviehs im Gebiet des Isergebirges und des westlichen Teiles des Riesengebirges ergaben folgende Korrelationskoeffizienten: Milchleistung und Brustumfang r = +0,3759, Milchleistung und Brustlänge r = +0,2051, Milchleistung und Brusttiefe r = +0,3339, Milchleistung und Rippen-Brustbreite r = +0,3097, Milchleistung und Bauchumfang r = +0,4325 und Milchleistung und Flankentiefe r = +0,03274. Es wurde nachgewiesen, daß sich bei Kühen mit einer Milchleistung von über 3000 kg die Tiefen- und Breitenmaße mit steigender Milchleistung erhöhen und auch die Flankentiefe ansteigt. Alle ermittelten korrelativen Beziehungen deuten auf eine verhältnismäßig bedeutende Abhängigkeit zwischen den untersuchten Körpermaßen und der Milchleistung hin. ČSSR/ÚVTI. 3662.

Karelin, V. N. (Karelin, W. N.) Povyšenie žirnomoločnosti pri čistoporodnom razvedenii burogo latvijskogo skota. **(Die Steigerung der Milchleistung und des Fettgehaltes der Milch des Lettischen Braunviehs bei Reinzucht.)** V sb.: Povyšenie žirnomoločnosti korov pri čistoporodn. razvedenii, Vologda **1962** S. 119–131. — Aus: Referativnyj žurnal. Otd. vyp. Životnovodstvo, veterinarija, Moskva **1963** Nr. 3/58/19. S. 3.
In 27 Jahren stieg unter dem Einfluß einer verbesserten Fütterung und Auslese etwas die Milchleistung des Lettischen Braunviehs. Die Milchleistung erhöhte sich um 519 kg (von 2138 auf 2657 kg), der Fettgehalt der Milch um 0,12% (von 3,81 auf 3,93%), die Milchfettleistung um 23 kg (von 81,6 auf 104,6 kg). Der Futterverbrauch stieg in dieser Periode um 475 FE/Jahr (um

23%). In den letzten Jahren stieg der Fettgehalt der Milch beim Lettischen Braunvieh um 0,09%. In insgesamt 45 Jahren erhöhte sich der Fettgehalt der Milch um 0,21%, die Milchfettleistung pro Kuh stieg auf 106 kg. Milchleistung und Fettgehalt erhöhten sich bei Reinzucht schneller und waren höher als bei Kreuzungskühen. Es wurde eine große Menge von Kühen mit einem Milchfettgehalt von 5% und mehr erhalten.

übersetzt v. Ch. Eshkowa. 3662.

Kapacinskij, V. V. (Kapazinski, W. W.) Povyšenie žirnomoločnosti krasnogo gorbatovskogo skota pri čistoporodnom razvedenii. **(Die Steigerung der Milchleistung und des Fettgehaltes der Milch des Roten Gorbatow-Rindes bei Reinzucht.)** V sb.: Povyšenie žirnomoločnosti korov pri čistoporodn. razvedenii, Vologda **1962** S. 155–168. – Aus: Referativnyj žurnal. Otd. vyp. Životnovodstvo, veterinarija, Moskva **1963** Nr. 3/58/20. S. 3.

Das durchschnittl. Lgw. der Kühe beträgt 450 kg und mehr, die durchschnittl. Milchleistung auf den besten Farmen 4000 kg und mehr, der Fettgehalt der Milch 4,8%. Es wurde eine Korrelation zwischen dem Milchfettgehalt und dem Exterieur der Kühe festgestellt. Tiere mit hohem Fettgehalt haben einen langen Rumpf, kurze Beine, eine größere Brustbreite und einen größeren Brustumfang. Bei der Selektion der Bullen berücksichtigt man den Milchfettgehalt der Vorfahren. Die durchschnittl. Milchleistung der Bullenmütter auf den Zuchtfarmen betrug 4500 kg bei einem Fettgehalt von 4,35%. Für die Steigerung des Fettgehaltes werden Linien und Familien mit einer hohen Milchleistung und hohem Fettgehalt geschaffen. Es wird an der Nachkommenschaftsprüfung der Bullen gearbeitet. Bei der Prüfung von 104 Vatertieren wurden nur 5 ausgesondert, die gleichzeitig die Milchleistung und den Fettgehalt steigern konnten, die Töchter von 7 Bullen zeigten im Vergleich zu ihren Altersgenossinnen erhöhte Milchleistungen, die von 8 Bullen übertrafen ihre Mütter bez. des Milchfettgehaltes. Die besten Bullen der verschiedenen Linien werden in der KB verwendet. übersetzt v. Ch. Eshkowa. 3662.

Dumont, B. L., Le Guelte, P. und Arnoux, J.; Jouy-en-Josas, Seine-et-Oise, Centre Nat. de Rech. Zootechn., Stat. de Rech. sur l'Élevage; Versailles Seine-et-Oise, Centre Nat. de Rech. Agronomiques, Lab. de Biométrie. Étude biométrique des bovins de boucherie. II. Estimation du poids de la musculature chez les bovins Charolais. **(Biometrische Untersuchungen an Schlachtrindern. 2. Mitt. Schätzung des Gewichtes der Muskulatur von Charollaisrindern.)** Ann. Zootechnie **10** (1961) Nr. 4. S. 321–326. – 1 Abb., 3 Tab., 4 Lit. 1 Mitt. vgl. LZ. Abt. III **8** (1963) Nr. 1. S. 73.

An 29 linken Schlachthälften mit einem Durchschnittsgewicht von 186,9 ± 39,6 kg untersuchten Vff. Beziehungen zwischen dem Gesamtgewicht des Fleisches und einigen anatomischen Merkmalen. Von den 27 aufgestellten Regressionsgleichungen wird $Y = 0,48\,Z + 0,78\,X_4 + 0,20\,X_{15} - 0,80$ unter gleichzeitiger Berücksichtigung der Genauigkeit und der leichten Feststellbarkeit als diejenige angesehen, die das Gesamtgewicht der Muskulatur am günstigsten abzuschätzen erlaubt (Z = Gewicht der Schlachthälfte, X_4 = Keulenmaß, X_{15} = Zwerchfellgewicht, jeweils in Logarithmen ausgedrückt).

A. Schaaf. 3664.

Swiger, L. A., Koch, R. M., Gregory, K. E., Arthaud, V. H., Rowden, W. W. und Ingalls, J. E.; Lincoln, Univ. of Nebraska, Animal Husbandry Dep. Evaluating pre-weaning growth of beef calves. **(Einschätzung des Wachstums von Fleischkälbern vor dem Absetzen.)** J. Animal Sci. **21** (1962) Nr. 4. S. 781–786. – 6 Tab., 8 Lit.

Die Daten von 2739 Kälbern wurden untersucht, um Methoden zur Bestimmung der genetisch bedingten Unterschiede im Absatzgewicht zu erarbeiten und damit das ökonomisch so bedeutsame Absatzgewicht auf dem Wege der Selektion zu erhöhen. Die Heritabilität der Zunahmen während der ersten

130 Tage der Säugeperiode war niedriger als für die Zunahmen vom 131.–200. Tag. Es werden Möglichkeiten zur Vorherbestimmung des Absatzgewichtes genannt. K. Damm. 3664.

Neville jun., W. E., Baird, D. M., McCampbell, H. C. und Sell, O. E.; Georgia Exp. Stat. Influence of dam's milk production and other factors on post-weaning performance and carcass characteristics of Hereford cattle. **(Der Einfluß der Mutterleistung und anderer Faktoren auf die Leistungen nach dem Absetzen sowie die Schlachtkörpermerkmale bei Hereford-Mastrindern.)** J. Animal Sci. **21** (1962) Nr. 4. S. 943–949. — 5 Tab., 20 Lit.

Es wurden Ergebnisse aus 3 Jahren von 129 Kälbern verwendet, um den Einfluß der Mutterleistung (Milch), dreier unterschiedlicher Rationen während der Säugezeit, weiterhin der Deckbullen, des Geschlechts, des Alters, Gewichts der Mutter und des Geburtszeitpunktes auf 5 Leistungscharakteristika der Periode nach dem Absetzen und 4 Schlachtkörpermerkmale festzustellen. Die Tiere waren beim Schlachten ca. 500 Tage alt. Höhere Milchleistungen der Mütter bewirkten höhere Zunahmen der betr. Kälber in der Säugeperiode und nach dem Absetzen, einen geringen Rückgang der Zunahmen in der Endmast und signifikant höhere Lebenstagzunahmen und Schlachtgewichte sowie bessere Schlachtqualität. Auf hohen Milchleistungen beruhende hohe Absatzgewichte waren praktisch bis auf 1 lb. noch beim Schlachten festzustellen. Die unterschiedlichen Rationen für Mütter und Kälber während der Trocken- und Säugeperiode beeinflußten die Lebenstagzunahmen, das Schlachtgewicht und die allg. Beschaffenheit des Schlachttieres. Die Differenzen zwischen den best- bzw. schlechtestgenährten Gruppen beim Schlacht- bzw. Absatzgewicht betrugen 150 bzw. 117 lb. Die Kotelettfläche steht in negativer Korrelation zu allen anderen untersuchten Leistungsmerkmalen. K. Damm. 3664.

Brinks, J. S., Clark, R. T., Kieffer, N. M. und Quesenberry, J. R.; Denver, Colo., U.S. Dep. of Agric., A.R.S., Animal Husbandry Res. Div., Beef Cattle Res. Branch; Miles City, Mont., U.S. Range Livestock Exp. Stat. Genetic and environmental factors affecting performance traits of Hereford bulls. **(Genetische und Umweltfaktoren, die die Leistungen von Hereford-Mastbullen beeinflussen.)** J. Animal Sci. **21** (1962) Nr. 4. S. 777–780. — 5 Tab., 7 Lit.

Die Daten von 1029 Bullen aus den Jahren 1939–59 wurden analysiert. Folgende Merkmale wurden studiert: Geburtsgewicht; 180-Tage-Gewicht; rel. Zustand (Kondition) beim Absetzen; die Zunahmen der 196 Tage nach dem Absetzen und das Schlußgewicht. Bei der statistischen Auswertung wurden das Alter der Kuh und eine lineare Regression auf das Alter des Kalbes als fixe Werte und das Jahr, Blutlinien in den Jahren und die Deckbullen in den Linien und Jahren als veränderliche Werte betrachtet. Die Einwirkung dieser Faktoren auf die genannten Leistungsmerkmale wurde untersucht, die Ergebnisse werden genannt. Dabei ist das Alter der Kuh von signifikantem Einfluß auf alle Leistungen außer auf die Zunahmen während der 196 Tage nach dem Absetzen. Die ermittelten übrigen Korrelationen waren in der Regel positiv, so daß eine Selektion auf höhere Gewichte und Zunahmen züchterische Fortschritte erbringen kann. K. Damm. 3664.

Bogner, H. **Zucht- und Haltungsfragen bei der Rindermast.** Mitt. Tierhalt. **1962** Nr. 78. S. 16–21.

Jungbullen lassen sich in größeren Gruppen bei befriedigenden Zunahmen sowohl auf der Weide als auch im Laufstall halten. Aus arbeitstechnischen Gründen empfiehlt sich für die Haltung im Anbindestall der Kurzstand mit einer Länge von 1,60–1,65 m für schwere Tiere und von 1,30–1,50 m Länge für leichtere Tiere. Gleitketten sind für das Anbinden am besten geeignet. In der Mastleistung und im Schlachtwert befriedigen reine Mastrassen bzw.

Kreuzungsprodukte aus Mastrassen und Milchviehrassen nur ungenügend, weil sie ihr Wachstum verhältnismäßig früh abschließen und außerdem ein ungünstiges Fleisch-Fettverhältnis aufweisen. – In zahlreichen Nachkommenschaftsprüfungen konnte nachgewiesen werden, daß es erblich bedingte Unterschiede zwischen den Nachkommenschaften einzelner Bullen sowohl in der tägl. Zunahme als auch in der Futterverwertung und im Schlachtwert gibt. Eine Zuchtwahl auf hohe Fleischfülle und gute Futterverwertung allein genügt nicht. Es muß auch bes. Wert auf einen hohen Anteil an wertvollen Teilstücken gelegt werden. Anzustreben ist eine Zuchtwahl auf hohe Milchproduktion und auf ein zunehmend besseres Muskelbildungsvermögen. Die Fleischleistungsprüfung darf nicht zur Einseitigkeit führen. G. Buß. 3672.

Krüger, W. **Das Vorkommen von Listeria monocytogenes in den verschiedenen Silagen und dessen ätiologische Bedeutung.** Arch. exp. Veterinärmed. **17** (1963) Nr. 1. S. 181–203.
Vf. kann die von anderen Autoren vermuteten Zusammenhänge der Silagefütterung und Listerioseerkrankung experimentell bestätigen. Listerien werden häufig in den verdorbenen Randbezirken des Silagegutes ermittelt, die neben grobsinnlich wahrnehmbarer Verderbnis pH-Werte zwischen 5,6 und 8,9 aufweisen. Für die Beurteilung einer Silage als evtl. Infektionsquelle für die Tierlisteriose ist nicht die Art des Silofutters, sondern dessen pH-Wert sowie seine Qualität von Bedeutung. Silagen von schlechter Qualität mit alkalischer Reaktion sind daher von der Verfütterung an Tiere auszuschließen. Die Funde von Listerien in Silageresten eines Erdsilos veranlaßten den Vf. zu dem Hinweis, solche Erdsilos nur einmal zu benutzen. Eine Identität des Types zwischen den von Tieren und den aus der Silage isolierten Stämmen konnte in den meisten Fällen erbracht werden. H. Linsert. 3680.

Pšeničnikov, V. G. (Pschenitschnikow, W. G.) Opyt sochranenija teljat. **(Erfahrungen beim Vermeiden der Kälberverluste.)** Veterinarija, Moskva **40** (1963) Nr. 4. S. 66. – 1 Abb.
Zur Behandlung von Kälbern mit einer toxischen Dyspepsie verwendete Vf. Propomycillin, ein Antibioticum mit einem Zusatz von Vit. B_{12}. 98,4% der behandelten Kälber konnten geheilt werden. W. Plaschke. 3680.

Suup, K. **Kälberaufzucht mit Ammenkühen in Estland.** Aus: Moločnoe i mjasnoe skotovodstvo, Moskva **1962** Nr. 7. (Übers. aus d. Russ., Maschinenschr. vervielfält.) 4°. – TO 617.

Engeler, Willy: **Das Schweizerische Braunvieh.** Bern: Kommission Schweiz. Viehzuchtverbände. 1962. (27 S.) 8°. (1963 A 660)
Horn, Arthur und *Koželuha, Vladimir.* **Zkušenosti z plemenáŕske prace v chovu skotu.** (Erfahrungen aus der züchterischen Arbeit in der Rinderhaltung.) Praha: Státní zemědělské naklad. 1962. (278 S.) 8°. (1963 A 192)
Kahoun, Jindřich u. a. **Vytváŕéni a zušlechtování plemenných stád skotu.** (Bildung und Verbesserung von Rinder-Zuchtherden.) Praha: Státní zemědělské naklad. 1962. (339 S.) 8°. (1963 A 195)
Kwasieborski, Mieczysław. **Opasanie bydła.** (Die Rindermast.) 4. Aufl. Warszawa: Panstw. wyd. roln. i leśne. 1962. (98 S.) 8°. (DA 1468)
Lizal, F., Höll, Č. und *Šramek, J.* **Zvyšovani užitkovosti skotu.** (Steigerung der Leistung der Rinder.) Praha: Státní zemědělské naklad. 1962. (225 S.) 8°. (SR 2758, 23)
Novikov, Evgenij Aleksandrovič. **Čistoporodnoe razvedenie moločnogo skota.** (Die Rassenreinzucht des Milchviehes.) 3., erg. u. überarb. Aufl. Moskva: Sel'chozizdat. 1962. (359 S.) 8°. (1963 A 402)

D. SCHWEINE

Brandejs, Josef; Jičín, Státní Statek, Kmenová Farma Bartoušov. Výsledky plemenářské práce chovu lotyšských prasat. **(Ergebnisse der Zuchtarbeit mit dem Großen Weißen Schwein aus Lettland.)** Náš Chov **1963** Nr. 2. S. 49–52. – 3 Tab.
Zur Verbesserung einiger Nutzungseigenschaften der Tschechoslowakischen Weißen Edelschweine wurden im Jahre 1959 in die ČSSR (Farm Bartoušov

in Böhmen) Zuchttiere des Weißen Lettischen Schweins eingeführt. Die bisherigen Zucht- und Kreuzungsversuche ergaben, daß die lettische Rasse zur Steigerung der Milchleistung und Fruchtbarkeit der Sauen der einheimischen Edelschweine sowie der Vitalität der Nachkommen beitragen kann. In der angeführten Zuchtfarm war die Fruchtbarkeit der importierten Sauen um ⌀ 1,37 Ferkel je Wurf höher. Die gute Milchleistung ergibt sich aus dem Vergleich des durchschnittl. 21-Tage-Gewichtes der Würfe (62,91 gegenüber 54,59 kg). Das 42-Tage-Wurfgewicht betrug bei den lettischen Sauen 143,16 kg, bei den einheimischen 98,14 kg. Bei der Kreuzung von lettischen Sauen mit einheimischen Ebern steigerte sich die Zahl der aufgezogenen Ferkel je Wurf durchschnittl. um 0,35 Ferkel. Die Eingliederung lettischer Sauen in Zuchten mit weniger günstigen Haltungsbedingungen kann zur Steigerung der Fruchtbarkeit und Milchleistung der einheimischen Edelschweine beitragen.
ČSSR/ÚVTI. 3770.

Clausen, Hjalmar und Thomsen, R. Nørtoft. 49. beretning om sammenlignende forsøg med svin fra statsanerkendte avlscentre 1959–60. **(49. Bericht über die Nachkommenprüfungen bei Schweinen aus staatlich anerkannten Zuchtzentren 1959-60.)** Beretn. Forsøgslab. [Statens Husdyrbrugsudvalg] **1961** Nr. 327. S. 1–128. — 3 Abb., 62 Tab. Zus. in Engl.
Im Berichtsabschnitt wurden 3920 Schweine (Vorjahr 3624) — dänische Landrasse und erstmals seit 1955 auch wieder 8 Large White — geprüft. 96,3% aller Gruppen (Vorjahr 94,3%) hatten ein ausgeglichenes Geschlechtsverhältnis (2 ♂:2 ♀). 1,7% aller Gruppen (Vorjahr dgl.) mußten aus gesundheitlichen Gründen ausscheiden. In der Mastleistung bestanden keine signifikanten Differenzen zwischen beiden Rassen: Zunahme 684 g (Vorjahr 685 g), Large White 674 g; Futterverwertung 2,85 (Vorjahr 2,96), Large White 2,97. Die Körperlänge (95,5 cm [Vorjahr 95,1 cm], Large White 96,0 cm) wird jetzt als ideal angesehen und soll nicht mehr weiter erhöht, sondern in der Variationsbreite beiderseits eingeengt werden. Die Speckdicke (2,89 cm [Vorjahr 2,97 cm], Large White 3,40 cm) ist in den letzten Jahren sehr stark zurückgegangen, die Bauchdicke (3,29 cm [Vorjahr 3,31 cm], Large White 2,95 cm) hat bes. durch Zurückdrängen überschüssigen Fettes abgenommen. In der Punktbewertung für Baconqualität schnitten die Large White wesentlich ungünstiger ab als die Landrasse. Am Kotelettanschnitt betrug die Fleischfläche 34,2 cm^2 (Vorjahr 35,4 cm^2), die Fettfläche 33,5 cm^2 (Vorjahr 37,4 cm^2), das Fett/Fleisch-Verhältnis 98% (Vorjahr 106%). Der Anteil der in Klasse A (sehr mager und mager) eingestuften Schweine stieg von 88% auf 93%. Die im Vorjahr erstmalig beobachtete Tendenz einer Verminderung der Punkte für Fleischfarbe setzte sich im Berichtsjahr verstärkt fort: 21% der Schweine hatten zu helle Fleischfarbe (Vorjahr 16%). A. Schaaf. 3820.

Kabanov, V. D. (Kabanow, W. D.) Vzaimosvjaź tempov rosta, tolščiny špiga i oplaty korma. **(Die Beziehungen zwischen Wachstumstempo, Speckdicke und Futterverwertung.** Svinovodstvo, Moskva **17** (1963) Nr. 2. S. 39–40. — 1 Tab.
Wachstumstempo, Speckdicke und Futterverwertung stehen bei Mastschweinen in enger Beziehung zueinander. So steht das Wachstumstempo, ausgedrückt durch die Höhe der Tagesdurchschnittszunahmen, in umgekehrtem Verhältnis zur Höhe des Futteraufwandes je Einheit Zunahme. Der Futteraufwand steht in direktem Zusammenhang mit der Fettablagerung; die Verstärkung der Speckdicke führt zu einer Erhöhung des Futteraufwandes je Einheit Zunahme. Für Schweine der Großen Weißen Rasse und der Landrasse sind auf Grund langwieriger Untersuchungen Tabellen des Zusammenhangs der 3 Kennziffern aufgestellt worden, nach denen in der Praxis die Masteigenschaften der Tiere auf Grund des Wachstumstempos und der Speckdicke ermittelt werden können. B. Schenk. 3820.

Bowman, G. H., Whatley jun., J. A. und Walters, L. E.; Stillwater, Oklahoma State Univ. Physical indices of leanness in swine. **(Physikalische Kennzeichen der Fleischigkeit beim Schwein.)** J. Animal Sci. **21** (1962) Nr. 4. S. 955–959. – 4 Tab., 14 Lit.

Eine Analyse der Meßergebnisse an 42 Schweinekörpern von Börgen, die im Gewicht von 200–215 lb. geschlachtet worden waren, zeigte, daß die Schlachtlänge als Anzeiger des separierbaren Fleischanteils nur von geringem Wert war ($r^2 = 0{,}06$). Das Leanmeter zeigte die Fleischigkeit besser an ($r^2 = 0{,}48$) als die Speckdicke ($r^2 = 0{,}36$), noch besser aber Speckdicke und Kotelettfläche an der 10. Rippe zusammen ($R^2 = 0{,}70$). Das spez. Gew. des Schinkens war ein guter Anzeiger der Fleischwüchsigkeit ($r^2 = 0{,}69$), noch besser bei Ergänzung durch die Kotelettfläche ($R^2 = 0{,}79$). Das Gewicht von Fleisch und Fett im Schinken stand in enger Beziehung zur Fleischwüchsigkeit ($R^2 = 0{,}92$). Die Beziehungen von Fleisch- und Fettflächenmessungen an 8 verschiedenen Querschnitten zum Fleischanteil schwankten zwischen $R^2 = 0{,}72$ (am Schinkenende) und $R^2 = 0{,}89$ (am 3. Lendenwirbel). I. allg. waren die Beziehungen zum Gewicht des separierbaren Fleisches niedriger als zu dessen Anteil.

A. Schaaf. 3825.

Župka, Z., Zemánek, Fr. und Másek, N.; Brno, Katedra Obecné Zootechn. Výsledky jatečného rozboru bílých ušlechtilých prasat poražených ve váze od 20 do 200 kg. **(Ergebnisse der Schlachtanalyse bei Weißen Edelschweinen, geschlachtet im Gewicht von 20-200 kg.)** Sborník Vysoké Školy zemědělské v Brně, Řada A **1962** Nr. 3/4. S. 253-263. – 7 Abb., 4 Tab., 18 Lit. Zus. in Russ., Dtsch.

Untersuchungen an 47 Schweinen ergaben Gesamtgewichtsverluste innerhalb von 24 Std. vor dem Schlachten (Hungern und Transport) von 9% bei 20 kg schweren Schweinen und von 4-5% bei Schweinen in den Gewichtsklassen von 100-200 kg. Die Schlachtverluste betrugen bei den leichtesten Schweinen 32%, bei 80 kg schweren Schweinen 21% und bei den schwersten Schweinen 15%. Das rel. Gewicht der inneren Organe nahm mit zunehmendem Gewicht der Schweine ab (beim vollen Magen mit Darm von 13% auf 6%, beim Gekröse von 5,5% auf 2,7%). Das rel. Kopfgewicht betrug bei den 20 kg schweren Schweinen 13%, bei den 80 kg schweren und schwereren Schweinen 8,5-9,5%. Der Fleischanteil fiel von 63% bei den leichtesten Schweinen bis auf 36% bei den schwersten.

F. Svoboda. 3825.

Fredeen, H. T. und Newman, J. A.; Lacombe, Alberta, Canada Dep. of Agric. Rib and vertebral numbers in swine. I. Variation observed in a large population. **(Rippen- und Wirbelzahlen bei Schweinen. 1. Mitt. In einer großen Population beobachtete Variation.)** Canad. J. Animal Sci. **42** (1962) Nr. 2. S. 232-239. – 1 Abb., 8 Tab., 6 Lit.

Bei 10683 Schweinen zweier Rassen (Lacombe, Yorkshire) und deren Kreuzungen schwankte die Zahl der Rippenpaare von 13,5-17, die Zahl der praesacralen Wirbel (Brust- und Lenden-) von 20-23. Die Rassen deckten sich vollkommen in der Spannweite der Variabilität, aber nicht in den rel. Klassenhäufigkeiten. Die durchschnittl. Regression der Rippenzahl auf die Wirbelzahl schwankte zwischen 0,63 (Lacombe ♀) und 0,77 (Yorkshire ♀). Bilaterale Asymmetrie in der Rippenzahl wurde bei 6,5% aller Schweine und 41% der 1147 geprüften Würfe beobachtet. Die Variation innerhalb der Würfe betrug max. 2,5 Rippen und 3 Wirbel (Brust- und Lenden-). Vollständige Ausgeglichenheit der Wurfgeschwister in Rippenzahl, Wirbelzahl und beiden Merkmalen wurde bei 21%, 31% bzw. 13% aller Würfe festgestellt. Signifikante Unterschiede zwischen den Geschlechtern in Rippen- und Wirbelzahl bestanden nicht. Die Variation dieser Skelettmerkmale stand in keiner Beziehung zur Lebensfähigkeit.

A. Schaaf. 3854.

Fredeen, H. T. und Newman, J. A. Rib and vertebral numbers in swine. II. Genetic aspects. **(Rippen- und Wirbelzahlen bei Schweinen. 2. Mitt. Genetische Aspekte.)** Canad. J. Animal Sci. **42** (1962) Nr. 2. S. 240-251. — 8 Tab., 6 Lit. 1. Mitt. vgl. vorst. Ref.

Vff. untersuchten bei 4219 Schweinen von 78 Ebern aus 359 Sauen der Lacomberasse genetische Parameter für Rippen- (I) und Wirbelzahl (II). Die Heritabilitäten aus der Regression der Nachkommen auf die Elternmittel betrugen 0,599 (I) bzw. 0,734 (II), aus den Vollgeschwisterkorrelationen beide 0,591. Die genetische Korrelation zwischen beiden Merkmalen war 0,813 (durch Regression) bzw. 0,792 (durch Covar.); die genetische Variation war für beide Merkmale kontinuierlich. Der modale Phänotyp (mit 16 Rippenpaaren und 22 Wirbeln) erzeugte in beiden Merkmalen den größeren Anteil ausgeglichener Nachkommen. A. Schaaf. 3854.

Popovič, I. V. und Ivanuch, R. A. (Popowitsch, I. W. und Iwanuch, R. A.); Lwow, Zootechn. und Veterinärmed. Inst. Ispol'zujte molodych svinok dlja razovych oporosov. **(Jungsauen einmalig ferkeln lassen.)** Svinovodstvo, Moskva **16** (1962) Nr. 2. S. 8-10. — 4 Tab.

Die Aufzucht von Reservesauen zum einmaligen Abferkeln ist eine ökonomische Methode zur Erhöhung und Verbilligung der Schweinefleischproduktion. Bei der Verwendung einmalig abferkelnder Sauen erhöhten sich die Schweinefleischerzeugung je 100 ha AF in einer Reihe von Betrieben um 17,3%, die Schweinefleischproduktion je Hauptsau um 63,5%, der Gelderlös je Hauptsau um 26,9%, gleichzeitig verringerten sich die Selbstkosten je dt Schweinefleisch um 17,5%. Die Mast der Reservesauen und ihrer Ferkel erfolgt im Sommer und Herbst und ist daher bes. billig. Die für das einmalige Abferkeln vorgesehenen Jungsauen werden aus den Jan.- und Febr.-Würfen der Hauptsauen ausgewählt. Aus einer Tabelle ist ersichtlich, daß bei einer geringen Fruchtbarkeit der Hauptsauen die Reservesauen auch dann noch rentabel sind, wenn sie 4-5 Ferkel im Wurf erbringen, bei einer hohen Fruchtbarkeit der Hauptsauen müssen jedoch auch die einmalig abferkelnden Sauen mindestens 7-8 Ferkel erbringen. Eine weitere Aufstellung zeigt den Vorzug eines möglichst hohen Anteils von Reservesauen (1:4), was aber nur bei einer guten Fruchtbarkeit der Hauptsauen möglich ist. Es wird empfohlen, die einmalig abferkelnden Sauen in Form einer Gebrauchskreuzung von Ebern einer anderen Rasse belegen zu lassen. G. Häßler. 3904.

Schumm, H.-R., Frederich, W. und Kaiser, H.; Dummerstorf, Inst. für Tierzuchtforsch. **Grundlagen der Linienzucht bei Schweinen.** Tierzucht **16** (1962) Nr. 11. S. 494-497.

Der fortschreitende sozialist. Aufbau in der Landwirtschaft erfordert auch eine Umstellung der bisherigen Zuchtverfahren. Das zukünftige Zuchtverfahren der Linienzucht muß folgende Punkte in sich vereinigen: 1. systematische Zuchtlenkung durch Abgrenzung der Linien, 2. gezielter Einsatz wertvoller vererbungssicheren Zuchtmaterials und Weiterführung von leistungsstarken Linien, 3. Auffindung erfolgreicher Linienkombinationen. Vff. gehen ausführlich auf die Durchführung der Linienzucht ein. Die Voraussetzungen für eine erfolgreiche Linienzucht sind eine schnelle und exakte Mast- und Schlachtleistungsprüfung und die Ermittlung von Passereffekten.
G. Koch. 3906.

Veličko, L. F. (Welitschko, L. F.) Proteinovoe pitanie i projavlenie geterozisa u pomesej. **(Die Eiweißversorgung und das Auftreten der Heterosis bei Kreuzungstieren.)** Svinovodstvo, Moskva **17** (1963) Nr. 2. S. 33-34.

Ferkel der Großen Weißen Rasse (I) sowie Kreuzungsferkel aus Großen Weißen und Mirgoroder Schweinen (II) sowie Großen Weißen und Pridneprowsker Schweinen (III) wurden in A-Gruppen und B-Gruppen eingeteilt; die A-

Gruppen erhielten von 15 Tagen bis zum Absetzen das übliche Beifutter, die B-Gruppen eine zusätzliche Magermilchmenge, so daß ihre Futterration 25% mehr Rohprotein enthielt als die der A-Gruppen. In den A-Gruppen wiesen reinrassige und Kreuzungstiere fast die gleichen Zunahmen auf, während in den B-Gruppen die Tagesdurchschnittszunahmen bei II um 26,4% und bei III 8,1% höher lagen als bei I; außerdem waren die Kreuzungsferkel lebhafter.

B. Schenk. 3906.

Becze, Jósef; Budapest. **Die Fortpflanzungsprobleme der Schweine vom Gesichtspunkt der Tierzucht.** Wiss. Z. Hochschule LPG Meißen **5** (1962) Nr. 4. S. 479-482. — Zus. in Russ., Engl.
Unter den Verhältnissen der Großproduktion treten Fragen der ungestörten Fortpflanzung der Schweine in den Vordergrund. Vf. geht auf die Zuchtfähigkeit der Schweine, ihre Beeinflussung durch die Fütterung, die Merkmale der Brunst und den optimalen Zeitpunkt der Bedeckung ein. Der Eintritt der 1. Brunst kann durch die Eiweißgabe vom Absetzen ab entschieden beeinflußt werden. In engem Zusammenhang damit steht die Entwicklung des Körpergewichtes und die Zahl der bei der 1. Brunst erzeugten Eier. Die Feststellung der Brunst erfolgt nach anatomischen und psychischen Zeichen. Der optimale Zeitpunkt der Bedeckung liegt vor der Ovulation in der 10.-25. Std., vom Beginn der Brunst an gerechnet. G. Koch. 3908.

Mazaraki, Jan; Warszawa, Zakład Hodowli Doświadczalnej Zwierząt PAN. Związek płodności loch z ich wiekiem i liczebnością sutek oraz odziedziczalność cechy liczebności sutek u trzody chlewnej. **(Die Beziehung zwischen Fruchtbarkeit und Alter sowie Zitzenzahl bei Sauen und die Heritabilität der Zitzenzahl.)** Roczniki Nauk rolniczych, Ser. B **80** (1962) Nr. 1. S. 71-79. — 2 Abb., 1 Tab., 12 Lit. Zus. in Russ., Engl.
Die Korrelation zwischen Fruchtbarkeit und Alter der Sauen sowie ihrer Zitzenzahl wurde auf Grund von 5097 Wurfergebnissen von Sauen der Großen Weißen, der Weißen Stehohrigen, der Weißen Schlappohrigen und der Puławy-Rasse bestimmt. Auf der Basis von Aufzeichnungen, die in einer Zuchtanstalt für Weiße Schlappohrige Schweine vorgenommen worden waren und 3248 Ferkel von 369 Sauen nach 10 Zuchtebern umfaßten, errechnete man die Heritabilität der Zitzenzahl. — Die Wurfgröße stand bei keiner der erwähnten Rassen in geradliniger Korrelation zum Alter der Sau. Nach dem 1. Wurf begann der Abschnitt der größten Fruchtbarkeit, seine Dauer scheint rassenbedingt zu sein. Ebenso ergab sich keine geradlinige Korrelation zwischen Wurfgröße und Zitzenzahl; bei Sauen mit ungerader Zitzenzahl war die Wurfzahl geringer. Die höchste Fruchtbarkeit wurde bei Sauen beobachtet, deren Zitzenzahl den Rassemerkmalen entsprach. Die Heritabilität der Zitzenzahl bei Schweinen wurde zu $h^2 = 0{,}36$ bestimmt.

B. Pastuszewska. 3910.

Buysse, F. Rapport entre la grandeur de la nichée et le poids à la naissance chez les porcelets. **(Beziehungen zwischen der Wurfgröße und dem Geburtsgewicht der Ferkel.)** Rev. Agric. [Bruxelles] **15** (1962) Nr. 5. S. 705-707. — 4 Tab.
Ferkel mit einem Geburtsgewicht von 0,5-0,7 kg sterben zu 90%. Tiere, die bei der Geburt 0,7-1,0 kg wiegen, gehen zu 54,9% verloren. Die in der Praxis häufigsten Geburtsgewichtsklassen von 1,0-1,2 bzw. 1,2-1,4 kg weisen immer noch Sterblichkeitsziffern von 32,6 bzw. 21,8% auf. Erst bei einem Geburtsgewicht von 1,8-2,0 kg sinkt die Mortalitätsziffer auf 10,9%. Der Autor stellt die Frage, ob mit zunehmender Wurfgröße die Ferkel nicht automatisch leichter werden. Nach engl. Versuchsberichten sind in den Würfen mit 4-6 Ferkeln die Einzelgewichte am höchsten. Derartige Würfe sind wegen der geringen Ferkelzahl praktisch jedoch uninteressant. Bei Wurfgrößen von 14 und mehr Ferkeln sind die Geburtsgewichte am niedrigsten. Bei einem Geburtsgewicht von 1110-1530 g beträgt das 3-Wochen-Gewicht 5,15-6,15 kg,

das 8-Wochen-Gewicht 17,3-20,7 kg. Ferkel mit 1,810-2,090 kg Geburtsgewicht erreichen ein 3-Wochen-Gewicht von 6,85-7,45 kg und ein 8-Wochen-Gewicht von 21,8-24,4 kg. Allerdings wurden in den letzten Gewichtsklassen jeweils nur 2-6 Würfe geprüft. Bei Wurfgrößen von 7-14 Ferkeln sind die Differenzen im Geburtsgewicht geringfügig, anders jedoch in Würfen von 12-14 Tieren. H. Busse. 3914.

Wölk, W.; Beelitz, Staatl. Tierarztprax. **Unsere Erfahrungen mit dem Frühabsetzen der Ferkel.** Wiss.-techn. Fortschr. Landwirtsch. 4 (1963) Nr. 4. S. 184-185. 3936.

Hoser, Stefan. Wpływ zróżnicowanego żywienia na kształtowanie się przyrostów żywego ciężaru i jakość produktów poubojowych w tuczu bekonowym. **(Die Auswirkung unterschiedlicher Fütterung auf Lebendgewichtszunahmen und Qualität der Schlachtprodukte in der Baconmast.)** Roczniki wyższej Szkoły rolniczej Poznaniu **1961** Nr. 5. S. 1-76. — 32 Tab., 34 Lit. Zus. in Russ., Engl.

Dargestellt sind Ergebnisse von 3 Versuchen an je 75 Tieren über die Auswirkung der Höhe der Futterrationen und des Eiweißanteils je FE auf den Verlauf und die Ergebnisse der Baconmast. Als Vergleichsgrundlage diente die Fütterungsnorm nach Malarski. Im Versuch 1 wurde die Wirkung des Eiweißanteils untersucht, indem man ihn während der gesamten Mastdauer (40-90 kg Lgw.) oder im Gewichtsabschnitt von 60–90 kg um 25% erhöhte oder ermäßigte. Im Versuch 2 wurde die Futterration oder die in den Futternormen vorgesehene Anzahl der FE um 10% herauf- oder herabgesetzt. Im Versuch 3 prüfte man an zahlreicherem Material beiderlei Geschlechts die Auswirkung einer Verminderung der Futterrationen um 10%. — Es ergab sich, daß in der Baconmast der Gehalt an Eiweiß pro Hafereinheit (entspr. den von Malarski aufgestellten Normen) in der 1. Masthälfte (30-60 kg Lgw.) 95 bis 100 g betragen muß und bei einem Lgw. von mehr als 60 kg ca. 90 g. Sind 60 kg Lgw. überschritten, kann der Gehalt an Energie (an FE) in der Futterration um ca. 10% ermäßigt werden. Bei Anwendung dieser Empfehlungen in der Praxis wurden tägl. Gewichtszunahmen von 600–650 g erzielt bei einem Futteraufwand von 4-4,5 Hafereinheiten je 1 kg Gewichtszunahme. Die Schlachtkörper entsprachen den Anforderungen der Fleischindustrie. Z. Osińska. 3955.

Gusejnov, F. Ch. (Gusseinow, F. Ch.) Gruppovoe soderžanie podsosnych matok. **(Die Gruppenhaltung von säugenden Sauen.)** Svinovodstvo, Moskva **17** (1963) Nr. 2. S. 13–15. — 1 Abb., 4 Tab.

In Askanija-Nowa wurden Sauen der Weißen und Bunten Ukrainischen Steppenrasse zusammen gehalten und 7–10 Tage vor dem Abferkeln in Einzelbuchten und 7–10 Tage nach dem Ferkeln in Gruppenbuchten untergebracht. Am rationellsten war dabei die Haltung von 4–5 säugenden Sauen in Doppelbuchten (55,2% Flächeneinsparung gegenüber Einzelbuchten). Die Ferkel erhielten das Beifutter in einem Teil der Bucht und nach 1 Mon. auf Freßplätzen; die Sauen wurden ebenfalls auf einem Freßplatz gefüttert. Die Durchschnittstemperatur im Stall erreichte bei Gruppenhaltung im März 13,9 °C, bei Einzelhaltung 10,6 °C (im April 17,3 und 12,6 °C); die Luftfeuchtigkeit betrug entspr. 55 und 67,7% bzw. 64,7 und 76%. Die Ferkelsterblichkeit lag bei Einzelhaltung der säugenden Sauen bei 9,38%, bei Gruppenhaltung bei 7,1%; das Absatzgewicht der Ferkel betrug 16,05 bzw. 16,4 kg. B. Schenk. 3978.

Kovalev, A. A., Markov, Ju. M. und Levanidova, Z. N. (Kowaljow, A. A. Markow, Ju. M. und Lewanidowa, S. N.) Besstanočnoe soderžanie podsosnych svinomatok s porosjatami. **(Buchtenlose Haltung säugender Sauen mit Ferkeln.)** Veterinarija, Moskva **40** (1963) Nr. 4. S. 70–72.

Seit einiger Zeit wurden Versuche unternommen, Sauen mit ihren Würfen gemeinsam aufzuziehen. Bisher wurden nur 2 Sauen mit ihrer Nachkommenschaft zusammengehalten. Vff. gehen in dieser Richtung einen Schritt weiter und hielten 20–30 Muttertiere mit ihrer Nachzucht in einer gemeinsamen Bucht. Die Würfe wurden erst in einem Alter von 3-4 Wochen in den gemeinsamen Stall überführt. Die Aufzucht in buchtenlosen Stallungen wirkte sich günstig auf das Stallklima aus und brachte gute Aufzuchtergebnisse und Arbeitserleichterungen. W. Plaschke. 3978.

Ukrainec, N. F. (Ukrainez, N. F.) Soveršenstvovat' krupnogruppovoj otkorm svinej. **(Die Vervollkommnung der Gruppenmast von Schweinen.)** Svinovodstvo, Moskva **17** (1963) Nr. 2. S. 18-19. — 1 Tab.
Im Sowchos „Wydwishenez“ (Gebiet Dnepropetrowsk) wird das turnusmäßige Abferkeln der Zucht- und Hilfssauen durchgeführt, wobei 70–75% der Ferkel im 1. und 25-30% im 2. Halbjahr (bis Sept.) anfallen. Aufzucht und Mast erfolgen im großen Gruppen, wobei die besten Ergebnisse in Gruppen von 170 Schweinen erzielt wurden (Tagesdurchschnittszunahmen von 420 g bei einer Liegefläche von 0,9 m², einer Auslauffläche von 1,6 m²/Tier, einer Innentemperatur von 15 °C und einer rel. Luftfeuchtigkeit von 72% gegenüber Gruppen von 220 Tieren mit Tagesdurchschnittszunahmen von 220 g bei einer Liegefläche von 0,4 m², einer Auslauffläche von 1 m²/Tier, einer Innentemperatur von 19 °C und einer rel. Luftfeuchtigkeit von 86%). Bei der Großgruppenmast stieg die Arbeitsproduktivität um 200-300%, der Futteraufwand je dt Zunahme sank von 7,1-7,2 auf 6,3-6,6 dt. B. Schenk. 3978.

Kretzschmar, Chr.; Stendal, VUTGA. **Möglichkeiten zur Verhütung von Verlusten bei Absetzferkeln.** Tierzucht **16** (1962) Nr. 12. S. 542-543.
Die häufig in guten Beständen auftretende Colienterotoxaemie der Absetzer ist auf eine einseitige Entwicklung anormaler Dickdarmbakterien (haemolysierende Colibakterien) und deren giftige Zerfallsprodukte zurückzuführen. Durch Kochen oder Brühen des geschroteten Futtergetreides konnten die Krankheitserscheinungen verhindert werden. Schroffer Futterwechsel, Verabreichung einseitiger Futterrationen und ungenügende Flüssigkeitszufuhr begünstigen neben anderen Faktoren das Auftreten der Krankheit. G. Koch. 3985.

Leesch, H.-L.; Greifswald, VE Lehr- und Versuchsgut. **Die Ferkelverluste senken.** Tierzucht **16** (1962) Nr. 12. S. 540-542. — 1 Abb.
Vf. weist darauf hin, daß bes. das Stallklima die Aufzuchtergebnisse beeinflußt. In alten Ställen kann das Stallklima durch Anbringen von Doppeltüren, Fensterläden und Windfängen, durch Einziehen einer Zwischendecke, durch gute Be- und Entlüftung und durch Streuen von Kalk verbessert werden. Ein weiterer wichtiger Punkt in der verlustarmen Ferkelaufzucht ist eine regelmäßige, vielseitige und nährstoff- und vitaminreiche Fütterung. — In der Schweinezuchtbrigade Groß Schönwalde II des VE Lehr- und Versuchsgutes Greifswald konnten 1961 von 34,5 Herdbuchsauen mit 1,97 Würfen 18,6 Ferkel je Sau und Jahr abgesetzt werden. Die Verluste aller geborenen Ferkel betrugen 4,8%. G. Koch. 3985.

Il'inič, P.V. und Fedoriščev, K. K. (Iljinitsch, P. W. und Fedoristschew, K. K.) Dopolnitel'nyj rezerv v sochranenii porosjat. **(Eine zusätzliche Reserve zur Senkung der Ferkelsterblichkeit.)** Svinovodstvo, Moskva **17** (1963) Nr. 2. S. 16.
In einigen Betrieben des Gebietes Brest traten bei anscheinend gesunden Ferkeln am 2.-5. Lebenstag Hautblässe, welke Haut, Anstieg oder Absinken der Körpertemperatur, Verdauungsstörungen und Erkrankungen der Atmungsorgane auf. Der Grund war die unzureichende Fütterung der Sauen während der Trächtigkeit. Die Ferkel erhielten deshalb am 2.–3. Lebenstag je 8–10 ml citriertes Blut trächtiger Kühe (entnommen aus der Halsschlag-

ader und mit einer 5%igen Lösung von Na-Citrat vermischt) i.m. in das obere Drittel des Halses gespritzt. Danach besserte sich der Gesundheitszustand, die Sterblichkeit sank stark ab. 20 Tage danach wurde die Behandlung wiederholt, wobei dem citrierten Blut 100000 Einheiten Streptomycin je Ferkel zugesetzt wurden. B. Schenk. 3985.

Nazarenko, I. (Nasarenko, I.); Grebenkowski, Gebiet Poltawa, Veterinärmed. Stützpunkt. Primenenie citratnoj krovi lošadej pri anemii porosjat. **(Die Anwendung von Pferde-Citratblut bei Ferkelanämie.)** Svinovodstvo, Moskva **16** (1962) Nr. 12. S. 27.
An Anämie erkrankte Ferkel im Alter von 7 Tagen und älter erhielten im Abstand von jeweils 3-4 Tagen intramuskulär folgende Dosen Citratblut: beim 1. Mal 3–3,5 ml, beim 2. Mal 2,5–3 ml und beim 3. Mal 2–2,5 ml. Nach dieser Behandlung traten keine Todesfälle mehr auf. Komplikationen oder andere Erkrankungen wurden nicht festgestellt. F. Schenk. 3985.

Krasil'nikov, V. S., Kosov, E. N. und *Ognetova, T. R.* **Die Organisation mechanisierter komplexer Arbeitsgruppen in der Schweinezucht.** Aus: Svinovodstvo, Moskva **1962** Nr. 6. (Übers. aus d. Russ., Maschinenschr. vervielfält.) 4°. – TO 619.

Haase, Hans. **Neuzeitliche arbeits- und kostensparende Schweinezucht und -haltung.** Mit e. Anh. „Die wichtigsten Schweinekrankheiten, ihre Erkennung und Heilung". Berlin-Lichterfelde: Pfenningstorff 1962. (115 S. m. 64 Abb.) 8°. (1963 A 515)
Kaarma, Iochannes Janovič, Osin, Nikolaj Petrovič und *Laanmjae, Vambola Eduardovič.* **Ėstonskaja bekonnaja poroda svinej.** (Das Estnische Baconschwein.) Leningrad; Moskva: Izd. sel'skochozjajst. lit., žurnalov i plakatov. 1962. (109 S.) 8°. (1963 A 320)
Nieschlag, Friedrich und *Wacker, Hans.* **Wirtschaftliche Schweinemast.** 2. völlig neubearb. Aufl. Frankfurt a. Main: DLG-Verlags-GmbH 1962. (78 S.) 8°. (1963 A 540)
Ergebnisse der Zucht-, Mast- und Schlachtleistungen in der Schweineherdbuchzucht für die Jahre 1959–1960–1961 in den Bezirken Dresden, Leipzig, Karl-Marx-Stadt. Dresden, Leipzig, Karl-Marx-Stadt: Bezirks-Tierzuchtinspektionen. 1963. (80 S.) 4°. = Gemeinsame Veröffentlichungen der Bezirks-Tierzuchtinspektionen Dresden, Leipzig, Karl-Marx-Stadt H. 1. (SR 3067, 1)
Untersuchungen über den Handelswert mastgeprüfter Schweine. Aktuelles aus d. Vieh- u. Fleischwirtschaft. Bearb. v. Lothar Schön u. Josef Scheper. Hiltrup/Münster: Landwirtschaftsverl. 1960. (118 S.) 8°. = Landwirtschaft – angewandte Wissenschaft Nr. 104. (SR 509, 104)

E. SCHAFE

Kancepol'skij, A. (Kanzepolski, A.) Čislennost' ovec i proizvodstvo šersti v kapitalističeskich stranach. **(Der Schafbestand und die Wollproduktion in den kapitalistischen Ländern.)** Ovcevodstvo, Moskva **9** (1963) Nr. 2. S. 33 bis 36. – 9 Tab.
Vf. gibt einen statistischen Überblick über die Schafbestände und die Wollproduktion aller kapitalistischen Länder für das Jahr 1960. In bezug auf die Höhe der Schafbestände nehmen Asien und Australien den 1. Platz mit je 20,7% der kapitalistischen Länder ein. Dann folgen Afrika mit 18,4%, Südamerika mit 16,0%, Europa mit 12,3%, Neuseeland mit 6,3% und Nord- und Mittelamerika mit 5,6%. In der Wollproduktion stehen Australien und Neuseeland mit zusammen 50,0% an 1. Stelle. Ihnen folgen Südamerika mit 16,7%, Afrika und Europa mit je 8,8%, Asien mit 7,9% und Nord- und Mittelamerika mit 7,8%. Die europäischen kapitalistischen Länder konzentrieren sich in der Schafzucht in erster Linie auf die Produktion von Fleisch und sind daher die Hauptabnehmer der Wolle von Australien, Neuseeland und Südamerika. Das gleiche gilt auch für die Länder Nord- und Mittelamerikas. Vf. stellt fest, daß sich das Wachstumstempo der Schafbestände und auch der Wollproduktion in den kapitalistischen Ländern aller Kontinente verringert hat. K. Witt. 4010.

Meklenburcev, R. N. (Meklenburzew, R. N.); Taschkent, Univ., Lehrstuhl für Zool. der Wirbeltiere. Ob archare v severnych otrogach Alajskogo chrebta. **(Der Archar in den nördlichen Ausläufern des Alai-Gebirges.)** Zoologičeskij žurnal, Moskva **41** (1962) Nr. 10. S. 1588–1589. – 3 Lit. Zus. in Engl. 4020.

Černjavskij, F. B. (Tschernjawski, F. B.); Leningrad, Zool. Inst. der Akad. der Wiss. der UdSSR. O razmnoženii i roste snežnogo barana. **(Vermehrung und Wachstum des Schneeschafes [Ovis nivicola Ecsh.].)** Zoologičeskij žurnal, Moskva 41 (1962) Nr. 10. S. 1556–1566. – 3 Abb., 5 Tab., 28 Lit. Zus. in Engl. 4020.

Young, G. B. und Purser, A. F. Breed structure and genetic analysis of Border Leicester sheep. **(Die Rassenstruktur und eine genetische Analyse bei den Border Leicesterschafen.)** Animal Product. 4 (1962) Nr. 3. S. 379–389. – 3 Abb., 5 Tab., 17 Lit.
Die Border Leicester sind genetisch nicht uninteressant. Die Böcke dieser Rasse werden zu Kreuzungen mit Mutterschafen verschiedener anderer Rassen verwendet und die Kreuzungsprodukte unter sehr verschiedenen Umweltbedingungen aufgezogen. Erbliche und Genotypumweltbeeinflussung kommen daher in signifikantem Maße vor. Die Möglichkeit einer reziproken recurrenten Selektion besteht auch. Die Geschichte der Rasse geht bereits auf das Jahr 1767 zurück. Die Autoren des 19. und 20. Jh. stimmen überein, daß die Leicester von Bakewells veredelten Dishley-Leicesterschafen abstammten und zum Teil von den Gebrüdern Chillay nach Northumberland importiert wurden. Die heutigen Border Leicester gelten als etwas verweichlicht. Die Lämmerverluste sind hoch, die Milchleistung ist gering. Auch gibt es Mißbildungen mit bestimmter familiärer Häufigkeit, z.B. die cerebrale Ataxie, das Entropium beim Lamm und Erkrankungen der Vormägen. Seit 1900 hält sich der Bestand der Rasse gleichmäßig bei 3000–5000 Tieren. Die Zahl der Herden hat jedoch beständig zugenommen (früher 200, heute 600). Die Zahl der Mutterschafe je Herde ist von 16 auf 6–8 gesunken. Die Zahl der bedeutenden Stammherden beträgt 15–20. Alte Herden gibt es nur wenige. Das Generationsintervall ist kurz und beläuft sich bei den Böcken auf 2, bei den Mutterschafen auf 3½ Jahre. Nur wenige Böcke haben außerordentliche züchterische Bedeutung. Der Inzuchtkoeffizient je Generation beträgt nur 0,32%, eine familiäre Beeinflussung war nicht festzustellen. Die bei den Border Leicester betriebene Zuchtmethode wird von Lush (1946) kritisiert, da die Züchtung mit nur wenigen Böcken nicht nur die Selektion auf deren beste Leistungen begünstigt, sondern auch die Verbreitung ihrer mittelmäßigen oder negativen Eigenschaften fördert. Eine derartige Veränderung der Genfrequenz spielt eine größere Rolle als die Aussichten auf eine erfolgreiche Selektion. In Anlehnung an ihre Vorschläge für die Rambouillet halten Lush und Dickerson (1953) es für besser, in einer solchen Rasse eine Familienzucht mit jeweils 3–5 Böcken je Familie zu betreiben, die von einer Gruppe von Züchtern kontrolliert wird. Diese Familien würden frei von fremder Blutzufuhr eine stärkere Selektion nach der individuellen und der Nachkommenschaftsleistung als nach der Abstammung ermöglichen. Sobald innerhalb der Gruppe eine gewisse Uniformität herrsche, seien die Gruppen aber untereinander verschieden genug, so daß sich eine Selektion zwischen den Gruppen anschließen könne. H. Busse. 4080.

Grechov, F. A. (Grechow, F. A.); Moskau, Landwirtsch. Timirjasew-Akad. Liskinskie mjaso-šerstnye ovcy s polutonkoj dlinnoj ljustrovoj šerst'ju. **(Das Liskier Woll-Fleischschaf mit halbfeiner, langer, glänzender Wolle.)** Ovcevodstvo, Moskva 9 (1963) Nr. 1. S. 14–16. – 3 Abb., 4 Tab.
Im Gebiet Woronesh wurde durch Kreuzung von Michnowoer Muttern mit Lincoln-Böcken bis zur F_2 und anschließender Weiterzüchtung „in sich" eine neue Rassengruppe geschaffen. Die Haltung dieser Schafe erfolgt unter den Bedingungen intensivsten Ackerbaues auf der Basis abs. Schaffutters bei ungenügender Winterfütterung. Die Schafe sind groß, tief, breit, mit langem Körper und vollen Keulen. Böcke wie Muttern sind hornlos. Das Lgw. beträgt bei Böcken ø 105 kg, bei Muttern 63 kg, das Geburtsgewicht 4,6 kg

und das Absatzgewicht 40 kg (♂) und 38 kg (♀). Mit 15–16 Mon. erreichen die Jungschafe Gewichte von 57–70 kg (♂) und 54–58 kg (♀) bei guter Fleischqualität. Eine vergleichende Kostenberechnung bei verschiedenem Schlachtalter fiel zugunsten der 6–9 Mon. alten Jungschafe aus, da bei Schlachtung im folgenden Jahr die Überwinterungskosten nicht mehr durch den Mehrertrag gedeckt werden. Die Wolle hat Qualität 50–46 bei der für Lincoln charakteristischen Kräuselung und ist bei guter Festigkeit und genügendem Wollschweiß elastisch und weich. Das Vlies zeigt leicht strähnige Stapelung, ist aber in diesen Grenzen genügend lang und fein. Der Koeffizient der Unausgeglichenheit für Feinheit liegt bei 30,9–32,4%, derjenige für Länge bei 35,5–38,3%. Der Schurertrag liegt im Durchschnitt bei 4,1 kg und in den besten Herden bei 5,6 kg mit einem Rendement von 70%. Das Ablammergebnis schwankt zwischen 106 und 146% in den einzelnen Betrieben, wobei in großem Umfange KB angewendet wird. Die Tiere zeigen eine genügend gefestigte Vererbung. G. Bernert. 4080.

Boza López, Julio. Estudio etnográfico de la oveja manchega en la provincia de Granada. **(Das Mancha-Schaf in der Provinz Granada.)** Arch. Zootecnia **11** (1962) Nr. 41. S. 3–14. — 5 Abb. Zus. in Engl. 4080.

Donald, H. P. Effect on production records of sex of lamb, twinning, and dam' s age in a grassland flock. **(Der Einfluß des Geschlechtes, der Mehrlingsgeburt und des Alters der Muttertiere in einer Weideherde auf die Leistungsprüfergebnisse beim Lamm.)** Animal Product. **4** (1962) Nr. 3. S. 369–377. — 4 Tab., 16 Lit.
Das Problem der Untersuchung bestand darin, festzustellen, auf welchem Wege eine Verkürzung des Generationsintervalles zu erreichen ist und welche Korrekturfaktoren bei der Leistungsberechnung Berücksichtigung finden müssen. Die Mutterlämmer, Kreuzungstiere aus Wiltshire × Schwarzkopf, wurden erstmalig im Alter von 7 Mon. zugelassen und lammten mit 1 Jahr, das 2. Mal als Jungmutterschafe mit 2 Jahren und als Muttertiere mit 3 Jahren ab. Bezogen auf das Geburtsgewicht des Lammes betrug der Einfluß des Geschlechtes 0,6 lb., der der Mehrlingsgeburt 2,1 lb. und der der Abstammung von einem Lamm-Mutterschaf 2,3 lb. Beim Absatzgewicht betrugen die entspr. Werte 7; 14 und 11 lb. Die als Lämmer zugelassenen Mutterschafe zeigten später gute Leistungen. H. Busse. 4120.

Dolling, C. H. S. Hornedness and polledness in sheep. III. The inheritance of horns in Dorset Horn ewes. **(Behornung und Hornlosigkeit beim Schaf. 3. Mitt. Die Vererbung der Behornung bei Dorset-Horn-Muttern.)** Austral. J. agric. Res. **11** (1960) Nr. 5. S. 845–850. — 2. Mitt. vgl. LZ. Abt. III **6** (1961) Nr. 4. S. 650. 4145.

Dolling, C. H. S. Hornedness and polledness in sheep. IV. Triple alleles affecting horn growth in the Merino. **(Behornung und Hornlosigkeit beim Schaf. 4. Mitt. Das Hornwachstum beeinflussende Dreifachallele beim Merinoschaf.)** Austral. J. agric. Res. **12** (1961) Nr. 2. S. 353–361. — 3. Mitt. vgl. vorst. Titel. 4145.

Averjanov, I. Ja. (Awerjanow, I. Ja.); Dubrowizy, Gebiet Moskau, Unions-Inst. für Tierzuchtforsch. Nekotorye voprosy metodiki planirovanija i organizacii plemennoj raboty v karakulevodstve. **(Einige Fragen zur Methodik der Planung und Organisation der Zuchtarbeit in der Karakulschafzucht.)** Ovcevodstvo, Moskva **9** (1963) Nr. 1. S. 17–20.
Im vorliegenden Artikel werden Inhalt und Aufbau eines Perspektiv- und Maßnahmeplanes zur weiteren Entwicklung und Vervollkommnung der Karakulschafzucht für einen Zeitraum von 8–10 Jahren dargelegt. Er soll als Beispiel sowohl für reine Zuchtbetriebe als auch für die allg. Karakulschafzucht dienen. G. Bernert. 4162.

Graudyń, N. I., Semenov, S. I., Timašev, I. Z. und Ovčinnikov, M. A. (Graudyn, N. I., Semjonow, S. I., Timaschew, I. S. und Owtschinnikow, M. A.) Nekotorye voprosy plemennoj raboty s tonkorunnymi porodami ovec na Severnom Kavkaze. **(Einige Fragen der züchterischen Arbeit mit Feinwollschafen im Nordkaukasus.)** Ovcevodstvo, Moskva **9** (1963) Nr. 2. S. 8–11. – 3 Tab.

Zur Erhöhung der Woll- und Fleischproduktion muß die züchterische Arbeit in der Feinwollschafzucht verbessert werden. Die wichtigste Aufgabe ist die Aufzucht einer max. möglichen Anzahl von hochproduktiven Zuchtböcken zum schnellsten Einsatz in allen Gebrauchsherden. Dabei hat sich die Methode bewährt, verschiedene Feinwollrassen miteinander zwecks Erhöhung ihrer Produktivität zu kreuzen. Als Beispiel wird u.a. die Kreuzung von Mutterschafen der Sowjetischen Merinorasse mit Böcken der Kaukasischen Feinwollrasse angeführt, wobei 1961 ein durchschnittl. Reinwollertrag der Jährlinge bei Reinzucht von 1,95 kg (durchschnittl. Mutterleistung = 2,05 kg Reinwolle) und von 2,34 kg (durchschnittl. Mutterleistung = 2,05 kg Reinwolle) bei Kreuzung erzielt wurde. Gleichzeitig brachten 100 Mutterschafe bei Reinzucht 80 und bei Kreuzung 107 Lämmer. Für diese Aufgabe ist es notwendig, bestimmte Betriebe für die Aufzucht hochproduktiver Zuchtböcke für die Gebrauchsherden zu bestimmen. K. Witt. 4164.

Kluńko, S. K. (Klunko, S. K.); Sumy, Staatl. Landwirtsch. Versuchsstat. Ispol'zovanie importnych baranov merino-fljajš dlja ulučšenija stada ovec porody prekos. **(Die Verwendung von Importböcken der Merinofleischrasse zur Verbesserung der Precos-Herden.)** Ovcevodstvo, Moskva **9** (1963) Nr. 2. S. 11–12. – 1 Abb., 2 Tab.

Die Kreuzung von Merinofleischböcken, die aus der DDR importiert wurden, führte zu einer Steigerung der tägl. Gewichtszunahmen und damit zu einem höheren Lämmergewicht. Daher wird diese Kreuzung zur Erhöhung der Fleischproduktion empfohlen. K. Witt. 4164.

Terent'ev, V. V. (Terentjew, W. W.); Alma-Ata, Kasach. Inst. für Tierzuchtforsch. Mjasnye kačestva kazachskich krossbrednych jagnjat. **(Die Fleischeigenschaften der kasachischen Lämmer aus Kreuzungszüchtung.)** Ovcevodstvo, Moskva **9** (1963) Nr. 2. S. 17–19. – 1 Abb., 2 Tab.

In Kasachstan wurden Kreuzungsversuche mit Kasachischen Feinwollschafen und englischen Fleischschafböcken, die entweder reinrassig oder schon gekreuzt verwendet wurden, durchgeführt. Die Lämmer dieser Kreuzungen wurden dann in einem Alter von 4,5–5 Mon. geschlachtet und auf Qualität und Quantität des Fleisches untersucht. Für die Kreuzung wurden reinrassige Lincoln- und Romney-Marshböcke verwendet wie auch Kreuzungsböcke derselben Rassen. Dabei zeigte sich, daß die Lämmer, die aus der Kreuzung von kasachischen Feinwollmuttern mit Bastardböcken (Lincoln × Romney-Marsh) hervorgingen, in einer Reihe von Quantitäts- und Qualitätsmerkmalen die Lämmer, die aus der Kreuzung von kasachischen Feinwollmuttern mit reinrassigen Lincoln- oder Romney-Marshböcken hervorgingen, übertrafen. Dies kann dadurch erklärt werden, daß die Bastardböcke besser an die einheimischen Bedingungen angepaßt sind als die reinrassigen englischen Fleischschafböcke. Die Aufzucht der Lämmer aus Kreuzungszüchtung zur Schlachtung im Alter von 4,5–5 Mon. gibt die Möglichkeit, pro Lamm ein Ausschlachtungsgewicht bis 19 kg in Form von jungem, hochqualitativem Fleisch zu gewinnen. Damit kann die Produktion an Hammelfleisch bedeutend erhöht werden. K. Witt. 4164.

Muratov, I. I. (Muratow, I. I.) Preimuščestva rannego jagnenija karakul'skich ovec. **(Vorteile des frühzeitigen Ablammens der Karakulschafe.)** Ovcevodstvo, Moskva 8 (1963) Nr. 1. S. 24–25. – 2 Tab.

Ein in Süd-Kasachstan durchgeführter Versuch über die Besamung von Karakulmuttern bereits ab 20. Sept. (1 Mon. vor dem gebräuchlichen Decktermin) zeigte bei den Nachkommen eine erhöhte Wolleistung (6,4 kg Schurertrag gegenüber 4,3 kg in der Kontrollgruppe) bei gleichzeitiger Verbesserung der Wollqualität. Die zeitig geborenen Lämmer wiesen mit 1,5 Jahren ein höheres Lgw., bessere Ergebnisse in der Schlachtausbeute und Einstufung in höhere Schlachtwertklassen auf. Von den Zibben hatten während der Herbstdeckzeit 47% die physiol. Geschlechtsreife (Normallammung 11%), hinsichtlich des normalen Geschlechtsalters betrug der Anteil 98,5 bzw. 91,5%. Bei gleichbleibender Gewichtsentwicklung während der Trächtigkeit betrug das Ablammergebnis bei Zibben aus der Frühlammung 147,4% (Normallammung 102,%). Die Frühlammung zeigte keine negative Wirkung sowohl auf das Befinden der Tiere als auch auf Schurertrag und Wollqualität der Muttertiere.

G. Bernert. 4170.

Jamison, Haley M., Carter, R. C., Gaines, J. A. und Kincaid, C. M. The effect of breed of sire on body size of lambs at birth. **(Der Einfluß der rassenmäßigen Herkunft des Bockes auf die Körpergröße der Lämmer bei der Geburt.)** J. Animal Sci. **20** (1961) Nr. 1. S. 154–158. 4170a

Fels, H. E. Ewe nutrition before and during mating. **(Die Ernährung der Mutterschafe vor und während der Bockzeit.)** J. Agric. Western Australia [4] **3** (1962) Nr. 9. S. 691–692.

Die Ablammergebnisse sind teilweise von der Kondition der Mutterschafe bei der Bockzeit abhängig. Wenn möglich, sollten die Muttertiere in den Monaten vor der Paarung in einen besseren Ernährungszustand gebracht werden. Wo das in der Praxis nicht üblich ist, sollte durch eine entspr. Reizfütterung ihre Fruchtbarkeit erhöht werden. Ein Einfluß auf die Zahl der güsten Muttertiere konnte in dem beschriebenen Versuch nicht ermittelt werden. 1962 wurden in Avondale 240 Muttertiere in 3 Gruppen, eine zusätzlich gefüttert, eine auf ärmlicher Weide gehalten und eine Kontrollgruppe vergleichend geprüft. Die Zahl der Lämmer, die Zahl der Zwillinge und der güsten Mutterschafe waren in allen Gruppen etwa gleich. Wie dieses Ergebnis, bes. im Hinblick auf die knapp ernährte Gruppe, zustande kam, bedarf der experimentellen Nachprüfung. Die Kosten der zusätzlichen Reizfütterung hängen von der Art der verwendeten Futterstoffe ab: Handelsübliche Futtermittel lassen sich preislich kalkulieren, und ihr Aufwand ist zum Wert des erzielten Lämmerzuwachses in Vergleich zu setzen. Werden Intensivweiden, überschüssiges Getreide und Fehlkulturen hierzu benutzt, verringert sich der Kostenaufwand je Lamm.

H. Busse. 4202.

Hulet, C. V., Blackwell, R. L., Ercanbrack, S. K., Price, D. A. und Humphrey, R. D. Effects of feed and length of flushing period on lamb production in range ewes. **(Der Einfluß der Fütterung und der Dauer der Stimulation auf die Lämmerproduktion bei Mutterschafen bei Stallfütterung.)** J. Animal Sci. **21** (1962) Nr. 3. S. 505–510. — 1 Abb., 3 Tab., 21 Lit.

Fast 1200 Columbia- und Targheemutterschafe wurden nach dem Alter und dem Zuchtplan in 8 Versuchsgruppen eingeteilt. Sie erhielten während einer jeweils unterschiedlichen Zeitdauer 0,7 lb. Hafer vor und während der Bockzeit und wurden danach vergleichend kontrolliert. Eine andere Gruppe von Mutterschafen erhielt statt des Hafers 1 lb. Luzerne in pelletierter Form. Die Haferbeifütterung hatte bei erwachsenen Mutterschafen einen signifikanten Einfluß auf die Zahl der geborenen Lämmer, die Lämmergeburts- und -absatzgewichte. Eine kurze Periode der Stimulation (17 Tage, kurz vor der Bockzeit) erhöhte im Vergleich zu den Kontrolltieren die Zahl der Lämmer. Wurde diese Periode um weitere 17 Tage verlängert, kam es zu keiner weiteren Produktionssteigerung, aber zu einer Erhöhung der Kosten. Eine Verlängerung um weitere 17 Tage verursachte eine scheinbare Produktionsminderung gegenüber dem Erfolge einer kürzeren Stimulationszeitspanne. Wurde den Muttern 17 Tage vor der Bockzeit standortübliches Grasheu verabreicht, waren ihre Ablammergebnisse schlechter als auf trockener Weide. Die Verfütterung pelletierter Luzerne hatte bei ausgewachsenen Muttern keinen signifikanten Einfluß auf das Ablammergebnis. Bei 2 Jahre alten Muttertieren kam es weder bei Hafer- noch bei Luzernepelletbeifütterung zu einem stimulativen Effekt. Hafer- und Luzernebeifütterung erhöhte sowohl bei den erwachsenen als auch bei den 2jährigen Mutterschafen das Körpergewicht signifikant. Die Veränderungen des Körpergewichtes während der Behandlungsdauer waren mit dem Ablammergebnis nicht signifikant korreliert.

H. Busse. 4202.

Jakubec, Václav; Jedlová v Orlických Horách, Výzkumná Zemědělská Stanice. Příspěvek ke studiu vlivu živé váhy na produkci vlny v potu ovcí plemene žírné merino. **(Zum Einfluß des Lebendgewichts auf die Schweißwollproduktion beim Merinofleischschaf.)** Živočišná Výroba **7(35)** (1962) Nr. 12. S. 825–830. – 1 Abb., 2 Tab., 25 Lit. Zus. in Russ., Dtsch.

Variationsstatistische Berechnungen ergaben eine hochsignifikante korrelative Beziehung zwischen dem Lgw. und der Wollproduktion ($r = +0{,}11$) sowie eine hochsignifikante kurvilineare Regression ($\hat{Y} = -2{,}7761 - 0{,}0831 + 1{,}6056\sqrt{X}$). Die Untersuchungen beziehen sich auf insgesamt 952 Jährlinge (1955–59). In den Grenzen von 45–75 kg Lgw. ist aber der Verlauf der kurvilinearen und linearen Regression fast identisch. Deshalb kann man bei der Auswahl von Merinofleischschafen mit der linearen Regression rechnen, d.h. damit, daß je 1 kg höheres Lgw. die Schweißwollproduktion um 0,0167 kg ansteigt (lineare Regression $\hat{Y} = 3{,}608 + 0{,}0167\,X$). Eine Steigerung des Lgw. über 60 kg hinaus ist unerwünscht, da der höhere Futterverbrauch schwererer Schafe der geringfügig höheren Wollproduktion nicht entspricht.

F. Svoboda. 4222.

Niekerk, A. J. A. van; Upington Agric. Res. Stat. The colour of Karakul fur is important. **(Die Farbe des Persianerpelzes ist von Wichtigkeit.)** Farming South Africa **38** (1962) Nr. 12. S. 27–29. – 2 Abb.

Nach der Prognose des Vf. kann der Persianer seine bedeutende Stellung auf dem Rauchwarenmarkt nur behaupten und damit die Wirtschaftlichkeit der Karakulzucht nur dann erhalten bleiben, wenn es gelingt, in größerem Umfang verschieden naturfarbene Karakulfelle zu erzeugen. Aus psychologischen Gründen und wegen der zur Zeit noch erheblich besseren Haltbarkeit der naturfarbenen Felle werden letztere den in großem Umfang auf den Markt gebrachten künstlich gefärbten Fellen vorgezogen. Der Züchtung farbiger Felle, deren Anteil in der Südafrikanischen Union und in Südwestafrika zur Zeit 8% am gesamten Fellanfall beträgt, sollte daher verstärkte Aufmerksamkeit geschenkt werden. K.-H. König. 4222.

Žiljakova, V. S. (Shiljakowa, W. S.) Biologičeskoe značenie okraski u karakul'skich ovec tipa sur. **(Die biologische Bedeutung der Färbung bei Karakulschafen vom Sur-Typ.)** Vestn. s.-ch. nauki **1962** Nr. 9. S. 38–44. – Zus. in Kasach. Aus: Referativnyj žurnal. Otd. vyp. Životnovodstvo, veterinarija, Moskva **1963** Nr. 3/58/174. S. 21.

Man untersuchte das Wachstum und die Entwicklung von Sur-Lämmern. Durch das individuelle Wiegen der Nachkommen während der Lammperiode wurde festgestellt, daß sich bei den Sur-Lämmern ohne Veränderung der Tragezeit mit einer Abschwächung der Pigmentation das Lgw. verringerte, es verringerten sich die Fellfläche, das Gewicht und die Dicke der Lederschicht im Vergleich zu den schwarzen Lämmern. Die Lämmer des gewünschten Typs hatten eine intensive, ausgeprägte Färbung, ein geringes Lgw. und ein sehr dünnes Leder. Lämmer, die aus der Paarung von Sur-

Schafböcken des gewünschten Typs mit schwarzen Schafen erhalten wurden, hatten eine dünnere Lederschicht als die aus Paarungen schwarzer Tiere. Die Vererbung der Feinheit des Leders führt zur Bildung von positiven, elastischen Röhren. Mit größerer Ausgeprägtheit der Färbung bei den Lämmern wurde das Haar länger. Für das Erhalten einer max. Anzahl der gewünschten Karakulfellchen wird empfohlen, Sur-Schafböcke mit positiven Felleigenschaften zu verwenden, die aber ein geringes Lgw. bei der Geburt aufwiesen. übersetzt v. Ch. Eshkowa. 4222.

Brothers, Don G. und Whiteman, J. V. Inconsistency of partial regression coefficients for variables affecting lamb rate of gain. **(Unzweckmäßigkeit partieller Regressionskoeffizienten für Variable, die die Zuwachsrate von Lämmern beeinflussen.)** J. Animal Sci. **21** (1962) Nr. 4. S. 824–828.
Vff. berechneten partielle Regressionskoeffizienten von Geburtsgewicht, Mutterfamilie, Typ und Geschlecht des Lammes auf die durchschnittl. tägl. Zunahme von 50–90 lb. Gewicht. Da diese Koeffizienten von Jahr zu Jahr schwanken, sind sie nicht geeignet, die durchschnittl. tägl. Zunahme auf die unterschiedlichen Werte der sie beeinflussenden Variablen zu korrigieren. D. Rasch. 4224.

Tatevosjan, S. S. (Tatewosjan, S. S.); Jerewan, Armen. Forsch.-Inst. für Tierzucht und Veterinärmed. Opyt dojki tonkorunnych ovec. **(Melkversuch an Feinwollschafen.)** Ovcevodstvo, Moskva **9** (1963) Nr. 2. S. 30–31. – 3 Tab.
Vf. beschreibt die Durchführung eines Melkversuches an Feinwollschafen. Als Ergebnis stellt er fest, daß in der Versuchsperiode vom 22.5.–30.7. ⌀ 25,8 kg Milch pro Schaf ermolken wurden. Der Fettgehalt betrug ⌀ 8%. Das Melken der Schafe wirkt sich auf den Ernährungszustand der Tiere positiv aus, wobei diese Frage noch einer weiteren tieferen Untersuchung bedarf. Auf das Wachstum der Lämmer der gemolkenen Tiere wirkte sich das Melken negativ aus. Dieser negative Einfluß kann nach Meinung des Vf. durch Umstellung der Herde auf Frühjahrslammung, Zufütterung der Lämmer und richtige Organisation des Melkens beseitigt werden. K. Witt. 4226.

Ross, D. A.; Dunedin, New Zealand. Staple strength. III. Variations through the wool selling season. **(Reißfestigkeit des Stapels. 3. Mitt. Unterschiede während der Woll-Verkaufssaison.)** New Zealand J. agric. Res. 4 (1961) Nr. 5/6. S. 523–537. – 2 Abb., 8 Tab., 8 Lit. 2. Mitt. vgl. LZ. Abt. III 7 (1962) Nr. 8. S. 1627.
An den Auktionsplätzen Christchurch und Dunedin wurde im Mittel von 5 Jahrgängen eine Abnahme der Reißfestigkeit von der 1. Auktion (Okt.) zur letzten (April–Mai) beobachtet. Die Unterschiede waren größer bei Crossbred- als bei feinen Wollen. Ein Vergleich der Handreißprobe mit den Ergebnissen apparativer Untersuchungen zeigte volle Übereinstimmung. Die gegen Ende der jeweiligen Saison angebotenen weniger festen Wollen erzielten im Mittel höhere Preise. Zur Erzeugung gesunder Wollen wird die Schur unmittelbar vor oder baldmöglichst nach der Ablammzeit empfohlen. K.-H. König. 4234.

Maciejewska, Mirosława und Działoszyński, Lech; Poznań, Katedra Fizjol. Zwierząt. Zawartość tyrozyny w wełnie owiec niektórych ras polskich. **(Der Gehalt an Tyrosin in der Wolle einiger polnischer Schafrassen.)** Roczniki wyższej Szkoły rolniczej Poznaniu **1962** Nr. 9. S. 373–379. – 3 Tab., 9 Lit. Zus. in Russ., Engl.
Wollproben folgender Rassen wurden untersucht: Merino, Karakul, Leszno und Świniarka sowie deren Kreuzungen Świniarka × Kent, Świniarka × Merino × Kent, Świniarka × Merino. Die Proben wurden während der Herbstschur entnommen, und zwar von Keule und Schulter. Nach erfolgter Reinigung und Trocknung bestimmte man den Tyrosingehalt mit Hilfe der kolorimetri-

schen Methode von Fritz und Zahn. Der Gehalt der Wolle an Tyrosin ging parallel mit dem Feinheitsgrad, je feiner sie war, desto höher lag der Tyrosingehalt. Ferner ergab sich, daß Wolle aus der Schultergegend reicher an Tyrosin war als die von der Keule. H. Uścilko. 4234.

Kováč, Vojtěch und Podolák, Alojz; Nitra, Vysoká Škola Pol'nohospodárska. Príspevok k otázke kol'kokrát do roka strihať cigájske ovce. **(Die jährliche Schurhäufigkeit bei Zigajaschafen.)** Pol'nohospodárstvo **9** (1962) Nr. 12. S. 855–863. – 6 Tab., 11 Lit. Zus. in Russ., Engl.
Untersuchungen an 20 Jährlingen ergaben einen durchschnittl. Schweißwollertrag von 1,39 kg bei 1maliger Schur und von 1,30 kg bei 2maliger Schur im Jahr. Der Unterschied ist statistisch nicht signifikant. Daraus geht hervor, daß einmalige Schur im Jahr die mengenmäßige Wollproduktion nicht herabsetzt. Der Reinwollgehalt betrug bei einmaliger Schur 57%, bei zweimaliger 66%. Wolle aus einmaliger Schur hatte eine durchschnittl. Länge von 10,68 cm, die aus zweimaliger erreichte 10,82 cm. Der Unterschied ist nicht signifikant. Zusammenfassend kann man behaupten, daß unter den gegebenen Bedingungen die einmalige Schur im Jahr ökonomisch vorteilhafter war. Je Schaf wurden jährl. 8 Kčs erspart. F. Svoboda. 4237.

Todorov, A., Vŭlov, T. und Nedkov, N. (Todorow, A., Wâlow, T. und Nedkow, N.) Proučvane vlijanieto na strižbata na tŭnkorunnite šileta, krŭstoski ot vŭtrešno razvŭždane vŭrchu strukturate na kožata, rasteža i vŭlnoproduktivnostta im. **(Untersuchungen des Schureinflusses bei feinwolligen Jährlingen auf Wachstum, Hautstruktur und Wolleistung.)** Naučni trudove. Visš selskostopanski institut „Georgi Dimitrov". Zootechničeski fakultet, Sofija **12** (1963) S. 261–275. – 9 Tab., 19 Lit. Zus. in Russ., Dtsch.
Vff. stellen fest, daß die Schur der 6 Mon. alten Jährlinge Wachstum und Körperentwicklung wie auch Vliesdichte und Entwicklung der Talgdrüsen bei den Tieren nicht beeinflußt. Auch auf die Wolleistung, die Tragkraft und Dehnbarkeit der Wolle hat sich die Schur nicht ausgewirkt, sie rief jedoch starke Wucherung der Schweißdrüsen sowie eine schwache Verdickung des Coriums hervor. G. Radew. 4237.

Joyce, J. P. Cotting in wool and ways of reducing it. **(Das Verfilzen der Wolle und Wege zu seiner Verhinderung.)** New Zealand J. Agric. **103** (1961) Nr. 4. S. 335–339. – 1 Abb.
Als Hauptursache des Filzens bei Romney-Schafen ist ein hoher Anteil toter Haare im Vlies anzusehen. Durch mechanisches Verwirren der mit einem feinen Ende abgestoßenen Haare und durch das Nachwachsen der neugebildeten kommt es zur Entstehung des Filzes. Das Filzen ist abhängig von der Jahreszeit (Haarwechsel). Es wird begünstigt durch geringe Ernährung, Trächtigkeit, Säugeleistung und hohes Lebensalter. Bei gröberen Vliesen ist das Verfilzen häufiger zu beobachten als bei feineren. Bei Halbschur ist die im Sommer gewachsene Wolle praktisch frei von Filz, und auch in der Winterwolle ist der Anteil filziger Wolle wesentlich geringer als bei Halbschur. Verfilzte Vliese sind im Durchschnitt leichter als offene. Im Verarbeitungswert sind sie den offenen unterlegen. K.-H. König. 4240.

Jelowicki, Stanisław. **Opasanie owiec.** (Die Schafmast.) Warszawa: PWRiL. 1962. (52 S.) 8°. (DA 1480)
Vančev, Tosko. **Rezultati ot krŭstosvaneto na Karnobatskata ovca s merinosovi koćove.** (Ergebnisse der Kreuzung des Karnobater Landschafes mit Merinoböcken.) Hrsg.: Bŭlgarska akad. na naukite. Sofija: Izd. na Bulgarskaja akad. na naukite. 1962. (81 S.) 8°. (1962 A 1290)
Žarikov, Ivan Semenovič, Egorov, Jurij Grigoŕevič und *Bobkova, Anastasija Fominična.* **Fasciolez sel'skochozjajstvennych životnych i boŕba s nim.** (Die Leberegelkrankheit der landwirtschaftlichen Nutztiere und ihre Bekämpfung.) Minsk: Sel'chozgiz BSSR. 1962. (63 S.) 8°. (1963 A 214)
Ukazanija po bonitirovke karakul'skich jagnjat s osnovami plemennogo dela. (Hinweise für die Bonitierung von Karakullämmern und die Grundlagen des Züchtungswesens.) Hrsg.: Minist. sel'skogo chozjajstva SSSR. Moskva: Sel'chozgiz. 1961. (82 S.) 8°. (DA 1424)

SPEZIELLE KLEINTIERZUCHT

C. GEFLÜGEL

Hauswirth, A. **Die Geflügelwirtschaft in Israel.** Dtsch. Geflügelwirtsch. **14** (1962) Nr. 27. S. 353–356.; Nr. 28. S. 361–365.; Nr. 29. S. 381–383.; Nr. 30. S. 394–395. – 17 Abb.
In der Viehwirtschaft Israels steht das Geflügel mit Abstand an erster Stelle. Der Bestand an Legehennen beträgt 6 Mill., jährl. werden 1 Md. Eier erzeugt, der Pro-Kopf-Verbrauch beträgt 385 Stck. Die Geflügelfleischproduktion beträgt 50000 t jährl., davon entfallen $^4/_5$ auf die Broilermast, der Pro-Kopf-Verbrauch liegt bei 25 kg. Die israelische Geflügelwirtschaft wird zu mehr als $^2/_3$ von den Gemeinschaftssiedlungen betrieben. Alle Gemeinschaftssiedlungen sind der Poultry Growers Association angeschlossen. Sie arbeiten eng mit dem staatl. Gesundheitsdienst zusammen. Als gefährliche Krankheiten treten in Israel Atmungserkrankungen (bes. infektiöse Bronchitis), atypische Geflügelpest und Hühnerpocken auf. Pullorum gibt es nicht, Coccidiose sehr selten. Die Eier gelangen vom Produzenten in eine der 12 Eierpackstellen. Die größte Eierpackstelle befindet sich in Haifa, dort laufen 15 Maschinen, von denen jede stündl. 10000 Eier durchleuchtet, sortiert und stempelt. Das Geflügel wird ausschließlich von Rabbinern geschlachtet. Die Tiere werden trocken oder bei vollautomatischen Maschinen kalt gerupft, da die jüdische Religion ein Erwärmen der Tierkörper über 37 °C verbietet. Infolge der schlecht aussehenden Schlachtware gibt es keine Exportmöglichkeiten, während der Eierexport rel. hoch ist. Geflügelfleisch ist in Israel billig. Die Zucht beruht auf der Schaffung geschlossener Linien. Dazu bestehen 11 Pedigree-Grundbetriebe für leichte Rassen und 20 für schwere Rassen. Für Legezwecke arbeiten die Farmen mit Weißen Leghorn, weniger mit New Hamsphire und Rhodeländern, für Mastzwecke ausschließlich mit White Rocks und Cornish. Mitunter wird KB durchgeführt, die bei längerer Durchführungsdauer zu einem schlechten Aufnehmen der Hennen führt. Die Vermehrungsherden sind in leicht gebauten Ställen auf Rosten oder Tiefstreu untergebracht, Legehennen und Masttiere werden in Käfigen gehalten. Bei der Brut wird mitunter 5mal vergast: vor der Einlage, nach 8 Std. Brutdauer, am 8., 14. und 20. Tag. Die Kükenaufzucht erfolgt bis zu 6 Wochen bodenintensiv, weitere 6 Wochen in Aufzuchtkäfigen, ab 4. Lebensmonat in Lege- oder Mastkäfigen bzw. in Zuchtställen. An Putenfleisch werden jährl. 3000 t erzeugt. Für Mastzwecke werden Schneeputen mit Bronzeputen gekreuzt. Die Entenmast hat geringere Bedeutung. 70% des Gesamtbedarfs an Getreidefuttermitteln und fast sämtliche Eiweißfuttermittel müssen importiert werden. Es gibt zahlreiche modern ausgestattete Futtermittelwerke. Durch die Lenkung der Zucht und bes. der Konsumeier- und Schlachtgeflügelproduzenten durch die Organisationen wird jede Überproduktion vermieden. H. Sommerfeld. 4601.

Hühner

Mehner, A.; Celle. **Das deutsche Geflügelzuchtprojekt im Dienste der bäuerlichen Geflügelwirtschaft.** Bayer. landwirtsch. Jb., Sonderh. **39** (1962) Nr. 2. S. 64–75.
Vf. beschreibt die Heterosiszüchtung beim Geflügel als hauptsächlich von den USA angewendetes Zuchtverfahren. Die amer. Geflügelzüchtung ist heute überdimensioniert und sucht für ihre Überschüsse auf der ganzen Welt nach Absatz. In der BRD hat eine industrielle, gewerbliche, rein nach Unternehmergesichtspunkten aufgezogene Geflügelhaltung keinen Raum. Sie kann auf die eigene Zuchtgrundlage nicht verzichten, die bäuerliche Geflügelhaltung im Rahmen des Familienbetriebes muß sich auf lange Sicht ein für ihre Bedingungen geeignetes Huhn formen und nicht umgekehrt. Im Rahmen des deutschen Zuchtprojektes sind die Zuchttierbestände der deutschen Züchter

wesentlich erhöht und die Zuchtmethoden auf Ausnutzung des Heterosiseffektes umgestellt worden. Durch die großen züchterischen Anstrengungen sollen Gebrauchstiere erzeugt werden, die der ausländischen Konkurrenz zumindest ebenbürtig sind. U. Hofmann. 4608.

Ėssenson, A. R. (Essenson, A. R.) Pticevodstvo Ėstonii. **(Die Geflügelzucht Estlands.)** Pticevodstvo, Moskva **1962** Nr. 11. S. 10–12. – 2 Abb., 2 Tab.

Gegenüber 1957 wurde die Eiproduktion 1961 verdoppelt. Die wichtigste Aufgabe besteht darin, in Kolchosen spezialisierte Geflügelfarmen zu entwickeln, weil kleine, nicht spezialisierte Betriebe unrentabel sind. In Legebetrieben werden ausschließlich Junghennen gehalten, die laufend gemerzt werden, wenn sie die Legetätigkeit einstellen. Die durchschnittl. Legeleistung je Henne liegt in Estland bei 132 Eiern. Zur schnelleren Entwicklung der Broilerproduktion wurden aus England Sussex und Cornish importiert. H. Pingel. 4608.

Koch, Marheinz; Meppen/Ems. **Der Leistungsstand der holländischen Geflügelzucht.** Dtsch. Geflügelwirtsch. **14** (1962) Nr. 44. S. 568–569. – 2 Tab.

Auf dem Leistungsprüfungshof Putten wurden 56 Stämme Gebrauchshybriden amtlich geprüft. Die Prüfung dauerte vom 21.8.1961 –28.7.1962. Die durchschnittl. Legeleistung der Stämme schwankte zwischen 152,7 und 231,2 Eiern. Auf die Jahresleistung (365 Tage) berechnet blieben 54% der Stämme unter der 220-Eier-Grenze. Die Verluste lagen im Durchschnitt für die Zeit vom Eintagsküken bis zur 23 Wochen alten Junghenne bei 4,6%, danach bis zum 500. Lebenstag bei 17,4%. Nur 24 Stämme wiesen Verlustzahlen bis zu 20,5% auf, während in 32 Stämmen Verluste von 21–43% eintraten. Allein in 30 Stämmen wurden mehr oder weniger viele brutlustige Tiere ermittelt. Nach Untersuchungen in Putten läßt die innere Eiqualität im Verlauf des Legejahres nach. U. Hofmann. 4608.

Anonym. **Aus der japanischen Geflügelzucht.** Dtsch. Geflügelwirtsch. **14** (1962) Nr. 24. S. 315–316. – 3 Abb., 1 Tab.

Es wird eine ausführliche Analyse eines 3611-Eier-Stammes gegeben. Die 10 Hennen dieses Stammes legten auf dem staatl. Kontrollhof in Gifu vom 1. Nov. 1956–31. Okt. 1957 insgesamt 3611 Eier mit einem durchschnittl. Eigewicht von 59,3 g. Der Züchter Jamada ist Mitglied einer Züchtergruppe der „Enya-Brüterei", die nach dem Weltkrieg mehrere Bruteier der Hanson-Hatchery aus den USA importierte. 2 Hähne daraus wurden in den 3611-Stamm eingestellt. Die Abstammung der 10 Hennen wird aufgezeigt und die Legeergebnisse der geprüften Töchter mitgeteilt. Die Schriftleitung bemerkt dazu, daß diese Kontrollergebnisse jedoch nicht mit solchen vergleichbar sind, die in amtlichen Leistungsprüfungen nach dem Stichprobenverfahren mit größeren Tierzahlen erzielt wurden. U. Hofmann. 4608.

Trail, J. C. M.; Entebbe, Uganda, Livestock Exp. Stat. Small scale broiler production in Uganda. **(Broilerproduktion mit geringem Umfang in Uganda.)** East African agric. Forestry J. **28** (1962) Nr. 2. S. 113–116. – 4 Tab., 1 Lit.

Die Produktion von Geflügelfleisch war bisher in Uganda nicht üblich. An einem Beispiel wird die Broilermast in kleinem Umfange untersucht. Dabei erzielten 50 je Monat eingesetzte Kreuzungsküken (Helle Sussex × Rote Rhodeländer) im Durchschnitt von 13 Durchgängen nach 12 Wochen ein Gewicht von 43,2 oz. bei einer Futterverwertung von 1:4,5 und einem Schlachtgewicht von 73,5%. Die Produktionskosten und Erträge werden angegeben. W. Rudolph. 4628.

Mehner, Alfred; Celle. **Was brachte der Weltgeflügelkongreß in Sydney Neues auf dem Gebiete der Züchtung?** Dtsch. Geflügelwirtsch. **15** (1963) Nr. 1. S. 2 bis 7.

Zur Frage der Zuchtmethodik werden verschiedene, dem Weltgeflügelkongreß vorgelegte Arbeiten besprochen. In Versuchen über die korrelierten Wirkungen der Selektion zeigte sich, daß bei Selektion auf hohes Eigewicht keine große korrelierte d.h. damit verbundene Wirkung auf das Körpergewicht ausgeübt wird. Selektion auf niedriges Eigewicht hat dagegen eine ausgeprägte Reduzierung des Körpergewichtes zur Folge. Selektion auf hohe Eileistung wiederum ist mit einem Rückgang des Körpergewichtes verbunden. Weitere Arbeiten befaßten sich mit der Frage, in welcher Umwelt gezüchtet werden soll. In Kanada durchgeführte Versuche beschäftigten sich z.B. mit der Bedeutung der Genotyp-Umweltwechselwirkung bei den verschiedenen Formen der Aufzucht mit verhaltener und voller Fütterung. Zahlreiche Arbeiten beschäftigten sich mit dem Problem der Erleichterung und Vorverlegung der Leistungsbewertung. Die Möglichkeiten und Zukunftsaussichten der Geflügelhaltung wurden in Vorträgen von Dickerson, dem Zuchtleiter der großen Kimber-Farm Inc., Fremont in Kalifornien und Lerner dargelegt.
U. Hofmann. 4652.

Stanhope, W. Random sample laying test, 1960–62, Victoria/Australia. **(Stichproben-Legeleistungs-Test. 1960-62 in Victoria, Australien.)** J. Agric. [Melbourne] **60** (1962) Nr. 7. S. 301–306. — 3 Abb., 3 Tab.
Von 41 Gruppen zu je 40 Hennen wurden im 600-Tage-Test die Leistungen ermittelt. Die Leistung betrug je eingestallter Henne 233,8 Eier bei einem Eigewicht von 1,96 oz. Die Gesamtverluste erreichten 13,9%, in der Aufzucht traten im Mittel 5,4% auf. Der Futterverbrauch betrug 24 oz je Dtzd. Eier. Die Hennen erreichten im Alter von 172 Tagen eine 50%ige Leistung. Die Einnahmen nach Abzug der Futter- und Kükenkosten lagen bei £ 1 3 s. 8 d. Die höchsten Leistungen erzielten die Tiere der Leghorn-Gruppe, gefolgt von den Australorps. E. Urban. 4656.

Mehner, A., Klein, F.-W. und Torges, H.-G.; Celle, Bundesforsch.-Anst. für Kleintierzucht. **Methoden zur Feststellung der Mastfähigkeit und des Schlachtwertes bei Hühnern.** Arch. Geflügelkunde **26** (1962) Nr. 5. S. 414–438. — 6 Tab.
12 Versuchsgruppen aus je 21–25 unsortierten Eintagsküken verschiedener Rassen und Kreuzungen wurden bis zur 9. Lebenswoche in elektrisch beheizten Aufzuchtbatterien gehalten und mit Geflügelmastalleinfutter in Preßform mit einem Gehalt von 21% Rohprotein und 65% GN gefüttert. Zur Untersuchung der Mastfähigkeit wurden Gewichtszuwachs, Rohverwertung, Verwertungs- und Mastwertzahl ermittelt. Die männl. Tiere waren den weibl. im Wachstum überlegen. Der Wachstumsverlauf der einzelnen Gruppen war sehr unterschiedlich. Die Wirkung der Kreuzung auf die Mastfähigkeit ist nicht einheitlich, es zeigen sich bei manchen Kreuzungen Anhaltspunkte für dominante bzw. unvollständig dominante Vererbung, bei anderen für intermediären Erbgang, etliche zeigen auch Heterosiseffekte. Als Ausdruck der Mastfähigkeit können je nach dem beabsichtigten Zweck das Endgewicht, die Rohverwertung, die Verwertungszahl, die Mastwertzahl oder der erzielte Geldüberschuß herangezogen werden. Zwischen dem 4- und 9-Wochen-Gewicht ergab sich im Mittel aller Tiere ein Korrelationskoeffizient von 0,581, zwischen dem 6- und 9-Wochen-Gewicht ein solcher von 0,828. Die Befiederungsgeschwindigkeit läßt sich nach den Erfahrungen des vorliegenden Versuches am besten am 10. Tag erfassen. Die korrelativen Beziehungen zwischen Körpergewicht und Körpermaßen sind bei den untersuchten Rassen und Kreuzungen teilweise verschieden. U. Hofmann. 4656.

Stanhope, W. Poultry farm management. **(Betriebsführung in der Geflügelfarm.)** J. Agric. [Melbourne] **59** (1961) Nr. 7. S. 345-346. 348. — 2 Abb.
Das Landwirtschaftsministerium von Victoria (Australien) führte Untersuchungen über betriebswirtschaftliche Probleme in mehreren Geflügelfar-

men durch. Neben Betrachtungen über landesspezifische Preisrelationen äußert Vf. Ansichten über eine zweckmäßige Betriebsführung unter den derzeitigen Wirtschaftsbedingungen. Eine Ein-Mann-Farm muß jährl. mindestens 300000 Eier erzeugen, dazu müssen 1500-2000 Hennen gehalten werden. Die kommerzielle Geflügelhaltung ist keineswegs nur Männerarbeit. Über die Hälfte der untersuchten Farmen brachten über 200 Eier/Henne, unter 180 Eier/Henne wurden die Farmen unrentabel. Der Arbeitsaufwand sollte nicht mehr als 2,2 Std./Henne/Jahr betragen. Die Futterkosten betragen 70% der Gesamtkosten. Daher entscheiden Futteraufwand je Dutzend Eier und das Verhältnis von Eier- und Futterpreis über die Rentabilität.

W. Sommerfeld. 4667.

Gylstorff, I.; Hannover. **Die Mitarbeit des Tierarztes beim deutschen Zuchtprogramm.** Dtsch. Geflügelwirtsch. **14** (1962) Nr. 23. S. 300-303.

Die modernen Zuchtverfahren ermöglichen es, den Markt mit hochleistungsfähigen Tieren zu beliefern, die in großen Herden über lange Perioden eine gleichmäßige Leistung bei bester Gesundheit erbringen. Aufgabe des Tierarztes ist es hierbei, die Haltung von Großherden zu kontrollieren, hygienische Maßnahmen durchzuführen, prophylaktisch und therapeutisch zu helfen, die Tierbestände auf ihre Erreger- und Antikörperverhältnisse (z. B. Avian Encephalomyelitis) zu prüfen, in der Linien- und Hybridzucht rechtzeitig Letal- und Semiletalfaktoren sowie die bes. Anfälligkeit gegenüber krankmachenden Einflüssen zu erkennen. Der Tierarzt muß genauesten Einblick in die von ihm zu betreuenden Herden gewinnen, stichprobenweise Blutuntersuchungen sollen das Vorhandensein von Virusinfektionen aufdecken, Abgänge vom Brutei bis zum Zuchttier müssen auf den Krankheitserreger untersucht werden.

H. Sommerfeld. 4667.

Bogoljubskij, S. I. (Bogoljubski, S. I.); Leningrad, Landwirtsch. Inst. Plemennaja rabota s kurami jaicenoskogo tipa. **(Die Züchtungsarbeit mit Hühnern des Legetyps.)** Pticevodstvo, Moskva **1962** Nr. 11. S. 20-23. – 3 Abb., 1 Tab.

Im Gebiet Leningrad wurden in 3 Betrieben geschlossene Zuchtherden geschaffen. Diese werden so gezüchtet, daß sie sich untereinander genetisch stark unterscheiden. Sobald eine genetische Isolierung zwischen Familien und Linien erreicht ist, beginnt die Ausnutzung des Heterosiseffektes durch Linienkombination. 1965 sollen alle Legeherden mit Hybriden versorgt werden. Zur objektiven Bewertung der Nachkommenleistung muß die Einzelleistung in Prozent zur Leistung der gleichaltrigen Tiere ausgedrückt werden, wenn bei den Nachkommen große Altersunterschiede vorhanden sind oder die Legeperiode verschieden lang ist. Die Kontrollherden werden in großen Ställen mit einer Kapazität von 5000-10000 Hennenplätzen gehalten.

H. Pingel. 4668.

Simon, D. L.; Freising-Weihenstephan, Inst. für Tierzucht. der TH München. **Sinn und Zweck neuzeitlicher Zucht- und Ausleseverfahren in der modernen Geflügelhaltung.** Mitt. Tierhalt. **1962** Nr. 81. S. 10-12.

Die Arbeitsweise der quantitativen Genetik wirkte sich innerhalb der Reinzucht in erster Linie auf eine verstärkte Zuchtverwendung junger Tiere, auf die Entwicklung von Methoden zur Umweltkorrektur sowie auf die Anwendung von Selektionsindices aus. In der Kreuzungszucht werden die besten Nachkommen von Elterntieren erwartet, deren Anlagen gut zueinander passen. Es kommen je nach den Umständen 3 verschiedene Zuchtverfahren zur Anwendung, und zwar 1. die Inzucht mit nachfolgender Kreuzung, 2. die rückgreifende Selektion und 3. die reziproke rückgreifende Selektion. Hinsichtlich der Gesundheit der Tiere können Teileigenschaften, z.B. die Fähigkeit, gute Ergebnisse in Brut und Aufzucht zu erbringen oder

die Widerstandskraft gegenüber spez. Krankheiten, bereits während der ersten Lebensjahre mit weitgehender Sicherheit beurteilt werden.
U. Hofmann. 4669.

Gleichauf, R.; Celle, Bundesforsch.-Anst. für Kleintierzucht. **Auf- und Abstieg in der Kennhuhnzüchtung.** Dtsch. Geflügelwirtsch. **14** (1962) Nr. 44. S. 561-564. — 1 Abb.
In Deutschland züchteten die beiden rheinischen Züchter Jobs und Regenstein die Kennitaliener aus Rebhuhnfarbigen Italienern und Gestreiften Italienern bzw. Deutschen Sperbern neu heraus. In Celle erfolgten Neuzüchtungen auf der Basis von Blausperbern und Weißen Leghorn, während in Hohenheim ebenfalls die Weißen Leghorn mit überdecktem Sperberfaktor als zweite Kombinationsrasse zur Einkreuzung herangezogen wurden. In Celle wurden von 1950-56 Untersuchungen mit dem Ziel vorgenommen, die Leistung der Kennfarbigen Italiener auf möglichst breiter genetischer Basis zu steigern und später unter Ausnutzung des Heterosiseffektes die Leistungshöhe zu konsolidieren. Als Wirtschaftsrasse haben sich die Kennfarbigen Italiener in Deutschland nicht durchsetzen können, sie wurden von den neuen Hybridzüchtungen zurückgedrängt, die zumeist ein helles bis weißes Untergefieder haben. Vf. ist jedoch der Ansicht, daß bei einer breit angelegten und planmäßig betriebenen Hybridzüchtung innerhalb der kennfarbigen Rassen mit großer Wahrscheinlichkeit die gleichen Heterosiswirkungen erreicht werden können wie bei den derzeitig angepriesenen Legehybriden. U. Hofmann. 4669.

Giesbrecht, Francis G. und Nordskog, A. W.; Ames, Iowa State Univ., Dep. of Poultry Sci. Estimating age at sexual maturity from flock records. **(Die Schätzung des Alters bei Geschlechtsreife aus Herdenleistungen.)** Poultry Sci. **42** (1963) Nr. 1. S. 83-87. — 1 Abb., 5 Tab., 7 Lit.
Vff. vergleichen mehrere Kriterien zur Abschätzung der Geschlechtsreife bei Hühnern an Hand von Ergebnissen der Hühnerleistungsprüfungen 1959 (**I**) und 1960 (**II**) in Iowa. Nach Bestimmung des Alters beim Erreichen von 20%, 30%, 40%, 50% und 60% Legeleistung wurden die Varianzkomponenten für Stamm, Farm, Wechselbeziehung und Gruppe analysiert und daraus die Wiederholbarkeit geschätzt. Die Wiederholbarkeit erreichte in **I** ihr Maximum bei 40% Legeleistung, während in **II** kein deutliches Maximum gefunden wurde; die Wiederholbarkeitswerte fielen jedoch stark, wenn das Alter der Geschlechtsreife auf der Basis des Erreichens von 60% Legeleistung bestimmt wurde. Das Alter bei Erreichen einer Legeleistung von 30-50% erwies sich als ziemlich stark korreliert mit der Legeleistung je Hennentag. Aus diesen Ergebnissen wird der Schluß gezogen, daß die Geschlechtsreife auf Herdenbasis aus dem Alter bei 30% oder 40% Legeleistung zuverlässiger geschätzt werden kann als bei der bisher meist üblichen Schätzung bei 50% Legeleistung.
A. Schaaf. 4670.

Steinke, Lore; Celle, Bundesforsch.-Anst. für Kleintierzucht. **Die Wirkung von Erschütterungen auf die Brutfähigkeit von Hühnereiern.** Dtsch. Geflügelwirtsch. **14** (1962) Nr. 50. S. 642-646. — 3 Abb., 11 Tab.
In der BFAK Celle wurden Bruteier mit möglichst gleicher erblicher Beschaffenheit in Versuchen Übertemperaturen bei herabgesetztem mittleren Feuchtigkeitsgehalt ausgesetzt und die Lagerungsdauer auf 3 Wochen verlängert. Die Bebrütung erfolgte in Schrankbrütern, zwischendurch kurzfristig in Flächenbrütern, weil sich in diesen bes. wirkungsvolle Erschütterungen erzielen lassen. Die Ergebnisse zeigen, daß geringfügige Erschütterungen, wie sie normalerweise beim Bruteiertransport vorkommen, bedeutungslos sind, wenn das Eimaterial hochwertiger Herkunft und günstigen Lagerungsbedingungen ausgesetzt war. Starke Beschädigungen, die u. a. zu einer Loslösung der Luftblase führen, bewirken ein Absterben der Embryonen.
U. Hofmann. 4676.

Haendler, H.; Stuttgart-Hohenheim. **Die Einflüsse der Zuchthennenernährung auf den Bruterfolg.** Dtsch. Geflügelwirtsch. **14** (1962) Nr. 43. S. 553 bis 555. — 2 Abb.
Den größten Einfluß üben Wirkstoffe und einige Mineralstoffe aus, doch sind auch die energetischen Nährstoffe sowie das Protein nicht ohne Bedeutung für das Brutgeschehen. Während ein Wechsel der kohlenhydratreichen Futterrohstoffe so lange kaum nachhaltig wirkt, wie nicht ungünstige Änderungen im Gehalt an anderen Stoffen dadurch bedingt sind, konnten durch Fettzusatz im Zuchthennenfutter in Versuchen mit 8% Maisöl oder 3,6% Sojaöl gute Schlupfergebnisse erzielt werden. Der Rohfasergehalt sollte zwischen 4 und 7% liegen. Der ausreichende Proteinbedarf liegt bei 15-16% im Gesamtfutter oder ca. 20% im Legemehl. Bei Bruteiererzeugung ohne Auslauf und Grünfutteraufnahme müssen im Futter ausreichende Mengen Vit. A (Carotin) sowie Vit. D enthalten sein. Bei Vit.-E-Mangel sterben die Embryonen meist schon am 4. Bruttage ab. Die meisten Vit. des B-Komplexes haben eine große Bedeutung für das Brutgeschehen. Ausreichende Ca- und Mn-Gaben wirken sich günstig auf die Schalenbeschaffenheit aus bzw. verhindern das Absterben der Embryonen hauptsächlich in den beiden letzten Bruttagen.
U. Hofmann. 4686.

Gramatzki, Fritz. **Legehennenalleinfutter oder kombinierte Fütterung von Legemehl und Körnern?** Dtsch. Geflügelwirtsch. **14** (1962) Nr. 23. S. 295-297. — 3 Abb.
In Cuxhavener Geflügelbetrieben, die einen Durchschnittsbestand von einigen Hunderttausend Zucht- und Legehennen besitzen, wurden diesbezügliche Fütterungsversuche durchgeführt. An Hennen wurde einmal Alleinfutter und zum anderen Legemehl mit Körnern verabreicht, wobei die in 1 kg aufgenommenen Nähr- und Wirkstoffe bei beiden Arten gleich waren. Dabei erwies sich die Alleinfütterung als die bessere. Sie erfordert einen geringeren Arbeitsaufwand und ermöglicht eine ausgeglichenere Fütterung. Kranke Hennen können in aller Ruhe beim Laufen der Futterkette herausgesucht werden. Zur Durcharbeitung und Trockenhaltung der Einstreu durch die Hennen wird in einigen Betrieben eine Körnergabe von 5-10 g/Henne/Tag in die Einstreu gegeben. Bei Verabreichung von Alleinfutter bewährte sich, abends den Hennen ab 3. Mon. 15 g, ab 4. Mon. 20 g, ab 6. Mon. 25 g Pellets der gleichen Nährstoffzusammensetzung zu verabreichen, um die Tiere für die Nacht satt zu füttern. H. Sommerfeld. 4688.

Peña Martín, F., Sarazá Ortiz, R., Tovar Hernández, M. und López Fernández, A.; León, Fac. de Veterin., Catedra de Zootecn., Dep. de Zootecn.; Producción de pollos „bróilers" en razas de doble fin. **(Über die Produktion von Rhodeländer-Mastküken.)** Arch. Zootecnia **11** (1962) Nr. 44. S. 367-380. — 11 Tab., 35 Lit.
Unter ungünstigen Haltungsbedingungen (unzureichende Belüftung) bewährten sich Rote-Rhodeländer-Küken recht gut: Sie erreichten nach 9 Wochen ein Lgw. von 1115 (Hähne) bzw. 892,5 g (Hennen) und verbrauchten 3,23 kg Futter je kg Lgw. Die Qualität der wohlgerundeten Schlachtkörper war gut, doch beeinträchtigte die starke Daunenentwicklung das Aussehen der Verkaufsware. Im ganzen war die Mast ökonomisch, so daß Vff. erwarten, mit dieser Rasse — nach entspr. Selektion — zur Steigerung der Geflügelfleischerzeugung und des -verbrauchs beizutragen. Es sind solche Bemühungen in Asturien noch nicht unternommen. C. Engelmann. 4690.

Badrelin, A. L., El-Itriby, A. A., Kamar, G. A. R. und Mostageer, A. Effect of crossing on some productive characters in chickens. **(Der Einfluß von Kreuzungen auf einige Leistungsmerkmale bei Küken.)** Wld. Poultry Sci. J. **17** (1961) Nr. 2. S. 178-189. — 6 Tab., 26 Lit.

Für die Untersuchungen wurden Küken der Rassen Fayomi (Fay), Weiße Leghorn (WL), Rote Rhodeländer (RIR) und deren Kreuzungen aufgezogen. Die rel. besten Gewichte hatten die Fay. Das Gewicht der Kreuzungstiere lag zwischen den Gewichten der Eltern. Mit 12 Wochen wurden folgende Gewichte in g erreicht: Fay 518, WL 615, RIR 600, L × F 575, F × L 616, R × F 595, F × R 660. 3 Hähne jeder Gruppe wurden im Alter von 12, 16, 20 und 24 Wochen ausgeschlachtet. Das Ausschlachtungsgewicht mit 12 Wochen erreichte 63%. Die verwertbaren Teile des Schlachtkörpers stiegen mit fortschreitendem Alter. Der Fleischanteil der Brust und Keulen war am größten bei den Fay. E. Urban. 4700.

Rauch, W. **Das Ei. Eine Einführung in die Qualitätsbeurteilung von Hühnereiern. 9. Teil.** Dtsch. Geflügelwirtsch. **14** (1962) Nr. 46. S. 590-592. — 10 Abb. 8. Teil vgl. LZ. Abt. III **8** (1963) Nr. 6. S. 1216. 4700.

Rauch, W. **Das Ei. Eine Einführung in die Qualitätsbeurteilung von Hühnereiern. 10. Teil.** Dtsch. Geflügelwirtsch. **14** (1962) Nr. 50. S. 646–647. — 7 Abb. 9. Teil vgl. vorst. Titel. 4700.

Rauch, W. **Das Ei. Eine Einführung in die Qualitätsbeurteilung von Hühnereiern. 11. Teil.** Dtsch. Geflügelwirtsch. **15** (1963) Nr. 4. S. 45-46. — 10. Teil vgl. vorst. Titel. 4700.

Rauch, W. **Das Ei. Eine Einführung in die Qualitätsbeurteilung von Hühnereiern. 12. Teil.** Dtsch. Geflügelwirtsch. **15** (1963) Nr. 8. S. 98. — 11. Teil vgl. vorst. Titel. 4700.

Simons, P. C. M. und Wiertz, G.; Wageningen, Agric. Univ., Lab. of Animal Physiol. Notes on the structure of membranes and shell in the hen's egg. An electron microscopical study. **(Mitteilungen über den Aufbau der Schalenhaut und der Kalkschale bei Hühnereiern. Eine elektronenmikroskopische Untersuchung.)** Z. Zellforsch. mikroskop. Anatom. **59** (1963) Nr. 4. S. 555-567. — 19 Abb., 11 Lit. 4700.

Heywang, Burt W. und Lowe, R. W.; Glendale, Ariz., A.R.S., Animal Husbandry Res. Div., Poultry Res. Branch. Egg shell quality during hot weather with calcium gluconate in the diet. **(Die Beeinflussung der Eischalenqualität durch heiße Witterung bei Verabreichung von Calciumgluconat in der Futterration.)** Poultry Sci. **41** (1962) Nr. 4. S. 1213–1215. — 1 Tab., 2 Lit.
Die Ration der in Käfigen gehaltenen Leghorn-Hennen enthielt 2,5% Ca. In den Versuchsgruppen wurde in differenzierter Menge Calciumgluconat zu der Grundmenge Kalkstein verabreicht. Die Temperatur schwankte in den Gruppen zwischen 57 und 92 °F. Das Calciumgluconat beeinflußte in keiner Weise das Eigewicht, das Eischalengewicht, die Schalendicke und die Legeleistung. E. Urban. 4700.

Montgomery, R. H. Survey of keeping quality of farm produced eggs. **(Erhaltung der Qualität von Eiern, die auf Farmen erzeugt wurden.)** Res. exp. Rec. Ministry Agric. Northern Ireland **11** (1963) Nr. 1. S. 73-77. — 6 Tab., 4 Lit.
Aus 40 Farmen in Nord-Irland wurden jeweils am Ablieferungstag Stichproben von Eiern ausgewählt. Bei einem Teil der Eier wurde sofort die Prüfung auf innere Eiqualität vorgenommen, bei den meisten Eiern dagegen erst nach einer Lagerung bis zu 3 Wochen. Die Gewinnung und die Behandlung der Eier auf den Farmen hatte bereits entscheidenden Einfluß auf die Qualität bei Ablieferung und auf die Qualitätsverschlechterung im Verlauf der weiteren Lagerung. Bes. negativ wirkte sich das Waschen der Eier auf den Farmen aus. H. Pingel. 4700.

Eoff, Herbert J., Davies, R. E., Ferguson, T. M. und Couch, J. R.; Collage Station, Tex., Dep. of Poultry Sci. Studies on the influence of terephthalic acid and broad spectrum antibiotics on egg production and egg shell coloration in caged layers. **(Studien über den Einfluß von Terephthalinsäure und Breitspektrum-Antibiotica auf die Legeleistung und die Eischalenfarbe bei Käfighennen.)** Poultry Sci. **41** (1962) Nr. 4. S. 1036-1041. — 4 Tab., 15 Lit.

Bei Zugabe von 50 g Chlor- bzw. Oxytetracyclin/t Futter und 0,4% Terephthalinsäure war eine leichte nicht signifikante Verbesserung der Legeleistung und Futterverwertung zu bemerken. Ein leichtes Ansteigen des Eigewichtes wurde bei Verabreichung von Terephthalinsäure allein oder in Kombination mit den Antibiotica beobachtet. Die Kombination der genannten Wirkstoffe verringerte die Zahl der mit Sprüngen aussortierten Eier. Mengen von 600 bis 800 g/t Chlortetracyclin äußerten sich in einer gelblichen Farbe der Eischale, bei Zugabe von Terephthalinsäure war die Ausfärbung noch intensiver. Eine gelbe Fluoreszenz wurde in allen Gruppen festgestellt. Oxytetracyclin zeigte weder allein noch in Kombination mit Terephthalinsäure einen Einfluß auf die Ausfärbung der Eischale. E. Urban. 4700.

Johnson, H. S. und Zindel, H. C. Comparisons between pullets housed in cages, on a slatted floor and on a litter floor. Report I (1959-60). **(Vergleiche zwischen Hennen, die in Käfigen, auf Lattenrosten oder Tiefstreu gehalten wurden. 1. Mitt. [1959-1960].)** Michigan State Univ., agric. Exp. Stat., quart. Bull. **45** (1962) Nr. 1. S. 2-16. — 3 Abb., 5 Tab., 25 Lit.

Ein vergleichender Haltungsversuch mit 120 Hennen je Gruppe ergab in der Legeleistung eine deutliche Überlegenheit der auf Tiefstreu und in Käfigen gehaltenen Hennen gegenüber den auf Lattenrosten untergebrachten. Als Ursache für diese Erscheinung wird ein nicht bekannter Stressfaktor angenommen. Käfighennen hatten das höchste Körpergewicht. Die Sterblichkeit wurde durch die Haltungsweise nicht beeinflußt. Das Eigewicht von Käfighennen war hochsignifikant höher als das der Tiere aus den anderen Gruppen. Dagegen ermittelte man bei den Hennen aus der Bodenhaltung vergleichsweise höhere Haugh-Einheiten, aber auch die geringste Schalendicke der Eier. Die Abschreibungskosten waren bei allen Haltungssystemen annähernd gleich. W. Rudolph. 4707.

Burton, Philip. Broiler breeding stock on wire. **(Broiler-Zucht auf Draht.)** Agriculture [London] **70** (1963) Nr. 2. S. 87-89. — 1 Abb.

Der geschweißte Maschendraht dient in der modernen Geflügelhaltung als unentbehrliches Hilfsmittel. Für die vollständige Drahtbespannung des Fußbodens der Kükenabteile im Aufzuchthaus — Nissen-Typ — eignet sich galvanisierter Maschendraht von ¾ × ¾ Zoll Maschenweite. Benutzt werden handliche 7 Zoll tiefe Holzrahmengestelle von 25 sq.ft. Lauffläche. Mit 6 Wochen beziehen die Küken Aufzuchthütten, versehen mit Wellblechdach, offenen Drahtfronten und geschweißtem Drahtfußboden (1 Quadratzoll Maschenweite) 6 Zoll über dem Erdboden. Für legereifes Geflügel hat sich ebenfalls 1 Quadratzoll Maschenweite des drahtbespannten Bodens der Legeabteile bewährt. Es werden Gemeinschaftsnester (1 sq.ft./5 Hennen) verwendet. Der Nestboden kann aus Hartpappe mit Sägemehlschicht + Desinfektionspulver bestehen, um Tiere und Eier sauber zu halten. Die auf Drahtboden gehaltenen Hennen haben ebenso viel Eier gelegt wie die Hennen bei Bodenhaltung auf Einstreu, obwohl den letzteren die doppelte Bodenfläche (3,5 sq.ft./Henne statt 1,7 sq.ft. auf Draht) zur Verfügung stand. Die Installierung des Drahtfußbodens im Legestall bedeutet sonach über die Erhöhung der Besatzdichte die Verdoppelung der Eiererzeugung. W. Greiner-Petter. 4707.

Doroško, I. N. und Gerja, G. I. (Doroschko, I. N. und Gerja, G. I.) Ustanovka dlja dezinfekcii ptičnikov. **(Eine Einrichtung für die Desinfektion von Geflügelställen.)** Pticevodstvo, Moskva **1962** Nr. 11. S. 29-30. — 3 Abb.
Bisher wurde zur gründlichen Desinfektion die Lötlampe verwendet, mit der 1 AK in 8 Std. nur 200 m² Bodenfläche desinfizieren konnte. Daher wurde eine Einrichtung für die Desinfektion mit einem Gasbrenner entwickelt. Auf einem LKW-Anhänger sind die Gasflaschen, die Methan, Propan oder Butan enthalten, angeordnet und können so beliebig an jeden Ort transportiert werden. Die Flamme des Gasbrenners hat eine Länge von 30-40 cm, eine Breite von 25-30 cm und 20 cm vom Gasbrenner entfernt eine Temperatur von 1200-1300 °C. Für die Desinfektion von 200 m² Stallfläche oder 100 Batteriekäfigen werden 40-45 Min. benötigt. H. Pingel. 4708.

Mansfeld, K.; Seebach, Kreis Mühlhausen, Vogelschutzwarte der Dtsch. Akad. der Landwirtsch.-Wiss. zu Berlin. **Zur Einwirkung von Insektiziden und Fungiziden auf Haushühner.** Dtsch. Akad. Landwirtsch.-Wiss. Berlin, Tagungsber. **1961** (hrsg. 1962) Nr. 54. S. 59-65. — 12 Lit. — nach Zus.
Vf. gibt zunächst einen Überblick über die bisher bekannten Untersuchungsergebnisse der Einwirkung von an Obstbäumen in Geflügelausläufen angewandten Pflanzenschutzmitteln auf Haushühner. Nur E 605 forte (Parathion), Dinitroortokresol und BNP 30 (Dinitrobutylphenol) zeigten Repellentwirkung. Hinsichtlich Toxaphen und Endrin sind die Ergebnisse ungleichartig. Nach Versuchen der Vogelschutzwarte Seebach können Dinitrokresole u. U. gefährlich werden, sind also besser durch Hexa-DDT-Mittel zu ersetzen, die ohne wesentliche Nachteile angewandt wurden. Von den Cu-freien Thiocarbamaten verursachten die Erzeugnisse Westdeutschlands Unterbrechung der Legetätigkeit, was bei denen der DDR nicht der Fall war. Weitere Untersuchungen mit DDT, Endrin, Toxaphen und Dinitrokresol sind erforderlich. 4708.

Monreal, G.; Koblenz, Landes-Veterinäruntersuchungsamt für Rheinland-Pfalz. **Parasitenbekämpfung und Impfung als prophylaktische Maßnahme in den Sommermonaten.** Dtsch. Geflügelwirtsch. **14** (1962) Nr. 24. S. 309-312.
Gegen Wurmbefall bei Jungtieren liegt die Durchführung einer geeigneten Prophylaxe vorläufig bei einem gezielten Einsatz geeigneter Wurmmittel. Gegen Geflügelpocken und atypische Hühnerpest als zwei der gefährlichsten Viruserkrankungen ist eine rechtzeitige Impfung dringend erforderlich. Von den beiden Impfstoffen gegen Geflügelpest soll das Junggeflügel bis zur Legereife mit Lebendvaccine immunisiert werden, während die Lege- und Zuchthennen mit der Adsorbatvaccine geimpft werden. Zur Impfung gegen Geflügelpocken stehen Impfstoffe, die lebende Erreger enthalten, zur Verfügung. Der aus Hühnerpockenvirus bestehende Impfstoff wirkt praktisch lebenslänglich, darf aber nur bei nicht legenden Tieren angewendet werden. Mit Taubenpockenimpfstoff können sowohl Jungtiere als auch Legehennen geimpft werden, wobei ebenfalls eine ausgezeichnete Immunität erzielt werden kann. Vf. gibt Hinweise für die praktische Durchführung der Impfungen.
U. Hofmann. 4710.

Taranenko, I. L.; Moskau, Veterinärmed. Akad. Sniženie vyvodimosti molodnjaka pri askaridioze kur. **(Senkung der Schlupffähigkeit bei Askaridiose bei Hühnern.)** Pticevodstvo, Moskva **1962** Nr. 11. S. 31. — 3 Tab.
Beim Vergleich einer Gruppe von 1203 Hennen, die an 2 aufeinanderfolgenden Tagen 1 g bzw. 0,5 g Piperazinadipinat je Tier erhielten, mit 2 Kontrollgruppen zeigte sich außer einer Verringerung der Anzahl mit Askariden befallenen Hennen eine Erhöhung des Schlupfes der Einlage um 5-6% bei der Versuchsgruppe. H. Pingel. 4710.

Zjuban, V. I. (Sjuban, W. I.) Puti likvidacii tifa pticy. **(Wege zur Beseitigung von Geflügeltyphus.)** Pticevodstvo, Moskva **1962** Nr. 11. S. 32.

Die Anwendung der Antibiotica der Tetracyclinreihe führt zur völligen Liquidierung von Typhuserkrankungen. Als optimale Biomycindosis wird 1 mg/kg Lgw. angegeben. Die Verabreichung der Antibiotica soll periodisch im Verlauf von 1 Mon. mit anschließender 10- bis 15tägiger Pause erfolgen.
H. Pingel. 4710.

Bierer, Bert W.; South Carolina, Clemson Agric. Coll., Poultry Sci. Dep. Nihydrazone feed medication against artificially induced Eschericha coli air-sac infection. **(Die Behandlung der durch Escherichia coli künstlich induzierten Luftsack-Infektiou durch Nihydrazonefütterung.)** Poultry Sci. **42** (1963) Nr. 2. S. 468-472. 4710.

Schumaier, G., DeVolt, H. M., Laffer, N. C. und Creck, R. D.; College Park, Univ. of Maryland, Microbiol. and Veterin. Sci., Dep. of Poultry Sci. Stachybotryotoxicosis of chicks. **(Stachybotryotoxikose der Küken.)** Poultry Sci. **42** (1963) Nr. 1. S. 70-74. — 5 Tab. 4710.

Fletcher, R. und Maas, H. J. L. Acute fowl cholera in a Connecticut chicken flock: Description of the isolation of Pasteurella multocida. **(Akute Geflügelcholera in einem Hühnerbestand in Connecticut: Beschreibung der Isolierung von Pasteurella multocida.)** Tijdschr. Diergeneeskunde **87** (1962) Nr. 17. S. 1125-1132. — 1 Tab., 10 Lit. Zus. in Franz., Niederl., Dtsch.
Die klinischen, pathologisch-anatomischen, histol. und bakteriologischen Befunde bei einem Ausbruch von Geflügelcholera in einem größeren Hühnerbestand in Connecticut werden beschrieben. Der isolierte *Pasteurella multocida*-Stamm wurde auf Grund der biochemischen Reaktionen in die Gr. II nach Merchant eingereiht. Therapeutisch wurde dem Futter Chlortetracyclin zugesetzt; sobald diese Behandlung aufhörte, traten erneute Todesfälle auf.
W. Wittig. 4710.

Enten

Sljusař, P. M. (Sljussar, P. M.) 107 jaic ot utki-nesuški. **(107 Eier je Legeente.)** Pticevodstvo, Moskva **1962** Nr. 11. S. 16-17. — 1 Abb., 3 Tab.
In vielen Betrieben legen die Zuchtenten von März-Juli ca. 60-70 Eier. Es ist erforderlich, Enteneier und damit Entenfleisch das ganze Jahr über zu produzieren. Das geht einmal über die Verlängerung der Legeperiode durch künstliche Beleuchtung (13- bis 16-Std.-Lichttag), so daß die Enten bereits im Dez. mit dem Legen beginnen und zum anderen durch Zusammenstellung einer zweiten Herde aus dem Frühschlupf (Jan.-Febr.), die bereits im Juli brutfähige Eier legt. H. Pingel. 4965.

Masliev, I., Kudrjavcev, S. und Fokina, Z. (Maslijew, I., Kudrjawzew, S. und Fokina, S.); Sagorsk, Gebiet Moskau, Unions-Forsch.-Inst. für Geflügelzucht. Kruglogodovoe vyraščivanie utjat na mjaso. **(Ganzjährige Fleischentenaufzucht.)** Kolchoznoe proizvodstvo, Moskva **21** (1961) Nr. 9. S. 30 bis 32. — 2 Abb., 2 Tab.
Im Geflügelsowchos „Pionier", Gebiet Wladimirsko, wurde die ganzjährige Entenmast bei gleichzeitiger Verkürzung der Mastzeit von 65 auf 55 Tage eingeführt. Der Saisoncharakter der Legetätigkeit von normalen Zuchtenten wird verändert durch hochproduktive Tiere, die einen früheren Legebeginn und eine längere Legezeit aufweisen sowie durch spez. Behandlung der Zuchtherden. Die Zuchtenten werden sehr intensiv gefüttert (280-300 g FE/Tag in 4 Mahlzeiten), der Lichttag wird im Herbst und Winter auf 16 Std. verlängert. In einem Versuch legten 171 Jungenten durchschnittl. 92 Eier im Frühjahr und Sommer, sie wurden dann unter künstlich verkürztem Lichttag und verminderter Fütterung gehalten. Nach der Mauser wurden Fütterung und Beleuchtung wieder verbessert, und die Tiere legten bis zum Dez. noch weitere 27,4 Eier. Die Legetätigkeit setzte sich bis März fort. In 12 Mon.

(Apr.-März) wurden 178,8 Eier bei starker Abweichung von der natürlichen Legesaison erbracht. Die Herbst- und Wintereier erbrachten 76,6 Küken je 100 eingelegte Eier. Die Küken wurden 15 Tage in Batterien und weitere 15 Tage auf Einstreu ohne Auslauf gehalten. Vom 30. Lebenstag wurde auch im Winter Auslauf gewährt. Im Herbst und Winter wurden höhere Futtermengen an die Mastenten verabreicht. Die Zusammensetzung wird angeführt. Als Tiermaterial dienten Amerikanische Pekingenten. W. Sommerfeld. 4965.

Lemeš, V. F. und Bugakov, A. V. (Lemesch, W. F. und Bugakow, A. W.) Kombinirovannyj silos v utkovodstve. **(Mischsilage in der Entenzucht.)** Pticevodstvo, Moskva **1962** Nr. 11. S. 18-19. – 2 Abb., 4 Tab.
Statt 70 g Mischfutter und 100 g gedämpfter Kartoffeln erhielten 4 Zuchtenten-Gruppen über 400 g unterschiedlich zusammengesetzter Silage je Tier und Tag. Durch die Silagefütterung wurde die Vitaminversorgung verbessert, so daß vor allem die Schlupfleistung um 4-7% gegenüber der Kontrolle verbessert wurde. H. Pingel. 5000.

A baromfitörzskönyvezés évkönyve 1960/61. (Jahrbuch der ungarischen Geflügelherdbuchführung 1960/61.) Budapest: Mezögazdasági kiadó. 1962. (71 S.) – Aus: Ung. Agrar-Rdsch **1963** Nr. 2. Der 1. Teil des Jahrbuches faßt die Ergebnisse der Herdbuchführung zusammen Aus den Daten geht hervor, daß sich die Zahl der unter Kontrolle stehenden Zuchtbetriebe gegenüber dem Vorjahr um 22,7 %, die der kontrollierten Bestände um 5 % verringert hat. Am Jahresende 1961 standen 61181 Hühner, 115 Truthühner, 75 Gänse und 1118 Enten unter Kontrolle. Die durchschnittl. Leistung der kontrollierten Hühner betrug 162,1 Eier (12,5 Stck. bzw. 8,3 % mehr als im Vorjahr). Das Durchschnittsgewicht der Eier erhöhte sich um 0,2 g (auf 57,6 g). Die herdbuchmäßige Qualifizierung der ganzjährig unter Kontrolle stehenden Hühner war wie folgt: 5,5 % Elite, 18,2 % Klasse I, 39,1 % Klasse II, 45,6 % Klasse III (die Einreihung in Klasse II und in die höheren Klassen erfolgte nach Beurteilung des Exterieurs). Im Verrechnungsjahr verringerte sich gegenüber dem Vorjahr die Zahl der Zuchtstämme mit je einem Hahn um 13,8 %. Grund der Verringerung war der Umstand, daß die Zucht der ungar. Rassen immer mehr ins Hintertreffen geriet (bei den weißen Ungarhühnern betrug z. B. der Rückgang 48,7 %) und unter den jüngst eingestellten ausländischen Rassen die ins Herdbuch eingetragenen Bestände – vorübergehend – noch gering sind. I. allg. kann eine rückläufige Entwicklung bei den (Weißen, Gelben und Gesperberten) ungar. Rassen beobachtet werden. Die Zahl der unter Kontrolle stehenden Rhode-Island-Hühner ist die gleiche wie im Vorjahr (ihre Legeleistung betrug 199,1 Eier). Die Zahl der unter Herdbuchkontrolle stehenden New-Hampshire-Zuchtstämme erhöhte sich um 86,6 %. Die Weißen-Leghorn-Bestände vergrößerten sich gegenüber dem Vorjahr um 27,5 %, ihre durchschnittl. Legeleistung fiel jedoch um 13,4 Eier ab. Der Anteil an gekauften und importierten Tieren erhöhte sich (er betrug bei den herdbuchmäßig erfaßten Hühnern 17,3 %, im Gegensatz zu 7,5 % des Vorjahres). Die Ausfallverluste unter den kontrollierten Tieren stiegen geringfügig. Die Zahl der aufgezogenen Nachkommen je Henne ist rel. klein. Die Zuchtbetriebe kann man wegen ihrer äußerst verschiedenen Verhältnisse sehr schwer vergleichen. Dennoch scheint das Ergebnis des Depots Rákoshegy des VEG Alag das beste zu sein (2230 kontrollierte Tiere mit einer durchschnittl. Legeleistung von 216,2 Eiern). Hinsichtlich der Aufzuchtergebnisse der Zuchtbetriebe ist es bemerkenswert, daß die Zahl der ausgebrüteten Küken gegenüber dem Vorjahr auf mehr als das 3fache anstieg. Wegen der i. allg. gepferchten Unterbringung der Tiere verringerte sich das Gewicht der zur Weiterzucht eingestellten Bestände im Alter von 12 und 24 Wochen. Die Aufzuchtverluste sanken von 11,3 % auf 5,7 %.

Koplik-Kovács, Éva. **Pulykatenyésztés.** (Die Putenzucht.) Budapest: Mezögazdasági kiadó 1962. (122 S.) 8°. (1962) A 1638)
Rotov, Vjačeslav Ivanovič. **Tuberkulez ptic i mery bor'by s nim.** (Geflügeltuberkulose und Maßnahmen zu ihrer Bekämpfung.) Kiev: Izd. Ukr. akad. sel'skoch. nauk. 1962. (216 S.) 8°. (1962 A 1555)
Scholtyssek, Siegfried, Hrsg. **Die Geflügelzucht-Lehre. 280 Fragen u. Antworten.** Stuttgart: Ulmer. 1962. (111 S. m. 52 Abb. u. 10 Tab.) 8° = Geflügelzucht-Bücherei Nr. 14. (SR 91,14)
Sel'skochozjajstvennaja ptica. (Landwirtschaftliches Geflügel. Bd. 1 u. 2.) Moskva: Sel'chozizdat. 1962. 4°. (1963 B 7, 1.2.)

D. KANINCHEN

Lepeškin, V. I. und Kuškova, G. P. (Lepeschkin, W. I. und Kuschkowa, G. P.); Udelnaja, Gebiet Moskau, Forsch.-Inst. für Pelztier- und Kaninchenzucht. Itogi bonitirovki i otbora krolikov. **(Die Ergebnisse der Bonitierung und Auslese von Kaninchen.)** Krolikovodstvo i zverovodstvo, Moskva **5** (1962) Nr. 9. S. 9-12. – 3 Tab.

Es werden die uneinheitliche Bonitierung und die mangelhafte Zielsetzung der Zuchtarbeit bei Kaninchen in Tierzuchtsowchosen kritisiert. An Hand von zootechnischen Berichten aus den Jahren 1960/61 wird festgestellt, daß die Einteilung nach Einzelmerkmalen, wie Lgw., Fellqualität und Farbe, nicht übereinstimmt mit der Einteilung nach Gesamtmerkmalen und bei Einteilung nach Lgw. das Alter und Geschlecht der Tiere nicht beachtet werden. Hauptziele der Zuchtarbeit sollen sein: Erhöhung des Lgw., Frühreife, Verbesserung der Fellqualität. Es ist erforderlich, die Züchter der Sowchosen und Kolchosen in spez. Seminaren zu schulen. U. Baumgärtel. 5262.

Razzorenova, E. A. (Rassorenowa, Je. A.) Vlijanie silosa na piščevaritel'nye processy u krolikov. **(Der Einfluß von Silage auf die Verdauungsprozesse beim Kaninchen.)** Krolikovodstvo i zverovodstvo, Moskva **5** (1962) Nr. 12. S. 10 bis 12 — 6 Tab.

Silage hat einen günstigen Einfluß auf die Verdauung und die Produktivität erwachsener Kaninchen. Dagegen führt eine unsachgemäße Fütterung derselben oft zu Magen-Darm-Erkrankungen. Vf. untersuchte den Einfluß verschiedener Silagegaben in den Futterrationen auf das Wachstum der Kaninchen und die Funktion des Verdauungstraktes. Als Ergebnis wird festgestellt, daß der Ersatz von 50% der Hackfrüchte (Kartoffeln und Rüben), also ca. 12% der Gesamtfutterration, durch Möhren-Kohl-Silage bester Qualität ersetzt werden sollten, um eine Erhöhung der Funktion der Verdauungsdrüsen zu erzielen. Eine Erhöhung des prozentualen Anteiles an Silage in der Futterration ruft keine Erhöhung der Funktion der Verdauungsdrüsen, sondern sogar ein Absinken derselben hervor. K. Witt. 5265.

Merkušin, V. V. (Merkuschin, W. W.); Kamenez-Podolski, Landwirtsch. Inst., Lehrwirtsch. Vlijanie kobal'ta na produktivnost' puchovych krolikov. **(Der Einfluß von Kobalt auf die Produktivität von Angorakaninchen.)** Krolikovodstvo i zverovodstvo, Moskva **6** (1963) Nr. 2. S. 8. — 1 Tab.

In Versuchen zur Bestimmung des Einflusses von salpetersaurem Kobalt ($Co[NO_3]_2 \cdot 6\,H_2O$) auf das Lgw. der Kaninchen der Fellrassen und die Produktivität der Angorakaninchen wird festgestellt, daß das salpetersaure Kobalt auf das Lgw. der Kaninchen keinen Einfluß hat. Dagegen erhöhte sich der Ertrag an Angorawolle von den Kaninchen bei Zusatz von salpetersaurem Kobalt in der Futterration. Die Tiere erhielten das salpetersaure Kobalt in einer Lösung von 100 mg auf 1 l Wasser entweder dem Futter beigefügt oder in einem leeren Tränkgefäß. Letztere Methode wurde häufiger angewendet. K. Witt. 5265.

Pakšin, N. N. (Pakschin, N. N.) Moi predloženija. **(Vorschlag zum Bau eines Kaninchenstalles.)** Krolikovodstvo i zverovodstvo, Moskva **5** (1962) Nr. 12. S. 13-16. — 7 Abb.

Vf. beschreibt den Bau eines von ihm entwickelten Kaninchenstalles, bei dem die Hauptarbeiten, die bei der Kaninchenhaltung und -zucht anfallen, mechanisiert sind. K. Witt. 5265.

E. PELZTIERE

Il'ina, E. D. und Volčenko, K. D. (Iljina, Je. D. und Woltschenko, K. D.); Moskau, Veterinärmed. Akad.; Udelnaja, Gebiet Moskau, Inst. für Kaninchen- und Pelztierzucht. Vozmožnosti povyšenija plodovitosti cvetnych norok. **(Zur Erhöhung der Fruchtbarkeit bei farbigen Nerzen.)** Krolikovodstvo i zverovodstvo, Moskva **5** (1962) Nr. 7. S. 14–16. — 3 Tab.

Vff. kommen auf Grund langjähriger Untersuchungen zu der Auffassung, daß die niedrige Fruchtbarkeit bei farbigen Nerzen im wesentlichen auf unzulängliche züchterische Arbeit zurückzuführen ist. Farbige Nerze sollten nur reingezüchtet werden; eine Kreuzung derselben sollte nur erfolgen, wenn eine Verbesserung der Fellfärbung mit Sicherheit zu erwarten ist. Von einer Kreuzung farbiger Nerze mit Standardtieren ist abzusehen, da sehr oft eine Verschlechterung der Fellfärbung eintritt und die Selektion auf die gewünschten Farbtöne wird erschwert. K. Witt. 5302.

Travis, Hugh F., Ringer, Robert K. und Schaible, Philip J.; East Lansing, Michigan State Univ., Dep. of Poultry Sci., Fur Animal Project. Vitamin K in the nutrition of mink. **(Vitamin K in der Nerzernährung.)** J. Nutrit. [Philadelphia] **74** (1961) Nr. 2. S. 181-184. — 1 Abb., 5 Tab., 9 Lit.
In Fütterungsversuchen an 30 ♀ saphirblauen Nerzen (*Mustela vison*) und 30 ♀ dunklen Nerzen mit einem üblichen Farmfutter, einem halbgereinigten Grundfutter ohne Vit.-K-Zusatz oder dem mit 7 g Menadionbisulfit (**M**) pro t ergänzten Grundfutter ergeben sich in der Prothrombinzeit (Gesamtblut) nach 28 Tagen keine genetisch oder fütterungsbedingten Unterschiede. Das im Kükentest ermittelte Angebot mit dem halbgereinigten Grundfutter von 13 mg Vit. K/t (6,5 μg/lb.) ist somit ausreichend. 6-8 Tage in Mengen von 0,05% oder höher gefüttertes Sulfachinoxalin führt zu einer Verlängerung der Prothrombinzeit; diese wird durch Futterzulagen von 10 g **M**/t wieder aufgehoben. 6- bis 8tägige Fütterung von 400 ppm Tetracyclin (OTC, CTC) beeinflußt hingegen die Blutgerinnung nicht. B. Gaßmann. 5302.

Kladovščikov, V. F. (Kladowstschikow, W. F.) Silos v kormlenii nutrij. **(Silage in der Fütterung der Nutrias.)** Krolikovodstvo i zverovodstvo, Moskva **5** (1962) Nr. 8. S. 19-21. — 1 Abb., 2 Tab.
Gute Silage kann bis zu 10% der Gesamtration der Nutrias ausmachen, um die Futterkosten zu senken. Da Silage i. allg. von den Tieren ungern gefressen wird, führt eine Erhöhung der Silagegabe (bis 26% der Ration) zur Senkung des Lgw. und der Größe. Die Tiere sehen nicht mehr so gesund aus und haben eine weniger glänzende Haardecke. Im Notfall wird eine Mischsilage aus Zuckerrüben, Futtermöhren, Kartoffeln und Luzerne, Klee und Erbsenstroh zur Fütterung empfohlen, wenn die Silagegabe erhöht werden muß.
K. Witt. 5310.

Sele, Kjell. Parrings- og avlsresultater for blårev. **(Paarungs- und Zuchtergebnisse bei Blaufüchsen.)** Norsk Pelsdyrbl. **37** (1963) Nr. 5. S. 73-76.; Nr. 6. S. 93-98. — 18 Tab.
Die Daten wurden bei 467 Blaufuchsfähen in den Jahren 1945–62 erfaßt. Blaufuchsfähen können innerhalb eines Zeitraumes von 2–7 Tagen gepaart werden. Die Ablösung des Eies erfolgt unabhängig von der Paarung etwa in der Mitte der Brunstperiode. Bei einmaliger Paarung hat sich der 3. und der 4. Brunsttag als am günstigsten erwiesen. Bei 2maliger Paarung soll diese nach 2 Tagen stattfinden. Bei 2mal belegten Jungfähen ergab sich ein höherer Trächtigkeitsprozentsatz, nicht aber bei 2mal belegten älteren Fähen. Die Benutzung eines anderen Rüden zur zweiten Belegung bringt keine Vorteile. Die Paarung erfolgt im Durchschnitt um den 30. März, bei 1jährigen Fähen ca. 12 Tage früher. Der durchschnittl. Abstand zwischen 1. und 2. Paarung ist bei Erstlingsfähen bedeutend größer als bei älteren Fähen. Aus spät geborenen Würfen älterer Tiere aufgezogene Fähen kommen selbst später zur Paarung als früher geborene. Die Dauer des Paarungsaktes betrug ⌀ 33 Min.; sie war bei Jungfähen um ⌀ 1,5 Min. länger als bei älteren Fähen. Die Tragezeit lag bei ⌀ 53,1 Tagen bei einer Wurfgröße von 10,4 Welpen. Sie war bei Jungfähen um 3/4 Tage kürzer als bei älteren Fähen. Mit steigender Wurfgröße verkürzte sich die Tragezeit. Das Alter der Fähen und der Zeitpunkt des Setzens sind von geringem Einfluß auf die Fruchtbarkeit. In Würfen, die nach dem 2. Juni geboren wurden, ergaben sich höhere Verluste während der Säugezeit. In Erstlingswürfen wurden 2,1% der Welpen tot geboren, in späteren Würfen 3,2%. Von den lebend geborenen starben während der Säugezeit bei Erstlingswürfen 19,4%, bei späteren Würfen 14,3% der Welpen. Die Verluste

waren allg. in Würfen bis zu 4 Welpen größer als in stärkeren Würfen. Im Gesamtdurchschnitt wurden je zugelassener Fähe 7,3 Welpen abgesetzt. Bei der Selektion werden die Zuchtergebnisse in starkem Maße berücksichtigt. Beim Absetzen betrug das Geschlechtsverhältnis 52,4%.

J. K. Hinrichsen. 5315.

Sulimov, K. T. (Sulimow, K. T.) O nasledovanii licicami reakcij na otlov i fiksaciju. **(Über die Erblichkeit der Reaktion auf Fangen und Festhalten bei Füchsen.)** Krolikovodstvo i zverovodstvo, Moskva **5** (1962) Nr. 4. S. 19–20. — 1 Abb., 1 Tab.

In der Pelztierzucht erfordern das Fangen und das Festhalten der Tiere den größten Arbeitsaufwand. Das Zähmen der Tiere ist jedoch nur auf kleineren Farmen möglich, erfordert aber ebenfalls einen hohen Arbeitsaufwand. Außerdem gewöhnen sich die Tiere nur an die Pfleger, die sie aufziehen. Bes. Füchse reagieren unterschiedlich auf Fangen und Festhalten. Über die Erblichkeit der unterschiedlichen Reaktionen berichten folgende Versuchsergebnisse aus dem Jahre 1958 im Kolchos im Rayon Chatanga, Gebiet Taimyr: 19 Paare wurden nach einem 5-Punkte-System in 2 Gruppen geteilt, in Choleriker und Phlegmatiker. Beim Paaren innerhalb der Gruppen haben die Nachkommen die gleichen Eigenschaften wie die Eltern. Bei einer Paarung zwischen den Gruppen haben die Nachkommen fast ausschließlich die Eigenschaften der Mutter. Das schließt natürlich eine Erziehung nicht aus. Die Versuche zeigen, daß die unterschiedl. Reaktionen der Füchse genotypen Charakter haben. Die Besonderheiten im Verhalten der Tiere werden bei geschickter Auswahl des Elternpaares auf die Nachkommen übertragen, sie können schon in der F_1-Generation in der gewünschten Richtung verändert werden.

R. Filina. 5315.

Čudakov, V. (Tschudakow, W.); Moskau, Landwirtsch. Timirjasew-Akad. Čto daet sokraščenie dliny svetovogo dnja. **(Was bringt die Verkürzung des Tageslichteinflusses bei Füchsen?)** Krolikovodstvo i zverovodstvo, Moskva **5** (1962) Nr. 7. S. 16–17. — 1 Tab.

Die Verkürzung des Tageslichteinflusses wirkt sich auf die Qualität des Pelzes bei Polarfüchsen positiv aus. Die Versuchstiere, die im Mai geboren wurden, wurden ab 15. Juli bis zur Tötung tägl. nur 7 Std. dem Tageslicht ausgesetzt. Sie zeichneten sich durch eine besser entwickelte Haardecke aus, und die verschiedenen Haarkategorien (Leit-, Grannen- und Wollhaare) waren länger als bei den Kontrolltieren. Ein Unterschied in der Haardichte wurde nicht beobachtet. K. Witt. 5315.

Holzinger, Franz. **Internationale Chinchilla-Tätoliste.** Dtsch. Pelztierzüchter **37** (1963) Nr. 4. S. 65–69.

Unter Mitwirkung von Farmen in Deutschland, Österreich, USA und England wurde eine Tätowierungsliste aufgestellt, die auf der Zusammenstellung von Zweier -oder Dreierkombinationen verschiedener Buchstaben und Zahlen basiert. An alle Züchter geht die Empfehlung, ihre Chinchillas ebenfalls nach diesem Prinzip zu tätowieren, um eine einheitliche Kennzeichnungsmethodik zu erhalten. Die Züchter sollen ihre Farmzeichen den gegebenen Richtlinien anpassen und der Zuchtleitung der VDC zur Prüfung und Bearbeitung zustellen. Die veröffentlichte erste "Internationale Chinchilla-Tätoliste" umfaßt die Zeichen von 760 Farmen. H. Zimmermann. 5318.

Kraft, H. **Krankheiten der Chinchilla.** Pelzgewerbe [N.F.]**13** (1962) Nr. 5. S. 197–201. — 5 Abb., 7 Lit.

Fortpflanzungsstörungen sind beim Chinchilla nicht selten, wobei zeitweilige Deckunfähigkeit des Bockes durch Haarringe am Penis verursacht werden kann, ständige Unfruchtbarkeit läßt den Verdacht einer Hodenatrophie aufkommen. Beim Weibchen stehen Gebärmutterentzündungen und hormonelle Störungen im Vordergrund. Erkrankungen des Verdauungstraktes bedingen die größte Anzahl der Ausfälle. Zu nennen sind in dieser Gruppe Zahnanomalien sowie Magen- und Darmentzündungen. Von den Hautkrankheiten spielen Fellbeißen, Fellbrechen und Pilzerkrankungen wegen der auftretenden Fellschäden eine bedeutende wirtschaftliche Rolle. Während die Ursachen des Fellbeißens und Fellbrechens noch nicht endgültig geklärt sind, sind als Erreger der Pilzerkrankungen *Microsporum canis* und *Trichophyton mentagrophytes* bekannt. Zur Therapie des Trichophytonbefalls findet Salizylspiritus Verwendung, gegen den Microsporumbefall wird Griseofulvin eingesetzt. H. Zimmermann. 5318.

Pavljučenko, V. M. (Pawljutschenko, V. M.); Moskau, Veterinärmed. Akad. Upitannost' sobolej i ich plodovitost'. **(Der Ernährungszustand der Zobel und ihre Fruchtbarkeit.)** Krolikovodstvo i zverovodstvo Moskva 5 (1962) Nr. 8. S. 15–17. — 4 Abb.

Es wurden Untersuchungen über Ernährungszustand und Fruchtbarkeit an Zobeln auf einer Zobelfarm angestellt und mit Beobachtungen an wilden Zobeln verglichen. Der max. Ernährungszustand der gezüchteten wie der wilden Zobel wird im Herbst und im Winter, der min. im Frühjahr und Sommer erreicht. Bei den weibl. Tieren wird bei der Käfighaltung im Gegensatz zu den wild lebenden ein häufiges Aussetzen der Geschlechtsreife festgestellt. Bei ihnen ist der Ernährungszustand besser als bei den fruchtbaren, und der max. Stand wird im Januar erreicht. Die Veränderungen des Ernährungszustandes treten jedes Jahr in gleicher Weise auf. Nur bei den zeitweise unfruchtbaren Tieren haben die Veränderungen des Ernährungszustandes einen anderen, unregelmäßigen Verlauf. Die Veränderungen des Ernährungszustandes bei wilden Zobeln und Farmzobeln werden vom Bedarf des Organismus an Nährstoffen bestimmt, der sich unter dem Einfluß der Umweltbedingungen herausgebildet hat. K. Witt. 5323.

G. BIENEN

Lavie, P. und Louveaux, J.; Montfavet, Vaucluse, Stat. Exp. d' Apicult.; Bures-sur-Yvette, Stat. de Rech. sur l'Abeille. La station expérimentale d'apiculture de l'I. N. R. A. **(Die Versuchsstation für Bienenkunde des I. N. R. A.)** Ann. Abeille 4 (1961) Nr. 4. S. 297-360. — 36 Abb., 1 Tab.

Die umfangreiche Zusammenstellung gibt eine Beschreibung von Einrichtung und Arbeitsmethoden der Bienen-Versuchsstation des französischen nationalen Instituts für landwirtsch. Forschung in Montfavet. Die Aufgaben der Versuchsanstalt liegen auf den Gebieten Bienen-Haltung, Königinnenzucht und Selektion, Technologie der Honigbehandlung. Für diese Arbeiten werden ca. 500 Völker gehalten. Für die technol. Untersuchungen steht eine vollständige und neuzeitliche Honigaufbereitungsanlage zur Verfügung. F. Lüpnitz. 5402.

Chauvin, R.; Bures-sur-Yvette, Stat. de Rech. sur l'Abeille et les Insectes Sociaux. Treize ans de recherches apicoles à Bures-sur-Yvette. Essai de synthèse. **(13 Jahre Bienenforschung in Bures-sur-Yvette. Versuch einer Zusammenfassung.)** Ann. Abeille 4 (1961) Nr. 4. S. 277–296. — 163 Lit.

Überblick über Vorgeschichte, Entwicklung und Leistungen des Instituts seit seiner Gründung im Jahre 1948. Hauptthemen der Forschung sind: soziales Leben innerhalb der Beute, bes. die internen Mechanismen (wobei jedoch die Bienentänze nicht berücksichtigt werden); die Wirkstoffe, bes. die Hormone neben der Königinnensubstanz; Bedeutung und Einfluß der Ernährung auf die Entwicklung von Königin und Drohnen; Verständigungsverfahren; Hygiene und Seuchen. — Die Literaturübersicht ist nach den Erscheinungsjahren geordnet. F. Lüpnitz. 5402.

Mathis, Maurice. Absorption cyclique du saccharose par les abeilles: Apis mellifica. **(Cyclische Absorption von Saccharose durch die Biene Apis mellifica.)** C. R. hebd. Séances Acad. Sci. **255** (1962) Nr. 21. S. 2823–2825. 5425.

Free, J. B.; Harpenden, Herts., England, Rothamsted Exp. Stat. The flower constancy of honeybees. **(Die Blütenstetigkeit der Honigbienen.)** J. Animal Ecol. **32** (1963) Nr. 1. S. 119–131. — 12 Tab., 27 Lit.
80,8% der untersuchten Bienen sammelten an zwei aufeinanderfolgenden Tagen denselben Pollen. Die Anzahl der Bienen, die nur eine Pollensorte sammelt, nimmt mit der Zeit ab. Die Bienen sammeln nicht regelmäßig zu verschiedenen Tageszeiten verschiedene Pollensorten. Die Zahl der Pollensammlerinnen ging während des Untersuchungszeitraumes (mehrere Tage) ständig zurück. Doch können Flugbienen auch vom Nektar- später zum Pollensammeln übergehen. Wird ein Volk verstellt, neigen die Flugbienen dazu, denselben Pollen zu sammeln wie vorher. Herrscht jedoch dann der Pollen einer bestimmten Pflanzenart vor, wird er vornehmlich gesammelt, auch wenn das Angebot dieser Pollensorte neu ist. R. Bährmann. 5425.

Jay, S. Cameron; Manitoba, Canada, Univ. of Manitoba. Colour changes in honeybee pupae. **(Farbveränderungen bei Honigbienenpuppen.)** Bee Wld. **43** (1962) Nr. 4. S. 119–122. — 3 Tab., 7 Lit.
Honigbienenpuppen verändern während ihrer Entwicklung dem Alter entspr. ständig ihre Farbe. Bei mannigfachen Gelegenheiten ist es wichtig, das genaue Alter von Puppen bestimmen zu können. Die charakteristischen Farbveränderungen studierte Vf. an Puppen, die außerhalb des Volkes im Brutschrank gehalten wurden. In 3 Tab. (für Königinnen, Arbeiterinnen und Drohnen) werden in Tagesabständen die Farbtönungen der einzelnen Körperteile detailliert angegeben. M. Biedermann. 5425.

Kresák, Milan; Liptovský Hrádok, Pobočka, Výskumný Ústav Včelársky. Aklimatizácia včiel. **(Akklimatisation der Bienen.)** Pol'nohospodárstvo **9** (1962) Nr. 12. S. 865–872. — 26 Lit. Zus. in Russ., Engl.
Bienenvölker mit unter rauhen bioklimatischen Bedingungen aufgezogenen Königinnen bleiben in südlichen Lagen in der Entwicklung zurück. Bienenvölker mit Königinnen aus Südlagen wachsen nach Versetzen in rauhere Lagen schneller als die einheimischen Bienenvölker. Da aber die vorzeitige Entwicklung unerwünscht ist, wird diese Dislokation nur bei Erwartung max. Trachten empfohlen. Anderenfalls würden die Völker übermäßige Reserven konsumieren, und es würde sich eine starke Tendenz zum Schwärmen zeigen. Zum Studium von Formmerkmalen empfiehlt es sich, Material zu morphol. Untersuchungen 12–18 Tage nach der charakteristischen Entwicklungszeit zu entnehmen. Es ist angezeigt, den Kubitalindex zu bestimmen. Der entscheidendste Faktor in der Leistung des Bienenvolkes ist die Königin. F. Svoboda. 5430.

Fresnaye, J. und Lensky, Y.; Montfavet, Vau cluse, Stat. Exp. d'Apicult.; Rehovot, Jerusalem, Israel, Univ. Hébraique. Méthodes d'appréciation des surfaces de couvain dans les colonies d'abeilles. **(Bestimmungsmethoden für die Wabenoberfläche in Bienenstöcken.)** Ann. Abeille **4** (1961) Nr. 4. S. 369–376. — 2 Abb., 2 Tab., 11 Lit.
Beschreibung und Vergleich von verschiedenen Verfahren zur Bestimmung des Brutbesatzes in Bienenstöcken. Da sich Verfahren, die darauf beruhen, daß der Bestand an adulten Individuen gezählt wird, als zu umständlich und zeitaufwendig ergaben und damit sowohl für die Praxis als auch für Versuchszwecke nicht durchführbar sind, wurde ein Verfahren ausgearbeitet, nach dem die Oberfläche, d. h. die Zahl der Brutwaben, bestimmt werden kann. Es besteht darin, daß die beiden Achsen einer aufgelegten (bzw. gedachten Ellipse) ausgemessen werden. Der Meßvorgang erfordert ca. 40 Sek., für eine Beute werden insgesamt ca. 9 Min. benötigt. F. Lüpnitz. 5430.

Hahne, K. **Königinnenzucht auf richtigen Wegen?** Dtsch. Bienenwirtsch. **14** (1963) Nr. 4. S. 89–95.
Die wiss. Erkenntnisse und praktischen Züchtungserfahrungen fanden ihren Niederschlag in den Zuchtrichtlinien des deutschen und österr. Imkerbundes. Unter den gegebenen Bedingungen der Bienenzucht kann nur Reinzucht betrieben werden, weil Hybrid- und Kombinationszucht sehr zeit- und geldaufwendig sind und die Produkte in den Händen der Bienenhalter schnell verwässern und zum Chaos führen. Reinzucht hebt den Durchschnittsertrag ganzer Stände, ohne immer Höchstleistungen zu bringen. Voraussetzung ist eine sorgfältige Leistungsprüfung ganzer Zuchtserien unter Anwendung mathematischer Berechnungsmethoden und Merkmalsuntersuchung zur möglichst sicheren Erfassung des Erbwertes. Züchtung und Leistungsauslese müßten in einer Hand liegen, möglichst in Forschungsinstituten oder durch Zusammenarbeit der Arbeitsgemeinschaft der wiss. Institute. Vf. berichtet von ersten Ansätzen durch den Zusammenschluß der Landesverbände Weser-Ems und Hannover zu gemeinsamer Zuchtarbeit und gemeinsamer Unterhaltung einer Inselbelegstelle. G. Droege. 5460.

Nesswetha, Rudolf; Celle, Niedersächs. Landesinst. für Bienenforsch. **Die Selbstkosten einer Zuchtserie.** Dtsch. Bienenwirtsch. **14** (1963) Nr. 4. S. 95–98.
Vf. berechnete die vollständigen Selbstkosten, die einem Züchter mit 20 Völkern ohne Hilfskräfte bei mittlerer Arbeitszeit, geringsten Aufwendungen und durchschnittl. Preisen bei der Zucht von Bienenköniginnen entstehen. 28 Tage Reizfütterung für das Pflegevolk je 100 g Honig = DM 19,60, Mehrverbrauch von jeweils 250 g Futter für 10 Eingriffe in beiden Völkern = DM 10,25. Bei einem Schlupfergebnis von 24 Jungköniginnen werden je Begattungsvölkchen 375 g Honigzuckerteig benötigt = DM 21,80. Der Transport zur Belegstelle (20 km) und Belegstellengebühren = DM 28. Versandkäfige und Porto (an den Käufer) = DM 20,90. Für die Arbeitszeit (je Std. DM 3) werden DM 72 berechnet. Amortisation der Beuten und Geräte DM 19,10. Das Risiko der Beschädigung einer wertvollen Mutter wird mit DM 9 angesetzt. Außerdem müssen die Verluste in den Königinnenpreis einbezogen werden. Ernteausfall DM 84, Bienenverlust durch Auflösung des Pflegevolkes DM 8,40 und schließlich anteilig verschiedene Hilfsmittel, Kurse, Fachzeitschriften etc. = DM 10. Bei einem Zuchterfolg von 19 begatteten Königinnen kostet jede dann DM 17,53. Dieser Preis kann je nach den Verhältnissen schwanken. Es ist immer ein großes Risiko dabei. Der heutige Preis der Königinnen ist für den Züchter kein Geschäft.
G. Droege. 5460.

Sanduleac, E. V.; Bucarest-Baneasa, Stat. Centr. de Rech. pour la Séricult. et l'Apicult. La sélection convergente, méthode pratique pour l'augmentation de l'efficacité de la pollinisation par les insectes. **(Konvergente Selektion als Verfahren zur Steigerung der Bestäubung durch Bienen.)** Ann. Abeille **5** (1962) Nr. 2. S. 135–143. — 4 Tab., 6 Lit.
Unter „konvergenter Selektion" wird die gleichzeitige Verbesserung von Pflanze und Honigbiene mit dem Ziel der Steigerung der Bestäubungsleistung verstanden. — Insbesondere besteht in der natürlichen Variation bez. der Nektarproduktion eine Möglichkeit, die Leistung von Bienenweiden zu verbessern bzw. neue Trachtpflanzen zu entwickeln. Bei Sonnenblumen wurde festgestellt, daß eine einheimische Sorte einen Ertrag von 23 940 kg Honig/ha ermöglicht, verbesserte Sorten bis 62 640 kg. Bei verbesserten Acacien (*Robinia pseudoacacia* var. *vulgaris* f. *decaisneana*) können bis 1400 kg/ha erzielt werden. F. Lüpnitz. 5480.

Goetze, G.; Bonn, Inst. für Bienenkunde. **Auslese auf Langrüßligkeit.** Bienenvater [Wien] **84** (1963) Nr. 4. S. 100–103. — 3 Abb.

Man nahm bisher an, daß mit der Verkleinerung des Gesamtkörpers eine gleichzeitige Verlängerung der Körperanhänge von Norden nach Süden einhergeht. Zweifellos tritt aber eine Bastardierung mit den bodenständigen Formen des Verpflanzungsortes auf, die die abnehmende Rüssellänge mindestens mitbestimmt. Selektion nach Rüssellänge bringt wirtschaftliche Vorteile. Versuche bestätigen, daß die besten Ertragsvölker die besten Rüssellängen hatten, bes. in bezug auf den Rotklee. Drohnenauslese nach Langrüßligkeit ist bisher nur über die Arbeitsbienen möglich, weil sowohl Drohnen wie Königinnen nicht freiwillig aus einem Röhrchen saugen (Einzelglossometrie). Die Arbeiterinnengeschwister brauchen aber nicht erbgleich zu sein, weil sie nur Halbgeschwister sind. Man muß deshalb das „Großmuttervolk“ der Drohnen hinsichtlich seiner Rüsselveranlagung genau kennen. Dabei ist zwischen der anatomischen Länge und dem physiol. Streckungsvermögen des Rüssels zu unterscheiden, was sippenmäßig verschieden ist. G. Droege. 5480.

Leveneć, I. P. (Lewenez, I. P.) ; Efektyvnist' zymivli bdžil zaležno vid syly ïch simej. **(Die erfolgreiche Überwinterung der Bienen in Abhängigkeit von der Stärke der Bienenvölker.)** Nauk. praci. Ukr. dosl. st. bdžil'nyctva **3** (1961) S. 6–20. – Orig.: ukrain. Aus: Referativnyj žurnal. Biologija, Moskva **1962** Nr. 18. L 157. S. 23.

Auf dem Bienenstand der Ukrain. Versuchsstat. für Bienenzucht betrug das Gewicht der starken Bienenvölker ⌀ 5,58 kg (5,15–5,87 kg), das der mittleren Völker 4,8 kg (4,2–4,95 kg). Der Futterverbrauch während des Winters betrug je kg Bienen bei den starken Völkern 4,01 kg, bei den mittlerenVölkern 5,58 und im Herbst entspr. 1,46 und 1,96 kg. Die Legeleistung der Bienenköniginnen ist bei den starken Völkern höher. Je stärker das Volk, um so intensiver ist die Vermehrung der Flugbienen. Die Flugkraft ist bei den mittleren Völkern z.B. doppelt so groß wie bei den schwachen Völkern (entspr. 89,8 und 43,7 Bienen in 3 Min.). Auch die Tracht ist bei den mittleren Völkern fast doppelt so groß wie bei den schwachen. Die Bruttoproduktion der starken Völker an Honig übertrifft die der mittleren Völker um 89,36% und die an Wachs um 36,59%. übersetzt v. I. Posdirca. 5485.

Bremer, E.; Gießen. **Erfahrungen beim „Einschlagen“ von Schwärmen.** Rhein. Bienenztg. **114** (1963) Nr. 5. S. 133–138. – 5 Abb. 5492.

Boese, Norbert; Warder. **Der Schwarm und das Gesetz.** Bienenpflege **1963** Nr. 6. S. 137–138. 5492.

Anonym. Method of pollen analysis of honey. **(Die Methode der Pollenanalyse des Honigs.)** Bee Wld. **43** (1962) Nr. 4. S. 122–124.

Das Standardverfahren für die Präparateherstellung zur Pollen- und Sedimentuntersuchung in Honigproben der International Commission for Bee Botany wird dargestellt. Zur Anfertigung von Vergleichspräparaten aus frischem Pollen direkt von den verschiedenen Pflanzen wird der Pollen entfettet und in Glyceringelatine eingebettet. Bei der Untersuchung von Honigproben werden 10 g Honig in 20 ml Wasser aufgeschwemmt, zentrifugiert und das Sediment ebenfalls in Glyceringelatine eingebettet. Weiterhin wird das Rezept für Glyceringelatine gegeben. Es schließt sich noch die vorläufige Beschreibung eines Verfahrens zur Anfärbung der Präparate mit Fuchsin an. M. Biedermann. 5494.

Kopanevič, P. P. (Kopanewitsch, P. P.); Moskau, Veterinärmed. Akad. Stimulirujuščee dejstvie antibiotikov na pčelinye semi. **(Die stimulierende Wirkung der Antibiotica auf Bienenvölker.)** Vestnik sel'skochozjajstvennoj nauki, Moskva **7** (1962) Nr. 10. S. 57–59. – 2 Tab. Zus. in Engl., Franz., Dtsch.

In mehr als 120 Versuchen, die in den Jahren 1959–61 durchgeführt wurden, wurde bestätigt, daß Antibiotica stimulierend auf die Gesundheit der Bienenvölker einwirken. Die antibiotische Beifütterung ist gleichfalls von prophylaktischer Wirkung gegen die Ausbreitung der Nosematose und Faulbrut. Durch Antibiotica wird augenscheinlich auch der physiol. Zustand der Insekten beeinflußt; es wurde eine Erhöhung der Lebensdauer der Bienen festgestellt. Auch die Eiablage der Weisel wird beschleunigt, wodurch sich die Völker schneller entwickeln. In 2 Tab. wird die Zunahme der Brut und der Stärke der Völker sowie die erzielte Honigmenge bei Einwirkung von Antibiotica gegenüber Kontrollvölkern, bei denen die Beifütterung unterblieb, nachgewiesen. H. Oschmann. 5494.

White jun., Jonathan W.; Philadelphia, Pa., Eastern Regional Res. Lab. The composition of honey. **(Die Zusammensetzung des Honigs.)** Bee Wld. **38** (1957) Nr. 3. S. 57–66. 5496.

Cutts, N. A. Processing and packaging honey. **(Behandlung und Verpackung von Honig.)** Agric. Gaz. New South Wales **73** (1962) Nr. 12. S. 617 bis 619. 646. — 3 Abb.
Da hellfarbene Honige bei den Verbrauchern bes. beliebt sind, sollte man durch geeignetes Mischen von Honigsorten versuchen, dem Honig die gewünschte Farbe zu geben, falls er sie nicht schon besitzt. Auch ist empfehlenswert, beim Abfüllen verschieden geformte Glas- und Kunststoffgefäße als Honigbehälter zu verwenden, um damit unterschiedlichen Geschmacksrichtungen der Käufer entgegenzukommen. Jeder Honig sollte auf 130 °F(!) erhitzt werden, um ihn leicht abfüllen und ggf. mischen zu können. Bei Verwendung eines geeigneten Behälters zum Erhitzen des Honigs im Wasserbad (elektrisch und mit automatischer Temperaturregelung) werden Wert und Geschmack des Honigs nicht beeinträchtigt. Ein solches Gefäß wird beschrieben. Man sollte Honig erhitzt abfüllen, damit er ein gleichmäßiges Aussehen bekommt, auch wird dadurch der Kristallisationsprozeß hinausgezögert. — C remehonig entsteht, wenn der Honig nach dem Abfüllen einige Stunden einer Temperatur von 40–45 °F ausgesetzt und dann bei 57 °F aufbewahrt wird. Cremehonig kann maschinell hergestellt werden. Es wird eine entspr. maschinelle Vorrichtung beschrieben. R. Bährmann. 5496.

Gontarski, H.; Oberursel, Taunus, Inst. für Bienenkunde. **Zur Werterhaltung des Deutschen Honigs.** Dtsch. Bienenwirtsch. **13** (1962) Nr. 12. S. 342–345.
Bei Honiguntersuchungen finden sich in zunehmendem Maße erhebliche Mengen von Hefe, Trockenmilch, Soja und Handelszucker im Honig. Bes. bei der Krainer Biene wird bei Trachtunterbrechung durch Zucker oder Teigfutter künstlich ein Nahrungsangebot vorgetäuscht, um Brutstop und schwere Völkerschädigungen zu verhüten. Starke Völker werden oft mit Zucker gefüttert, damit sie nicht von dem eingetragenen Honig zehren sollen. Es kommt aber zur Vermischung und damit zu Honigfälschung. Um Wert und Ansehen des Deutschen Honigs als materielle Grundlage der deutschen Bienenzucht nicht in Gefahr zu bringen, fordert Vf., bei Trachtunterbrechung nicht den unreifen Honig zu schleudern, um Zucker füttern zu können, sondern bei geöffnetem Honigraum grundsätzlich nur Honig zu verfüttern. Hierbei scheidet Honig unkontrollierter Herkunft aus seuchenhygienischen Gründen aus. G. Droege. 5496.

Perkiewicz, Ernst; Marburg/Lahn. **Beuten und Betriebsweisen. 7. Folge.** Dtsch. Bienenwirtsch. **14** (1963) Nr. 4. S. 98–102. — 6 Abb., 6. Folge vgl. LZ. Abt. III **8** (1963) Nr. 8. S. 1670.
Vf. berichtet von seinem Neuaufbau und seiner Betriebsweise in der Uckermark. G. Droege. 5520.

Benecke, F. S.; Tamworth, New South Wales, Australia. Beehive design and maintenance. **(Bienenbeuten, ihr Bauplan und ihre Erhaltung.)** Agric. Gaz. New South Wales **73** (1962) Nr. 11. S. 589–595. – 13 Abb.

Es ist üblich, daß die Bienenhalter die Bienenbeuten (Magazine) in Einzelteilen beziehen und auch manchmal Teile selbst nachbauen. Die Grundlage der Konstruktion sind die unbedingt einzuhaltenden richtigen Abstände zwischen den Waben, zwischen Waben und Wänden und über sowie unter den Waben. Die Montage der Magazine wird beschrieben und auf mögliche Fehler dabei hingewiesen. Wichtig ist richtige Anbringung der Auflageschienen für die Rahmen und richtiger Bau der Bodenbretter. Die Deckel sind mit Blech gedeckt und besitzen Ventilationslöcher für die Wanderung. Da bei Bienenbeuten überwiegend in Stirnholz genagelt werden muß, werden lange, dünne Spezialnägel empfohlen. Die Beuten sollen möglichst außen und innen gestrichen werden. Dann wird noch spez. auf den Fäulnisschutz eingegangen. Bes. die dem Boden nahen Teile sind mit einem Mittel gegen Fäulnis zu behandeln. M. Biedermann. 5520.

Cifra, Ján; Kubra pri Trenčíne. Vylepšený jednotný úl'. **(Der verbesserte einheitliche Bienenstock.)** Včelár **36** (1962) Nr. 11. S. 246. – 5 Abb.

Bei der eingehenden Beschreibung des vom Vf. verbesserten Bienenstockes wird insbesondere auf den abnehmbaren Boden hingewiesen, was die Verlegung der Waben in den Honigraum ermöglicht. Ein weiterer Vorteil sind die Honigraum-Fluglöcher, welche die Verhinderung des Schwärmens erleichtern. Das Oberteil des Stockes ist entlüftbar und hat einen herausnehmbaren Einsatz, in welchen 11 Rähmchen oder ein Futternapf mit 5 l Sirupgehalt eingelegt werden können. Alle Bestandteile des Bienenstockes sind durch einen Verschluß verbunden, so daß der Stock mit einem Hängeschloß verschlossen werden kann. Der Stock kann vollkommen gegen Abkühlung isoliert werden. Er eignet sich bes. zur Bienenweide. F. Svoboda. 5520.

Fresnaye, J.; Montfavet, Vaucluse, Stat. Exp. d'Apicult. Un appareil pour le calcul rapide des surfaces de couvain dans les ruches. **(Einrichtung zum schnellen Bestimmen der Wabenoberfläche im Stock.)** Ann. Abeille **5** (1962) Nr. 2. S. 145–153. – 4 Abb., 3 Tab., 1 Lit.

Beschreibung eines "Rechenstabes", mit dem es möglich ist, die Oberfläche der Brutzellen in kürzester Zeit zu bestimmen. Das Gerät besteht aus 2 Stäben, die innerhalb einer Führung mit Hilfe eines Diagrammes durch einfache Längsverschiebung den Flächeninhalt des Areals angeben. Die Genauigkeit (die Fehlergrenze liegt innerhalb von 13%) genügt für experimentelle Untersuchungen. F. Lüpnitz. 5430.

Fresnaye, J.; Montfavet, Vaucluse, Stat. Exp. d'Apicult. Deux nouveaux appareils pour la pesée des ruches. **(Zwei neue Einrichtungen zum Wägen von Bienenbeuten.)** Ann. Abeille **4** (1961) Nr. 4. S. 361–367. – 10 Abb., 1 Lit.

Beschreibung und Konstruktionsangaben von Einrichtungen zum Wägen von Bienenbeuten. Sie bestehen aus einem Dynamometer zur schnellen Seriengewichtsbestimmung der Beuten und einer hydraulischen Registriereinrichtung zur permanenten Aufzeichnung der Gewichtsveränderung. Wenn auch eine abs. genaue Gewichtsbestimmung mit dieser Einrichtung nicht möglich ist, so darf doch ein Fehler, der bei einem Gesamtgewicht der Beute von 40 kg nur wenige 100 g beträgt, sowohl für praktische als auch für experimentelle Zwecke vernachlässigt werden. F. Lüpnitz. 5520.

Wieser, G.; Nürtingen. **Nektar und Honigtau.** Bienenpflege **1963** Nr. 5. S. 109–115. – 2 Abb., 2 Tab.

Vf. betrachtet Nektar und Nektarien von der physiol.-chem. Seite her. Nektarien kommen nicht nur in Blüten, sondern auf allen oberirdischen Pflanzenteilen vor, auch bei Pflanzen, die der Insektenbestäubung nicht bedürfen. Nektar dient nicht primär der Anlockung der Insekten, sondern wird von den Drüsenzellen zur Beseitigung von Saftstauungen beim Wachstumsabschluß junger Pflanzenteile abgegeben. Nektar hat ein spez. Gew. von 1,02–1,35 und einen Aschegehalt von 0,023–0,45%. Sein pH liegt meist zwischen 2,7 und 6,4. Der Zuckergehalt schwankt zwischen 0 und 70%, durchschnittl. 30–40%. Vorwiegend handelt es sich um Rohr-, Trauben- und Fruchtzucker, deren Anteile bei den einzelnen Pflanzenarten stark schwanken. Vf. geht auf die Eigenschaften der einzelnen Zuckerarten näher ein. Alle Faktoren, welche die Ernährung einer Pflanze beeinflussen, wirken sich auch auf die Nektarproduktion aus. Blüten an kräftigen Pflanzen und Haupttrieben scheiden mehr Nektar aus als solche an schwachen Pflanzen und Nebentrieben. Mit dem Altern der Blüte verwässert der Nektar. Nur voll turgeszente Pflanzen können Nektar ausscheiden.

G. Droege. 5530.

Hügel, Marie-France; Gif-sur-Yvette, Inst. de Chim. des Substances Naturelles. Étude de quelques constituants du pollen. **(Untersuchung über Pollenbestandteile.)** Ann. Abeille **5** (1962) Nr. 2. S. 97–133. – 23 Abb., 2 Tab., 64 Lit.

Untersucht wurden reine Pollen von *Pinus montana* und Gemische von Leguminosen, Papaveraceen und Rosaceen. Es wurde nachgewiesen, daß Pollen eine Vielzahl von natürlichen Nähr- und Wirkstoffen enthalten. Die Substanzen wurden chromatographisch bestimmt. Gefunden wurden: 24-methylen-cholesterin (diese Substanz wurde auch in großen Mengen in Austern nachgewiesen), Diol-Verbindungen wie Hexadecan-Diol-1,2, gesättigte Kohlenwasserstoffe, fette Öle; daneben konnten einige Substanzen nicht identifiziert werden, sie wurden aus dem Alkohol-Extrakt isoliert und sind in Wasser, Äther und Chloroform unlöslich, sie enthalten Aminosäuren, Zucker und Lipide. Weitere Sterine konnten ebenfalls nicht identifiziert werden, sie wirken aber attraktiv auf Bienen. F. Lüpnitz. 5530.

Hawkins, R. P.; Cambrigde, Nat. Inst. of Agric. Bot. Bees in relation to seed crops from red clover. **(Bienen in Beziehung zum Samenertrag beim Rotklee.)** Bee Wld. **43** (1962) Nr. 4. S. 114–119. – 13 Lit.

Zunächst wird auf die Bedeutung einer ausreichenden Bestäubung für eine hohe Samenernte hingewiesen. Die wichtigsten Bestäuber des Rotklees sind Hummeln, von denen die im Beobachtungsgebiet (Cambridge) vorkommenden Arten aufgeführt werden. Die Lebensweise der Hummeln wird kurz beschrieben und auf Hummelzucht hingewiesen. Weiterhin kommen Honigbienen für die Rotkleebestäubung in Frage. Ihre Wirksamkeit ist aber nicht so groß wie die der Hummeln. Vf. bringt noch zum Ausdruck, daß die Samenanbauer zwar bereit sind, für Bienenvölker, die in den Rotklee gestellt werden, Gebühren zu bezahlen, andererseits aber Beweise wollen, daß ihre Samenernte erhöht wird. M. Biedermann. 5530.

Percival, M. S.; Cardiff, Wales, Univ. Coll., Bot. Dep. The mutual adaptation of bees and flowers. **(Die gegenseitige Anpassung von Bienen und Blüten.)** Bee Wld. **43** (1962) Nr. 4. S. 106–113. – 9 Lit.

Man kann auf viele Bindeglieder zwischen Insekten und Blütenpflanzen hinweisen, aber es ist viel schwerer zu entscheiden, ob es sich jeweils um gegenseitige Anpassung handelt oder nur das Ergebnis einer Nutzbarmachung vorliegt. – Nach den bisherigen geologischen Kenntnissen sind die Blütenpflanzen wesentlich älter als die Bienen. In ihrer geographischen Verbreitung entspricht die Artenzahl der Blütenpflanzen und Bienen einander nicht immer. Die Bindung der Bienen an das Klima ist enger als an die Pflanzen. –

Das primäre Bindeglied zwischen Bienen und Blüten ist der Futterbedarf ersterer, den die Pflanze durch Pollen und Nektar befriedigt, wobei der Nektar kein unbedingt notwendiger Blütenbestandteil ist, also wohl als Anpassung gewertet werden kann. Positive Beziehungen zwischen Bienen und Blüten sind weiter: Zungenlänge und Nektarienlage, Insektengestalt und Blütenform, Formwahrnehmung der Insekten und Blütengestalt, Farbsehvermögen der Insekten und Blütenfarben sowie Nektarienmarkierung, chem. Sinne der Insekten und Blütenduft, oft weitgehende Übereinstimmung der phänologischen Rhythmik von Insekten und Blütenpflanzen. — Unter den Bienen gibt es Arten, die eine sehr große Zahl von Pflanzenarten ausbeuten (z. B. die Honigbiene), aber auch solche, die nur einige wenige oder bloß eine einzige Art besuchen. M. Biedermann. 5530.

Maarzahl, W.; Celle, Inst. für Bienenforsch. **Warum Wanderung und meine Erfahrungen mit der Kleinwanderung.** Bienenpflege **1963** Nr. 4. S. 84–86.
In den einzelnen Gemeinden herrscht teils Über- teils Unterbesetzung mit Bienenvölkern. Durch Wanderung kann eine Auflockerung und gleichmäßige Verteilung erreicht werden. Wanderung fördert den Brut-, Bau- und Sammeltrieb. Dadurch werden ein rascherer Abgang der Altbienen und natürliche Bekämpfung der Nosema erreicht, mehr Honig wird eingetragen (etwa das Dreifache des Ertrages des Heimatstandes), und durch wesentlich stärkeren Bautrieb wird der Wabenbau schneller verjüngt. Die stärkeren Völker können mehrmals geschröpft und damit andere Völker verstärkt oder neue aufgebaut werden. Die Wanderung bedarf einer sorgfältigen Vorbereitung sowohl der Völker selbst als auch der nötigen Formalitäten (Wandererlaubnis etc.). Die Aufstellung soll an geschütztem, trockenem Platz erfolgen mit Flugrichtung nach S bei Früh- und Spättrachten, nach O oder N bei Sommertracht. Es hat sich bewährt, in Gruppen von je 8 Völkern aufzustellen. Durch Wanderung wird die Bienenzucht wesentlich rentabler.
G. Droege. 5540.

Haragsimova, L.; Dol bei Libuce, ČSSR, Bienenforsch.-Anst. **Einfluß der in der Tschechoslowakei im Pflanzenschutz gebräuchlichen chemischen Mittel auf die Honigbiene (Apis mellifica L.).** Dtsch. Akad. Landwirtsch.-Wiss. Berlin, Tagungsber. **1961** (hrsg. 1962) Nr. 54. S. 35–38. — nach Zus.
Die Forschungsanstalt für Bienenkunde in Dol analysiert eingesandte Proben von durch Pflanzenschutzmittel vergifteten Bienen und prüft die Bienengiftigkeit aller neu produzierten Pflanzenschutzmittel in Labor- und Feldversuchen. Vf. erklärt ein beobachtetes Bienensterben nach der Anwendung des herbiziden Präparats "Dikotex" (30% Kalium-Natriumsalz des MCPA) auf blühenden Unkräutern in der Hauptsache durch den Verlust der Geruchsorientierung der von der Tracht zurückkehrenden Bienen, bedingt durch den Kresolgeruch des Herbizids. Toxaphen wird als nur rel. unschädlich für Bienen bewertet, wobei 18 °C als kritische Temperatur gilt. Thiodan-Emulsion (0,2%) erwies sich als stark toxisch, Thiodan-Spritzpulver (0,15%) und Thiodan-Staub erwiesen sich jedoch als ungefährlich. Bei der Bewertung der Wirkstoffe werden 3 Toxizitätsgruppen unterschieden. Bes. Aufmerksamkeit wird bei den Forschungen in der CSSR den auf Bienen abschreckend wirkenden Stoffen geschenkt. Die Anordnung Nr. 79 aus dem Jahre 1957 regelt im Lande allg. die Anwendung der Pflanzenschutzmittel. 5570.

Mraz, Charles; Middlebury, Vt., Champlain Valley Apiaries. The standardization of bee venom solutions. **(Die Standardisierung von Bienengiftlösungen.)** Bee Wld. **43** (1962) Nr. 4. S. 124–125.
Bienengift wird in verschiedenen Ländern seit Jahren zur Behandlung einiger Formen von Rheumatismus und Arthritis angewendet. Vf. arbeitet seit 1935 mit Bienengift, bes. an dem Problem, Bienengiftlösungen zu standardisieren. Als Test, um den Bienengiftgehalt einer Lösung festzustellen,

benutzt er folgende Methode: Zu einem Teil einer Lösung von 2 g Tetrabromfluorescein in 100 ml Alkohol werden 3 Teile Bienengiftlösung zugegeben. Es erfolgt eine feine, lockere Ausfällung. Der Effekt kann entweder mit dem von Bienengiftlösungen bekannter Konzentration verglichen werden, oder die Trübung wird mit einem geeigneten Instrument gemessen.

M. Biedermann. 5570.

Schmidt, M.; Kleinmachnow, Biol. Zentralanst. der Dtsch. Akad. der Landwirtsch.-Wiss. zu Berlin. **Über die Möglichkeiten einer Gefährdung von Bienen, Fischen, Vögeln, Wild durch chemische Pflanzenschutzmittel.** Dtsch. Akad. Landwirtsch.-Wiss. Berlin, Tagungsber. **1961** (hrsg. 1962) Nr. **54.** S. 5–13. — 22 Lit. — nach Zus.

Die jetzt im Pflanzen- und Forstschutz gebräuchlichen Pflanzenschutzmittel mit Wirkstoffen aus der synthetischen org. Chemie bringen unter Umständen den Bienen, Fischen, Vögeln und dem Wild Vergiftungsgefahren. Dies bes. deshalb, weil infolge der Wirkungsbreite solcher Mittel in neuen großflächigen Anwendungsverfahren im Rahmen der Mechanisierung und Automatisierung von Landwirtschaft, Gartenbau und Forstwirtschaft in steigendem Umfange große Mengen auf die Kulturen ausgebracht werden. Honigbienen und Fische sind ungleich mehr durch diese Pflanzenschutzmaßnahmen gefährdet als die Vögel und das Wild. An Hand der für die genannten Tiergruppen toxischen Wirkstoffe und Anwendungsverfahren werden die Möglichkeiten und die Bestrebungen des Pflanzenschutzes und des Forstschutzes aufgezeigt, die geeignet sind, Gefahren für Bienen, Fische, Vögel, Wild zu mindern oder auszuschließen. Dabei wird besonders herausgestellt, daß der unsachgemäße Umgang mit Pflanzenschutz- und Forstschutzmitteln in der Mehrzahl der Vergiftungsfälle bisher die Gefahrenquelle gewesen ist, die künftig vermieden werden muß. 5570.

Dallmann, H.; Hohen Neuendorf bei Berlin, Bienenschutzstelle der DDR. **Untersuchungen zur Toxizität von Wuchsstoff-Herbiziden auf die Honigbiene.** Dtsch. Akad. Landwirtsch.-Wiss. Berlin, Tagungsber. **1961** (hrsg. 1962) Nr. **54.** S. 23–27. — 3 Lit. — nach Zus.

Seit 1953 erhielt die Bienenschutzstelle jedes Jahr Bienenschäden gemeldet, die auf die Verwendung von Spritz-Hormit in blühenden Unkräutern zurückgeführt wurden. 1960 kam es zu schweren Bienenschäden, die in vielen Bezirken der DDR durch die Anwendung von Spritz-Hormit zur Bekämpfung von blühendem Hederich und Ackersenf in Maiskulturen entstanden sein sollten. Nach im Kreis Greifswald durchgeführten genaueren Untersuchungen kann gesagt werden, daß es nicht ausgeschlossen ist, daß unter bestimmten Bedingungen eine bienenschädigende Wirkung eintreten kann. Um in Zukunft evtl. Bienenschäden durch Wuchsstoff-Herbizide zu vermeiden, wird der Fragenkomplex von der Bienenschutzstelle genau untersucht, wobei die Arbeiten wesentlich dadurch erleichtert werden, daß eine Methode zum Nachweis von Wuchsstoff-Herbiziden in toten Bienen existiert. Bis zur endgültigen Klärung sollten Wuchsstoff-Herbizide möglichst nicht zur Bekämpfung von schon blühenden Unkräutern angewendet werden. 5570.

Meyerhoff, G.; Hohen Neuendorf bei Berlin, Inst. für Bienenkunde der Humboldt-Univ. zu Berlin. **Sekundärschäden an Bienenvölkern nach Vergiftung durch Pflanzenschutzmittel.** Dtsch. Akad. Landwirtsch.-Wiss. Berlin, Tagungsber. **1961** (hrsg. 1962) Nr. **54.** S. 29–34. — nach Zus.

Eine Vergiftung der Honigbienen durch Pflanzenschutzmittel schädigt das Bienenvolk nicht nur direkt durch Vernichtung der Flugbienen, sondern auch durch schwerwiegende Störungen des normalen Lebensablaufes im Volk. Solche Störungen haben verminderte Abwehrkraft zur Folge, so daß Schädlinge und Krankheitserreger, vor allem die gefährliche Nosema, nachträglich überhandnehmen und selbst noch längere Zeit nach der Vergiftung das Volk schwächen und sogar vernichten können. Es wird daher empfohlen, geschädigte Völker noch längere Zeit nach Eintritt des Schadens unter Kontrolle zu halten und alles zu versuchen, um das Volk zu kräftigen, damit es Krankheitserregern nicht unterliegt. 5570.

Byrdy, St.; Pszczyna, Polen, **Untersuchungen über die Wirkung des 2,4-D-Präparates "Pielik" auf Bienen.** Dtsch. Akad. Landwirtsch.-Wiss. Berlin, Tagungsber. **1961** (hrsg. 1962) Nr. 54. S. 15–21. – 2 Tab., 7 Lit. — nach Zus. Über die Gefährlichkeit der Wuchsstoff-Herbizide für die Bienen werden in der Literatur unterschiedliche Auffassungen vertreten. Imker und Bienenzüchter vermuten, daß das 2,4-D-Präparat "Pielik" nicht ungefährlich für die Bienen ist. Zur Klärung der Frage führte Vf. Labor- und Freilandversuche durch, aus denen hervorgeht, daß die in der Praxis üblichen Konzentrationen des Präparates für Bienen nahezu ungefährlich sind und daß die für die Anwendung empfohlenen höchsten Aufwandmengen (2 kg Na-Salz/ha) noch unterhalb der Toxizitätszone für Bienen liegen. 5570.

Bretschko, Josef; Graz, Steir. Imkerschule. **Fumidil B-Eiweiß-Nosema.** Bienenvater [Wien] **84** (1963) Nr. 4. S. 103–108. — 5 Abb., 4 Tab.
Zur Feststellung der Fumidil-B-Wirksamkeit und des Eiweißüberschusses auf den Nosemaparasiten käfigte Vf. Jungbienen eines normal infizierten Volkes zu 6 Versuchsgruppen, die er mit Zuckerteig, Zuckerteig + Fumidil B und Magermilch-Hefeteig fütterte und je zur Hälfte nach 24 Std. mit Nosema infizierte. Die Versuchstiere wurden im Brutschrank bei 30 °C und 60% rel. Feuchte gehalten. Nach 14 Tagen wurden sie abgeschwefelt und einzeln (Mitteldarm und Kotblase getrennt) untersucht. Fumidil wirkte stark hemmend sowohl auf die Autoinfektion wie auch auf die Infektion von außen. Es kann aber, ähnlich den Antibiotica, bei bestimmter Konzentration toxisch wirken, weshalb es dem Winterfutter nicht zugesetzt werden darf. Eiweißfütterung hemmt den Infektionsverlauf, führt aber bei gekäfigten Bienen zu Vergiftungserscheinungen. Auch bei freifliegenden Völkern sollte sie 10% nicht übersteigen. An Nosema verendete Bienen hatten noch gut ausgebildete Fetteiweißkörper und Futtersaftdrüsen, so daß der funktionslos gewordene Mitteldarm nicht allein die Todesursache sein kann. Es ist anzunehmen, daß der Nosemaerreger toxische Stoffe in den Mitteldarmzellen bildet. Ein Parallelversuch mit freifliegenden Völkchen im DWK brachte die gleichen Ergebnisse. G. Droege. 5570.

H. SEIDENRAUPEN

Janakiraman, A. T. Wild sericigenous insects of India. (Eri, Muga and Tasar silkworms.) **(Wildlebende seidenproduzierende Insekten Indiens [Eri-, Muga- und Tasar-Seidenspinner.].)** Rev. Ver à Soie [N. S.] **13(3)** (1961) S. 267–278. 5654.

Hashiguchi, Tsutomu; Kagoshima, Japan, Kagoshima Univ., Fac. of Agric., Lab. of Sericult. Hormone-like factor controlling the manifestation of black pupa in silkworm, Bombyx mori. **(Ein hormonähnlicher Faktor, der die Manifestierung des „black pupa" beim Seidenspinner Bombyx mori kontrolliert.)** Jap. J. Genetics **37** (1962) Nr. 2. S. 91–96. — 2 Abb., 3 Tab., 5 Lit. Orig.: engl.
Die vom Vf. 1955 gefundene Erscheinung, daß das Abbinden der Vorpuppen eines (bivoltinen) „black pupa"-Stammes hinter dem Thorax das Ausbleiben der Schwarzfärbung des hinteren Puppenabschnittes bewirkt, ist Gegenstand einer systematischen Untersuchung. Es werden Ligaturen an den verschiedensten Körperabschnitten der Vorpuppe angebracht und deren Auswirkungen auf die Manifestierung der Schwarzfärbung registriert. Die Ver-

suche offenbaren das Vorliegen eines „kritischen Zeitpunktes" (7–10 Std. vor der Verpuppung) sowie einen Einfluß der Temperatur, bei der die Vorpuppen nach Ligatur gehalten werden. Hieraus schließt Vf. auf die Kontrollierung durch einen hormonähnlichen Faktor, der durch einige, in dem Abschnitt vor dem 2. Abdominalsegment vorhandene Organe gebildet wird, die gemeinsam die Manifestierung der schwarzen Puppenfärbung kontrollieren. Die Funktion dieser Organe ist bei niederer Temperatur aktiv, bei höherer dagegen inaktiv. H. Rost. 5656.

Chowdhury, S. N. Recent studies in Eriworm. **(Neuere Studien am Eri-Seidenspinner [Philosamia cynthia ricini.].)** Rev. Ver à Soie [N. S.] **13(3)** (1961) S. 251–257. 5656.

Petrosjan, E. G. (Petrosjan, Je. G.) Vnutrikladočnaja raznorodnost' jaic u tutovogo šelkoprjada. **(Die in der Eiablage begründete Verschiedenartigkeit der Eier bei den Maulbeerseidenspinnern.)** Izvestija Akademii nauk Armjanskoj SSR. Biologičeskie nauki, Erevan **15** (1962) Nr. 12. S. 53–59. — 8 Tab., Orig.: russ., Ausz.: armen.
Die Erreichung der Gleichartigkeit der Raupen, die gemeinsam aufgezogen werden, ist sehr wichtig für die Mechanisierung der Arbeitsprozesse bei der Raupenaufzucht. Ungleich entwickelte Raupen müssen in Gruppen eingeteilt werden, was einen hohen Arbeitsaufwand erfordert und eine Mechanisierung erschwert bzw. unmöglich macht. Die Ungleichartigkeit der Raupen ist vor allem auf die ungleiche Qualität der Eier zurückzuführen. Diese beruht auf dem Ablagetermin. Bei normaler Paarung dauert die Eiablage 2–5 Tage, wobei die meisten am 1. Kalendertag abgelegt werden. Dabei unterscheiden sich die Eier, die am 1. Kalendertag abgelegt wurden, von denen der übrigen Tage durch physiol. und morphol. Kennzeichen. An Hand von Untersuchungen wird festgestellt,daß die Eier, die am 1. Kalendertag abgelegt wurden, eine höhere Befruchtungsziffer aufweisen und weniger vorzeitig entwickelte Keime haben. Der Prozentsatz der geschlüpften Raupen ist höher, was auf eine höhere Lebensfähigkeit hindeutet. Morphol. unterscheiden sich die Eier durch ein hohes abs. Gew., eine dunkle Pigmentierung und große Maße. Ausgehend von den Untersuchungen muß bemerkt werden, daß sich die Methoden der Sortierung auf die Vereinigung der Eier, die von den Seidenspinnern in bestimmten chronologischen Abschnitten abgelegt wurden, in bestimmten Partien orientieren müssen. Die Wirksamkeit der Sortierung der Eier wird außerdem aber von der Gleichartigkeit der Eltern in bezug auf Rasse und Aufzuchtbedingungen abhängen.
K. Witt. 5656.

Chowdhury, S. N. Genetics of Tasar silkworm. **(Genetik des Tasar-Seidenspinners.)** Rev. Ver à Soie [N. S.] **13(3)** (1961) S. 259–266. 5660.

Dušev, T. und Kanarev, G. (Duschew, T. und Kanarew, G.); Plowdiw, Bulgarien, Höheres Kolarow-Inst. für Landwirtsch. Sravnitelni proučvanija na cheterozisnija efekt pri generaciite na njakoi polichibridni kombinacii ot černičevata koprinena buba. **(Vergleichende Untersuchungen über den Heterosiseffekt bei den Generationen einiger Polyhybridkombinationen des Maulbeerseidenspinners.)** Priroda, Sofija **11** (1962) Nr. 5. S. 97–99. — 1 Tab.
In vergleichenden Versuchen mit je 2 g Brut von reinrassigen und Polyhybridseidenspinnern in drei Wiederholungen wurden folgende Ergebnisse in F_1, F_2 und F_3 erhalten (in der Reihenfolge der Generationen): Lebensfähigkeit a) der Weiß- und Gelbspinnerrassen (durchschnittl.) 88,1, 89,5 und 89,0%, b) der italienischen Polyhybridrassen 100,0, 92,2 und 91,7%, c) der japanischen Polyhybridrassen 100,0, 93,1 und 92,2%; Kokonertrag je Unze Brut a) 62,5, 65,0 und 63,0 kg, b) 92,6, 82,5 und 77,1 kg, c) 103,8, 84,3 und 76,5 kg; abspinnbare Seide a) 29,7, 29,0 und 30,1%, b) 41,8, 36,2 und 36,5%,

c) 42,6, 38,5 und 38,3%. Bei den Polyhybridrassen ist der Heterosiseffekt in F_1 sehr hoch, um in F_2 und F_3 nachzulassen, wobei aber Lebensfähigkeit der Raupen, Kokonertrag und abspinnbare Seide immer noch höher sind als bei den reinrassigen Raupen. N. Platikanow. 5672.

TIERERNÄHRUNG

A. ALLGEMEINES

Seekles L. **Prof. Dr. B. Sjollema zum Gedächtnis 16. 3. 1868–18. 2. 1962.** Z. Tierphysiol., Tierernähr. Futtermittelkunde **17** (1962) Nr. 5. S. 261–263. – 1 Abb. 7010.

B. CHEMISCHE BESTANDTEILE DES TIERKÖRPERS UND DER FUTTERMITTEL

Wrigley C. W.; North Ryde, New South Wales, C.S.I.R.O., Wheat Res. Unit. The protein composition of air-classified flour fractions. **(Die Proteinzusammensetzung von luftklassifizierten Mehlfraktionen.)** J. Sci. Food Agric. **14** (1963) Nr. 2. S. 120–124. – 2 Abb., 2 Tab., 9 Lit. 7225.

Matikkala, E. J. und Virtanen, A. I.; Helsinki, Finland, Biochem. Inst., Lab. of the Foundation for Chem. Res. A new γ-glutamylpeptide γ-L-glutamyl-S-(prop-l-enyl)-L-cysteine, in the seeds of chives (Allium schoenoprasum). **(Ein neues γ-Glutamylpeptid, γ-L-Glutamyl-S-[prop-l-enyl]-L-cystein in den Samen von Schnittlauch [Allium schoenoprasum].)** Acta chem. scand. **16** (1962) Nr. 10. S. 2461–2462. 7225.

Sihlbom, Esther; Stockholm, Nat. Inst. of Public Health, Dep. of Food Hyg. Amino acid composition of Swedish wheat protein. **(Aminosäurezusammensetzung von schwedischem Weizenprotein.)** Acta Agric. scand. **12** (1962) Nr. 3. S. 148–156. – 2 Abb., 3 Tab., 18 Lit.
In 4 Proben von W. Weizen (Sorte Banco und Odin) und 4 Proben von S. Weizen (Sorte Svenno), der in verschiedenen Lagen Schwedens angebaut worden war, wurden 17 Aminosäuren mit Hilfe der Ionenaustauschchromatographie quantitativ bestimmt. Zur Cystein- und Methioninbestimmung erfolgte vor der Hydrolyse mit 6 n HCl eine Oxydation mit Perameisensäure. Die Untersuchungen erweiterten die Gültigkeit früherer Ergebnisse von Lawrence auch für schwedischen Weizen, wonach zwischen dem Lysingehalt von Weizenprotein und dem Gesamtproteingehalt der Probe eine negative Korrelation besteht. K. Koepke. 7225.

Cook, W. H., Burley, R. W., Martin, W. G. und Hopkins, J. W.; Ottawa, Canada, Nat. Res. Council, Div. of Appl. Biol. Amino acid compositions of the egg-yolk lipoproteins, and a statistical comparison of their amino acid ratios. **(Aminosäurezusammensetzung der Eigelblipoproteine und ein statistischer Vergleich ihrer Aminosäureverhältnisse.)** Biochim. biophysica Acta [Amsterdam] **60** (1962) Nr. 1. S. 98–103. – 1 Abb., 2 Tab., 15 Lit.
Von den untersuchten α- und β-vitellin sowie Vitellenin unterscheidet sich das Vitellenin von den beiden ersteren durch den P-Gehalt sowie im Gehalt von 10 Aminosäuren (von 18 bestimmten). Die beiden Vitelline unterscheiden sich nur im P- und Histidingehalt. I. Schröder. 7230.

Simmonds, D. H.; Adelaide, South Australia, Univ., Waite Agric. Res. Inst., Dep. of Agric. Variations in the amino acid composition of Australian wheats and flours. **(Unterschiede in der Aminosäurezusammensetzung von australischen Weizen und Mehlen.)** Cereal Chem. **39** (1962) Nr. 6. S. 445–455. – 3 Abb., 3 Tab., 26 Lit.
Die Aminosäurezusammensetzung von 6 australischen Weizenproben und der entsprechenden Mehle wurde bestimmt und der Aminosäure-N in % des

Gesamt-N angegeben. Beim Weizen wurden Unterschiede im Alanin-, Arginin-Asparaginsäure-, Glutaminsäure-, Glycin-, Lysin-, Phenylalanin- und Tyrosin-, gehalt gefunden. Die Mehle unterscheiden sich im Gehalt an Alanin, Arginin, Asparaginsäure, Glycin, Leucin, Lysin und Threonin. Durch Fraktionierung der Proteine aus 2 in ihren Eigenschaften sehr unterschiedlichen Mehlproben wurde festgestellt, daß für die Unterschiede im Lysin- und Arginingehalt besonders die Albumin-Globulin-Gruppe (lösl. in $Na_4P_2O_7$) und im Glutaminsäuregehalt die Glutengruppe (in einer Lösung von $CuSO_4$ + $Na_2S_2O_5$ vom pH 12,0 lösl.) verantwortlich sind. K. Koepke. 7230.

Baßler, R.; Hamburg, Staatsinst. für Angew. Bot. **Über den Feuchtigkeitsgehalt von Fischmehlen.** Kraftfutter **45** (1962) Nr. 10. S. 467–468. – 2 Tab., 1 Lit.
Vf. untersuchte eine Vielzahl von Importfischmehlen und einige einheimische Fischmehle auf ihren Feuchtigkeitsgehalt. Die Importfischmehle haben beim Eintreffen der Ware einen sehr niedrigen und konstanten Tr.-Subst.-Gehalt. Im Verlauf der Lagerung und Bearbeitung können sie Feuchtigkeit aufnehmen. Damit ändert sich aber der Gehalt an wertbestimmenden Bestandteilen. In diesem Fall ist eine neue Feuchtigkeitsbestimmung notwendig. Ein Umrechnungsbeispiel wird angegeben. H. Kreienbring. 7360.

Bohman, V. R., Wade, M. A. und Blincoe, Clifton. Distribution of strontium in the bovine skeleton. **(Die Verteilung von Strontium im Rinderskelett.)** Science [Washington] **136** (1962) Nr. 3522. S. 1120–1121. – 2 Tab., 5 Lit.
5 Herefordrinder, 1 Kalb, 1 Jährling, 1 zweijähriges Rind, 1 dreijähriges und eine 6 Jahre alte Kuh dienten nach der Schlachtung als Untersuchungsmaterial, Rippe, Femur, 1 Brust- und 1 Schwanzwirbel, Stirnbein, Schneidezähne und Humerus dienten als Testorgane. Die Schneidezähne enthalten mehr Ca und weniger ^{90}Sr, das Stirnbein weist einen höheren Gesamt-Sr- und ^{90}Sr-Gehalt als die anderen Knochen auf. Obwohl die Rippen häufiger zum Sr-Test benutzt wurden, ist ihr Gesamt-Sr-Gehalt anscheinend doch niedriger als der des Faemur und des Stirnbeines. Andererseits sprechen bisherige unveröffentlichte Befunde aus Nevada dafür, daß zwischen dem Gesamt-Sr-Gehalt der Rippe und des Faemur eine starke Korrelation besteht. Altersmäßig ist beim Kalb der Ca- und der Sr-Gehalt im Skelett niedriger, als bei älteren Tieren. Der Ca-Wert erreicht etwa im Alter von einem Jahr den Durchschnitt, während das Gesamt-Sr- eine progressive Steigerung aufweist. Die ^{90}Sr-Konzentration ist bei dem 2jährigen Rind am höchsten und bleibt später annähernd gleich, obwohl sie bei älteren Tieren etwas nachläßt.
H. Busse. 7370.

C. UNTERSUCHUNGS- UND VERSUCHSMETHODIK

Bekersky, Ihor; New York, Univ. Med., Center, Dep. of Ind. Med. Spray technique for the preparation of thin layer chromatography plates. **(Sprühtechnik für die Herstellung von Dünnschicht-Chromatographieplatten.)** Analyt. Chem. **35** (1963) Nr. 2. S. 261–262. 7450.

Barreto, R. C. R. und Barreto, H. S. R.; Rio de Janeiro, Brazil, Univ., Inst. of Phthisiol. and Pneumonol.; Rural Univ., Nat. School of Agric. A spectrophotometric assay of water in organic solvents. **(Ein spektrophotometrischer Test auf Wasser in organischen Lösungsmitteln.)** Analyt. chim. Acta [Amsterdam] **26** (1962) Nr. 5. S. 494–495. 7462.

Britton, H. G.; London, St.Mary's Hospital, Med. School, Physiol. Dep. Some non-reducing carbohydrates in animal tissues and fluids. **(Einige nicht reduzierende Kohlenhydrate in tierischen Geweben und Flüssigkeiten.)** Biochem. J. **85** (1962) Nr. 2. S. 402–407. – 2 Abb., 3 Tab., 30 Lit.

Für die Trennung und Identifizierung von Zuckeralkoholen aus tierischen Geweben und Flüssigkeiten werden ausführlich Methoden zur Enteiweißung, Entsalzung, Papierchromatographie mit verschiedenen Lösungsmittelsystemen und Papierelektrophorese beschrieben. Das Vorhandensein von Sorbit in verschiedenen Geweben und Flüssigkeiten wurde nachgewiesen. Galactit und Mannit wurden nur in fötalem Schafs- und Lamablut gefunden. Die Konzentrationsveränderungen von Sorbit in der Widdersamenblase nach dem Tode werden besprochen und durch Versuche mit $^{14}C_6$-markierten Verbindungen die Umwandlung von Glucose und Sorbit in Fructose durch die Widdersamenblase bestätigt. Mit Ausnahme des Widdersamens konnte in allen untersuchten Proben Glycerin durch Papierelektrophorese nachgewiesen werden. F. Kreienbring. 7485.

Donelson, J. R. und Yamazaki, W. T.; Wooster, O., Soft Wheat Quality Lab. Note on a rapid method for the estimation of damaged starch in soft wheat flours . **(Bemerkung über eine schnelle Methode zur Bestimmung der Stärkebeschädigung in feinen Weizenmehlen.)** Cereal Chem. **39** (1962) Nr. 6. S. 460–462. – 1 Abb., 1 Tab., 8 Lit.
Die von Vff. erläuterte Modifikation der Ferricyanidmethode zur Bestimmung von Maltose im Mehl umschließt im wesentlichen eine Verkürzung der Enzymeinwirkungszeit auf 15 Min., Verminderung der Probengröße auf 1,0 g und Zugabe von 0,1 g Rhozyme **33** (standardisiertes diastatisches Pilzenzym, 5000 SKB-Einheiten/g, Rohm und Haas Co.). Die enzymatische Reaktion erfolgt nach Durchmischen der Bestandteile in einem 100 ml Zentrifugenglas bei 30°. Umrechnung der gefundenen Maltose auf beschädigte Stärke erfolgt durch Multiplikation mit dem empirischen Faktor 1,64. Die vorliegende Methode wurde an 40 Mehlproben mit der Methode von Sandstedt und Mattern (vgl. Cereal Chem. **37** [1960] S. 379.) verglichen, dabei ergab sich eine sehr gute Vergleichbarkeit der Ergebnisse (Korrelationskoeffizient $r = +0{,}89$, $n = 40$). F. Kreienbring. 7485.

Nordin, John H. und Hansen, R. R.; East Lansing, Mich., State Univ., Dep. of Biochem. Isolation and characterization of galactose from hydrolysates of glycogen. **(Isolierung und Charakterisierung von Galactose aus Glykogenhydrolysaten.)** J. biol. Chemistry **238** (1963) Nr. 2. S. 489–494. – 1 Abb., 4 Tab., 55 Lit. 7485.

Südhof, H., Hollmann, S., Löhr, H. und Vitalli, H. P.; Göttingen, Univ., Physiol.-Chem. Inst., Med. Klin.; Kinderklin. **Untersuchung einer glucosefreien Kohlenhydratfraktion im Trichloressigsäurefiltrat des Blutserums.** Hoppe-Seyler's Z. physiol. Chem. **327** (1962) Nr. 2/6. S. 128–134. – 6 Tab., 13 Lit. Zus. in Engl.
Aus dem Filtrat der Fällung mit Trichloressigsäure (Endkonzentration 10%) des Blutserums gesunder Versuchspersonen wird durch Ausfällen mit 2 n NaOH eine in Trichloressigsäure lösliche kohlenhydratreiche Glycoproteid-Fraktion in einer Menge von 474 ± 80 γ-% (berechnet als Hexose, Mittel von 12 Proben) gewonnen. Die Fraktion ist dialysierbar und zu etwa $^1/_3$ durch 95%igen Alkohol fällbar. Nach 3stündiger Hydrolyse in 1 n HCl bei 100° finden sich bei aufsteigender Papierchromatographie (S & S 2043 b) mit 80% n-Propanol bzw. Butanol/Eisessig/Wasser (4:1:5) Galactose, Mannose und Glucosamin neben 2 bzw. 1 nichtidentifizierten Komponenten. L-Fucose und Glucuronsäure sind nicht vorhanden. F. Kreienbring. 7485.

Moiseev, V. A. (Moissejew, W. A.); Alma-Ata, Physiol. Inst. der Akad. der Wiss. der Kasach. SSR, Lab. für Physiol. Landwirtsch. Nutztiere. Opredelenie razloženija kletčatki v rubce ovec. **(Bestimmung der Cellulosezersetzung im Schafpansen.)** Fiziologičeskij žurnal SSSR imeni I. M. Sečenova, Moskva-Leningrad **48** (1962) Nr. 9. S. 1125–1126. – 1 Abb., 3 Lit.

Vf. beschreibt eine Kapsel, mit der man die Aktivität der cellulolytischen Bakterien im Schafpansen bestimmen kann. Die Kapsel wird mit zusammengefaltetem Filterpapier beschickt, gewogen und durch eine Fistel in den Pansen eingeführt, wo sie 24 Std. verbleibt. Nach dieser Zeit wird die Kapsel abgespült, getrocknet und wieder gewogen. Der Gewichtsverlust entspricht der aufgelösten Cellulose und ist somit ein Maß für die Aktivität der cellulosezersetzenden Bakterien. Nach dieser Methode wurde bei der Untersuchung von 9 verschiedenen Rationen mit 2 fistulierten Hammeln festgestellt, daß Harnstoff die Cellulosezersetzung erhöht, Hafer dagegen erniedrigt. Maissilage hatte eine positive Wirkung auf den Celluloseabbau. J. Wünsche. 7490.

Lundblad, Gunnar; Stockholm, Sweden, Nat. Bacteriol. Lab. Proteolytic activity and trypsin inhibiting ability of serum fractions obtained chromatographically on anion exchange sephadex. **(Proteolytische Aktivität und Trypsin inhibierende Wirkung von Serumfraktionen, die durch Chromatographie an Anionenaustauscher-Sephadex erhalten wurden.)** Acta chem. scand. **16** (1962) Nr. 4. S. 975–982. — 4 Abb., 17 Lit.
Es wird eine chromatographische Trennung von normalem Humanserum mit Hilfe von Anionenaustauscher DEAE-Sephadex in Phosphatpuffer bei pH 6,6 (1,5 × 43 cm) beschrieben. Es können 2 Trypsininhibitoren (gemessen an Gelatine) und das Vorkommen von aktiviertem Plasmin nachgewiesen werden. I. Schröder. 7500.

Raymond, Samuel, Nakamichi, Masumi und Aurell, Barbro; Philadelphia, Univ. of Pennsylvania, Med. School, William Pepper Lab. Acrylamide gel as an electrophoresis medium. **(Acrylamidgel als Elektrophoresemedium.)** Nature [London] **195** (1962) Nr. 4842. S. 697–698. — 4 Abb., 7 Lit.
Mit Hilfe der Vertikal-Gel-Elektrophorese und von Acrylamidgel können Serumproteine differenziert werden (100–150 mA, 300–400 V für 2 Std. bei schwach alkalischem pH). Eine zweckmäßige Apparatur wird kurz skizziert. Nach der Elektrophorese wird das Gel 30 Min. mit Amidoschwarz angefärbt und mit 10%iger Essigsäurelösung entfärbt. Es werden einige Serumproteinmuster mit unterschiedlicher Gelkonzentration angeführt (5 und 8% Gel). Es zeigt sich bei unterschiedlich behandelten Serumproben bei 8% Gel eine differenziertere Unterteilung. Es wird eine Beziehung zwischen dem Einfluß der Gelkonzentration zur Porengröße des Gels vermutet. I. Schröder. 7500.

Hofmann, Alan F.; Lund, Sweden, Univ. of Lund, Dep. of Physiol. Chem. Thin-layer adsorption chromatography of proteins on hydroxylapatite. **(Dünnschicht-Adsorptionschromatographie von Proteinen an Hydroxylapatit.)** Biochim. biophysica Acta [Amsterdam] **60** (1962) Nr. 2. S. 458–460. — 1 Abb., 10 Lit.
Vf. berichtet über eine Methode zur Trennung von Proteinen auf Dünnschichtplatten nach Zugabe eines bindenden polymeren Agenzes (Zytel 61 (R), ein alkohollösliches Polyamid) zum Hydroxylapatit. Die Herstellung der Platten sowie die Methodik werden beschrieben. Es werden Rinderplasmaalbumin, Lysozym, Rinderribonuclease und γ-Globulin getestet. Das Hydroxylapatit enthält 0,3% Zytel 61 (R), die Plattengröße beträgt 66 × 66 mm, gearbeitet wird mit K-Phosphatpuffer bei pH 6,5 (Molarität wird von 0,02, 0,06, 0,1 bis 0,2 m variiert), die Anfärbung erfolgt mit Ninhydrin, die Entwicklungszeit beträgt 15 Min. Es wird gezeigt, daß die einfache, schnelle und empfindliche Methode für gewisse Probleme der Proteinisolierung oder Charakterisierung, möglicherweise auch für die Chromatographie anderer Makromoleküle gut geeignet ist. I. Schröder. 7500.

Elton, G. A. H. und Ewart, J. A. D.; Chorleywood, Rickmansworth, Herts., Brit. Baking Ind. Res. Assoc. Apparatus for automatic elution of wheat-protein fractions during starch-gel electrophoresis. **(Eine Apparatur zur automa-**

tischen Elution von Weizenproteinfraktionen während der Stärkegel-Elektrophorese.) J. Sci. Food Agric. **14** (1963) Nr. 3. S. 175–179. — 4 Abb., 15 Lit. 7500.

Pierce, A. E.; Babraham, Cambridge, Great Britain, A.R.C. Inst. of Animal Physiol. The electrophoretic separation and isolation of proteins in agar combined with schlieren scanning. **(Die elektrophoretische Trennung und Isolierung von Proteinen in Agar kombiniert mit „schlieren"-Prüfung.)** Biochim. biophysica Acta [Amsterdam] **59** (1962) Nr. 1. S. 149–157. — 8 Abb., 2 Lit.
Die Apparatur und Methodik werden beschrieben und die Ergebnisse der elektrophoretischen Trennung von Serumproteinen aufgezeigt. 7500.

Mould, D. L. und Dawson, A. McL.; Edinburgh, Moredun Inst., Animal Diseases Res. Assoc. Fractionation of soluble tissue proteins from brain. **(Fraktionierung löslicher Gewebeproteine aus Hirn.)** Biochem. J. **84** (1962) Nr. 2. S. 52P–53P. — 4 Lit.
Die mit 20%iger NaCl aus Schafshirn extrahierten Proteine(vgl. J. Neurochem. **4** [1959] S. 1.) wurden durch Salzpräzipitation oder Zonenelektrophorese mit nachfolgender Chromatographie an Diäthylaminoäthylcellulose (vgl. Biochem. J. **81** [1961] S. 40 P). fraktioniert und die einzelnen Bestandteile der Fraktionen stärkegelelektrophoretisch untersucht. Viele der Komponenten sind instabil und neigen zur Bildung unlöslicher Präzipitate während der Konzentration. Das günstigste Verfahren vgl. Biochem. J. **80** [1961] S. 284. Etwa 30-40% sind irreversibel an die Cellulosesäulen adsorbiert. Die verschiedenen Fraktionen stellen noch komplexe Mischungen dar. Antigene Komponenten in den Fraktionen wurden durch Mikroimmunoelektrophorese geprüft und innerhalb der Stärkegelmuster lokalisiert. I. Schröder. 7500.

Lobzov, K. I. (Lobsow, K. I.) Ėlektroforetičeskie frakcii syvorotočnych belkov i protido-lipidnych kompleksov u korov džersejskoj i černo-pestroj porod. **(Elektrophoretische Fraktionen der Molkeneiweißstoffe und der Proteid-Lipoid-Komplexe bei den Kühen der Jersey- und der Schwarzbunten-Rasse.)** Tr. Mosk. vet. akad. **41** (1962) S. 45–53. — Aus: Referativnyj žurnal. Biologija, Moskva **1962** Nr. 22. L 94. S. 16.
Es wurden Kühe der Jersey- und Schwarzbunten-Rasse in verschiedenen Laktations- und Trockenperioden untersucht. Die Tiere wurden im Sommer auf der Weide gehalten. Sämtliche Kühe waren klinisch gesund. In der Milch der Kühe der Jersey-Rasse wurden im Durchschnitt 4,25% Eiweiß und in der Milch der Schwarzbunten-Rasse 3,32% und entsprechend 3,36 und 2,55% Casein gefunden. Bei den Jersey-Kühen ist der Gehalt an Cholesterin-Caseinkomplexen um 78% höher als bei den Schwarzbunten. Je 1 g Casein sind in der Milch der Jersey-Kühe 36% mehr Cholesterin enthalten als in der Milch der Schwarzbunten-Kühe. Die elektrophoretische Untersuchung von Molkeneiweiß zeigte, daß sich die Rassen nach dem α- und β-Globulingehalt nur wenig von einander unterscheiden. Der Gehalt des Blutes an γ-Globulinen ist bei den Kühen der Jersey-Rasse größer. Nach Ansicht des Autors zeugt das Vorhandensein einer größeren Menge von Eiweiß-Lipoidkomplexen im Blute der Kühe im Verlaufe des Laktationsprozesses von einer möglichen Beteiligung der komplexen Zusammensetzung von Eiweiß-Lipoid-Komplex-Verbindungen bei der Bildung von Bestandteilen der Milch.
übersetzt v. Ch. Eshkowa. 7500.

Bennett, J. P. und Boursnell, J. C.; Cambridge, Univ., Animal Res. Stat., A. R. C. Unit of Reproduct. Physiol. and Biochem. Improvements in the method for the electrophoretic separation of proteins on agar gel. **(Verbesserungen in der Methode für die elektrophoretische Trennung von Proteinen auf Agargel.)** Biochim. biophysica Acta [Amsterdam] **63** (1962) Nr. 3. S. 382 bis 397. — 11 Abb., 1 Tab., 17 Lit.

Für die Elektrophorese von Proteinen auf Agargel, das auf Objektträger (7,5 × 2,5 cm) in Schichten von etwa 1–1,5 mm aufgetragen ist, wird ein Apparat beschrieben, bei dem eine Kühlung durch CCl_4 erfolgt. Das CCl_4 leitet die durch den Stromfluß entstandene Wärme zu einem umliegenden Eis-Wasser-Bad ab. Die konstante niedrige Temperatur (1°) hat eine niedrige Wattzahl bezogen auf die ganze Schicht zur Folge. Für die Elektrophorese wird Veronalpuffer pH 8,4, Ionenstärke 0,05, bei 120 V (16,8 V/cm) und 8 mA angewandt. Die Wirkung der Schichtstärke und Agarkonzentration sowie der Veränderungen in der Pufferkonzentration auf die durchgehende Stromstärke werden erläutert. Bei den nach der Elektrophorese des Proteins angewandten Bearbeitungs- (Präzipitation) und Färbeverfahren (Amidoschwarz 10 B) erscheinen die Proteinbanden auf einem optisch klaren Untergrund und ergeben bei der spektrophotometrischen Auswertung den Gauss-Kurven sehr ähnliche Bilder. Die max. Proteinmenge für quantitative Bestimmungen wird mit 100 γ angegeben. H. Kreienbring. 7500.

Gally, J. A. und Edelman, G. M.; New York, N. Y., Rockefeller Inst. The effect of temperature on the fluorescence of some aromatic amino acids and proteins. **(Der Einfluß der Temperatur auf die Fluoreszenz von einigen aromatischen Aminosäuren und Proteinen.)** Biochim. biophysica Acta [Amsterdam] **60** (1962) Nr. 3. S. 499–509. — 7 Abb., 1 Tab., 12 Lit.

Es wurde der Einfluß der Temperatur auf die Fluoreszenz 5 verschiedener Proteine ermittelt. Um eine Beziehung zu finden, wurde die Abhängigkeit der Fluoreszenz von der Temperatur bei Tyrosin und Tryptophan im Bereich von 25° bis 95 ° bestimmt. Während die Form des Emissionsspektrums unverändert blieb, verringerte sich die Emissionsausbeute mit steigender Temperatur. Es konnten bestimmte Differenzen hinsichtlich der Temperaturabhängigkeit von der Intensität der Fluoreszenz bei den Proteinen gefunden werden, die Tryptophan enthalten. I. Schröder. 7500.

Gordon, William G., Ziegler, Jacob und Basch, Jay J.; Philadelphia, Pa., U. S. Dep. of Agric. A. R. S., Eastern Utilization Res. and Development Div. Isolation of an iron-binding protein from cow's milk. **(Isolierung eines Eisen bindenden Proteins aus Kuhmilch.)** Biochim. biophysica Acta [Amsterdam] **60** (1962) Nr. 2. S. 410–411. — 1 Abb., 8 Lit.

Vff. isolieren mit Hilfe einer ausführlich beschriebenen Methodik ein farbloses Protein, das in der Tiselius-Apparatur und der Ultrazentrifuge als homogen erscheint. Es werden 1–2 g aus 100 l Magermilch gewonnen. Die Fe bindende Kapazität des Proteins beträgt 0,12% Fe, der Hexosegehalt 4,4%. Die erhaltenen Ergebnisse sowie durchgeführte Aminosäureanalysen lassen darauf schließen, daß das Protein entweder sehr eng mit dem roten Protein von Groves verwandt ist, wenn nicht sogar identisch. I. Schröder. 7500.

Sinell, H.-J. **Papierelektrophoretische Untersuchungen an Seren für die biologische Eiweißdifferenzierung. 1. Mitt. Vorversuche mit Nativ-Antigenen.** Berliner Münchener tierärztl. Wschr. **75** (1962) Nr. 10. S. 181–183.

Nativantigene sind nicht denaturierte Substanzen, die nach Immunisierung im allgemeinen einen besonders hohen Titeranstieg erwarten lassen, ihnen stehen die Thermoantigene gegenüber, welche aus hitzedenaturierten Muskelproteinen oder anderem org. Material gewonnen werden. Methodik, Apparatur und Ergebnisse werden beschrieben. Die Immunisierung mit nativem Rinderserum führte bei Kaninchen zu einer Erhöhung der γ-Globuline auf fast das Doppelte, während die Verabreichung von alkoholgefällten nativen Antigenen aus Muskulatur von verschiedenen Säugetieren und Geflügel sowie Gänseleber nur von einem geringen Ansteigen der Globuline gefolgt war. Die übrigen Globulinfraktionen verhielten sich unterschiedlich. Die mittels Papierelektrophorese untersuchte quantitative Zusammensetzung der Serumeiweißkörper und deren Änderung im Immunisierungsprozeß ließen weder auf Höhe, noch auf Spezifität der zu erwartenden präzipitierenden Serumtiter sichere Rückschlüsse zu. W. Mathieu. 7500.

Zittle, C. A., Thompson, M. P., Custer, J. H. und Cerbulis, J.; Philadelphia, Pa., Eastern Regional Res. Lab. K-casein-β-lactoglobulin interaction in solution when heated. **(K-Casein-β-Lactoglobulin-Wechselwirkung in Lösung beim Erhitzen.)** J. Dairy Sci. **45** (1962) Nr. 7. S. 807–810. – 2 Abb., 2 Tab., 12 Lit.
Wenn 0,5%ige Lösungen von K-Casein und β-Lactoglobulin bei pH 7 15 Min. auf 90° erhitzt werden, kommt es zu Wechselwirkungen zwischen den beiden Proteinen. Vff. fanden mit Hilfe der Elektrophorese (elektrophoretische Technik n. Tiselius; 1% Ameisensäure + 6% Essigsäure) nach dem Erhitzen nur noch eine Komponente, deren Wanderungsgeschwindigkeit zwischen denen der Ausgangskomponenten liegt. Mit Hilfe der Ultrazentrifuge wurde eine neue Komponente mit einem S_{20}-Wert von 45 nachgewiesen. Die stabilisierende Wirkung des K-Caseins auf Ca-empfindliches Casein wird dadurch beträchtlich reduziert. Die Koagulationszeit des K-Casein durch Rennin wird wesentlich erhöht. I. Schröder. 7500.

Padmoyo, M. und Högl, O. **Beiträge zu der Papierelektrophorese des Getreideeiweißes. 1. Teil.** Mitt. Gebiete Lebensmittelunters. Hyg. [Bern] **53** (1962) Nr. 4. S. 290–319. – 23 Abb., 4 Tab., 18 Lit. Zus. in Engl., Franz.
Es wurden papierelektrophoretisch die aus Reis (poliert und roh), Hafer (Vollkorn) und Weizen (Vollkorn) extrahierten Proteine verglichen. Die fein gemahlenen Getreidekörner wurden mit aqua dest. (Albumine), Äthanol (Prolamine), NaCl-Lösung (Globuline) und NaOH (Gluteline) extrahiert. Die Bestimmung der prozentualen Zusammensetzung des Getreideproteins an den Fraktionen erfolgte mittels der Kjeldahlmethode und die Charakterisierung der papierelektrophoretisch aufgetrennten Komponenten der Eiweißfraktionen durch die elektrophoretischen Beweglichkeiten. Auf Grund der Extinktionsdiagramme und der elektrophoretischen Beweglichkeiten wurde versucht, Ähnlichkeiten sowie Unterschiede zwischen den Eiweißfraktionen der 3 Getreidearten aufzuzeigen. Ergebnis: Die auf Grund der Löslichkeit getrennten Fraktionen des Getreideproteins bestehen elektrophoretisch aus mehreren Komponenten. Prolamin ist sowohl im Rohreis als auch im polierten Reis vorhanden. Zwischen den verschiedenen Fraktionen des Reis-Hafer- und Weizenproteins sind sowohl Ähnlichkeiten als auch Unterschiede festzustellen, die im einzelnen diskutiert werden. I. Schröder. 7500.

Sonnino, F. R. und Gazzaniga, P. P.; Roma, Univ., Ist. di Patol. Gen. Agar electrophoresis of soluble proteins isolated from cellular fractions of CCl_4-treated rat liver. **(Agar-Elektrophorese löslicher Proteine, isoliert aus Cellularfraktionen CCl_4-behandelter Rattenleber.)** Experientia [Basel] **18** (1962) Nr. 5. S. 215–217. – 2 Abb., 1 Tab., 10 Lit. Zus. in Ital.
Es wird über die Fraktionierung löslicher Proteine berichtet. Untersucht wurden nucleare, mitochondriale und cytoplasmische Fraktionen, die aus normalen und CCl_4 behandelten Leberzellen isoliert wurden. Für die Trennung erfolgte die Elektrophorese unter folgenden Bedingungen: Na-Barbiturat (0,065 m), HCl (0,017 m), pH 8,2, $\mu = 0{,}05$, 6,4 V/cm, 2,5 mA/cm, 7 Std. Die Anfärbung erfolgte mit Amidoschwarz 10 B bzw. mit Sudanschwarz. Zwischen behandelten und unbehandelten Tieren werden wesentliche Unterschiede hinsichtlich der einzelnen Proteine aufgezeigt.
I. Schröder. 7500.

Kato, Tetsuya und Tsuchiya, Yoshio; Kawasaki, Ajihomoto Co., Inc., Centr. Res. Lab. Resolution of DL-glutamic acid with optically active neutral amino acid amides. **(Zerlegung von DL-Glutaminsäure mit optisch aktiven**

neutralen Aminosäureamiden.) Agric. biol. Chem. [Tokyo] **26** (1962) Nr. 8. S. 473–485. — 11 Abb., 5 Tab., 14 Lit. Orig.: engl.
Durch Auftrennung mit L-Tyrosinamid und L-Leucinamid wurde aus DL-Glutaminsäure Na-L-Glutamat in Ausbeuten von 65 resp. 80% erhalten. Versuche mit L-Phenylalaninamid als Auftrennungsagens ergaben nur eine geringe Ausbeute an reiner D-Glutaminsäure. J. Wünsche. 7505.

Mehlman, Myron A. und Wolf, George; Urbana, Univ. of Illinois, Radiocarbon Lab.; Div. of Animal Nutrit. Studies on the distribution of free carnitine and the occurrence and nature of bound carnitine. **(Untersuchungen über die Verteilung von freiem Carnitin und über Vorkommen und Natur von gebundenem Carnitin.)** Arch. Biochem. Biophysics **98** (1962) Nr. 1. S. 146 bis 153. — 2 Abb., 5 Tab., 14 Lit.
Es wurde die Verteilung von Carnitin in verschiedenen Rattengeweben untersucht. Als Bestimmungsmethode diente ein modifiziertes Verfahren der Vff. Wolf, G. und Berger, C. R. A. (vgl. LZ. Abt. III **7** [1962] Nr. 5. S. 1049.). Im Muskel wurden 120–180 μg/g, im Hirn 20 μg, in der Leber 60–90 μg, im Hoden 115 μg gefunden. Verschiedene Behandlungen mit org. Lösungsmitteln und Säuren führten zu keiner Erhöhung der Carnitinwerte. Das gesamte Carnitin war dialysierbar. Gebundenes Carnitin wurde im Säugetiergewebe nicht festgestellt. Eine Bestätigung dieser Ergebnisse erfolgte mit Hilfe markierten Carnitins. Im Hühnerembryo wurde eine große Zunahme des Carnitins zwischen dem 12. und 16. Tag (etwa 175 bzw. 850 μg/Ei) gefunden. Das Eidotter enthielt davon 40–50% des Gesamteies, wovon 20–45% in gebundener Form vorliegen. Durch spez. Extraktionsverfahren kann gezeigt werden, daß das gebundene Carnitin mit Phospholipiden kombiniert ist. I. Schröder. 7505.

Fletcher, J. C. und Robson, A.; Torridon, Headingley, Wool Ind. Res. Assoc. A method for the determination of cystine plus cysteine in proteins. **(Eine Methode zur Bestimmung von Cystin plus Cystein in Proteinen.)** Biochem. J. **84** (1962) Nr. 2. S. 439–444. — 1 Abb., 2 Tab., 29 Lit.
In der beschriebenen Methode werden die Proteine (Insulin, Lysozym und Rinderplasmaalbumin) in Gegenwart von ^{35}S-Cystin unter verschiedenen Bedingungen hydrolysiert (16 Std. bzw. 24 Std. bzw. 40 Std. mit 5,7 n HCl oder 5 Tage mit 10 n HCl bei 37°, gefolgt von einer 24-Std. Hydrolyse mit 5,7 n HCl). Das Cystin wird säulenchromatographisch (4 $\times$ 46 cm Säule) mit Zeo-Karb 225 (X 4) isoliert und die spez. Aktivität folgendermaßen bestimmt: Cystin S + Cystein S = Gesamtaktivität vor der Hydrolyse: spez. Aktivität des isolierten Cystins. Die Untersuchungsergebnisse von Insulin und Lysozym befinden sich in guter Übereinstimmung mit der Struktur, bei Rinderplasmaalbumin handelt es sich um neue experimentelle Werte. Über die Stabilität von Cystin in sauren Lösungen werden einige Angaben gemacht.
I. Schröder. 7505.

Paquot, C., Mercier, J., Mathieu, A., Lefort, D. und Perron, R.; Paris, Centre Nat. de la Rech. Sci., Lab. de Biochem. Les méthodes analytiques des lipides simples. **(Die analytischen Methoden der natürlichen Fette.)** Ann. Nutrit. Alimentat. [Paris] **16** (1962) Nr. 1/2. Techn. S. 1–280.
Den Autoren zufolge ist die Darstellung geeignet, auch einen nicht auf das Fettgebiet spezialisierten Leserkreis über die analytischen Methoden der Fettuntersuchung zu unterrichten. Neben allgemeinen Grundlagen zur Analyse werden zahlreiche Arbeitsvorschriften zur Bestimmung physikal. und chem. Konstanten der Fette sowie zur Identifizierung und Abtrennung verschiedener Fettbestandteile (z. B. Sterole, Antioxydantien usw.) mitgeteilt.
R. Ritter. 7520.

Sabacky, M. Jerome, Jones, Lee B., Frame, Harlan D. und Strain, Harold H.; Argonne Nat. Lab. Elution capacity of organic substances in

solution-adsorption chromatography. **(Elutionskapazität von organischen Substanzen bei der Lösungs-Adsorptions-Chromatographie.)** Analyt. Chem. **34** (1962) Nr. 3. S. 306–311. — 12 Abb., 1 Tab., 19 Lit.
An einer standartisierten Magnesia-Säule wurde der Wirkungsgrad von verschiedenen org. Lösungsmitteln als Elutionsmittel mit β-Carotin (10 mg β-Carotin in 100 ml Petroläther) getestet. Die Bestimmung des R-Wertes für Carotin ergab bei Petroläther 0,02; n-Hexan 0,03; n-Heptan 0,03; Dekan 0,03; 2,2,4-Trimethylpentan 0,03; Zyklohexan 0,04; Tetrachlorkohlenstoff 0,11,; Schwefelkohlenstoff 0,30; Diäthyläther 0,23; Triäthylamin 0,48; Aceton 0,84; Benzin 1,00. Es ergaben sich keine Zusammenhänge zwischen der Elutionswirkung und den Dipolwerten oder dielektrischen Konstanten. Es wurde der R-Wert für Carotin in Abhängigkeit von der Konzentration der Lösung (Molarität, von 0,1–1,0) für 5 aromatische Kohlenwasserstoffe, 3 aromatische Chlorverbindungen, 4 aromatische Äther, 3 Nitrotoluole, 5 Nitroverbindungen, 5 Ketone, 4 Ester, 5 aliphatische Alkohole, 2 Isoalkohole, 4 Amine und 2 Nitrile ermittelt und in Kurven dargestellt. Der Unterschied im R-Wert war zwischen den verschiedenen Konzentrationen oft größer als zwischen den einzelnen Verbindungen bei einer bestimmten Konzentration. Die Elutionsleistung der Einzelsubstanzen hängt von bestimmten strukturellen Gruppen und ihrer Lokation im Molekül ab. Nichtpolare Lösungsmittel (z. B. Petroläther) erlauben eine starke Adsorption und sind die schwächsten Elutionsmittel. M. Hoffmann. 7535.

Kirby, K. S.; London, Roy. Cancer Hospital, Chester Bealty Res. Inst.; Inst. of Cancer Res. Ribonucleic acids. II. Improved preparation of rat-liver ribonucleic acid. **(Ribonucleinsäuren 2. Mitt. Verbesserung der Präparation von Rattenleber-Ribonucleinsäure.)** Biochim. biophysica Acta [Amsterdam] **55** (1962) Nr. 4. S. 545–546. — 1 Tab., 6 Lit.
Die gefrorenen Lebern (50 g) werden in 0,015 m Naphthalin-1,5-disulfonsäure (400 ml) zerkleinert und schnell mit Phenol (400 ml 90%ig mit 0,1% 8-Oxychinolin) gemischt. 20 Min. wird bei 20° gerührt und dann bei 700 g und 0° 40 Min. zentrifugiert. Die überstehende Lösung wird abgesaugt, der Rückstand gewaschen und in den kombinierten Lösungen wird die RNS mit 2 Vol Äthanol gefällt und abzentrifugiert (700 g, 10 Min. 0°). Der Niederschlag wird mit Äthanol-Wassser (3:1) und mit 2-Methoxyäthanol gewaschen. Die Trennung der RNS vom Glykogen wird beschrieben. Die RNS-Ausbeute aus 100g Leber betrug 750 mg. Der P-Gehalt der RNS betrug 6,45% und die Basenzusammensetzung Guanin:Adenin:Cytosin:Uracil = 32,8:19,2:31,0:17,0. Vf. gibt abschließend Beweise, daß seine neue Methode unversehrtere RNS liefert als die bisherige Phenol-Wasser-Methode allein. H. Bergner. 7540.

Murray, T. K. und Campbell, J. A.; Ottawa, Dep. of Nat. Health and Welfare, Food and Drug Lab. Estimation of the biological potency of various forms of vitamin A. **(Die Bestimmung der biologischen Potenz verschiedener Vitamin A-Formen.)** Canad. J. Biochem. Physiol. **39** (1961) Nr. 11. S. 1687 bis 1693. — 4 Abb., 3 Tab., 18 Lit.
Vff. vergleichen Methoden zur Bestimmung der „biologischen Potenz“ bei verschiedenen Vit.-A-Isomeren in verschiedenen physikal. Zustandsformen (1. in Öl gelöst, 2. in Wasser dispergiert, 3. getrocknet und stabilisiert). Es werden die biol. Methoden des Vaginalabstriches und des Leberspeicherungstestes beschrieben und mit ihnen folgende Vit.-A-formen getestet: All-trans-acetat, All-trans-aldehyd, 2-Mono-cis-acetat, 2-Mono-cis-aldehyd, 6-Mono-cis-acetat, 6-Mono-cis-aldehyd, 2,6-Di-cis-acetat. Zwischen den beiden Verfahren wurde eine gute Übereinstimmung gefunden. Es wurden die U.S.P. (United State Pharmacopeia)-Methode (spektrophotometrisch) und die $SbCl_3$-Methode angewandt und die Korrektur auf der Basis des Maleinwertes diskutiert. Die Zusammenhänge zwischen biol. und chemisch-physikal.

Verfahren werden dargestellt und im Begriff der „relativen Biopotenz“ miteinander verknüpft:

$$\frac{\text{Biologischer Test} \times 100}{\text{Wert der U.S.P.-Methode}}$$

$$\text{oder } \frac{\text{Biologischer Test} \times 100}{\text{Wert der } SbCl_3\text{-Methode}}$$

(alle Werte in I. E./g).

Die 3 verschiedenen Zustandsformen des Vit. A, die geprüft wurden, zeigten keine wesentlichen Unterschiede in der Verwertung. M. Hoffmann. 7562.

Meljukov, A. N. und Devjatnin, V. A. (Meljukow, A. N. und Dewjatnin, W. A.) Chimičeskij metod opredelenija sterinov i vitamina D v kormach. **(Ein chemisches Verfahren für die Bestimmung der Sterine und des Vitamin D in Futtermitteln.)** Tr. Vses. n.-i. vitamin. in-t **8** (1961) S. 114–119. – 15 Lit. Aus: Referativnyj žurnal. Biologija, Moskva **1962** Nr. 14. L 1. S. 1.
Die chemische Sterinbestimmung (C) ermöglicht es, den Gehalt eines Futtermittels an Provitamin D festzustellen. Der Sterin-Gehalt des Klees ist um 42–60,5% höher als der des Lieschgrases. Wenn eine Pflanze wächst, vergrößert sich ihr Sterin-Gehalt und erreicht sein Max. zu Beginn der Samenbildung. Klee und Lieschgras als Heu enthalten 0,13–0,17% Sterin. Der Sterin-Gehalt des Silomaises beträgt in der Zeit der Milchreife 0,15%. Bei natürlicher Trocknung der Grünpflanzen zu Heu verwandelt sich Sterin je nach der Intensität der natürlichen UV-Strahlung in Vit. D. Der Vit.-D-Gehalt beträgt in durchschnittlichen Klee-Lieschgras-Heuproben 520–841 i.E. und in Wiesenheuproben 380–480 i.E. je kg. übersetzt v. R. Hüffer. 7564.

Travis, James und Robinson, A. D.; Winnipeg, Univ. of Manitoba, Dep. of Chem. The separation and estimation of riboflavin and its derivatives in mixtures. **(Die Trennung und Bestimmung von Riboflavin und seiner Derivate in Mischungen.)** Canad. J. Biochem. Physiol. **40** (1962) Nr. 9. S. 1251–1252. – 1 Tab., 8 Lit.
Mit Hilfe der 2dimensionalen aufsteigenden Papierchromatographie ist die qualitative Auftrennung von Riboflavin, Flavin-Mononucleotid, Flavin-Adenin-Dinucleotid, Lumiflavin und Lumichrom (LC) möglich. Die Laufzeit in der 1. Richtung beträgt 30 Std. in wassergesättigtem 2,4-Lutidin, in der 2. Richtung 24 Std. in n-Butanol-Eisessig-Wasser (4:1:5). Die einzelnen Flecke fluoreszieren im UV-Licht und können auf Grund ihrer verschiedenen Farbe und Lage identifiziert werden. Die 1dimensionale Trennung nach Huennekens und Mitarbeiter (vgl. J. Amer. chem. Soc. **75** [1953] S. 3611.) mit 5%ig. Na_2HPO_4 ermöglicht nach Elution der Flecken eine quantitative fluorometrische Bestimmung. In Mengen von 0,6 μg oder weniger werden alle Komponenten (außer LC) leidlich zufriedenstellend wiedergefunden. Die LC-Werte sind zu hoch. Da die Summe aller Komponenten nahezu 100% beträgt, beruhen die Verluste an anderen Komponenten offenbar auf einer Umwandlung in LC. J. Wünsche. 7568.

Bauriedel, Wallace R.; Midland, Mich., Dow Chem. Co., Bioproducts Dep. The manometric assay of D-amino acid oxidase in chicken tissue. **(Die manometrische Bestimmung der D-Aminosäure-Oxydase im Kükengewebe.)** Poultry Sci. **41** (1962) Nr. 5. S. 1616–1617.
Vf. hat den Einfluß verschiedener Puffersysteme und pH-Werte im Inkubationsmedium auf das Ergebnis der manometrischen D-Aminosäure-Oxydase-Bestimmung in Leber-(1:10) und Nierenhomogenaten (1:20) von 6 bis 12 Wochen alten Hähnchen untersucht. Danach werden die höchsten Werte nach der Vorschrift von Rodney und Gardner erhalten (vgl. J. biol. Chemistry **125** [1938] S. 209; Krebs-Ringer-Phosphatpuffer pH 7,4, ohne $CaCl_2$

aber mit Zusatz von 0,05M $NaAsO_2$). Die Aktivität in der Leber bleibt bei Aufbewahrung auf Eis 24 Std. erhalten, nimmt jedoch bei Einfrieren oder Herstellung eines acetongetrockneten Pulvers ab. Nierengewebe kann ohne Aktivitätsverlust eingefroren werden. B. Gaßmann. 7580.

Martensson, Erik; Gothenburg, Sweden, Univ., Dep. of Med. Biochem. Quantitative estimation of sulfates in lipid extracts. **(Quantitative Bestimmung von Sulfaten in Lipidextrakten.)** Biochim. biophysica Acta [Amsterdam] **70** (1963) Nr. 1. S. 1–8. – 4 Abb., 2 Tab., 27 Lit. 7640.

Follett, M. J. und Ratcliff, P. W.; London, J. Sainsbury Ltd. Determination of nitrite and nitrate in meat products. **(Bestimmung von Nitrit und Nitrat in Fleischprodukten.)** J. Sci. Food Agric. **14** (1963) Nr. 3. S. 138–144. – 5 Abb., 22 Lit. 7650.

Barker, W. F.; Grahamstown, Rhodes Univ., Dep. of Chem. Some problems in trace element analysis. **(Einige Probleme der Analyse von Spurenelementen.)** South African J. Sci. **58** (1962) Nr. 9. S. 259–267. – 54 Lit.
Es wird über die Ergebnisse der an der Rhodes-Univ. auf dem Gebiet der Boden- und Pflanzenanalyse durchgeführten Arbeiten berichtet. Die Thematik der Arbeiten umfaßt Entnahme von Bodenproben, pH-Messungen, Methoden zur Bestimmung austauschbarer Basen im Boden, Diskussion und statistische Behandlung der bei der Probenahme von Blättern auftretenden Fehler sowie Anwendung moderner Methoden, wie Polarographie und Spektroskopie bei der Boden- und Pflanzenanalyse. Die ausführlichen Untersuchungen über Fehlerquellen bei der Probenahme und Verarbeitung der Proben hatten genaue und standardisierte analytische Methoden zur Voraussetzung. Daher wurden die Bestimmungsmethoden für N, P und K bei Bodenuntersuchungen und für N, P, K, Ca, Mg, Na, Fe, Mn, Zn, Cu, B und Mo bei Blattanalysen standardisiert. Mit Hilfe dieser Methoden wurden die Nährstoffgehalte von Citrus- und Ananasblättern ermittelt und eine Grundlage für Erkennen und Behebung von Nährstoffmangel dieser Kulturen geschaffen. P. Stoß. 7650.

Balch, C. C., Johnson, V. W. und Machin, C.; Shinfield, Reading, Nat. Inst. for Res. in Dairying. Housing and equipment for balance studies with cows. **(Stall und Ausrüstung für Bilanzuntersuchungen mit Kühen.)** J. agric. Sci. **59** (1962) Nr. 3. S. 355–358.
Vff. beschreiben den Stall für Stoffwechseluntersuchungen, der sich in 3 Abteile gliedert: Raum mit 9 Versuchsständen (52 × 25 ft), Lagerräume für Futter(46 × 24 ft) und Nebenräume für Lagerung von Proben sowie Reinigung von Personal und Gerätschaften. Die Versuchsstände sind durch geschlossene Wände voneinander getrennt. Das Sammeln des Kotes erfolgt mit Beuteln. Die Harnsammelflaschen befinden sich in einer Vertiefung hinter den Ständen. Der Arbeitsablauf wird beschrieben und die Verbesserungsmöglichkeiten sind angegeben. B. Piatkowski. 7755.

Chemnitius, K. H.; Jena, Friedrich-Schiller-Univ., Inst. für Pharmakol. **Zur getrennten Gewinnung von Harn und Kot bei Stoffwechselversuchen an Ratten.** Z. Versuchstierkunde **1** (1962) Nr. 6. S. 179–183. – 3 Abb., 10 Lit.
Vf. beschreibt eine von ihm vorgeschlagene Modifikation der von Columbus entwickelten Stoffwechselkäfige für Ratten zur quantitativen Trennung von Kot und Harn. Das Prinzip der quantitativen Harn-Kot-Trennung, bei dem eine Benetzung des Kotes durch Harn vermieden wird, beruht auf der Adhäsion des Harns an der Glasinnenwand des „Urin-Kot-Scheiders".
H.-D. Bock. 7755.

Kielanowski, J. und Keller, J.; Jablonna bei Warschau, Poln. Akad. der Wiss., Inst. für Tierphysiol und Tierernähr. **Eine Methode quantitativer Einzelfütterung von Küken.** Arch. Tierernähr. **12** (1962) Nr. 5. S. 261–267. – 2 Abb., 1 Tab., 1 Lit.

Vff. entwickeln eine Methode zur quantitativen Einzelfütterung von Küken. Sie verwenden eine abgeänderte Hauptner-Muto-Injektionsspritze und breiiges Futter (2 Teile feingemahlenes Trockenfutter und 3 Teile Wasser). Im Laufe der ersten 2 Lebensmonate der Küken (Kreuzungstiere Cornish × Rhode Island Red) wuchsen die Tiere entspr. ihrer Tagesration normal. Sezierte Küken zeigten nach 30 Tagen lediglich ein etwas geringeres Gewicht des Muskelmagens (i. Vgl. zu Tieren mit Trockenfutter). Zwangsweise verabreichte Tagesrationen, die den Bedarf der Küken wesentlich überschritten, führten zu Entartungserscheinungen, insbesondere einer Hypertrophie der Leber, übermäßigen Fettablagerungen und schwacher Entwicklung der Skelettmuskeln. H. Bergner. 7755.

Kállai, L. und Till, M. Adatok az ürükön végzett kihasználási kisérletek módszereihez. A báriumszulfát és a krómoxid mint index-anayg. **(Angaben über Verfahren zur Futterverwertungsermittlung von Hammeln. Das Bariumsulfat und das Chromoxyd als Indikatoren.)** Kísérletügyi Hözlemények, Allattenyésztés [Mitt. landwirtsch. Versuchsstellen Ungarns, Tierzucht] **54/B** (1961) Nr. 1. S. 15–39. — Aus: Ung. Agrar-Rdsch. **1963** Nr. 2.

Die mit dem Indikatorverfahren gewonnenen Werte der geringeren Verdauungskoeffizienten unter 45% sind um 1% höher, die der größeren von 70–80% etwas kleiner als die mit der konventionellen Technik ermittelten. Beim Vergleich der mit der quantitativen Methode des Kotsammelns gewonnenen Ergebnisse stellten sie beim Gebrauch von Bariumsulfat eine Übereinstimmung von r = 0,9838, bei dem von Chromoxyd eine von r = 0,9919 fest. Der Korrelationswert zwischen den mit den beiden Methoden ermittelten VK betrug sowohl für die Tr.-Subst. als auch für die org. Subst. und die N-fr. E. r = 0,9880; für Rohprotein, Rohfett und Rohfaser belief sie sich auf r = 0,9040. 7760.

Williams, C. H., David, D. J. und Iismaa, O. The determination of chromic oxide in faeces samples by atomic absorption spectrophotometry. **(Die Bestimmung von Chromoxyd in Faecesproben durch Atomabsorptionsspektrophotometrie.)** J. agric. Sci. **59** (1962) Nr. 3. S. 381–385.

Der Chromgehalt von Faecesproben läßt sich durch Messen der Absorption von Chromresonanzlinien messen. Die Stärke der Absorption wird für 6 Wellenlängen (3578,7; 3593,5; 3605,3; 4254,3; 4274,8 und 4289,7 A) angegeben. Si, Al, Ca und Mg verursachen Interferenzen. Durch Zugabe von Ca zur Testlösung und von Si zur Standardlösung wird die Störung behoben. Der Aufschluß der bei 600° veraschten Probe (1 g) erfolgt durch eine Phosphorsäure-Mangansulfat-Kaliumbromatlösung (I). Die Messung erfolgt nach Zufügen von $CaCl_2$ Lösung zum Filtrat. Die Standards enthalten 0–70 ppm Cr, 500 ppm Ca, 50 ppm Si und (I) in der gleichen Konzentration. Die gefundenen Ergebnisse stimmen gut mit denen der chemischen Methode überein. H. Steger. 7760.

Kondo, Fumio und Hatano, Tadashi; Tohoku, Fac. of Agric., Dep. of Animal Husbandry. Study on the copper chlorophyll as an indicator for the digestion trial. **(Studie über Cupferchlorophyll als ein Indikator für den Verdaulichkeitsversuch.)** Tohoku J. agric. Res. **13** (1962) Nr. 3. S. 205–210. — Orig.: engl.

Für die Bestimmung der Verdaulichkeit von Futter wird eine Methodik mitgeteilt, bei der das im Futter bzw. in frischer Faeces vorhandene Chlorophyll als Indikator dient. Man behandelt 2 g feingemahlenes Futter bzw. frischen Kot 3 Std. mit einer Lösung von 20 ml 0,1 mol $CuCl_2$ in 1 n HCl und extrahiert dann den Farbstoff quantitativ mit 85%igem Aceton. Etwa 7 Tage nach Beginn der Versuchsperiode wurden bei Ziegen sehr gute mit der konventionellen Methode übereinstimmende Ergebnisse festgestellt. (Messung der Absorption bei 406 mμ). Die Cupferchlorophyll-Lösungen sind gegenüber Licht wesentlich beständiger als die der Chromogene. Spektralabsorptionskurven der Cupferchlorophyll-Lösungen verschiedener Futtermittel sind nicht einheitlich. Die aus Faeces erhaltenen Cupferchlorophyll-Lösungen zeigten Maxima bei 340, 420 und 650 mμ. H. Steger. 7760.

Fina, L. R., Keith, C. L., Bartley, E. E., Hartman, P. A. und Jacobson, N. L.; Manhattan, Kansas State Univ.; Ames, Iowa State Univ. Modified in vivo artificial rumen (vivar) techniques. **(Modifizierte in vivo-künstliche Pansen [vivar]-Technik.)** J. Animal Sci. **21** (1962) Nr. 4. S. 930–934. – 3 Abb., 1 Tab., 11 Lit.
Die früher von anderen Autoren angegebenen vivar-Methoden basierten auf permeablen Porzellanteströhrchen, die hinsichtlich der durchschnittlichen Porengröße, ihrer Gleichmäßigkeit sowie der Reinigung unbefriedigend waren. Vff. beschreiben 2 neue, bessere vivar-Einrichtungen, von denen erstere industriell lieferbar ist. Die eine Apparatur besteht aus rostfreiem Stahl, die andere aus Glas. Von Vorteil ist, daß in jedem Fall die zur Permeabilität vorhandene Filterscheibe bequem und leicht ausgewechselt werden kann. Hinsichtlich einer quantitativen Diffusion flüchtiger Fettsäuren erbringen Membran- (0,3 μ Poren) und „Visking"-Filter die besten Resultate.
H. H. Budzier. 7770.

Johnson, Ronald R., Dehority, Burk A., Parsons, J. L. und Scott, H.W.; Wooster, Ohio Agric. Exp. Stat. Discrepancies between grasses and alfalfa when estimating nutritive value from in vitro cellulose digestibility by rumen microorganisms. **(Unterschiede zwischen Gräsern und Luzerne bei der Nährwertbestimmung aus der in vitro-Verdaulichkeit der Cellulose durch Pansenmikroorganismen.)** J. Animal Sci. **21** (1962) Nr. 4. S. 892–896. – 1 Abb., 5 Tab., 20 Lit.
Knaulgras (2), Trespe (2), Rohrglanzgras (2), Timothe (2) und Luzerne (3) wurden künstlich getrocknet, die in vivo-Verdaulichkeit (**I**) mit Hammeln, die in vitro (**II**) mit Inokulaten eines Ochsen bestimmt. **I** der einzelnen Nährstoffe und der Energie der Gräser und Luzerne zeigten keine besonderen Unterschiede. **II** mit 12stündiger Dauer brachte außerordentlich enge Korrelationen mit **I** der Tr.-Subst., Cellulose, Energie und „Nutritive value index" (NVI), wenn die Gräser für sich oder mit der Luzerne zusammen betrachtet wurden. Eine in vitro-Inkubationszeit von jedoch 24 Std. oder 48 Std. ließ nicht bei den Gräsern allein, aber bei Einschluß der Luzerne den Korrelationskoeffizienten des NVI von $r = 0{,}86$ auf $r = 0{,}54$ bzw. $r = 0{,}37$ abfallen, während bei den anderen Größen nur geringfügige Veränderungen eintraten. Vielleicht hängt dieses mit dem offensichtlich besonderen Einfluß der Lignifizierung auf die Celluloseverdaulichkeit der Luzerne zusammen.
H. H. Budzier. 7770.

Hartfiel, W. und Brockmeyer, W.; Bonn, Univ., Inst. für Tierzucht und Tierfütter. **Zur chemischen Qualitätsbestimmung von Sojaschroten.** Kraftfutter **46** (1963) Nr. 1. S. 19–20.
Zur Ermittlung der Eiweißqualität von dampferhitztem Sojaextraktionsschrot werden 2 einander ergänzende Methoden, nämlich die Bestimmung der Ureaseaktivität und der Eiweißlöslichkeit, angewandt. Vff. teilen Vereinfachungen der von Bollmann und Bassler (vgl. LZ. Abt. **III 6** [1961] Nr. 2. S. 336.) entwickelten Methoden mit, die eine bessere Reproduzierbarkeit der Versuchsergebnisse sichern sollen. H.-D. Bock. 7790.

Frehn, John L. und Anthony, Adam; University Park, Pennsylvania State Univ., Dep. of Zool. and Entomol. Respiration and phosphorylation of liver mitochondria from cold-exposed rats and chipmunks. **(Respiration und Phosphorylation von Lebermitochondrien von Kälte ausgesetzten Ratten und Eichhörnchen.)** Amer. J. Physiol. **203** (1962) Nr. 5. S. 821–824. 7802.

D. ERNÄHRUNGSPHYSIOLOGIE

Verdauung und Resorption

Kondo, Michiyo; Tokyo, Univ., Inst. of Appl. Microbiol., Lab. of Enzymol. Effect of fatty acids on the proteolysis of proteins. III. Hydrolyses of ovalbumin and serum albumin by several proteases in the presence of fatty acid. **(Die Wirkung von Fettsäuren auf die Proteolyse von Proteinen. 3. Mitt. Hydrolyse von Ovalbumin und Serumalbumin durch verschiedene Proteasen in Gegenwart von Fettsäure.)** J. Biochemistry [Tokyo] **52** (1962) Nr. 4. S. 279 bis 283. — 10 Abb., 8 Lit. Orig.: engl.

Die Wirkung verschiedener Konzentrationen von Na-laurat im Bereich von $5 \times 10^{-4} - 2 \times 10^{-2}$m auf die Proteolyse von Ovalbumin und Pferdeserum-Albumin durch Trypsin, Chymotrypsin und die Proteasen von Bacillus subtilis und Streptomyces griseus wird untersucht. Die Reaktionslösung enthält 1% Albumin und 0,1% Enzym in 0,1 m Tris-HCl-Puffer pH 8,0 bei 37°. Aliquote Teile werden zu verschiedenen Zeiten entnommen, mit 5% $HClO_4$-das unverdaute Protein ausgefällt und bei 280 mμ die Absorption der Lösung als Maß für die verdaute Proteinmenge gemessen. Durch Na-laurat wird die Proteolyse von Ovalbumin verstärkt. Bei der Hydrolyse des Serumalbumins ergibt sich für niedrige Fettsäurekonzentrationen eine beträchtliche Hemmung, Konzentrationen über 2×10^{-3}m ergeben geringe Inhibitorwirkung, Konzentrationen über 2×10^{-2}m stimulieren die Hydrolyse. Die mögliche Ursache wird besprochen. Bei der Untersuchung unterschiedlicher H^+-Konz. auf die Verdauung von Serumalbumin durch Trypsin und Chymotrypsin ergibt sich ein optimaler pH 8,0 unabhängig von der Fettsäurekonzentration beim Trypsin. Bei Chymotrypsin verändert sich der optimale pH in Abhängigkeit der Fettsäurekonzentration. H. Kreienbring. 7852.

Kondo, Michiyo; Tokyo, Univ., Inst. of Appl. Microbiol., Lab. of Enzymol. Effect of fatty acid on the proteolysis of proteins. IV. Paperelectrophoretic and dialytic analyses of the reaction mixture of fatty acid and ovalbumin or serum albumin. **(Die Wirkung von Fettsäure auf die Proteolyse von Proteinen. 4. Mitt. Papierelektrophorese- und Dialyse-Analysen der Reaktionsmischung von Fettsäure mit Ovalbumin oder Serumalbumin.)** J. Biochemistry [Tokyo] **52** (1962) Nr. 4. S. 284–289. — 8 Abb., 11 Lit. Orig.: engl. 3. Mitt. vgl. vorst. Ref.

Für die Untersuchungen der Reaktionsmischung (vgl. 3. Mitt.) von Protein, Protease und Fettsäure wird 1-^{14}C-Natriumlaurat eingesetzt. Die Papierelektrophorese erfolgt auf horizontalen Filterpapierstreifen (Toyo Roshi Nr. 51 A) unter Anwendung von 0,1 m Veronalpuffer pH 8,4. 5 mm^3 der Testmischung (125 γ Protein, 1–5 γ Fettsäure) werden aufgetragen und 8–10 Std. unter einer Spannung von 10 V/cm und 0,5 mA/cm der Elektrophorese unterworfen. Bei niedriger Fettsäurekonzentration kann Ovalbumin keinen Komplex bilden mit der Fettsäure, beim Serumalbumin ist es jedoch der Fall. Bei höheren Laurinsäurekonzentrationen bilden jedoch beide Albumine Komplexe. Die Beziehung zwischen der Fähigkeit zur Komplexbildung und der proteolytischen Verdaulichkeit beider Proteine wird diskutiert.
H. Kreienbring. 7852.

Anonym. Effects of the rate of food ingestion upon plasma and liver lipids. **(Einfluß der Rate der Futteraufnahme auf Plasma- und Leberlipide.)** Nutrit. Rev. **20** (1962) Nr. 11. S. 342–344. 7852.

Gurr, M. I., Pover, W. F. R., Hawthorne, J. N. und Frazer, A. C. Phospholipid composition and turnover in rat intestinal mucosa during fat absorption. **(Zusammensetzung und Turnover von Phospholipiden in der Dünndarm-Mucosa von Ratten während der Fettresorption.)** Nature [London] **197** (1963) Nr. 4862. S. 79. 7852.

Fajtel'berg; Blank, V. R. (Fajtelberg-Blank, W. R.); Ukrain. Forsch.-Inst. für Kurortol. und Physiotherapie. Vplyv radiochvyl' santymetrovogo diapazonu na vsmoktuvannja aminokyslot, chlorydiv i vody u šlunku ta kyšečnyku. **(Der Einfluß von Radiowellen im Zentimeter-Wellenbereich auf die Resorption von Aminosäuren, Chloriden und Wasser in Magen und Darm.)** Dopovidi Akademiї nauk Ukraïnśkoї RSR, Kyïv **1962** Nr. 10. S. 1367–1370. — 3 Abb., 4 Lit. Orig.: ukrain., Ausz.: russ., engl.
An 6 Hunden mit isoliertem Magen und 3 Hunden mit isolierter Duodenalschlinge nach Pawlow wurde die Resorption von Aminosäuren (AS), Chloriden und Wasser in normalem Zustand und unter dem Einfluß einer hohen Frequenz von Zentimeter-Wellen untersucht. Und zwar erfolgte eine 10 Min. lange Einwirkung von 50 Watt Radiowellen auf den Organismus. Die Untersuchungen zeigten, daß Radiowellen des Zentimeterbandes die Resorption von AS, Chloriden und Wasser in Magen und Duodenum intensivieren.
H.-D. Bock. 7852.

Sutton, J. D., McGilliard, A. D. und Jacobson, N. L.; Iowa State Univ., Dep. of Animal Sci. Technique for determining the ability of the reticulorumen of young calves to absorb volatile fatty acids at controlled pH. **(Technik für die Bestimmung der Resorption von flüchtigen Fettsäuren bei kontrolliertem pH-Wert durch den Reticulo-Rumen junger Kälber.)** J. Dairy Sci. **45** (1962) Nr. 11. S. 1357–1362. — 2 Abb., 3 Tab., 19 Lit.
Von großem Interesse ist die Resorptionsfähigkeit von FFS in verschiedenen Abschnitten der Pansenentwicklung. Voraussetzung dafür ist, daß der Panseninhalt durch eine Testlösung ersetzt, deren pH-Wert kontrolliert und der Speichelabfluß in den Pansen unterbunden wird. Vff. beschreiben eine derartige Versuchstechnik. Ein Katheter nahm kurz vor der Einmündung des Oesophagus in den Pansen den Speichel auf und leitete ihn durch die Pansenfistel nach außen. Der Panseninhalt wurde durch eine modifizierte Krebs-Ringer-Phosphatlösung, die FFS und Polyäthylenglykol (PEG) als Indikatorsubstanz enthielt, ersetzt. Der pH-Wert dieses Panseninhalts lag bei Zusatz von H_3PO_4 zwischen 5,0–7,4, bei NaOH-Zusatz zwischen 7,4–8,0. Die Resorption wurde auf Grund der sich verändernden Konzentration von FFS und PEG gemessen. Die erhaltenen Werte reichen für eine Aussage noch nicht aus, zumal noch einige technische Verbesserungen eingeführt werden sollen. Vff. halten die vorgeschlagene Methodik zur Erfassung der Faktoren, die die FFS-Resorption beeinflussen, für aussagekräftig. B. Piatkowski. 7862.

Christiansen, Wm. C., Quinn, L. Y. und Burroughs, Wise; Ames, Iowa Agric. and Home Econ. Exp. Stat. Multiple-tube laboratory technique for studying volatile fatty acid production by rumen protozoa. **(Mehrfachröhrchen — Laboratoriumstechnik zum Studium der Produktion flüchtiger Fettsäuren durch Pansenprotozoen.)** J. Animal Sci. 21 (1962) Nr. 4. S. 706–710. — 1 Abb., 3 Tab., 12 Lit.
Aus 5 l Rinderpansensaft wurde über mehrere Stufen ein Protozoenkonzentrat (I) gewonnen, das als bakterienfrei anzusehen ist. **I** wurde auf 1 l mit Nährlösung aufgefüllt und als Inokulat in einer Menge von 20 ml je Teströhrchen von 75 ml Gesamtinhalt zugesetzt. Ein anfänglicher pH-Wert von 7,0 (mit Na_2CO_3) erwies sich, gemessen an der Gesamtproduktion flüchtiger Fettsäuren (FFS), bei 16stündiger Inkubationszeit am günstigsten. Es wurde festgestellt, daß die kleineren Protozoen (*Entodinium, Dasytricha*) bei niedrigeren pH-Werten (5,5) nicht lebensfähig sind, während die größeren (*Diplodinium, Isotricha, Epidinium, Ophryoscolex*) überleben und physiologisch noch aktiv sind. In vivo scheinen aber noch andere Faktoren sich auf die Vitalität der Protozoen einschneidend auszuwirken. Nach den Untersuchungen sind die Protozoen fähig, größere Mengen FFS zu produzieren.
H. H. Budzier. 7862.

Engelhardt, W. von, Hoeller, H. und Hoernicke, H.; Hannover, Veterin. Coll., Dep. of Physiol. Pump for rapid mixing of rumen contents during experiments with small ruminants. **(Eine Pumpe zum schnellen Mischen des Panseninhalts während des Experimentierens mit kleinen Wiederkäuern.)** J. Dairy Sci. **46** (1963) Nr. 1. S. 65–66. – 2 Abb., 17 Lit.
Die Schichtenbildung des Panseninhalts selbst für viele Stunden nach der Futteraufnahme macht das Ziehen einer repräsentativen Probe via Oesophaguskatheter oder via Pansenfistel zu einem Problem. Es wurde deshalb eine Pumpe entwickelt, die intraruminal über der Fistel gelagert, von außen mit Glycerin als Druckflüssigkeit gesteuert, im Panseninnern durch rhythmisches Ansaugen und Ausstoßen dessen Inhalt schnell und gut mischt. In 2 Skizzen wird der Pumpenaufbau und die gesamte Versuchsanordnung veranschaulicht. Mehrtägiges Verbleiben der Pumpe im Pansen wirkte sich nicht nachteilig auf das Wohlbefinden der Tiere aus. H. H. Budzier. 7862.

Dougherty, R. W. und Cook, H. M. Routes of eructated gas expulsion in cattle. A quantitative study. **(Wege der Abführung von Rülpsgas im Rind. Eine quantitative Studie.)** Amer. J. veterin. Res. **23** (1962) Nr.96. S.997–1000.
An 2 Kühen mit Pansen- und Tracheafistel und Gesichtsmaske wurde die Menge des beim Ructus aus der Mundhöhle austretenden und die Menge des in die Lunge eintretenden Gases ermittelt. Relativ große Mengen des aus dem Pansen ausgestoßenen Gases werden in die Lungen abgeführt und dort absorbiert. Bei dem einen Tier wurden je Std. 4,7 l Gas durch die Gesichtsmaske ausgeschieden und 29,7 l durch die Tracheafistel. Bei der 2. Kuh waren es 14,9 bzw. 33,9 l. Während des Wiederkauens nahm die Menge des aus Mundhöhle austretenden Gases zu, die des in die Lunge geleiteten ab. Letztere lag absolut jedoch noch über den Werten der ersteren. W. Goldbach. 7862.

Sjaastad, Ø. V. und Stormorken, H.; Oslo, Veterin. Coll. of Norway, Dep. of Physiol. Diet and histamine in the ruminant. **(Diät und Histamin beim Wiederkäuer.)** Nature [London] **197** (1963) Nr. 4870. S. 907-908. – 1 Abb., 2 Tab., 9 Lit.
Der Histamingehalt der Pansenflüssigkeit wurde in Abhängigkeit von der Fütterung gemessen. Da der Histamingehalt in Silage gegenüber Heu, frischem Gras und Konzentraten sehr hoch ist, steigt er nach Fütterung von Silage nach 3–5 Std. im Pansen sehr stark an und ist dann wieder gleich dem Ausgangsgehalt. Dieser Abfall tritt nicht bei Versuchen in vitro auf. Mikroorganismen sind daher am Stoffwechsel des Histamins nicht beteiligt. Im Kot wird wenig Histamin ausgeschieden, eine größere Menge Acetyl-Histamin erscheint im Harn. Nach Versuchen in vitro wurde ein hoher Umsatz von Histamin in Leberschnitten gemessen, niedriger im Pansenepithel und -muskel, so daß die Detoxication in der Leber zu erfolgen scheint. W. Jentsch. 7862.

Brüggemann, Johs., Giesecke, D. und Drepper, K.; München, Univ., Inst. für Physiol. und Ernähr. der Tiere. **Die Beeinflussung von Zusammensetzung und Leistung der Pansenflora durch Verabreichung unterschiedlicher Stickstoffquellen.** Z. Tierphysiol., Tierernähr. Futtermittelkunde **17** (1962) Nr. 3. S. 162–188. – 3 Abb., 13 Tab., 64 Lit.
Es wurden vergleichende Untersuchungen zwischen einem gefistelten Ochsen und einem künstlichen Pansen (KP) hinsichtlich des Einflusses von Sojaschrot (**I**) und äquivalenter Harnstoffsupplementierung (**II**) durchgeführt. Umstellung von **I** auf **II** ließ Gesamt-, Lebendkeimzahl, Amylolyten, Cellulolyten, Sulfatreduzierende und Anaerobier ansteigen, die Cystein-desulfhydrierenden Bakterien blieben unverändert, die Proteolytenzahl nahm ab. Der Gehalt an NH_3 und flüchtigen Fettsäuren (FFS) lag unter **II** höher als bei **I**, die pH-Werte etwas niedriger. Die prozentuale Zusammensetzung von FFS veränderte sich nicht wesentlich. Bei **II** stieg die ureolytische Aktivität stark an, die proteolytische blieb praktisch gleich, die der Desaminasen war erheblich reduziert.

Cellulose und Stärke wurden unter **II** stärker zu FFS umgesetzt, die Umsatzrate von Cellulose zu FFS war besser, die von Stärke zu FFS schlechter als bei **I**. Im KP wurden vielfach höhere Fermentkapazitäten ermittelt als in vivo tatsächlich ausgenutzt und zur Wirkung kommen können.
H. H. Budzier. 7862.

McManus, W. F.; Sydney, Univ. of New South Wales, School of Wool Technol. Studies on the relationship of saliva to rumen function of sheep on low feed intakes. **(Untersuchungen über die Beziehung zwischen Speichel und Pansenfunktion vom Schaf bei geringer Futteraufnahme.)** Austral. J. agric. Res. **13** (1962) Nr. 5. S. 907-923. — 4 Abb., 3 Tab., 32 Lit.
Bei einer Futteraufnahme von 900 bis 1300 g zwischen 8 und 9 Uhr mit einer Dauer von etwa 90 Min. werden die Tiere bis zur Probeentnahme 12 bis 15 Std. nicht gefüttert. In 7 in vivo-Versuchen wurde der Speichel vom in voller Funktion sich befindenden Pansen abgeleitet, wobei die Tiere betäubt oder unbetäubt waren. 40 bis 60 Min. nach dem Speichelentzug (225 bis 1349 ml) begann der ruminale Gehalt an flüchtigen Fettsäuren anzusteigen, damit verbunden sank der pH-Wert ab, und die Pansenbewegungen wurden etwa 60 Min. nach Erreichen des pH-Minimums reduziert, aber nicht völlig eingestellt. Offensichtlich muß als Ursache dieser Reaktionen die Veränderung der Pufferkapazität oder des osmotischen Potentials infolge des Speichelentzuges angesehen werden. Die Ergebnisse werden vor allem hinsichtlich der Benutzung von Schafen diskutiert, die für Weidegangsuntersuchungen mit Oesophagusfisteln versehen werden, wobei nicht zu vermeiden ist, daß wechselnde Futtermengen auch in den Pansen gelangen. H. H. Budzier. 7862.

Bailey, R. W. und Howard, B. H.; Palmerston North, New Zealand, Dep. of Sci. and Ind. Res., Plant Chem. Div. Preparation of enzymes from rumen protozoa by indole disintegration. **(Präparieren von Enzymen aus Pansenprotozoen durch Aufschluß mittels Indol.)** Arch. Biochem. Biophysics **99** (1962) Nr. 2. S. 299-303. — 2 Tab., 12 Lit.
Aus Pansensaft wird nach der Methode von Oxford (N. Z. J. agric. Res. **1** (1958) S. 809) die Protozoenfraktion isoliert, und anschließend gelingt eine weitere Auftrennung in Holo- und Oligotriche. Desgleichen läßt sich eine protozoenfreie Bakterienfraktion herstellen. Nach vergleichender Prüfung verschiedener Verfahren erwies sich zum Zwecke der Gewinnung von Protozoenenzymen (**I**) ein Aufschluß der Protozoenisolate mittels Indol (**II**) am vorteilhaftesten, da offenbar, was zum mindesten die Carbohydrasen (**III**) und Proteasen betrifft, hierdurch ganz spezifisch nur **I** und nicht Enzyme bakterieller Herkunft gewonnen werden. **II** beeinflußt nicht die Aktivität von **III**. H. H. Budzier. 7862.

Lewis, T. R. und Emery, R. S.; East Lansing, Michigan State Univ., Dep. of Dairy Sci. Metabolism of amino acids in the bovine rumen. **(Aminosäuren-Stoffwechsel im Rinderpansen.)** J. Dairy Sci. **45** (1962) Nr. 12. S. 1487 bis 1492. — 1 Abb., 3 Tab., 20 Lit.
Die 1200 lb. schweren Fistel-Kühe erhielten tägl. einmal 12 lb. Luzerneheu und 8 lb. Kraftfutter, im übrigen wurden alle Verfahren so angewandt, wie es Vff. in einer früheren Mitt. (J. Dairy Sci. **45** (1962) S. 1363) angegeben haben. Im Blut der Jugularvene war kein Tryptophan (Try.) nachzuweisen. Eine Try.-Ergänzung via rumen wirkte sich nicht auf andere Aminosäuren (AS) des Blutplasmas aus, dagegen stieg darin der Gehalt an Lysin (Ly.) und Arginin (Arg.) nach Ly.- bzw. Arg.-Supplementierung an. Arg. und Ly. via rumen erhöhten den Gehalt mehrerer AS im Blutplasma. Die in vitro-Egebnisse stimmten hinsichtlich des Abbaues der AS mit den in vivo-Resultaten gut überein. Aus Arg. entstand δ-Aminovaleriansäure (δ-Am.) und Ornithin, Ly. ergab nur δ-Am., aus Try. entstand Indol und Skatol. Am meisten NH_3 bildete Arg., geringere Mengen Try. und Lysin. H. H. Budzier. 7862.

Raun, Ned S., Burroughs, Wise und Woods, Walter; Ames, Iowa Agric. and Home Econ. Exp. Stat. Dietary factors affecting volatile fatty acid production in the rumen. **(Wirkung von Rationsfaktoren auf die Bildung flüchtiger Fettsäuren im Pansen.)** J. Animal Sci. **21** (1962) Nr. 4. S. 838-843. — 8 Tab., 14 Lit.

Da bei Einsilierungsversuchen festgestellt worden ist, daß durch Na- bzw. K-HCO_3- oder $CaCO_3$-Zusätze der Gehalt an Gesamtmilchsäure erhöht werden konnte, wurde untersucht, ob solche Supplementierungen in Wiederkäuerrationen sich irgendwie auf die Produktion der flüchtigen Fettsäuren (FFS) im Pansen von Junghammeln auswirken. In 3 Versuchen mit insgesamt 38 Tieren konnte festgestellt werden, daß $NaHCO_3$ (1,5% und 3%) und $CaCO_3$ (0,5%) als Zusatz zu Rationen mit hohem Kraftfutteranteil ohne Wirkung sowohl auf die FFS-Gesamtproduktion als auch auf das Essig-Propionsäureverhältnis (**I**) waren, wobei $NaHCO_3$ eine geringfügige Erhöhung des ruminalen pH-Wertes bewirkte. Chlortetracyclin (0,1%) (**II**) weitete **I** und erhöhte den Buttersäuregehalt. In diesen Beziehungen scheint zwischen **II** und Harnstoff (0,5%) eine Wechselwirkung zu bestehen. Offenbar können puffernde Substanzen aus dem Blutstrom oder der Bauchhöhle durch die Pansenwand in den Pansen gelangen genauso wie eine Resorption aus dem Pansen möglich ist. H. H. Budzier. 7862.

Larson, Bengt Y.; Stockholm, Veterinärhochschule, Med. Abt. für Wiederkäuer. **Der Stärkeabbau im Pansen bei der Fütterung gekeimten Getreides. 1. Mitt. In Vitro-Methodik zur Beurteilung des Abbauvermögens.** Z. Tierphysiol., Tierernähr. Futtermittelkunde **17** (1962) Nr. 6. S. 317-325. — 9 Abb., 6 Lit.

Die Frage, ob die im Pansensaft (**I**) mehr oder minder nachweisbare Amylaseaktivität (**II**) pflanzlichen oder/und pansenmikrobiellen Ursprungs ist, dürfte noch nicht eindeutig geklärt sein. Deshalb wurde untersucht, inwieweit der Amylasegehalt des Futters (Getreide) sich auf **II** von **I** auswirkt. Bei Heu-Haferschrotration wurde vor der Morgenfütterung der Schafe in **I** keine **II** gefunden. Mit zunehmender Keimung steigt **II** im Getreide an, parallel dazu steigt auch **II** von **I**. Ungekeimtes Getreide hat keine oder nur eine geringe **II**. In letzterem wie im vorherigen Fall wirkt eine Digerierung in **I** steigernd auf **II**. Es wird vermutet, daß dieser Effekt auf einer mikrobiellen Freisetzung von **II** aus dem Getreide beruht, weniger auf eine eigene **II** der Pansenmikroorganismen. H. H. Budzier. 7862.

Walker, D. M. und Simmonds, R. A.; Sydney, Australia, Univ. of Sydney, Dep. of Animal Husbandry. The development of the digestive system of the young animal. VI. The metabolism of short-chain fatty acids by the rumen and caecal wall of the young lamb. **(Die Entwicklung des Verdauungssystems des jungen Tieres. 6. Mitt. Der Stoffwechsel der kurzkettigen Fettsäuren durch die Pansen- und Caecum-Wand des jungen Lammes.)** J. agric. Sci. **59** (1962) Nr. 3. S. 375-379. — 3 Abb., 6 Tab., 8 Lit. 5. Mitt. vgl. LZ. Abt. III **7** (1962) Nr. 7. S. 1453.

Die Untersuchungen werden jeweils an innerhalb von 3 Std. geschlachteten Lämmern weidender Merinos unmittelbar post partum bis zu einem Alter von 11 Wochen durchgeführt. 2 g wiegende Gewebestücke aus der Pansen- und Caecumwand wurden verwendet. Pansenwand: Die Buttersäureverwertung (**I**) durch neugeborene Lämmer bis zu 3 Wochen Alter war geringer, von 3 bis 11 Wochen dagegen höher als durch adulte Tiere. Die Ketonkörperbildung (**II**) war z. Zt. der Geburt praktisch Null, folgte dann aber der **I**. Caecumwand: Neugeborene Lämmer wie auch Feten hatten eine viel höhere **I** als ausgewachsene Schafe, ab etwa 2 Wochen Alter hatten sich die Unterschiede aufgehoben. **II** war in dem geprüften Altersabschnitt unbedeutend.

Die Essig- und Propionsäureverwertung ergab bei beiden Gewebsarten keine deutliche Altersabhängigkeit, **II** war in diesen Fällen gering.

H. H. Budzier. 7862.

Kunkel, H. O., Tutt, Fehrlin E., Reagor, John C., Glimp, Hudson A. und Robbins, Joe D. Ruminal development of lambs related to rates of gain, anabolic estrogens, antibiotics, hydroxyzine and terephthalic acid. **(Pansenentwicklung von Lämmern in Beziehung zu Gewichtszunahme, anabolischen Oestrogenen, Antibiotica, Hydroxyzin und Terephthalsäure.)** J. Animal Sci. **21** (1962) Nr. 4. S. 681-687. — 1 Abb., 5 Tab., 11 Lit.

Versuch A: 7-8 Monate alte Lämmer, die in den Versuchsgruppen zum Grundfutter Chlortetracyclin (15 mg/lb. Futter), Oxytetracyclin (15 mg/lb.), Hydroxyzin · HCl (**I**) (0,75 mg/lb.) oder Terephthalsäure (0,3% vom Futter) (**II**) erhielten. Jeweils die Hälfte in jeder Gruppe bekam 3 mg DES sc. implantiert. Versuch B: 4 Monate alte Lämmer, 10 bekamen 2 mg **I**/lb., 9 5 mg Hexoestrol/lb. 30 Tage lang, danach bis Versuchsende 1,3 mg/lb. Futter, 9 Kontrolltiere. Peroral und s.c. riefen Oestrogene hierbei eine allgemeine leichte Papillenvergrößerung hervor, die mit dem Lgw. positiv korrelierte. **I** verringerte nur bei abgesetzten Lämmern die Papillengröße und Lgw., nicht jedoch bei älteren Tieren. **II** wirkte sich gar nicht aus. Im Versuch A korrelierte die Papillenlänge und die Gewichtszunahme, DES und Antibioticum schwächten diese Beziehung ab. Aus den gesamten Versuchsdaten ergibt sich die Vermutung, daß die Gesamtmasse des Reticulorumen-Gewebes von der Lgw.-Zunahme, die Papillenlänge vom Körperwachstum abhängt. Die Papillenlänge wird offenbar durch die Art der Gärungsvorgänge beeinflußt.

H. H. Budzier. 7862.

Tomov, T. (Tomow, T.) Kŭm vŭprosa za rezorbcijata na letlivite mastni kiselini v predstomašijata na preživnite životni. **(Zur Frage der Resorption der flüchtigen Fettsäuren in den Vormägen der Wiederkäuer.)** Naučni trudove. Visš veterinarnomedicinski institut „Prof. d-r G. Pavlov", Sofija **10** (1962) S. 139-152. — 10 Abb., 1 Tab., 21 Lit. Zus. in Russ., Dtsch.

Untersucht wurde der Zusammenhang zwischen den Vormagenbewegungen und dem Spiegel der flüchtigen Fettsäuren (FFS) im Pansen und dem Blut von 4 Ziegen, 4 Schafen und 3 Kühen während der Laktationsperiode. Bei manchen Tieren wurden Fisteln an Pansen und Labmagen oder nur am Pansen angelegt. Bei Zunahme der FFS im Pansen nimmt ihre absolute Menge auch im Blute zu. Bei Unterdrückung der Pansenbewegungen durch künstliche Hyperglykämie, Narkose mit Thiopentalnatrium und beiderseitiger vagosympathische Blockade nimmt die Menge der resorbierten FFS im Blute ab. Dagegen nimmt bei Anregung der Bewegungen mit Pilokarpin bei Fütterung, Melken und Wiederkauen die Menge der FFS im Blute zu.

Z. Tomow. 7862.

Azimov, G. I. (Asimow, G. I.) Ščitovidnaja železa, brodil'nye processy v rubce i žirnomolocnost'. **(Die Schilddrüse, Gärungsvorgänge im Pansen und der Fettgehalt der Milch.)** Tr. Vses. s.-ch. in-ta zaočn. obrazovanija **1961** Nr. 4. S. 47-51. — Aus: Referativnyj žurnal. Biologija, Moskva **1962** Nr. 11. L 51. S. 8.

Die Abhängigkeit zwischen dem Fettgehalt der Milch, der Intensität der Gärungsprozesse im Pansen und dem funktionellen Zustand der Schilddrüse bei Kühen und Ziegen wurde untersucht. Die antithyreoide Substanz von 6-Methylthiouracil wurde in einer Menge von je 20 g tägl. zum Futter dreier Kühe zugesetzt. Dabei wurde eine Verringerung der Milchleistung und des Fettgehaltes der Milch, die Verringerung der Gesamtmenge flüchtiger Fettsäuren im Pansen, Veränderungen ihres Verhältnisses in Richtung einer Vergrößerung des Butter- und Propionsäuregehaltes sowie eine Verringerung des Essigsäuregehaltes festgestellt. In den Versuchen an Ziegen wurde die

Wirkung von Betamin- und Betasinpräparaten, die die Tätigkeit der Schilddrüse herabsetzen, untersucht. Die Leistungen veränderten sich bei den Ziegen nicht, aber der Fettgehalt der Milch nahm bedeutend ab. Im Panseninhalt wurde der Buttersäuregehalt höher, während der Essigsäuregehalt abnahm. Bei der Prüfung des thyreotrophen Hormons in großen (50-75 mg) und kleinen (7 mg) Gaben an Ziegen wurde eine geringe Steigerung der Milcherträge und eine bedeutende Erhöhung des Fettgehaltes der Milch beobachtet. Der Gehalt an flüchtigen Fettsäuren im Pansen wurde höher, der Prozentsatz an Essigsäure stieg, während der Prozentsatz an Buttersäure geringer wurde. Die Schilddrüse übte einen wesentlichen Einfluß auf den Fettgehalt der Milch und auf die Intensität des Gärungsprozesses im Pansen aus; dabei veränderte sich das gegenseitige Verhältnis zwischen den einzelnen flüchtigen Fettsäuren. übersetzt v. Th. C. Boetticher. 7862.

Gurina, V. F. (Gurina, W. F.) Osobennosti motornoj funkcii rubca u teljat v postnatal'nom periode. **(Besonderheiten der motorischen Funktion des Pansens bei Kälbern in der postnatalen Periode.)** Tr. Mosk. vet. akad. **29** (1960) S. 143-153. – Zus. in Engl. Aus: Referativnyj žurnal. Biologija, Moskva **1962** Nr. 4. L 23. S. 4.

Die Versuche wurden an 4 jungen Bullen und einer Färse im Alter von 1 bis 5 Mon. durchgeführt. Unabhängig vom Zustand des Magen-Darm-Kanals (nüchtern, nach der Fütterung) wurde bei den Kälbern in der Tätigkeit des Pansens eine Periodizität beobachtet, die in einem Wechsel der Bewegungsperioden mit Perioden der relativen Ruhe zum Ausdruck kam. Die Kontraktionsperiode kann 5, 10, 15, 25 und 56 Min. dauern. In dieser Zeit kann der Pansen sich 5- bis 40mal mit Intervallen von 1,2-2 und 3-4 Min. während des Schlafes der Kälber kontrahieren. Die Perioden der relativen Ruhe betragen 7, 20, 35 und 56 Minuten. Die Kontraktionen der Pansenwände sind in ihrer Kraft ungleichmäßig, was anscheinend mit der verschiedenen Reizbarkeit der Nerven-Muskelelemente des Pansens zusammenhängt. In der Periode der geringsten Aktivität des Pansens hat das Wiederkäuen seine motorische Funktion nicht angeregt, während in der Periode der aktiven Tätigkeit die Zahl der Kontraktionen zur Zeit des Wiederkäuens in 5 Min. 5- bis 11mal größer wurde. Mit zunehmendem Alter der Kälber verlängerten sich die Perioden der Pansenbewegung, während die Perioden der relativen Ruhe kürzer wurden, was anscheinend durch Altersfaktoren und nicht Futterfaktoren bestimmt wurde. übersetzt v. Th. C. Boetticher. 7862.

Kolb, E. **Der Stoffwechsel der stickstoffhaltigen Verbindungen beim Wiederkäuer.** Mh. Veterinärmed. **17** (1962) Nr. 21. S. 850–854. – 3 Tab., 15 Lit.

Die Arbeit faßt neuere Ergebnisse zum Stoffwechsel der N-haltigen Produkte beim Wiederkäuer zusammen. Im einzelnen werden deren Umwandlungen in den Vormägen, die Resorption des NH_3 aus dem Pansen sowie der ruminohepatische N-Kreislauf besprochen. Aufbauend auf den biochemischen Umsetzungen wird auf die ernährungsphysiologische Bedeutung der Vormägen eingegangen und auf die Möglichkeit der Verfütterung synthetischer N-haltiger Verbindungen hingewiesen. H. Gürtler. 7862.

Tomaš, Ja., Bodja, K. und Konja, E. (Tomasch, Ja., Bodja, K. und Konja, Je.) Issledovanie aminokislot v gidrolizatach soderžimogo rubca u ovec posle pribavlenija močeviny. **(Untersuchung der Aminosäuren in den Hydrolysaten des Panseninhalts bei Schafen nach dem Zusetzen von Harnstoff.)** V. sb.: Materialy Naučn. konferencii po patol. fiziologii s.-ch. životnych, Moskva **1962** S. 12. – Aus: Referativnyj žurnal. Biologija, Moskva **1962** Nr. 23. L 38. S. 5.

Es wurden die Aminosäuren in den Hydrolysaten des Panseninhalts von Schafen in verschiedenen Zeitabständen (1, 3, 5 Std. nach der Fütterung) nach dem Zusatz von 22 g Harnstoff zu der tägl. Futterration mit niedrigem Eiweißgehalt (0,5 kg Heu, 1 kg Stroh, 1 kg Zuckerrüben) untersucht. Chromatographisch wurden folgende Aminosäuren festgestellt: Asparaginsäure, Histidin, Glycin, Threonin, Phenylalanin, Leucin, Arginin, Alanin, Serin, Valin, Lysin, Tyrosin, Glutaminsäure. Nach dem Zusatz von Harnstoff wurde ein maximales Ansteigen des Spiegels der meisten Aminosäuren 3 Std., von Lysin 1 Std. und von Arginin 5 Std. nach der Fütterung beobachtet.

übersetzt v. Ch. Eshkowa. 7862.

Payne, L. C. und Marsh, C. L.; Lincoln, Univ. of Nebraska, Dep. of Veterin. Sci. Gamma globulin absorption in the baby pig: the nonselective absorption of heterologous globulins and factors influencing absorption time. **(Die Resorption von Gammaglobulinen durch das Ferkel. Die nichtselektive Resorption von heterologen Globulinen und die Resorptionszeit beeinflussende Faktoren.)** J. Nutrit. [Philadelphia] **76** (1962) Nr. 2. S. 151–158. — 5 Abb., 1 Tab., 16 Lit.

Im Serum von 87 Ferkeln wurden vor dem 1. Saugen bzw. Füttern γ-Globuline in Mengen von 2,1 (1,3–3,8) mg/ml nachgewiesen. In den ersten 30 Lebenstagen hatten gegenüber Ferkeln bei natürlicher Aufzucht mit einem Proteingehalt von 6% und 33 mg/ml Anteil an γ-Globulinen künstlich aufgezogene nur 2,4% Gesamtprotein und nur 2,8 mg γ-Globuline, gleichzeitig aber erhöhte Serumalbuminwerte. Um ein geeignetes Ersatzpräparat für Schweine-Colostrum zu finden, wurden Rinder-, Schaf- und Menschen-Colostrum verfüttert, es konnte mit der Papierelektrophorese keine Aufnahme der artfremden Eiweiße festgestellt werden, wohl aber mit der Polyacrylamidgelelektrophorese, der Immunodiffusion und der Fluorescenz-Mikroskopie. In-vitro-Versuche zeigten, daß der Ferkeldarm Pferde-, Rinder-, Menschen- und Schweineglobulinpräparate nicht selektiv resorbiert. Ferkel, welche Sauen- oder Kuhmilch aufnehmen konnten, verlieren die Fähigkeit, γ-Globuline zu resorbieren, nicht jedoch solche, die für 106 Std. nur Wasser oder gar keine Nahrung erhielten. B. Busch. 7870.

Mehnert, Brigitte und Koch, Ullrich. **Über das Vorkommen von im Verdauungstrakt des Schweines vermehrungsfähiger Hefen.** Zbl. Bakteriol., Parasitenkunde, Infektionskrankh. Hyg., I. Abt., Orig. **188** (1963) Nr. 1. S. 103–120. — 7 Tab., 30 Lit. Zus. in Russ., Engl., Franz., Span.

Bei 98 von 100 untersuchten Schlachtschweinen wurden im Magen- und oder Rektuminhalt Hefen gefunden. Bei Zugrundelegung der Züchtungsergebnisse mit einem flüssigen Spezialnährboden handelte es sich um *Candida slooffii* (bei 75% der untersuchten Tiere), *Candida krusei* (60%), *Saccharomyces telluster* und deren imperfekte Form *Candida bovina* (26%), *Candida albicans* (6%), *Torulopsis glabrata* (4%), *Candida tropicalis* (3%), *Candida parapsilosis* (3%) und *Torulopsis pintolopesii* (2%). Auf festem Nährboden wurden auch noch einige andere Species verschiedener Hefegattungen gefunden. Die quantitativen Hefewerte lagen bei den einzelnen Tieren je Gramm Magen- oder Rektuminhalt nur selten unter 1000 und nur in einigen Fällen über 1 Million. Nur *Candida slooffii* wird als obligate Hefeart für den Verdauungstrakt vom Schwein angesehen. Die Vermehrung dieser Hefeart erfolgt im Magen in Form von kleinen Sproßverbänden. G. Scheibner. 7870.

Tkačev, E. Z. (Tkatschow, Je. S.) Processy pitanija u svinej pri različnoj technike kormlenija i pri ispol'zovanii stimuljatorov. **(Die Ernährungsprozesse bei Schweinen bei verschiedener Fütterungstechnik und bei Verwendung von Stimulatoren.)** V sb.: Fiziol. s.-ch. životnych, Moskva **1962** S. 65–79. — Aus: Referativnyj žurnal. Biologija, Moskva **1962** Nr. 24. L 166. S. 22.

Schema und Technik der Schweinefütterung haben einen bedeutenden Einfluß auf die Verdauungsprozesse, den Stoffwechsel und die Produktivität. Diese Prozesse werden auch durch einige Stimulatoren (antibiotische und antithyreoide) beeinflußt. Für die Untersuchung dieser Probleme wurden physiologische Versuche an mit Fisteln versehenen Tieren im Laboratorium des Unions-Institutes für Tierzuchtforschung und wissenschaftlich-praktische Versuche in „Jermolino" und „Ramenskoje" durchgeführt. Die Zusammensetzung der Ration und das Fütterungsschema hatten Einfluß auf die Acidität des Mageninhalts. Bei zweimaliger Fütterung erhöhte sich die Gesamt-HCl bis zu 150 ml (titrimetrische Einheiten), bei dreimaliger auf 50–100 ml. Die motorische Tätigkeit des Magens war bei dreimaliger Fütterung höher. Die physiologische Kapazität des Magens erhöhte sich schneller bei zweimaliger Fütterung. Die Prozesse der Darmverdauung hängen weniger von der Häufigkeit der Fütterung ab. Die Häufigkeit der Fütterung wirkte nicht merklich auf die VK der Ration. Bei andauernder zweimaliger Fütterung fressen die Schweine nicht weniger Futter als bei dreimaliger Fütterung und haben höhere Gewichtszunahmen. Das Fressen von Trockenfutter steigert die Absonderung von Verdauungssäften und die Chymusmenge. Bei dem Verfüttern von Antibiotika und ihren Produktionsabfällen (Biomycin und dessen Myzel) an die Schweine erhöhten sich die Absonderung von Verdauungssäften, die Chymusbildung und die Resorption um 10–20%. Die Synthese von Vit. B_{12} im Verdauungstrakt stieg an. Die Verfütterung des antithyreoiden Präparates „Betasin" wirkte sich nicht auf die Verdauungsprozesse aus, mit Ausnahme einer Vergrößerung der im Darm aufgenommenen Nährstoffmenge.

übersetzt v. Ch. Eshkowa. 7870.

Ivanov, N. und Ivanov, C. (Iwanow, N. und Iwanow, Z.) Rezorbcija na belttŭčinite vŭv červata na pticite. I. Vŭrchu rezorbcijata na kazeinov chidrolizat i njakoi monoaminomonokarbonovi kiselini v prisŭstvie na karbamid. **(Eiweißresorption in den Därmen von Geflügel. 1. Mitt. Über die Resorption des Casein-Hydrolysats und einige Monoaminomonocarbon-Säuren in Anwesenheit von Harnstoff.)** Izvestija na Centralnija naučnoizsledovatelski institut po životnovŭdstvo „Georgi Dimitrov"-Kostinbrod, Sofija **14** (1962) S. 29–37. — 3 Abb., 4 Tab., 10 Lit. Zus. in Russ., Engl.

An 15 nach Thyry-Vella operierten Hähnen der Rassen Leghorn und Cornish wurden Versuche zur Resorption von Eiweiß-Hydrolysat, Methionin und Alanin — selbständig und in der Anwesenheit von Harnstoff — angestellt. Bei Perfusion mit Eiweiß-Hydrolysat, enthaltend 8,64 mg Amino-N in 10 ml isotonischer Lösung, werden durchschnittlich 46,4%, während in Anwesenheit von 60 mg Harnstoff in 10 ml Lösung 58,6% resorbiert. Bei Perfusion mit Methionin in Konzentration 8 mg Aminostickstoff in 10 ml isotonischer Lösung werden 26,7%, während in Anwesenheit von 60 mg Harnstoff in 10 ml Lösung 44,3% resorbiert. Bei Verwendung von schwächer konzentrierter Lösung (4 mg Amino-N in 10 ml) steigt die normale Resorption auf 62,5% und in Anwesenheit von 60 mg/10 ml Harnstoff auf 77,5% an. Bei 9,03 mg Amino-N/10 ml verursacht das kleinere Molekül des Alanins eine normale Resorption von 63,4%, während diese in Anwesenheit von 60 mg/10 ml Harnstoff 71,1% beträgt. In den Fällen, wo die normale Resorption der Eiweiße niedriger ist, ist die Einwirkung des Harnstoffes stärker. Dann verdoppelt sich die Resorption fast. G. Radew. 7872.

Ivanov, N. und Ivanov, C. (Iwanow, N. und Iwanow, Z.) Rezorpcija na belttŭčinite v červata na pticite v zavisimost ot reakcijata v tjach i vŭgledvuokisnata vmestimost na krŭvta. **(Eiweißresorption in Därmen von Geflügel in Abhängigkeit von der in ihnen stattfindenden Reaktion und dem Kohlensäure-Rauminhalt des Blutes.)** Izvestija na Centralnija naučnoizsledovatelski institut po životnovŭdstvo „Georgi Dimitrov"-Kostinbrod, Sofija **14** (1962) S. 39–50. — 3 Abb., 2 Tab., 23 Lit. Zus. in Russ., Engl.

An 24 nach Thiry-Vella operierten einjährigen Hähnen der Rassen Weiß-Plymouth-Rocks und Cornish wurden Versuche zur Resorption von Eiweiß-

Hydrolysat bei unterschiedlicher Dünndarmreaktion und unterschiedlichem pH-Wert im Organismus angestellt. Bei optimaler Reaktion in den Dünndärmen und einem pH-Wert von 6,8 beträgt das Ausmaß der Resorption 66% der Eiweiß-Hydrolysat-Menge. Bei Erniedrigung der Eiweiß-Hydrolysat-Reaktion auf pH 4 und 2,6 sinkt die Resorption dementsprechend auf 58,2 und 51,6% der eingebrachten Menge. Bei der Alkalisierung der Lösung — pH 8 und 10 — verringert sich die Resorption des Eiweiß-Hydrolysats entsprechend auf 59,0% und 49,2%. Die Resorption wurde auch bei Veränderung des Karbonatpuffer-Spiegels im Blut ebenfalls gehemmt. Nach Azidotierung des Körpers, bei der der CO_2-Rauminhalt von Norm 65,3% vol. auf 32 vol.% sinkt, verringert sich die CO_2-Resorption ebenfalls auf 55,6%. Bei Erhöhung des Spiegels des Blut-CO_2 auf 142,7vol.% sinkt die CO_2-Resorption des Eiweiß-Hydrolysats auf 32,4%, was die Hälfte der normalen Resorption ausmacht.
G. Radew. 7872.

Ivanov, N. und Gotev, R. (Iwanow, N. und Gotew, R.) Proučvane na vŭnšnosekretornata dejnost na podstomašnata žleza u pticite. **(Untersuchungen der außensekretorischen Tätigkeit der Bauchspeicheldrüse beim Geflügel.)** Izvestija na Centralnija naučnoizsledovatelski institut po životnovŭdstvo „Georgi Dimitrov"-Konstinbrod, Sofija **14** (1962) S. 19–28. — 6 Abb., 2 Tab., 10 Lit. Zus. in Russ., Engl.

Es wurde ein Verfahren zur Saftgewinnung aus der Bauchspeicheldrüse beim Geflügel entwickelt. Untersucht wurde der Sekretionsspiegel der Bauchspeicheldrüse in Abhängigkeit von Futteraufnahme, -menge, Fütterungshäufigkeit usw. Festgestellt wurden folgende Veränderungen: Die Futteraufnahme verursacht eine schroffe Steigerung der Sekretion und die Aktivität der Fermente. Im Vergleich zur normalen Absonderung hat sich diese in der ersten Stunde nach der Futteraufnahme 3–4fach erhöht. Die Enzymtätigkeit hat wie folgt zugenommen: Die Protease 28–92%, die Amylase von 25–50% und die Lipase von 19–36%. Der Sekretionsspiegel des Bauchspeicheldrüsensaftes hängt von der Fütterungshäufigkeit ab. Die regelmäßige Futterration, in Abständen von 4–5 Std. verabreicht, steigert die Absonderung um 26–33%. Die höherbemessene Futtermenge aktiviert die Absonderung des Bauchspeicheldrüsensaftes. Die Fütterungsweise erhöht die Aktivität der Saftfermente Proteasen, Lipasen und Amylasen. Einen besonderen Einfluß auf die Sekretion der Bauchspeicheldrüse üben die Sojabohnen und ihr dekantiertes Mazerat aus. Nachts ist der Sekretionsspiegel niedriger. Bei künstlicher Beleuchtung steigt die Absonderung an, ohne die Norm beim Tag zu erreichen. Die Aktivität der Fermente ändert sich während der verschiedenen Tagesstunden nicht.
G. Radew. 7872.

Gaillard, Blanche D. E.; Wageningen, Netherlands, Agric. Univ., Lab. of Animal Physiol. The relationship between the cell-wall constituents of roughages and the digestibility of the organic matter. **(Die Beziehung zwischen den Zellwandbestandteilen von Rauhfutterstoffen und der Verdaulichkeit der organischen Substanz.)** J. agric. Sci. **59** (1962) Nr. 3. S. 369–373. — 1 Abb., 2 Tab., 24 Lit.

Die Verdaulichkeit der organ. Subst. korreliert eng mit dem Prozentgehalt an Rohfaser, Lignin und Cellulose + Lignin. Gewisse qualitative Unterschiede scheinen zwischen der Gräser-Holocellulose sowie -Xylan und der Leguminosen-Holocellulose wie -Xylan zu bestehen, was offenbar mit einer differenten Molekularstruktur zusammenhängt. Innerhalb der beiden Pflanzengruppen korreliert der Prozentgehalt dieser beiden Verbindungen mit der Verdaulichkeit der organ. Subst. jedoch eng. Wird Heu technisch überhitzt, so steigt der Prozentgehalt der Ligninfraktion an. Wahrscheinlich wird das durch eine Veränderung des Xylans verursacht, welches infolge zu hoher Temperatur hornig und unlöslich wird. H. H. Budzier. 7888.

Pond, W. G., Lowrey, R. S. und Maner, J. H.; Ithaca, N.Y., Cornell Univ. Effect of crude fiber level on ration digestibility and performance in growing-finishing swine. **(Die Auswirkung des Rohfasergehalts auf die Verdaulichkeit der Ration und die Entwicklung von Schweinen in der Endmast.)** J. Animal Sci. **21** (1962) Nr. 4. S. 692–696. — 7 Tab., 20 Lit.

3 Versuche mit insgesamt 76 Schweinen sind durchgeführt worden. Zur Anwendung kamen 2 Fertigfutter mit 10 (I) oder 18% (II) Rohprotein. Diese Fertigfutter wurden ohne oder mit einem Gehalt von 24,8% (bzw. 12,4) gemahlenen Maiskolben verabreicht. — Die Tageszunahmen sanken bei (I) von 1,53 auf 1,36 lb. (bei 12,4% Maiskolben) bzw. auf 0,98 lb. (bei 24,8% Maiskolben); bei (II) entspr. von 1,56 auf 1,40 oder 1,19 lb. Ferner wurde durch 12,4% Maiskolbenbeigabe ein Abnehmen der Speckdicke bei (I) von 1,35 auf 1,25 in. und bei (II) von 1,43 auf 1,19 in. beobachtet. Die Verdaulichkeit u. a. der Tr.-Subst. sank bei (I) von 78,9 auf 69,9%, bei (II) von 84,1 auf 68,8%. Bei der Verdaulichkeitsbestimmung wurden vergleichend die Indikatormethode mit Chromoxyd und die konventionelle Methode angewandt. Die Unterschiede waren nicht signifikant. H. Jung. 7888.

Seerley, R. W., Miller, E. R. und Hoefer, J. A.; East Lansing, Michigan State Univ. Rate of food passage studies with pigs equally and ad libitum fed meal and pellets. **(Studien über die Durchgangsgeschwindigkeit von Futter an Schweinen, die in gleicher Höhe oder ad libitum mit Schrot oder Pellets gefüttert wurden.)** J. Animal Sci. **21** (1962) Nr. 4. S. 834–837. — 4 Abb., 2 Tab., 11 Lit.

Die angewandten Futtermischungen waren eine Getreide-Sojabohnenmischung in Schrotform (I) oder in pelletierter Form (II) sowie die gleiche Mischung, jedoch mit 40% Haferanteil, ebenfalls als Schrot (III) oder als Pellets (IV). Alle 4 Mischungen wurden rationiert (a) oder ad libitum (b) verabreicht. Gefärbte, aus Maiskolben hergestellte Teilchen waren den Testrationen beigebeben. Der Kot wurde 4mal tägl. gesammelt und die gefärbten Teilchen entfernt, bis 95% wieder ausgeschieden waren. Aus den Ergebnissen wurden folgende durchschnittliche Aufenthaltszeiten des Futters im Verdauungstraktus ermittelt (in Std.): (Ia) 35,8, (IIa) 29,3; (Ib) 47,8, (IIb) 25,3; (IIIa) 37,2, (IVa) 33,4; (IIIb) 39,4, (IVb) 27,2. Es ist ersichtlich, daß das pelletierte Futter (II und IV) stets eine kürzere Verweildauer im Darmtraktus als das entsprechende unpelletierte hatte. H. Jung. 7888.

Combs, G. E. und Wallace, H. D. Growth and digestibility studies with young pigs fed various levels and sources of calcium. **(Wachstums- und Verdaulichkeitsstudien an jungen Schweinen, denen Calcium in verschiedener Höhe und unterschiedlicher Herkunft verabreicht wurde.)** J. Animal Sci. **21** (1962) Nr. 4. S. 734–737. — 6 Tab., 10 Lit.

Der Einfluß von Höhe und Herkunft des verabreichten Ca im Futter auf die Entwicklung von Schweinen und auf die Verdaulichkeit von Tr.-Subst., Rohfett und Rohprotein sollte überprüft werden. 202 Schweine sind in insges. 5 Versuchsreihen einbezogen worden. Das Ca-Angebot variierte zwischen 0,40 und 0,88%. In allen Versuchen fielen Futterverwertung und Tageszunahmen linear mit einer höheren Ca-Gabe ab. Diese Wirkung wurde auch durch unterschiedliche Herkunft des Ca oder durch Beigabe von Chlortetracyclin weder beeinflußt noch aufgehoben. Hinsichtlich der Wirkung unterschiedlicher Ca-Gaben auf die Verdaulichkeit oben genannter Substanzen ergaben sich widersprechende Ergebnisse. H. Jung. 7888.

Horszczaruk, Franciszek; Warszawa, Szkoła Główna Gospodarstwa Wiejskiego, Katedra Żywienia Zwierząt. Wpływ zróżnicowanego poziomu włókna surowego w dawkach na procesy trawienne u świń. I. Strawność i wykorzystanie składników pokarmowych. **(Der Einfluß von unterschiedlichem Roh-**

fasergehalt in Futtergaben auf die Verdauungsvorgänge bei Schweinen. 1. Mitt. Verdauung und Verwertung der Nährstoffe.) Roczniki Nauk rolniczych, Ser. B 80 (1962) Nr. 1. S. 5–22. – 3 Abb., 4 Tab., 45 Lit. Zus. in Russ., Engl.
3 Gruppen Mastschweine von je 5 Stück im Gewichtsanschnitt von 40 kg bis 130 kg wurden gleicherweise gefüttert. Die Futtergaben unterschieden sich lediglich durch den Gehalt an Rohfaser, der in den Gruppen I, II und III – entsprechend 4%, 7,5% und 11% der Tr.-Subst. betrug. In jeder Gruppe befanden sich 2 Stück Mastschweine mit Blinddarmfistel, die 3 anderen waren fistelfrei. Die Verdaulichkeit der einzelnen Nährstoffe wies, mit steigendem Rohfasergehalt in der Ration, einen statistisch gesicherten Rückgang auf und zwar bei der Tr.-Subst. von 81,6 auf 77,7%, der organ. Subst. von 84,2 auf 80,5%, beim Rohprotein von 68,6 auf 64,1%, bei den N-fr. E. von 92,4 auf 91,3%, beim Rohfett von 14,0 auf 9,3%. Dagegen stieg die Verdaulichkeit der Rohfaser von 13,4% auf 41,3% an. ($P \leq 0{,}01$). Die Verdauung der Cellulose, ermittelt nach der Differenzmethode, schwankte von 57,3–85,2%. An den fistulierten Tieren wurde die Verdaulichkeit im Abschnitt des Verdauungskanals bis zum Blinddarm mittels der Indikatormethode ermittelt. Ein Unterschied zwischen den einzelnen Versuchsgruppen ergab sich lediglich hinsichtlich der Rohfaserverdauung, die VK betrugen – 25,5% in Gruppe I, 4,5% – in Gruppe II, 23,6% – in Gruppe III. A. Ziołecka. 7888.

Intermediärer Stoffwechsel

Moyed, Harris S. und Umbarger, H. Edwin. Regulation of biosynthetic pathways. **(Regulation von Biosynthesewegen.)** Physiol. Rev. 42 (1962) Nr. 3. S. 444–466. – 9 Abb., 1 Tab., 61 Lit.
Vff. geben einen Überblick über die Möglichkeiten der Regulierung der Biosynthese von Aminosäuren in Bakterienzellen. Besonders behandelt werden die Anzeichen für eine Stoffwechsel-Regulierung bei Bakterien, die möglichen Mechanismen zur Vermeidung von Übersynthesen (Hemmung von Enzymsynthese und Enzymwirkung), die rückwärtigen Kontrollen der Enzymwirkung durch die Endprodukt-Hemmung (Mechanismus der Endprodukt-Hemmung), die rückwärtige Kontrolle der Enzymbildung (Repression, Derepression) und die physiologische Rolle der Endprodukt-Hemmung und Repression bei Mikroorganismen und Vielzellern. Auf die Schwierigkeiten des Nachweises von Regulierungsmechanismen bei den Zellen höherer Organismen infolge Differenzierung und Anpassung wird besonders hingewiesen.
J. Wünsche. 7900.

Liang, Chi-Chin; Hong Kong, Univ., Dep. of Physiol. Studies on experimental thiamine deficiency. 3. Glyoxylic acid, citric acid and tissue metabolism. **(Untersuchungen über experimentellen Thiamin-Mangel. 3. Mitt. Glyoxylsäure, Citronensäure und Gewebestoffwechsel.)** Biochem. J. 85 (1962) Nr. 1. S. 38–44. – 2 Abb., 1 Tab., 40 Lit. 2. Mitt. vgl. Biochem. J. 83 (1962) Nr. 1. S. 101.
Albino-Ratten wurden 47–54 Tage mit einer Thiamin-Mangel-Ration gefüttert und im Vergleich zu normal ernährten Tieren die Citrat(I)-Ausscheidungen im Urin, die I-Gehalte im Blut und die O_2-Aufnahme verschiedener Gewebe (Gehirn, Herz, Leber, Niere, Zwerchfell) in einer Warburg-Apparatur ermittelt. Die Mangeltiere schieden in den ersten 3 Versuchswochen normale Harnmengen aus, die jedoch danach ständig bis auf etwa $^1/_5$ der Normalmenge abfielen. Die I-Ausscheidung im Harn stieg während der ersten 12 Tage geringfügig an und sank dann mit Verringerung der Futteraufnahme und zunehmender Anhydrämie ständig ab. Der I-Gehalt des Blutes erhöhte sich nach den ersten 12 Tagen laufend, offenbar bedingt durch die Akkumulation von Glyoxylat(II) im Blut und durch den Rückgang der I-Ausscheidung im Harn. Die Gewebe der Mangelratten hatten eine geringere O_2-Aufnahme

als die der Normaltiere. II zeigte beim Gehirn eine stärkere Hemmung des O_2-Stoffwechsels als bei den anderen Geweben. Cocarboxylase erhöhte bei den Geweben der Mangeltiere die O_2-Aufnahme in stärkerem Ausmaß als bei denen der Normaltiere. J. Wünsche. 7910.

Shoemaker, William C., Carruthers, Peter J., Elwyn, David H. und Ashmore, James; Chicago, Ill., Michael Reese Hospital, Med. Center, Dep. of Surgical Res.; Indianapolis, Univ. of Indiana, Dep. of Pharmacol. Effect of insulin on fatty acid transport and regional metabolism. **(Einfluß von Insulin auf Fettsäurentransport und Regionalstoffwechsel.)** Amer. J. Physiol. **203** (1962) Nr. 5. S. 919–925. 7910.

Dajani, Rashid M. und Orten, James M.; Detroit, Mich., Wayne State Univ., Coll. of Med., Dep. of Physiol. Chem. Utilization of ethanol by way of the citric acid cycle in the rat. **(Nutzbarmachung von Äthanol auf dem Wege des Citronensäurecyclus in der Ratte.)** J. Nutrit. [Philadelphia] **76** (1962) Nr. 2. S. 135–142. 7910.

Vrba, R., Bachelard, H. S. und Krawczyński, J.; Carshalton, Surrey, Med. Res. Council, Neuropsychiatric Res. Unit. Interrelationship between glucose utilization of brain and heart. **(Zwischenbeziehungen zwischen Glucosenutzbarmachung von Hirn und Herz.)** Nature [London] **197** (1963) Nr. 4870. S. 869–870. 7910.

Moore, J. H. und Doran, B. M.; Shinfield, Reading, Berks., Nat. Inst. for Res. in Dairying. Lipid metabolism in the normal and vitamin B_{12}-deficient chick embryo. **(Der Fettstoffwechsel beim normalen und an Vitamin B_{12} verarmtem Hühnerembryo.)** Biochem. J. **84** (1962) Nr. 3. S. 506–513. — 1 Abb., 4 Tab., 50 Lit.

Eier von Hennen, die 6 bzw. 8 Monate mit einer Vit. B_{12}-Mangeldiät ernährt waren, dienten für die Versuche. Die Embryonen wurden am 15., 17. und 19. Bruttag entnommen und der Fettgehalt von Leber, Dottersack und dem nicht leberhaltigen Gewebe untersucht. Bei normalen Embryonen stieg der Fettgehalt der Leber in der letzten Brutwoche stark an, insbesondere durch Zunahme der veresterten Sterine, die am 19. Tag 70% der Fette ausmachten. Auch im extrahepatischen Gewebe nahm der Fettgehalt zu, hier in Form von Trigylceridfraktionen. Beim Dottersack änderte sich nur das Verhältnis von Cholesterinestern zum Totalcholesterin von 0,17 (15. Tag) auf 0,39 (21. Tag). Bei den vitaminarmen Embryonen hatte die Leber insgesamt den gleichen Fettgehalt, im einzelnen war bei ihnen während der ganzen Embryonalzeit der Anteil an Sterinen geringer und der an Triglyceriden höher. Am 15. Tag hatten sie mehr Phospholipoide als normale Embryonen, am 17. — an dem sich die Vit.-Mangelerscheinungen am stärksten bemerkbar machten — stieg die Triglyceridmenge besonders an und die freien Sterine nahmen ab. Anscheinend läßt bei Mangel an Vit. B_{12} die Verwertung der Triglyceride nach, ebenso (in geringerem Maße) die der Phospholipoide und die Cholesterinsynthese; alle Vorgänge beschränken sich dabei auf die Leber. Der Fettstoffwechsel der übrigen Gewebe wird vom Mangel an Vit. B_{12} nicht berührt. C. Engelmann. 7920.

Deykin, Daniel und Goodman, DeWitt S.; Bethesda, Md., Nat. Inst. of Health; Nat. Heart Inst., Lab. of Cellular Physiol. and Metabolism. The hydrolysis of long-chain fatty acid esters of cholesterol with rat liver enzymes. **(Die Hydrolyse von langkettigen Fettsäureestern des Cholesterins mit Rattenleberenzymen.)** J. biol. Chemistry **237** (1962) Nr. 12. S. 3649–3656. 7920.

Lee, Melvin, Hartley, Frederick G. und Lucia, S. P.; San Francisco, Univ. of California, School of Med., Dep. of Preventive Med. Some relationships between caloric restriction and body weight in the rat. III. Levels of pyridine nucleotides and incorporation of acetate-1-C^{14} into lipids, in vivo and in vitro. **(Einige Beziehungen zwischen der Einschränkung der Energiezufuhr und dem Körpergewicht der Ratte. 3. Mitt. Pyridinnucleotidniveau und Acetat-1-^{14}C-Inkorporation in Fette in vivo und in vitro.)** J. Nutrit. [Philadelphia] 77 (1962) Nr. 1. S. 91–96. – 3 Tab., 14 Lit. 2. Mitt. vgl. LZ. Abt. III 8 (1963) Nr. 1. S. 161.

Es wurden die Konz. der oxydierten und reduzierten Pyridinnucleotide in Lebern von Ratten mit ad libitum-Fütterung und eingeschränkter Energiezufuhr gemessen und keine signifikanten Unterschiede gefunden. Die Inkorporation von Acetat-^{14}C in Fette von Leberschnitten, die Inkorporation von Acetat-1-^{14}C in Leber- und Körperfette in vivo und die Bildung von CO_2 aus Acetat in Leberschnitten waren bei den unterschiedlichen Fütterungsniveaus nicht signifikant verschieden. Vermutungen über den Wirkungsmechanismus der Adaptation an verminderte Fütterung werden dargelegt. W. Jentsch. 7920.

Fujimoto, D. und Tamiya, N.; Tokyo, Japan, Tokyo Med. and Dentistry Univ., School of Med. Incorporation of ^{18}O from air into hydroxyproline by chick embryo. **(Inkorporation von ^{18}O der Luft in Hydroxyprolin von Hühnerembryo.)** Biochem. J. 84 (1962) Nr. 2. S. 333–335. – 2 Tab., 15 Lit.

Vff. geben einen experimentellen Beweis, daß die Hydroxylgruppe von Hydroxyprolin aus dem Luft-O_2 stammt, während die Hydroxylgruppe des Tyrosins nicht unter diesen Bedingungen gebildet wird. 8 13 Tage alte Eier und ein Behälter (2 l.) mit ^{18}O-angereichertem O_2 (hergestellt aus $H_2{}^{18}O$ durch Elektrolyse) sowie eine wäßrige 10%-ige NaOH (5 ml.) (zur Entfernung des expirierten CO_2) wurden zu diesem Zweck in einem Gefäß (9,3 l.) vereinigt. Das Gefäß wurde zunächst für 2 Min. mit N_2 gefüllt, dann der 2 l. Behälter mit ^{18}O zerbrochen und das Gefäß 24 Std. bei 37° inkubiert. Nach der Inkubation wurden die Embryos hydrolysiert, Hydroxyprolin und Tyrosin isoliert und der ^{18}O bestimmt. I. Schröder. 7930.

Cohen, M. M., Simon, G. R., Berry, J. F. und Chain, E. B.; Minneapolis, Univ. of Minnesota, Med. School, Div. of Neurol. Conversion of glutamic acid into aspartic acid in cerebral cortex slices. **(Die Umwandlung von Glutaminsäure in Asparaginsäure in Cerebral-Cortex-Schnitten.)** Biochem. J. 84 (1962) Nr. 2. S. 43P–44P. – 2 Lit.

Durch Inkubation von Meerschweinchen-Cerebral-Cortex-Schnitten mit ^{14}C-Glutaminsäure und durch anschließende Isolierung von Keto- und Aminosäuren (Celite 535 und Dowex 50) wird die Hypothese getestet, daß die Umwandlung außerhalb des Citronensäurecyclus erfolgt. Die Ergebnisse zeigen die Aspartatbildung von Glutamat ohne Transamination in α-Oxoglutarat oder Wiedereintritt in den Tricarbonsäurecyclus durch Umwandlung in Succinat. Ein weiterer Beweis wird durch Inkubation mit 1-^{14}C- oder 5-^{14}C-Glutamat und Bestimmung der rel. spez. Aktivität des Aspartats erhalten, wodurch gezeigt werden kann, daß die Aspartatbildung durch Decarboxylierung von $C_{(5)}$ erfolgt. I. Schröder. 7930.

Tsuru, Daisuke; Osaka, Osaka City Univ., Fac. of Sci. Inhibitory effect of glycine on the production of amylase and proteinase by Bacillus subtilis. Part I. Effect of glycine and glycine derivatives on the enzyme production by the washed cells. **(Der Inhibitoreffekt von Glycin auf die Produktion von Amylase und Proteinase durch Bacillus subtilis. 1. Mitt. Der Einfluß von Glycin und Glycinderivaten auf die Enzymproduktion in gewaschenen Zellen.)** Agric. biol. Chem. [Tokyo] 26 (1962) Nr. 5. S. 288–294. – 5 Abb., 8 Tab., 12 Lit. Orig.: engl.

Vf. berichtet über die Wirkung von Glycin und Glycinderivaten auf die Fermentproduktion durch *Bacillus subtilis* und über die Umkehrung der Wirkung durch Zugabe verschiedener Verbindungen. Die Produktion von

Amylase und Proteinase wird durch folgende Verbindungen mit abnehmender Stärke gehemmt: Glycylglycylglycin, Glycylglycin, Alanylglycylglycin, Glycin, Glycinmethylester und Glycyl-L-asparaginsäure. Glycinderivate, bei denen die freie Aminogruppe durch verschiedene Gruppen blockiert ist, zeigen keinen Inhibitoreffekt. Nach Inkubation mit Glycin-^{14}C wurden in der freien Aminosäurefraktion (Extrakt der Zellen mit kochendem Wasser) etwa 60% der Gesamtradioaktivität der Zellen in Form des Glycins wiedergefunden. Der Nachweis erfolgte durch radioautographische Analyse. Die Bestimmung der freien Aminosäuren erfolgte papierchromatographisch auf Toyo Roshi No. 50 Papier mit dem Lösungsmittelsystem: Butanol/Essigsäure/Wasser (4:1:1) absteigend. Der Inhibitoreffekt des Glycins wurde durch Zugabe von L-Methionin, L-Glutaminsäure, L-Alanin, L-Asparaginsäure und L-Leucin verhindert. Durch Zugabe von den Aminen Spermin, Spermidin, und Putrescin wurde bei entsprechender Konzentration ebenfalls die Hemmung aufgehoben. Spermin zeigte die Wirkung bei 50 μg/ml, ab 150 μg/ml verstärkte es den Hemmungseffekt. Der Inhibitormechanismus des Glycins auf die Fermentproduktion in der Bakterienzelle wird diskutiert. I. Schröder. 7930.

Tsuru, Daisuke; Osaka, Osaka City Univ., Fac. of Sci. Inhibitory effect of glycine on the production of amylase and proteinase by Bacillus subtilis. Part II. Effect of glycine on the enzyme secretion. **(Der Inhibitoreffekt von Glycin auf die Produktion von Amylase und Proteinase durch Bacillus subtilis. 2. Mitt. Der Einfluß von Glycin auf die Enzymsekretion.)** Agric. biol. Chem. [Tokyo] **26** (1962) Nr. 5. S. 295–300. — 5 Abb., 2 Tab., 31 Lit. Orig.: engl. 1. Mitt. vgl. vorst. Ref.

Es wird der Einfluß von Glycin auf verschiedene Stoffwechselaktivitäten (insbesondere auf den P-Stoffwechsel) und auf die Fermentbildung durch das subcellulare System in gewaschenen Zellen von *B. subtilis* untersucht. Glycin hemmt die Inkorporation von ^{32}P in die Phospholipidfraktion der Zellen. Die Hemmung wird durch die Zugabe von Methionin verhindert. Der Nucleinsäurestoffwechsel wird nicht durch Glycin beeinflußt. Im Gegensatz zu den erhaltenen Ergebnissen beim gewaschenen Zellsystem wird im subcellularen System die Amylasebildung nicht durch Glycin gehemmt. Die Katalase- und Proteinaseaktivitäten der Zellen sind mit und ohne Glycin gleich. Vf. schließt aus den erhaltenen Ergebnissen, daß Glycin die Sekretion der extracellularen Enzyme hemmt, und weniger ihre Bildung.

I. Schröder. 7930.

Tsuru, Daisuke; Osaka, Osaka City Univ., Fac. of Sci. Inhibitory effect of glycine on the production of amylase and proteinase by Bacillus subtilis. Part III. Glycine-induced cell lysis and inhibition of enzyme production. **(Der Inhibitoreffekt von Glycin auf die Produktion von Amylase und Proteinase durch Bacillus subtilis. 3. Mitt. Glycininduzierte Zellauflösung und Hemmung der Enzymproduktion.)** Agric. biol. Chem. [Tokyo] **26** (1962) Nr. 5. S. 301 bis 308. — 9 Abb., 2 Tab., 19 Lit. Orig.: engl. 2. Mitt. vgl. vorst. Ref.

Vf. untersucht den Einfluß von Glycin auf das Zellwachstum und die Enzymproduktion in einem synthetischen Medium. Während in einem 0,1% Glycinmedium das Wachstum und die Produktion von Amylase und Proteinase nur wenig beeinflußt wird, werden bei 3% Glycin sowohl das Zellwachstum als auch die Fermentproduktion beträchtlich gehemmt und nur Zelltrümmer beobachtet. Bei der logarithmischen Wachstumsphase wird durch Zugabe von 2–3% Glycin zur Kultur eine schnelle Auflösung der wachsenden Zellen und das vollständige Aufhören der Enzymproduktion erreicht. Dieser Effekt des Glycins wird durch eine vorhergehende Inkubation der Zellen mit Spermin oder Uranylnitrat verhindert. Es wird gezeigt, daß Glycin die Veränderung der Permeabilitätseigenschaften der cytoplasmischen Membran wie die Hemmung der Zellwandsynthese verursacht. I. Schröder. 7930.

Raina, Aarne; Helsinki, Finland, Univ., Dep. of Med. Chem. Biosynthesis of spermine and spermidine in the developing chick embryo. **(Biosynthese von Spermin und Spermidin im wachsenden Hühnerembryo.)** Acta chem. scand. **16** (1962) Nr. 10. S. 2463–2464. 7930.

Rendi, Renzo und Ochoa, Severo; New York, N.Y., Univ., School of Med., Dep. of Biochem. Species specificity in activation and transfer of leucine from carrier ribonucleic acid to ribosomes. **(Speciesspezifität in Aktivierung und Übertragung von Leucin von übertragender Ribonucleinsäure auf Ribosomen.)** J. biol. Chemistry **237** (1962) Nr. 12. S. 3707–3710. 7930.

Clark jun., J. M. und Eyzaguirre, Jaime P.; Urbana, Univ. of Illinois, Biochem. Div. Tyrosine activation and transfer to soluble ribonucleic acid. I. Purification and study of the enzyme of hog pancreas. **(Tyrosinaktivierung und Übertragung auf lösliche Ribonucleinsäure. 1. Mitt. Reinigung und Studium des Enzyms von Schweinepankreas.)** J. biol. Chemistry **237** (1962) Nr. 12. S. 3698–3702. 7930.

Lengyel, Peter, Speyer, Joseph F. und Ochoa, Severo; New York, Univ., School of Med., Dep. of Biochem. Synthetic polynucleotides and the amino acid code. I. **(Synthetische Polynucleotide und der Aminosäurecode. 1. Mitt.)** Proc. nat. Acad. Sci. USA **47** (1961) Nr. 12. S. 1936–1942. — 4 Abb., 24 Lit. Mit Polynucleotidphosphorylase wurde eine Reihe von reinen und gemischten Polyribonucleotiden aus den entsprechenden Nucleotiddiphosphaten synthetisiert (A = Adenylsäure; C = Cytidylsäure; U = Uridylsäure). Die Polynucleotide stimulieren den Einbau bestimmter Aminosäuren in säureunlösliche Produkte durch ein System, bestehend aus Ribosomen und Überstand aus *E. coli*. Zusatz von Übertragungs-Ribonucleinsäuren (RNS) ergab einen weiteren Anstieg des Einbaus von Phenylalanin (Phe) in Anwesenheit von Poly-U. Demnach spielen die Polyribonucleotide die Rolle von Nachrichten-RNS bei der Übertragung von aktivierten Aminosäuren in den Übertragungs-RNS auf Ribosome. Es wurde der Einbau einiger Aminosäuren in Gegenwart verschiedener Polynucleotide untersucht. Poly-U stimuliert den Einbau von Phe, Poly-UC den von Phe und Serin und Poly-UA den von Phe und Tyrosin. Vff. stellen die Arbeitshypothese auf, daß bei der Biosynthese von Proteinen Dreiergruppen von Nucleotiden für den Einbau der einzelnen Aminosäuren als Codierungseinheiten wirksam sind. So wird für Phe der Code UUU, für Serin 1C2U (3 Möglichkeiten: UUC; UCU; CUU) und für Tyrosin 1A2U auf Grund der Meßergebnisse des Einbaus dieser Aminosäuren in Abhängigkeit von der Art des zugesetzten Polyribonucleotids angenommen. R. Schiemann. 7930.

Speyer, Joseph F., Lengyel, Peter, Basilio, Carlos und Ochoa, Severo; New York, Univ., School of Med., Dep. of Biochem. Synthetic polynucleotides and the amino acid code. II. **(Synthetische Polynucleotide und der Aminosäurecode. 2. Mitt.)** Proc. nat. Acad. Sci. USA **48** (1962) Nr. 1. S. 63–68. — 4 Tab., 6 Lit. 1. Mitt. vgl. vorst. Ref.
Vff. prüften den Einfluß einer Reihe von gemischtpolymeren Ribonucleotiden auf den Einbau verschiedener Aminosäuren in säureunlösliche Produkte durch ein *E. coli*-system (A = Adenylsäure; C = Cytidylsäure; G = Guanylsäure; U = Uridylsäure). Poly-U bewirkt eine Inkorporation von Phenylalanin (Phe); Poly-UC stimuliert den Einbau von Phe, Serin, Leucin, Prolin und Threonin; Poly-UA den von Phe, Tyrosin, Isoleucin und Lysin; Poly-UG den von Phe, Valin und Cystein; Poly-UAC den von Phe, Serin, Leucin, Tyrosin, Isoleucin, Prolin, Threonin, Lysin und Histidin; Poly-UAG den von Phe, Tyrosin, Isoleucin, Lysin, Valin und Cystein. Aus dem Mischungsverhältnis der Nucleotide und dem relativ nur Phenylalanininkorporation erfolgten Einbau der einzelnen Aminosäuren leiten Vff. für 11 Aminosäuren Dreier-

gruppen von Nucleotiden als „Codierungsbuchstaben" für die Proteinsynthese ab, wobei die Sequenz der 3 Nucleotide im einzelnen noch nicht bekannt ist. R. Schiemann. 7930.

Lengyel, Peter, Speyer, Joseph F., Basilio, Carlos und Ochoa, Severa; New York, Univ., School of Med., Dep. of Biochem. Synthetic polynucleotides and the amino acid code. III. **(Synthetische Polynucleotide und der Aminosäurecode. 3. Mitt.)** Proc. nat. Acad. Sci. USA 48 (1962) Nr. 2. S. 282–284. — 1 Abb., 4 Lit. 2. Mitt. vgl. vorst. Ref.

Vff. fanden, daß Poly-UG auch die Inkorporation von Tryptophan und Glycin und Poly-UCG zusätzlich die von Arginin stimuliert (C = Cytidylsäure, G = Guanylsäure, U = Uridylsäure). Aus vergleichenden Untersuchungen des Phenylalanineinbaues wurden für die 3 Aminosäuren die Dreiergruppen von Nucleotiden als „Codierungsbuchstaben" für die Proteinsynthese abgeleitet. R. Schiemann. 7930.

Speyer, Joseph F., Langyel, Peter, Basilio, Carlos und Ochoa, Severo; New York, Univ. School of Med., Dep. of Biochem. Synthetic polynucleotides and the amino acid code. IV. **(Synthetische Polynucleotide und der Aminosäurecode. 4. Mitt.)** Proc. nat. Acad. Sci. USA 48 (1962) Nr. 3. S. 441–448. — 5 Tab., 14 Lit. 3. Mitt. vgl. vorst. Ref.

Es wurden die „Codierungsbuchstaben" für die Proteinsynthese als Dreiergruppen von Polyribonucleotiden für 5 weitere Aminosäuren (Alanin, Asparagin, Asparaginsäure, Glutaminsäure und Methionin) bestimmt und bei einer Reihe von Aminosäuren die früheren Untersuchungen mit gewissen methodischen Modifikationen wiederholt. Für 19 der 20 wichtigsten Aminosäuren (Ausnahme: Glutamin) sind damit die Codierungsbuchstaben festgelegt, ohne jedoch die Sequenz der jeweiligen 3 Nucleotide zu kennen, von denen immer wenigstens ein Nucleotid den Uridylsäurerest darstellt. Die Ergebnisse werden im einzelnen diskutiert und mit neueren Daten der Lit. über die Aminosäurevertretbarkeit in mit HNO_2 erzeugten Mutanten des Tabakmosaikvirus verglichen, mit denen sich eine gute Übereinstimmung ergibt. Für die einzelnen Aminosäuren werden folgende Nucleotidfolgen noch unbekannter Sequenz als „Codierungsbuchstaben" für die Proteinsynthese abgeleitet (A = Adenylsäure; C = Cytidylsäure; G = Guanylsäure; U = Uridylsäure; Aminosäuren auf 3–4 Anfangsbuchstaben abgekürzt): Ala–UCG; Arg–UCG; AspN–UAA (UAC); Asp–UAG; Cys–UUG; Glu–UAG; [GluN–UCG]; Gly–UGG; His–UAG; Ileu–UUA; Leu–UUC (UUA, UUG); Lys–UAA; Met–UAG; Phe–UUU; Pro–UCC; Ser–UUC; Thr–UAC (UCC); Try–UGG; Tyr–UUA; Val–UUG. R. Schiemann. 7930.

Basilio, Carlos, Wahba, Albert J., Lengyel, Peter, Speyer, Jospeh F. und Ochoa, Severo; New York, Univ. School of Med., Dep. of Biochem. Synthetic polynucleotides and the amino acid code. V. **(Synthetische Polynucleotide und der Aminosäurecode. 5. Mitt.)** Proc. nat. Acad. Sci. USA 48 (1962) Nr. 4. S. 613–616. — 2 Tab., 15 Lit. 4. Mitt. vgl. vorst. Ref.

Vff. untersuchten den Einfluß synthetischer Polynucleotide [dargestellt mit *Azotobakter*-Polynucleotidphosphorylase aus einer Mischung von 5 Teilen Uridin-5'-diphosphat und 1 Teil der 5'-Diphosphate von Inosin (Poly-UI) bzw. Guanosin (Poly-UG), Adenosin (Poly-UA) oder Cytidin (Poly-UC)] auf die Inkorporation bestimmter Aminosäuren in säureunlösliche Produkte eines *E. coli*-Systems. Ferner wurde der Einfluß einer speziellen HNO_2-Behandlung zur Desaminierung einzelner Basen der Polynucleotide (Adenosin zu Hypoxanthin; Cytosin zu Uracil; Guanin zu Xanthin) auf die Aminosäureinkorporation untersucht. Poly-UG und Poly-UI stimulierten den Einbau von Cystein, Glycin, Leucin, Tryptophan und Valin im gleichen relativen Verhältnis; d. h. Guanin ist bei der Aminosäurencodierung durch Hypoxanthin vertretbar. Bei HNO_2-Behandlung verlor Poly-UA seine Codierungsspezifität und zeigte die der Poly-UI, während Poly-UC die Aktivität zur Serininkorporation einbüßte, die zum Phenylalanineinbau jedoch behielt. HNO_2-Behandlung von Poly-UG verursachte den Verlust der Aktivität zum Einbau von Valin. Demzufolge kann Xanthin im Gegensatz zu Hypoxanthin bei der Aminosäurecodierung Guanin nicht ersetzen. R. Schiemann. 7930.

Anonym. Protein intake and liver enzyme activity. **(Proteinaufnahme und Enzymaktivität der Leber.)** Nutrit. Rev. **20** (1962) Nr. 9. S. 280–282. – 1 Lit.

Es wurden abgesetzte ♂ Ratten 2 bzw. 4 Wochen mit Rationen gefüttert, deren Proteingehalt in Form von Casein von 0 bis 60% variierte. Die Ration enthielt 5% Sesamöl, 4% Mineralstoffe, 1% Vitaminmischung und Kartoffelstärke jeweils ad 100. Nach Tötung der Tiere wurden die Lebern homogenisiert und bei einer Reihe von Enzymen die Aktivität bestimmt. Die untersuchten Enzyme lassen sich in 4 Gruppen einteilen: 1. Xanthinoxydase, Bernsteinsäuredehydrogenase und D-Aminosäureoxydase zeigten mit steigendem Proteingehalt der Ration einen Aktivitätsanstieg, der bei 25% Casein einen konstant bleibenden Höchstwert erreichte. 2. Bei Arginase, Uricase, Glutaminsäure-Brenztraubensäure-Transaminase und Glutaminsäure-Oxalessigsäure-Transaminase stieg die Aktivität mit steigendem Proteingehalt in der Diät. 3. Kathepsin zeigte keine Aktivitätsabhängigkeit vom Proteingehalt der Diät. 4. Alkalische Phosphatase ergab ein Aktivitätsmax. nach 4wöchiger proteinfreier Ernährung, während ein Anstieg des Proteinniveaus in der Diät auf 25% zu einem Minimalwert in der Enzymaktivität führte. Die Reaktion der Enzyme der 1-Gruppe auf steigende Proteingaben war dem Wachstum und den Veränderungen des N-Gehaltes der Leber ähnlich.

R. Schiemann. 7930.

Waterlow, J. C.; Jamaica, Univ. Coll. of West Indies, Med. Res. Council, Trop. Metabolism Res. Unit. Protein metabolism in human protein malnutrition. **(Eiweißstoffwechsel bei Eiweißunterernährung des Menschen.)** Proc. Roy. Soc. [London], Ser. B **156** (1962) Nr. 964. S. 345–351. – 2 Abb., 4 Tab., 16 Lit.

Vortrag: Das Problem der Eiweißunterernährung wird nach zwei Gesichtspunkten – statisch und dynamisch als Veränderungen in der Zusammensetzung und Veränderungen in der Funktion – behandelt. Die Veränderungen in der Zusammensetzung betreffen sowohl die generelle Körperzusammensetzung als auch die einzelner Organe und Gewebe sowie die der einzelnen Zelle, was an Beispielen aus eigenen Untersuchungen als auch solchen der Lit. nachgewiesen wird. Bei der dynamischen Betrachtung wird das Wechselspiel zwischen Eiweißabbau und Eiweißsynthese in Zusammenhang mit dem N-Pool und der differenzierten Funktion der einzelnen Körperproteine behandelt. Es wird besonders auf die Bedeutung des dynamischen (übergeordneten) Gleichgewichtes hinsichtlich des Proteinumsatzes hingewiesen. R. Schiemann. 7930.

Feller, D. D. und Feist, E.; Seattle, Univ. of Washington, School of Med., Veterans Adm. Hospital; Dep. of Med., Radioisotope Serv. The conversion of leucine carbon into CO_2, fatty acids and other products by adipose tissue. **(Die Umwandlung von Leucinkohlenstoff in CO_2, Fettsäuren und andere Produkte durch Fettgewebe.)** Biochim. biophysica Acta [Amsterdam] **62** (1962) Nr. 1. S. 40–44. – 2 Abb., 1 Tab., 15 Lit.

Zur Klärung der Frage, ob Leucin durch Fettgewebe umgesetzt wird, wurde gleichmäßig, sowie in Stellung 1 bzw. 2 ^{14}C-markiertes Leucin sowie markiertes Acetat- und Acetoacetat zusammen mit epididymalem Fettgewebe von Mäusen inkubiert und der Einbau von ^{14}C in Fettsäuren sowie die Oxydation der C-Kette des Leucins zu CO_2 untersucht. Leucin wurde zu einem erheblichen

Teil zur Biosynthese von Fettsäuren nach partieller Oxydation verwendet. Ferner konnten verschiedene Zwischenprodukte des Leucinabbaues (Isovaleriat, Succinat, Butyrat, Acetoacetat und Acetat) identifiziert werden. Der Umsatz des Leucins durch Fettgewebe verläuft nach den Untersuchungen ähnlich wie in der Leber. Die Stoffwechselwege der Fettsäuresynthese aus Leucin werden diskutiert. R. Schiemann. 7930.

Dickman, Sherman R. und Bruenger, Eveline; Salt Lake City, Univ. of Utah, School of Med., Dep. of Biol. Chem. Incorporation of amino acids into protein by intracellular particles from dog pancreas. **(Einbau von Aminosäuren in Protein durch intracellulare Partikeln aus dem Pankreas von Hunden.)** Biochim. biophysica Acta [Amsterdam] **63** (1962) Nr. 3. S. 522–524. — 3 Tab., 8 Lit.

Vff. untersuchten den Einbau von ^{14}C-markierten Aminosäuren (DL-Valin, L-Alanin, L-Lysin, L-Phenylalanin) in Protein durch verschiedene Zellfraktionen des Pankreas von Hunden. Im Gegensatz zu den analogen Zellpartikeln von Rind, Schwein und Maus, die unter vergleichbaren Bedingungen inaktiv waren, waren die aus Hundepankreas isolierten zellfreien Systeme hinsichtlich des Einbaues von Aminosäuren in Proteine so aktiv wie die des Pankreas junger Tauben oder anderer Säugetiergewebe, so daß sich eine gute Möglichkeit bietet, die Biosynthese einer Reihe hydrolytischer Enzyme, die vom Hundepankreas gebildet werden, zu untersuchen. Der Einbau der Aminosäuren in Protein ist energieabhängig. R. Schiemann. 7930.

Kahlson, G., Rosengren, Elsa und Svensson, S. E. Inhibition of histamine formation in vivo. **(Die Hemmung der Histaminbildung in vivo.)** Nature [London] **194** (1962) Nr. 4831. S. 876. — 1 Abb., 3 Lit.

Verfolgt man die Histaminausscheidung im Urin von Ratten, die eine Pyridoxinmangelkost erhalten, so stellt man fest, daß innerhalb von 24 Tagen die Histaminmenge auf 40% der normalen Werte absinkt. Injiziert man nun nach dem 24. Tag außerdem α-Methylhistidin (4×200 mg/kg/Tag), so wird diese Menge nochmals auf die Hälfte reduziert. Nach Absetzen des α-Methylhistidins steigt die Histaminausscheidung auf den Pyridoxinmangel-Wert an. Versuche, bei denen ^{14}C-Histidin injiziert und ^{14}C-Histamin im Urin bestimmt wird, führen zu übereinstimmenden Ergebnissen. Die Bildung von 5-H (5-Hydroxytryptamin) wird, gemessen an der Ausscheidung von 5-HIE (5-Hydroxyindolylessigsäure), nicht gehemmt, so daß α-Methylhistidin anscheinend direkt auf das Enzymzentrum einzuwirken scheint, nicht auf das Coenzym Pyridoxal-5-phosphat. R. Maune. 7930.

Finch, L. R.; Parkville, Victoria, Australia, Univ. of Melbourne, Russell Grimwade School of Biochem. Non-reversibility in the uptake of amino acids by isolated segments of rat intestine. **(Nichtreversibilität in der Aufnahme von Aminosäuren durch isolierte Abschnitte des Rattendarms.)** Biochim. biophysica Acta [Amsterdam] **64** (1962) Nr. 3. S. 556–558. — 2 Tab., 6 Lit.

Dünndarmsegmente von Ratten wurden mit L-[^{12}C] Isoleucin unter verschiedenen Zeit- und Konzentrationsbedingungen vorinkubiert und anschließend die Aufnahme von L-[^{14}C] Isoleucin in die Darmzellen gemessen. Die Vorinkubation führte zu keiner Stimulierung der Aufnahme, so daß geschlossen wird, daß die Aminosäureaufnahme durch einen spezifischen Überträgerprozeß erfolgt, bei dem die Dissoziation der Aminosäure vom Träger innerhalb der Zellen vollständig irreversibel ist. R. Schiemann. 7930.

Energiewechsel

Phillips, W. E. J.; Ottawa, Ontario, Dep. of Agric. Low-temperature environmental stress and the metabolism of vitamin A in the rat. **(Niedere**

Umgebungstemperaturen und Vitamin A-Stoffwechsel bei Ratten.) Canad. J. Biochem. Physiol. 40 (1962) Nr. 4. S. 491–499. — 5 Tab., 9 Lit.

Nach Angaben über die Versuchsdurchführung und Analytik gibt Vf. einen Überblick über Versuche, die den Einfluß von niederer Umgebungstemperatur (2°) und hoher Temperatur (22°) auf den Vit.-A-Stoffwechsel bei 2 verschiedenen Rassen von Albinoratten in 5 Experimenten untersuchen. Als Kriterium für die Verwertung des zugeführten Carotins oder Vit. A dient die Leberspeicherung an Vit. A (Gewicht der Leber, µg Vit. A/g Leber, µg Vit./Leber). Im ersten Experiment werden 1,24 mg β-Carotin/Ratte und im zweiten 65,9 mg trans-Vit.-A-acetat pro Ratte zugeführt und jeweils 3, 10 und 17 Tage nach der Dosis die Vit. A-Speicherung in der Leber bei niedriger und hoher Temperatur ermittelt und mit der Kontrollgruppe verglichen. Im Exp. 1 betrug die Leberspeicherung bei 22° nach 3 Std. 55,2 µg Vit. A/Leber, bei 2° 107,4 µg, im Exp. 2 bei 22° 8,1 µg und bei 2° 8,4 µg. Im dritten Experiment wurde nach Verfütterung eines Grundfutters am 36. Tag 0,36 µg β-Carotin/Ratte und im vierten Experiment 255 µg trans-Vit.-A-acetat gegeben. Die Kontrolltiere (ohne Zusatz) wurden 36 Std. bei 22° bzw. 36 Std. bei 2° gehalten, die Versuchsgruppen wurden 0, 3, 6, 12, 24 und 36 Std. bei 2° gehalten und die übrige Zeit bis zu 36 Std. bei 22°. 48 Std. nach der oralen Carotin- bzw. Vit.-A-Zufuhr wurde die Leberspeicherung bestimmt. Während bei der Carotinzufuhr eine Erhöhung der in der Leber gespeicherten Vit. A-Menge bei längerem Aufenthalt bei 2° stattfand, wurden bei Vit.-A-Zufuhr keine wesentlichen Differenzen gefunden. Im 5. Experiment wurden 0,61 mg β-Carotin und 0,05% „Sulphamerazin" zugesetzt und die Tiere bei 2° und 22° gehalten. Die gespeicherten Vit.-A-Mengen waren um 50% höher als ohne Zusatz und betrugen bei 2° 40,6 µg und bei 22° 26,7µg Vit. A. Die Ergebnisse zeigen, daß Carotin bei niederen Umgebungstempraturen besser verwertet wird als bei hohen Temperaturen, die Vit.-A-Leberspeicherung nach Vit. A-Gaben aber unabhängig von der Umgebungstemperatur ist. Daraus wird der Schluß gezogen, daß bei niederen Temperaturen eine größere Thyroid-Aktivität vorhanden ist. Zwischen den beiden verwendeten Rassen waren die Unterschiede nur unwesentlich. M. Hoffmann. 8012.

Poirier, Louis J., Mouren-Mathieu, Anne-Marie und Richer, Claude-Lise; Montréal, Québec, Univ., Dep. d'Histol.; Nat. and Prov. Health Grants; Med. Res. Council of Canada. Neuroanatomical study of obese and non-obese hypothalamic monkeys in relation to food intake, locomotor activity, and temperature regulation. **(Neuroanatomische Studien an fetten und mageren Affen bei Schäden am Hypothalamus in bezug auf Futtereinnahme, Bewegungsaktivität und Temperaturregulierung.)** Canad. J. Biochem. Physiol. 40 (1962) Nr. 9. S. 1185–1193. — 2 Abb., 2 Tab., 49 Lit. Zus. in Franz.

An 14 mageren und fetten Affen beiderlei Geschlechts wurde der Einfluß von Störungen in verschiedenen Regionen des Hypothalamus auf Futtereinnahme, Bewegungsaktivität und Wärmeregulierung untersucht. Fettsucht, geringe Aktivität und die Verminderung der Regulierungsfähigkeit der Körpertemperatur waren mit Störungen an *Corpora mamillaria* und *Chiasma optici* verbunden. Das Nachlassen der Temperaturregulierung bei Kälte war bei allen fetten Tieren der Fall, die Schäden am periventriculären System und den paraventriculären und dorsomedialen Kernen des Hypothalamus hatten. Bei einigen Tieren war das mit geringerer Aktivität verbunden. Fettleibigkeit war bei den meisten Tieren nicht mit erhöhter Futteraufnahme verbunden. Ein mageres Tier zeigte starke Aktivität, war gefräßig und besaß geringe Anpassung an Kälte, in Verbindung mit bilateralen Schäden im Zentrum des Hypothalamus. W. Jentsch. 8012.

Eiweißstoffwechsel

Bodja, K., Tomaš, Ja. und Konja, E. (Bodja, K., Tomasch, Ja. und Konja, Je.) Vlijanie uglevodov na obmen azotistych veščestv u žvačnych. **(Der Einfluß der Kohlenhydrate auf den Stickstoffaustausch bei Wiederkäuern.)** V sb.: Materialy Naučn. konferencii po patol. fiziologii s.-ch. životnych, Moskva **1962** S. 11. — Aus: Referativnyj žurnal. Biologija, Moskva **1962** Nr. 23. L. 45. S. 5.

Es wurde der Einfluß von Saccharose, Glucose, Stärke und Zuckerrüben auf den N-Stoffwechsel bei Schafen untersucht, die mit Rationen unter Zusatz von Harnstoff gefüttert wurden. Außerdem wurde die Nierenschranke (clearance) des Harnstoffes bei Schafen untersucht, die mit und ohne Zusatz von löslichen Kohlenhydraten gefüttert wurden. Es wurde festgestellt, daß der Zusatz von löslichen Kohlenhydraten zur Ration auf die Senkung des NH_3-Spiegels im Pansen, der Harnstoffkonzentration im Blut und auf die Steigerung der positiven N-Bilanz wirkt. Bei Tieren, die mit Rationen ohne Zusatz von löslichen Kohlenhydraten gefüttert werden, wurde eine Erhöhung des Harnstoffes im Blut beobachtet sowie seine erhöhte Ausscheidung mit dem Harn. Die Autoren nehmen an, daß eine erhöhte Menge an löslichen Kohlenhydraten in der Ration außer dem positiven Einfluß auf die Eiweißsynthese durch die Mikroflora des Pansens auch die Schranke des Harnstoffes verändert. übersetzt v. Ch. Eshkowa. 8042.

Featherston, W. R., Bird, H. R. und Harper, A. E.; Madison, Wis., Univ., Dep. of Poultry Sci. Ability of the chick to utilize D- and excess L-indispensable amino acid nitrogen in the synthesis of dispensable amino acids. **(Die Fähigkeit des Kükens, N aus den d-Isomeren und einem Überangebot essentieller l-Aminosäuren zur Synthese nicht essentieller zu verwenden.)** J. Nutrit. [Philadelphia] **78** (1962) Nr. 1. S. 95–100. — 4 Tab., 10 Lit.

An Küken, die 8 Tage lang eiweißarm ernährt waren, gaben Vff. ein Gemisch der l-Isomeren essentieller Aminosäuren (I) und Dextrin bzw. die entsprechenden dl-Formen (II) oder I in doppelter Aufwandmenge (III). Die Küken in den Gruppen II erreichten nach 1 Woche das 1,5fache Gewicht der Gruppen I (127:98 g) und verzehrten dabei 1,75mal so viel N bei etwa gleicher N-Rentention (50,9:53,1%). Das Wachstum und die Futterverwertung stimmten in den Gruppen II und III weitgehend überein: Die Zunahmen übertrafen die der Gruppen I rund um das Doppelte. Die N-Retention war bei III um ein geringes besser als bei II und I. Aus Blutuntersuchungen am Ende des Versuchs (8. Tag) geht hervor, daß die Küken in den Gruppen II und III weit mehr entbehrliche Aminosäuren besaßen als die in I, d. h. die d-Isomeren der essentiellen hatten zur Synthese der nicht essentiellen ebenfalls beigetragen (Glutamin, Prolin, Hydroxyprolin). An essentiellen Aminosäuren war das Blut von II reicher als bei I und III (mit Ausnahme des Glykokolls und z. T. des Threonins), nämlich an Lysin, Valin, Leucin, Methionin, Phenylalanin. Obwohl die d-Isomeren und im Übermaß gebotene l-Isomeren der essentiellen Aminosäuren zum Aufbau nicht essentieller beitragen, sind beide Aminosäurengruppen nötig, um beim Küken optimales Wachstum zu erzielen. Über die Beteiligung der Darmflora an den Umwandlungsvorgängen sagen diese Versuche nichts aus. C. Engelmann. 8042.

Lecce, J. G., Morgan, D. O. und Matrone, G.; Raleigh, North Carolina State Coll., Dep. of Animal Ind. Immunoelectrophoretic serum protein changes from birth to maturity in piglets fed different diets. **(Immunelektrophoretische Serumproteinveränderungen bei Ferkeln mit unterschiedlichen Diäten von der Geburt bis zur Reife.)** J. Nutrit. [Philadelphia] **77** (1962) Nr. 3. S. 349–354. — 4 Abb., 7 Lit.

Es ergaben sich keine wesentlichen Unterschiede im Auftreten von Bestandteilen des reifen Serumproteinprofils bzw. dem Verschwinden von Bestandteilen des unreifen Serumproteinprofils bei Ferkeln, welche Sauenmilch, Kuhmilch, Kuhmilch mit Magermilchzusatz, Kuhmilch mit Eizusatz, Rindercolostrum, Kunstmilch und Aminosäuremilch erhielten. B. Busch. 8042.

Anonym. Nitrogen metabolism in the extreme cold. **(Stickstoffwechsel in extremer Kälte.)** Nutrit. Rev. **21** (1963) Nr. 3. S. 78–80. 8042.

Möhlmann, H.; Dessau, Forsch.-Inst. für Impfstoffe. **Wesen und Wirkung der γ-Globuline und Perspektive ihres Einsatzes in der Tierheilkunde.** Mh. Veterinärmed. **17** (1962) Nr. 23/24. S. 934–941. — 7 Abb., 2 Tab., 40 Lit. 8042.

Harbers, Leniel H., Tillman, Allen D. und Visek, Willard J.; Stillwater, Oklahoma State Univ. Effect of barbituric acid on urea diets for ruminants. **(Wirkung von Barbitursäure auf Harnstoffrationen für Wiederkäuer.)** J. Animal Sci. **21** (1962) Nr. 4. S. 754–756. — 1 Abb., 2 Tab., 14 Lit.
Da Barbitursäure (**I**) bei Küken wachstumsfördernd wirkte bei gleichzeitiger Reduktion der gastrointestinalen Ureaseaktivität (**II**) sollte geprüft werden, ob nicht auch **II** des Pansens hinsichtlich der umfangreichen Harnstoffsupplementierung in der Wiederkäuerfütterung durch **I** beeinflußt werden könnte. Sowohl in vivo, 12 Schafe von je 73 lb, als auch in vitro konnte insgesamt folgendes festgestellt werden: **I** (0,41 g oder 1,28 g/kg Futter) verringerten die tägl. Gewichtszunahme, die Cellulolyse wurde sowohl bei Harnstoff als auch bei Sojabohnen als N-Quelle stark gehemmt. Demzufolge wird **I** als Supplement für die Wiederkäuerfütterung als ungeeignet angesehen. H. H. Budzier. 8050.

Stoffwechsel stickstofffreier Nährstoffe

Reid, R. L. und Hinks, N. T.; Prospect, New South Wales, C.S.I.R.O., Ian Clunies Ross Animal Res. Lab., Div. of Animal Physiol. Studies on the carbohydrate metabolism of sheep. XVII. Feed requirements and voluntary feed intake in late pregnancy, with particular reference to prevention of hypoglycaemia and hyperketonaemia. **(Untersuchungen über den Kohlenhydratstoffwechsel beim Schaf. 17. Mitt. Futterbedarf und freiwillige Futteraufnahme bei hoher Trächtigkeit mit besonderer Berücksichtigung der Prophylaxe von Hypoglykämie und Hyperketonaemie.)** Austral. J. agric. Res. **13** (1962) Nr. 6. S. 1092–1111. — 9 Abb., 2 Tab., 38 Lit. 16. Mitt. vgl. LZ. Abt. III **8** (1963) Nr. 4. S. 808.
Wird bei zwillingsträchtigen Schafen (**I**) während der hohen Trächtigkeit die Ration um 20% gekürzt, fällt sofort der Blutglucose- (**II**) und steigt der Blutketonkörperspiegel (**III**). **III** von **I** liegt signifikant höher als **III** von monofoetalen Tieren (**IV**). Bei **I** fällt mit zunehmender Trächtigkeit unter konstanter Ration **II** beständig ab, während **III** ansteigt. Für hochtragende Schafe durchschnittlicher Kondition macht sich eine Zufütterung notwendig, um die Körperreserven zu schonen, wobei allerdings die umsetzbare Energie schlecht verwertet wird. **II** und **III** sind nicht immer richtige Maßstäbe für eine Zufütterung. Zwischen **I** unterschiedlicher Kondition bestehen große physiologische Differenzen. Im Gegensatz zu normalen ernährten Schafen fiel bei mastigen **I** die Futteraufnahme gegen Ende der Trächtigkeit stark ab, was nicht allein auf das höhere Foetusvolumen zurückgeführt werden kann. Mastige **I** halten im Zustand der Unterernährung **II** und **III** besser konstant als normal ernährte Schafe. **III** dürfte deshalb während der Trächtigkeit kaum als ein allgemeines Kriterium für einen Unterernährungszustand angesehen werden. H. H. Budzier. 8062.

Reid, R. L. und Hinks, N. T.; Prospect, New South Wales, C.S.I.R.O., Ian Clunies Ross Animal Res. Lab., Div. of Animal Physiol. Studies on the carbohydrate metabolism of sheep. XVIII. The metabolism of glucose, free fatty acids, ketones, and amino acids on late pregnancy and lactation. **(Untersuchungen über den Kohlenhydratstoffwechsel beim Schaf. 18. Mitt. Der Stoffwechsel von Glucose, freien Fettsäuren, Ketonen und Aminosäuren während der Hochträchtigkeit und Laktation.)** Austral. J. agric. Res. **13** (1962) Nr. 6. S. 1112–1123. — 4 Abb., 30 Lit. 17. Mitt. vgl. vorst. Ref.

Der Gehalt des Blutplasmas an freien Fettsäuren (I) ist ein empfindlicherer Spiegel der Trächtigkeitsunterernährung als die Blutkonzentration an Glucose oder Ketonkörpern. Bei konstanter Futterration während der Hochträchtigkeit von Tieren mit durchschnittl. Kondition wird notwendigerweise zur Aufrechterhaltung des Wärmehaushaltes Reservefett mobilisiert, was durch den Anstieg von I angezeigt wird, wobei I mit dem Gesamtfoetusgewicht eng korreliert. Dasselbe konnte gleichfalls hinsichtlich der Höhe der Milchproduktion post partum beobachtet werden. In beiden Fällen fiel der Blutglucosespiegel stark ab. Bei fetten Schafen unter gleichen physiol. Bedingungen waren I und der Blutzuckerspiegel nur geringfügig verändert. Die Höhe des Aminosäuren-N im Blut ist nicht von der relativen Foetusmasse abhängig wie es bei I der Fall ist. Nur bei zwillingsträchtigen Tieren mit Ausnahme der ad libitum-Fütterung steigt der Aminosäuren-N an.

H. H. Budzier. 8062.

Reid, R. L. und Hinks, N. T.; Prospect, New South Wales, C.S.I.R.O., Ian Clunies Ross Animal Res. Lab., Div. of Animal Physiol. Studies on the carbohydrate metabolism of sheep. XIX. The metabolism of glucose, free fatty acids, and ketones after feeding and during fasting or undernourishment of non-pregnant, pregnant, and lactating ewes. **(Untersuchungen über den Kohlenhydratstoffwechsel beim Schaf. 19. Mitt. Der Stoffwechsel von Glucose, freien Fettsäuren und Ketonen nach Fütterung und während des Hungerns oder Unterernährungszustandes von nichtträchtigen, trächtigen und laktierenden Schafen.)** Austral. J. agric. Res. **13** (1962) Nr. 6. S. 1124–1136. — 7 Abb., 1 Tab., 32 Lit. 18. Mitt. vgl. vorst. Ref.

Der Gehalt an freien Fettsäuren im Plasma (I) ist vor der Futteraufnahme am höchsten. Die tägl. Schwankung von I und des Blutketonkörpergehaltes ist größer bei schneller Futteraufnahme begrenzter Mengen als bei ad libitum-Fütterung. Nichtträchtige Tiere zeigen nach begrenzter Fütterung einen Anstieg des Keton- und Glucosegehaltes im Blut, während I abfällt. Bei ad libitum-Fütterung fällt I nur gering, während der an Ketonen kaum steigt. Im Hungerstadium nehmen I und der Gehalt an Ketonen langsam zu, der Blutzuckerspiegel fällt lediglich anfangs auf einen niedrigeren Wert ab, der dann nahezu eingehalten wird. I liegt bei trächtigen Tieren höher als bei nichtträchtigen und im Durchschnitt bei den laktierenden am höchsten, der Ketongehalt ergibt ebenfalls diese Tendenz, nicht so eindeutig ist sie dagegen für Blutzucker. H. H. Budzier. 8062.

Raafat, M. A., Verbeke, R. und Peeters, G.; Gand, Univ., École de Méd. Vétérin., Lab. de Physiol. Métabolisme de l'acide propionique dans la glande mammaire bovine isolée. **(Stoffwechsel der Propionsäure in der isolierten Milchdrüse der Kuh.)** Arch. int. Physiol. Biochim. [Liège, Belgique] **71** (1963) Nr. 1. S. 137–139. — 5 Lit. 8066.

Olson, Robert E.; Pittsburgh, Univ., Dep. of Biochem. and Nutrit. Individual variation in the lipid transport system. **(Individuelle Variationen im Lipoid-Transport-System.)** Proc. Nutrit. Soc. **21** (1962) Nr. 2. S. 135–144. — 2 Abb., 3 Tab., 12 Lit.

Individuelle Abweichungen im Lipoid-Transport-System konnten bei Tier und Mensch gefunden werden. Ein Schema für den Fetttransport ist dargestellt, ebenfalls Einflüsse eines anormalen Fettstoffwechsels. 8066.

Mineralstoffwechsel

Judah, J. D. und Ahmed, K.; Philadelphia, Pa., Wistar Inst. of Anatomy and Biol. Role of phosphoproteins in ion transport: Interactions of sodium with calcium and potassium in liver slices. **(Die Rolle von Phosphoproteinen beim Ionen-Transport: Wechselbeziehungen zwischen Natrium und Calcium sowie Kalium in Leberschnitten.)** Biochim. biophysica Acta [Amsterdam] **71** (1963) Nr. 1. S. 34-44. – 3 Abb., 9 Tab., 12 Lit. 8122.

Piatkowski, B.; Dummerstorf bei Rostock, Inst. für Tierzuchtforsch. der Dtsch. Akad. der Landwirtsch.-Wiss. zu Berlin. **Untersuchungen über den Stoffwechsel an hochleistenden Kühen während der Trockenperiode und Laktation. 2. Mitt. Mineralstoffwechsel.** Arch. Tierernähr. **12** (1962) Nr. 5. S. 281 bis 290. – 11 Tab., 19 Lit. 1. Mitt. vgl. LZ. Abt. III **8** (1963) Nr. 5. S. 1026.

Vf. führt langfristige Untersuchungen (2 Jahre) an 5 Kühen aus. Es wird festgestellt, daß 60 g Ca und 40 g P pro Kuh und Tag den Bedarf während der Trockenperiode decken und eine genügende Reservebildung dabei möglich ist. Bei Gaben von 20-30 g P pro Tier und Tag wurde das Fruchtbarkeitsgeschehen ungünstig beeinflußt. Zum Laktationsbeginn hatten die mit Ca und P gutversorgten Tiere nicht immer eine ausgeprägte negative Bilanz aufzuweisen. Im 2. Laktationsmonat befanden sich alle Tiere in einem ausgeglichenen Ca- und P-Haushalt, wenn eine entspr. Mineralstoffzufuhr erfolgte. Es wird empfohlen, während der ersten 100 Laktationstage je kg Milch 3-3,5 g Ca anstatt 2,5 g zu verabreichen. H. Bergner. 8123.

Aikawa, Jerry K., Reardon, Jacqueline Z. und Harms, Dale R.; Denver, Univ. of Colorado, School of Med., Dep. of Med. Effect of a magnesium-deficient diet on magnesium metabolism in rabbits: a study with Mg^{28}. **(Die Wirkung einer Magnesium-Mangeldiät auf den Magnesiumstoffwechsel von Kaninchen. Untersuchungen mit ^{28}Mg.)** J. Nutrit. [Philadelphia] **76** (1962) Nr. 1. S. 90-93. – 3 Tab., 14 Lit.

Eine Mg-Mangeldiät bewirkte einen Abfall der Mg-Ausscheidung durch den Harn. Bis zum Ende der 1. Woche nahm das Körpergewicht signifikant ab, stieg dann wieder leicht an, ohne aber die Ausgangswerte zu erreichen. Auch der Gehalt des Serums an Mg fiel ab. Der austauschbare Mg-Gehalt ging gegen Ende der 2. Woche auf ein Drittel des ursprünglichen Wertes zurück, fiel dann noch weiter ab. Nach einer Versuchsdauer von 1 Monat war der Mg-Gehalt der meisten weichen Gewebe unverändert, nur Lunge und Knochen zeigten eine Abnahme. Gleichzeitig war durch die relative Radioaktivität der Gewebe festzustellen, daß Mg in die meisten weichen Gewebe normal eingelagert wurde, lediglich in Muskel, Haut (sign.) und Knochen (sign.) war ein Abfall der relativen Radioaktivität zu verzeichnen. Die Knochen werden als Mg-Speicher herausgestellt, aus welchem bei Mangel Mg entnommen wird. B. Busch. 8123.

Sibbald, I. R., Slinger, S. J. und Ashton, G. C. Factors affecting the metabolizable energy content of poultry feeds. 2. Variability in the M.E. values attributed to samples of tallow, and undegummed soybean oil. **(Faktoren, die den Gehalt an umsetzbarer Energie im Hühnerfutter beeinflussen. 2. Mitt. Veränderung der umsetzbaren Energie durch Talg und entharztes Sojaöl.)** Poultry Sci. **40** (1961) Nr. 2. S. 303-308. – 1. Mitt. vgl. LZ. Abt. III **6** (1961) Nr. 3. S. 517.

In einem Blockversuch wurden 14 verschiedene Futterrationen mit unterschiedlichen Mengen von Talg und entharztem Sojaöl in je 4 Wiederholungen an ♂ Sperber- bzw. Kreuzungsküken verfüttert. Der Rohproteingehalt, der bei 24,4 und 34,0% lag, hatte einen großen Einfluß auf die umsetzbare Energie der beiden Fette, denn es wurden bei niedriger Fettbeimischung (10%) 708 bzw. 866 kcal/lb. und bei hoher (20%) 520 und 503 kcal/lb. gemessen. Diese

Unterschiede betrafen nur das Talgfett, (6,40 + 7,47 kcal/g) während weder das entharzte Sojaöl noch eine Mischung aus Sojaöl und Talg in den getesteten Mengen im Gehalt an umsetzbarer Energie signifikante Schwankungen (8,63 u. 8,24 kcal/g) erfuhren. Vff. schließen aus dem Ergebnis, daß entharztes Sojaöl die Ausnutzung der umsetzbaren Energie im Talg fördert.

S. Scholtyssek. 8215.

Sibbald, I. R., Slinger, S. J. und Ashton, G. C. Factors affecting the metabolizable energy content of poultry feeds. 3. The influence of kaolin and alphacel when used as ration diluents. **(Faktoren, die den Gehalt an umsetzbarer Energie im Hühnerfutter beeinflussen. 3. Mitt. Der Einfluß von Kaolin und Alphacel als Zusatzmittel der Ration.)** Poultry Sci. **40** (1961) Nr. 2. S. 454-458. — 2. Mitt. vgl. vorst. Ref.

Einem Kükenalleinfutter wurden in Abständen von jeweils 6% 0 bis 42% Kaolin (Preßfutterzusatz) bzw. Alphacel (Cellulose) beigesetzt, um in einem Wuchstest an 14 Tage alten Küken (4 Wiederholungen von 15 Gruppen = 60 × 14 Tiere) zu prüfen, inwieweit derartige Zusätze die Ausnutzbarkeit der umsetzbaren Energie erhöhen. Das Ergebnis brachte keine Änderungen der Energiewirkung pro g Grundfutteranteil und pro g Zusatzmittel Kaolin bzw. Alphacel, wohl aber eine geringere Verbesserung der Energieausnutzung pro g Gesamtration mit steigender physikalischer „Verdünnung" (von 2,79 bis 1,82 kcal/g bei Kaolin bzw. 2,8 bis 1,76 kcal/g bei Alphacel.)

S. Scholtyssek. 8215.

Sibbald, I. R., Slinger, S. J. und Ashton, G. C. Factors affecting the metabolizable energy content of poultry feeds. 4. The influences of calcium, phosphorus, antibiotics and pantothenic acid. **(Einwirkungen auf den Gehalt an umsetzbarer Energie im Geflügelfutter. 4. Mitt. Der Einfluß von Calcium, Phosphor, Antibiotica und Pantothensäure.)** Poultry Sci. **40** (1961) Nr. 4. S. 945-951. — 3. Mitt. vgl. vorst. Ref.

Von 3 Experimenten sollte das 1. klären, welche Einwirkung verschiedene Ca-Mengen (1 u. 3%), Antibioticazugaben (0 u. 200 ppm Chlortetracyclin) und Pantothensäureanreicherungen (2,7; 5,6; 11,3 und 22,7 mg/lb.) auf den Gehalt an umsetzbarer Energie im Kükenalleinfutter haben. Als Tiermaterial standen Kreuzungs-Eintagsküken zur Verfügung, die in einer Blockanlage mit je vier Wiederholungen je Gruppe aufgestallt waren. In der 1. und 4. Woche erfolgten Verdaulichkeitsbestimmungen mit dem Resultat, daß bei Erhöhung des Ca-Gehaltes im Futter die umsetzbare Energie zurückging und ebenfalls eine Depression der Verdaulichkeit bei der höchsten Pantothensäureanreicherung festzustellen war. Ferner bestanden Interaktionen zwischen der Ca-Höhe und der Antibioticawirksamkeit. In einem 2. Versuch mit weißen Leghorn-Küken wurde ähnlich verfahren zur Testung unterschiedlicher P-Mengen und P-Herkünfte. Es ergaben sich signifikante Unterschiede im Gehalt an umsetzbarer Energie (2,85 bis 3,05 kcal/g) innerhalb und zwischen den P-Quellen und zwischen den P-Mengen. In einem 3. Versuch wurde einem Putenfutter Ca (1,0; 1,5; 2,0 Dicalciumphosphat), Antibiotica (0 und 200 ppm Chlortetracyclin, 200 ppm Oxytetracyclin und 50 ppm Procain-Penicillin) beigesetzt. Während die umsetzbare Energie durch die gewählten Zusätze nicht beeinflußt werden konnten, zeigen sich Interaktionen zwischen der Ca- und der Antibioticazugabe. S. Scholtyssek. 8215.

Ilančić, D., Pandža, F. und Frankovič, S.; Sarajevo, Univ., Veterin. Fac., Res. and Diagnostic Inst. Uticaj myofera na razvitak i krvne kvalitete prasadi sisančadi. **(Einfluß des Myofers auf die Entwicklung und die Bluteigenschaften der Saugferkel.)** Veterinaria [Sarajevo] **11** (1962) Nr. 1. S. 33 bis 41. — 1 Abb., 3 Tab., 24 Lit. Zus. in Engl.

I.m. Applikation von 1,5 cm³ Myofer den Ferkeln am 1.-3. Lebenstage hat in ungünstigen Fütterungs- und Haltungsverhältnissen auf die gleichmäßige

Erhaltung des Haemoglobinniveaus auch am 28. Lebenstage, wenn eine „physiologische Depression" bei den Kontrollferkeln entsteht, einen positiven und signifikanten Einfluß gehabt. Die Körpergewichte waren am 56. Lebenstage um 4,2% aber nichtsignifikant höher. Auf die Erythrocyten- und Leucocytenzahl hat Myofer keinen Einfluß ausgeübt. D. Ilančić. 8127.

Carlson, C. W., Guss, P. L. und Olson, O. E.; Brookings, South Dakota Agric. Exp. Stat. Selenium content of chick tissues as affected by arsenic. **(Der Selen-Gehalt im Gewebe von Küken unter dem Einfluß von Arsen.)** Poultry Sci. **41** (1962) Nr. 6. S. 1987-1989. — 2 Tab. 8127.

Comar, C. L. and *Bronner, Felix,* Ed. **Mineral metabolism — an advanced treatise.** Part A. Part B. New York; London: Academic Press. 1960. (416 S. m. Abb., Tab. u. Sachreg.) 15,5 + 23,5 cm; 1961. (539 S. m. Abb., Tab. u. Sachreg.) 15,5 × 23,5 cm. Die Herausgeber legen in den beiden Teilen des Bandes I einen Fortschrittsbericht für das weitgespannte Gebiet des Mineralstoffwechsels vor, in dem 24 Autoren in 16 Kapiteln einen Überblick über den Wissenszuwachs in den vergangenen 20 Jahren geben. Es kommen hier phys. und biol. Fragen in Zusammenhang mit dem Mineralstoffwechsel zur Sprache, der Band II wird den einzelnen Elementen gewidmet sein. Nach einem einführenden Beitrag zu geschichtlichen Aspekten mit der Homeostasie im Mineralstoffwechsel als zentralem Thema folgen Abhandlungen u. a. über thermodynamische und kybernetische Gesichtspunkte, Chelation, Ionentransport, intestinale Absorption und Exkretion, renale und extrarenale Ausscheidung, hormonelle Einflüsse auf den Stoffwechsel verschiedener Mineralstoffe, der Gehalt in Geweben, Stoffwechsel in den Knochen und die Beziehungen zu Enzymen. Jedes Kapitel schließt mit einer Zusammenstellung der verarbeiteten Literatur, ein Autoren- und Sachwortverzeichnis sind jedem Teilband beigegeben. H. D. Hennig.

Stoffwechsel der Vitamine und anderer Wirkstoffe

Hale, W. H., Hubbert, Farris und Taylor, R. E.; Tucson, Univ. of Arizona, Dep. of Animal Sci. Performance and tissue vitamin A levels in steers fed high levels of vitamin A. **(Leistung und Vitamin-A-Gehalt im Gewebe von Stieren bei Fütterung von hohen Vitamin-A-Mengen.)** Amer. J. veterin. Res. **23** (1962) Nr. 96. S. 992-996. — 6 Tab., 10 Lit.
Hohe Vit.-A-Gaben bis zu 2560000 IE pro Tier und Tag ergaben während der 168tägigen Versuchsdauer keine unerwünschten Wirkungen hinsichtlich Leistung, Futteraufnahme und Fleischqualität. Zur Aufrechterhaltung des Anfangsgehaltes von 100 μg Vit. A/g Leber waren 40000 IE erforderlich. Bei 10000 IE fiel der Vit.-A-Gehalt um die Hälfte, bei höheren Gaben stieg er auf über 5000 IE. In anderen Geweben als der Leber stieg der Vit.-A-Spiegel nur bei der höchsten Gabe von 2560000 IE (Fett, Zunge, Nieren, Hirn, Lunge). Der Herzmuskel der Kontrolltiere enthielt mehr Vit. A als der der Versuchstiere. Der Vit.-A-Spiegel des Blutplasmas zeigte eine stärkere Abhängigkeit von dem Vit.-A-Gehalt des Futters als von dem der Leber. Vit.-A-Anstieg in den Faeces wurde bei Verabreichung von mehr als 640000 IE beobachtet. Ein Einfluß der Vit.-A-Behandlung auf das Gesamtserumprotein oder die Serumproteinfraktionen wurde nicht festgestellt. W. Goldbach. 8152.

Anonym. Vitamin A in human livers. **(Vitamin A in menschlichen Lebern.)** Nutrit. Rev. **21** (1963) Nr. 3. S. 71-72. 8152.

Moore, T.; Cambridge, Univ., Med. Res. Council, Dunn Nutrit. Lab. The history of selenium-vitamin E interrelationships. **(Die Geschichte der Beziehungen Selen-Vitamin E.)** Proc. Nutrit. Soc. **21** (1962) Nr. 2. S. 179-185. — 1 Abb., 1 Tab., 43 Lit.
Bei Ratten führt Vit.-E-Mangel nur dann zur Lebernekrose, wenn gleichzeitig Selen (Se) und Cystin fehlen. So vermag jedoch nur diese Vit.-E-Mangelerscheinung zu verhüten, nicht jedoch andere, wie Veränderungen an Hoden und Uterus, Hämolyse durch Dialursäure und post mortem Autolyse der Niere, 4 μg Se/100 g Futter verhüten bereits die Lebernekrose. Se ist damit 500mal aktiver als Vit. E und 250000mal als l-Cystin. Auf Grund der großen

Aktivität wird die Möglichkeit diskutiert, daß ein Teil der Cystinwirkung auf einer Se-Verunreinigung beruht. Se katalysiert außerdem die Reduktion von Methylenblau, einem weiteren Stoff mit Vit.-E-Wirkung, durch Cystin. — Dem Bericht vorangestellt ist ein Rückblick auf die Entdeckung des Vit. E, auf Vit.-E-Mangelerscheinungen, auf Faktoren, die seinen Bedarf beeinflussen und auf Substanzen mit Vit.-E-Wirkung, ferner auf die Bedeutung von Se als Gift und als Spurenelement. W. Goldbach. 8156.

Ryś, Rajmund; Kraków, Inst. Zootechn. Rola witaminy E w żywieniu zwierząt domowych. **(Die Rolle von Vitamin E in der Ernährung von landwirtschaftlichen Nutztieren.)** Postępy Nauk rolniczych **9** (1962) Nr. 6. S. 55 bis 70. — 2 Abb., 1 Tab., 91 Lit. 8156.

Owen, E. C.; Kirkhill, Ayr, Hannah Dairy Res. Inst. Metabolites of riboflavin. **(Stoffwechselprodukte des Riboflavins.)** Proc. Nutrit. Soc. **21** (1962) Nr. 2. S. XVII–XVIII. — 8 Lit.
Nach oraler Verabreichung von Riboflavin schieden Britische Saanenziegen im Urin Stoffwechselprodukte des Riboflavins (RM_1, RM_2, RM_3) aus. RM_1 bildete den Hauptanteil und konnte aus Chloroform-Konzentraten in kristalliner Form erhalten werden. Es besteht aus 2 Komponenten, von denen eine farblos ist. Aus dem gefärbten Anteil wurden chromatographisch 2 gelb- und eine blaufluoreszierende Verbindung erhalten. Eine der gelben stimmt in manchen Eigenschaften mit Lumiflavin überein. — Papierchromatogramme von Urin- und Milchkonzentraten ergaben, daß RM_2 nicht in der Milch und freies Flavinadenindinucleotid nicht im Urin vorhanden ist. Sie ergaben weiter, daß RM_1 und RM_3 an Substanzen mit dem gleichen R_f-Wert in Milch gebunden sind und daß eine Verbindung mit dem R_f-Wert des Flavin-5'-phosphats in Milch und Urin vorhanden ist. Diese Befunde wurden nicht durch Dunkelhaltung der Tiere beeinflußt. W. Goldbach. 8158.

Anonym. Vitamin B_6 deficiency and tryptophan metabolism. **(Vitamin-B_6-Mangel und Tryptophanstoffwechsel.)** Nutrit. Rev. **21** (1963) Nr. 3. S. 89–91. 8158.

Dakshinamurti, K. und Mistry, S. P.; Urbana, Univ. of Illinois, Div. of Animal Nutrit. Ascorbic acid synthesis and biotin deficiency. **(Ascorbinsäuresynthese und Biotinmangel.)** Arch. Biochem. Biophysics **99** (1962) Nr. 2. S. 254–257. — 1 Abb., 4 Tab., 17 Lit.
Durch Verfütterung einer avidinhaltigen Diät (20% sprühgetrocknetes rohes Eiweiß) wurden junge ♂ Albinoratten auf Biotin(**I**)-Mangel gesetzt. Die Ascorbinsäure (**II**) wurde nach Schaffert und Kingsley (vgl. biol. Chemistry **212** [1953] S. 59.) bestimmt. **I**-Mangeltiere zeigen nur geringe Gewichtszunahme, später Gewichtsabfall. Die **II**-Ausscheidung und der **II**-Gehalt der Leber, Nebenniere bzw. des Serums werden herabgesetzt. Damit verbunden ist eine Reduzierung der **I**-Synthese aus i.p. injizierter ^{14}C-Glucose und der Gesamtaktivität der Leber sowie die Umwandlung von L-Gulonolakton zu **II** durch die Mikrosomen der Rattenleber. Diese Befunde werden auf eine Verminderung der Glucoseausnutzung und der L-Gulonolaktonoxydase-Aktivität bei **I**-Mangel zurückgeführt. H. Ackermann. 8160.

Stirpe, F., Comporti, M. und Caprino, G.; Siena, Italy, Univ. di Siena, Ist. di Patol. Gen.; Ist. di Radiol. Adaptive regulation of ascorbic acid synthesis in rat-liver extracts. Effect of X-irradiation and of dietary changes. **(Adaptive Regulierung der Ascorbinsäuresynthese in Rattenleberextrakten. Einfluß von Röntgenstrahlen und Nahrungswechsel.)** Biochem. J. **86** (1963) Nr. 2. S. 232–236. — 3 Tab., 31 Lit.
Nach Röntgenbestrahlung (600 und 800 r) nehmen Albinoratten weniger Nahrung auf; damit verbunden ist eine geringere Aktivität der Ascorbinsäure(**I**)-synthetisierenden Enzyme. Eine ähnliche Reduzierung der **I**-Syn-

these beobachteten Vff. nach einer 24stündigen Hungerperiode bzw. nach Verabreichung einer kohlenhydratfreien Diät. Die Verabreichung von Glucuronolakton hatte bei diesen Tieren nur eine geringe Erhöhung der I-Synthese zur Folge. Aus den Befunden schließen Vff. ,daß die I-synthetisierenden Enzyme einer adaptiven Regulierung durch die Kohlenhydrate der Nahrung unterliegen. H. Ackermann. 8160.

Jełowicki, Stanisław und Ewy, Zygmunt; Kraków, Inst. Zootechn. Wstępne badania nad wpływem białka jodowego na wydajność wełny u owiec merynosa polskiego. **(Einleitende Untersuchungen über den Einfluß von jodiertem Protein auf die Wolleistung des polnischen Merinoschafes.)** Roczniki Nauk rolniczych, Ser. B **80** (1962) Nr. 1. S. 23-30. — 2 Tab., 11 Lit. Zus. in Russ., Engl.

Die Untersuchung erfolgte an 80 Mutterschafen der Merinorasse, die in eine Versuchs- und eine Kontrollgruppe zu je 40 Stück eingeteilt waren. Die Versuchstiere erhielten 100 Tage lang 0,5 g jodiertes Protein pro Tag und Tier. Diese Zugabe hatte eine Steigerung der jährlichen Schmutzwolleistung um im Durchschnitt 0,49 kg (11,4%) und der Waschwolle um 0,12 kg (6%) zur Folge. Schafe der Versuchsgruppe neigten zur Vergröberung und Verlängerung des Wollhaares und zur reichlicheren Aussonderung von Fettschweiß. H. Uścilko. 8175.

Costain, R. A. und Lloyd, L. E.; Conesquences of the addition of zinc bacitracin to early weaning pig rations. **(Die Wirkung von Zinkbacitracin in Rationen früh abgesetzter Ferkel.)** J. Animal Sci. **21** (1962) Nr. 4. S. 963 bis 965. — 2 Tab., 9 Lit.

Geprüft wurden 96 mit 3 Wochen abgesetzte Ferkel. Der Versuch währte 42 Tage. 4 Rationen mit folgendem unterschiedlichen Anteil pflanzlichen Proteins am Gesamtprotein kamen zur Anwendung: 49% (I), 86% (II), 75% (III), 79% (IV). Jede Ration wurde mit 100 g je t Futter Zinkbacitracin (Z) oder ohne dasselbe verabreicht. (Z) erzielte bei (I) keine Wirkung. Bei (II) erfolgte eine Erhöhung der Tageszunahmen von 0,44 auf 0,63 lb. Die Futterverwertung stieg von 2,83 auf 2,12. Diese Ergebnisse sind signifikant. Gleichartige Resultate wurden bei (IV) beobachtet. Ebenfalls war bei (II) eine Erhöhung der Verdaulichkeit festzustellen: Bei der Tr.-Subst. von 77 auf 82% und beim Rohprotein von 71 auf 80%. Kümmern der Tiere trat nur im geringen Maße auf. Es wurde jedoch durch (Z) noch verringert. H. Jung. 8185.

Tóth, S. Az oxitetraciklin hatása a sertés táplálóanyagkihasználására. **(Wirkung des Oxytetracyclins auf die Nährstoffverwertung bei Schweinen.)** Kísérletügyi Közlemények, Állattenyésztés [Mitt. landwirtsch. Versuchsstellen Ungarns, Tierzucht] **54/B** (1961) Nr. 1. S. 53–81. — Aus: Ung. Agrar-Rdsch. **1963** Nr. 2.

Vf. untersuchte in 2 je 10 Tagen dauernden Versuchen an 36 Wurfgeschwistern der Mangalicarasse, die von 6 Sauen stammten und ein durchschnittl. Gewicht von 64 kg hatten, die Wirkung des ungarischen antibiotischen Präparates „Erra" sowie die des Rohfasergehaltes von Luzernemehl und Weizenstrohmehl auf die Verwertung der Nährstoffe von Futtergemischen. Die Verwertung wurde mit Hilfe des Chromoxyd-Verfahrens ermittelt. Die Hälfte der in den Versuch einbezogenen Schweine erhielt vom Alter von 40 Tagen an das Präparat „Erra", das 1% Oxytetracyclin und 0,0004% Vit. B_{12} enthielt; die andere Hälfte bekam kein Antibioticum. Die Ergänzung des Futtergemisches mit Antibiotica hatte keinen ausgesprochenen und statistisch gesicherten Einfluß auf die Verwertung des Stärkewertes, somit des Gesamtwertes an Energie aller im Futter vorhandenen Nährstoffe. Hinsichtlich der Verwertung der einzelnen untersuchten Nährstoffe konnten innerhalb der

Gruppen keine geschlechtlich bedingten, charakteristischen und signifikanten Unterschiede festgestellt werden. Die Verabreichung des Antibioticums mit dem Luzernemehl erhöhte die Wirkung des letzteren. 8185.

Tschiderer, K.; Schwechat, Niederösterr. **Wurmkontrolle durch Fertigfutter mit Hygromycin-B in einem Einzel-Fütterungsversuch bei Schweinen.** Bodenkultur [Wien], Ausg. A **13** (1962) Nr. 19. S. 173–179. – 3 Abb., 10 Lit. Zus. in Engl.
Mit insgesamt 20 Schweinen, die 36 kg schwer in Vergleichsversuch gestellt wurden, wurde durch 83 Tage der Zusatz von 2,5% Hygromix (*Streptomyces hygroscopicus*-Fermentationsprodukt der Fa. Eli Lilly u. Co. USA) neben je 5‰ Aureomycin und Terramycin verfüttert. Die Versuchsgruppe hat um 2,4% bessere Futterumwandlung und um 5,63% bessere Gewichtszunahmen erreicht. Diese Ergebnisse sind nicht signifikant. Ab der 7. Versuchswoche konnten im Kot der Versuchsgruppe Spul- und Knötchenwürmer nicht mehr nachgewiesen werden. E. Höpler. 8185.

Movsum-Zade, K. K., Ušakov, P. I., Ivanova, M. I. und Aletina, M. B. (Mowsum-Sade, K. K., Uschakow, P. I., Iwanowa, M. I. und Aljotina, M. B.) Dejstve aminopeptida-2 na organizm porosjat. **(Der Einfluß des Aminopeptids-2 auf den Organismus der Ferkel.)** Sb. rabot. Leningr. vet. in-t **1961** Nr. 23. S. 415–418. – Aus: Referativnyj žurnal. Biologija, Moskva **1962** Nr. 15. L 194. S. 25.
Aminopeptid-2 (A) ist ein enzymatisches Eiweißhydrolysat des Rinderblutes. Eine Injektion von 10–20 ml Aminopeptid-2, die bereits von den ersten Lebenstagen an, zweimal wöchentlich im Laufe von 1–2 Mon. erfolgte, stimulierte die Gewichtszunahme der Ferkel. Die Gewichtszunahme war bei den 1 Mon. alten Ferkeln um 1,02 kg und bei den 2 Mon. alten um 4,33 kg höher als bei den Kontrollferkeln. übersetzt v. I. Posdirca. 8195.

E. VERWERTUNG DER NÄHRSTOFFE UND FUTTERMITTEL

Sibbald, I. R. und Slinger, S. J. Factors affecting the metabolizable energy content of poultry feeds. 11. Acclimatization to a change of diet. **(Faktoren, die den Gehalt an umsetzbarer Energie im Geflügelfutter beeinflussen. 11. Mitt. Anpassung an einen Futterwechsel.)** Poultry Sci. **42** (1963) Nr. 1. S. 137–140. – 10. Mitt. vgl. LZ. Abt. III **8** (1963) Nr. 6. S. 1286.
Von einwöchigen bzw. zweiwöchigen Küken wurden 7 Tage hintereinander Bestimmungen für die umsetzbare Energie im Futter durchgeführt. Und zwar sind im 1. Versuch (2 Rationen mit je 4 Wiederholungen) gegenüber der Grundration der Ca-Gehalt geändert und Kaolin zugesetzt und im 2. Versuch (32 Rationen mit je 2 Wiederholungen) die Menge des Fischmehls, Fleischmehls und anderer Komponenten variiert worden. Die einwöchigen Tiere brauchten 4 Tage, um sich dem Futterwechsel anzupassen. Bei den zweiwöchigen ging die Umstellung schneller (1 Tag). Nur bei starker Rohfaseranreicherung im neuen Futter muß mit einer Zeitspanne von 3–4 Tagen für die Umstellung gerechnet werden. Als Maß für die Akklimatisationsgeschwindigkeit wurde die Streuung der umsetzbaren Energie im Futter gewählt.
S. Scholtyssek. 8215.

Oslage, H. J.; Braunschweig-Völkenrode, Forsch.-Anst. für Landwirtsch., Inst. für Tierernähr. **Untersuchungen über die Körperzusammensetzung und den Stoffansatz wachsender Mastschweine und ihre Beeinflussung durch die Ernährung. 1. Mitt. Problemstellung und Methodik der Untersuchungen.** Z. Tierphysiol., Tierernähr. Futtermittelkunde **17** (1962) Nr. 6. S. 350–357. – 8 Lit. Zus. in Engl.
Die Notwendigkeit der Erzeugung hoher Fleischanteile tritt immer mehr in den Vordergrund. Neben züchterischen Bestrebungen gewinnt die Beein-

flussung der Schlachtkörperqualität über die Ernährung immer größere Bedeutung. Hierfür sind grundlegende Kenntnisse über Verlauf und Höhe des Stoffansatzes erforderlich. Vf. wägt Vor- und Nachteile zweier hierfür geeigneter Methoden gegeneinander ab und zwar: Die Durchführung von Respirationsversuchen und die Analyse ganzer Tierkörper. Letztere Methode wurde angewendet. Die Versuche wurden in dem Gewichtsabschnitt von 25 bis 110 kg durchgeführt, wobei die Fütterung auf einen maximalen Eiweißansatz ausgerichtet war. Von 150 Tieren sind als Ausgangspunkt 11 bei 25 kg geschlachtet und analysiert worden. Weitere Tiere wurden bei 40, 60, 90 und 110 kg analysiert. Eine Beschreibung der Schlacht- und Analysenmethoden ist gegeben. H. Jung. 8265.

Oslage, H. J.; Braunschweig-Völkenrode, Forsch.-Anst. für Landwirtsch., Inst. für Tierernähr. **Untersuchungen über die Körperzusammensetzung und den Stoffansatz wachsender Mastschweine und ihre Beeinflussung durch die Ernährung. 2. Mitt. Körperzusammensetzung und Stoffansatz wachsender Mastschweine unter den Bedingungen normaler Ernährung.** Z. Tierphysiol., Tierernähr. Futtermittelkunde **17** (1962) Nr. 6. S. 357–380. — 6 Abb., 17 Tab., Zus. in Engl. 1. Mitt. vgl. vorst. Ref.

Es sollte ein maximaler Eiweißansatz ohne überhöhten Fettansatz garantiert werden („normale Ernährungsbedingunggen"). Die Normen 220–330 g verdaul. Rohprotein und 1000–2300 g Gesamtnährstoff im Verlaufe der Mast genügten diesen Anforderungen. Im Durchschnitt aller Tiere wurden in der gesamten Mastzeit 700 g Tageszunahme und eine Verwertungszahl von 251 erreicht. 43 Tiere wurden in verschiedenen Gewichtsabschnitten geschlachtet und analysiert (s. 1. Mitt.) — Der Tr.-Subst.-Gehalt steigt im Gewichtsabschnitt von 25–110 kg von 35,4 auf 51,1%. Der Eiweißgehalt sinkt von 15,7 auf 14,3%, nachdem er bei 40 kg ein Maximum von 16,1% erreicht hatte. Der Fettgehalt steigt von 16,4 auf 34,5%. Besonders ab 40 kg ist ein verstärktes Fettwachstum zu beobachten. Der Eiweißgehalt des Fleisches steigt im gleichen Gewichtsabschnitt von 20 auf 23%. — Der durchschnittliche tägl. Eiweißansatz ist im Verlauf der Mast fast gleichbleibend. Er betrug von 25–90 kg 85–91 g und stieg danach auf 110 g an. Es handelt sich demnach beim Eiweiß um eine lineare Massenvermehrung. Im Gegensatz zu den Ergebnissen anderer Autoren, die den Eiweißansatz als eine Kurve mit einem deutlichem bei etwa 70–90 kg liegenden Maximum dargestellt haben, decken sich die Resultate dieser Arbeit gut mit denen von Möllgaard (Z. für Tierernährung u. Futtermittelkunde **10.** 1955). Vf. ist der Meinung, daß bei den Schweinen der heutigen Zuchtrichtung eine Verschiebung des Maximums der N-Retention eingetreten ist, so daß das Absinken derselben nicht mehr in den eigentlichen Mastabschnitt fällt. Vf. neigt dazu, wie Möllgaard (s. o.) die scheinbar kontinuierlich verlaufenden Wachstumserscheinungen als „Differenzen zwischen stationären Zuständen" anzusehen. — Die korrigierten Ausnutzungskoeffizienten für Protein fielen im Abschnitt von 25–110 kg von 46,0 auf 42,4. Der Fettansatz stieg von 125 auf 326 g je Tag. Weitere Untersuchungen waren der Energieverwertung und dem Ansatz gewidmet. H. Jung. 8265.

Westerfeld, W. W., Richert, D. A. und Hermans, A. C.; New York, State Univ., Dep. of Biochem. Growth and liver xanthine dehydrogenase in chicks and poults fed casein or soy protein diets. **(Wachstum und Leber-Xanthin-Dehydrogenase bei Hühner- und Putenküken, bei Futtermischungen mit Casein oder Sojabohneneiweiß.)** J. Nutrit. [Philadelphia] **76** (1962) Nr. 4. S. 475–482. — 3 Abb., 27 Lit.

Hühner- und Putenküken erreichten bei einer gereinigten Futtermischung mit 32,5%–50% Sojabohneneiweiß als einziger Eiweißquelle, ergänzt durch 0,75% Methionin und 0,4% Glykokoll, nur 70–85% des 4-Wochen-Gewichts, das sie bei Zugabe von Fischwasser (Fish-Solubles 20%) aufwiesen. Diente Casein und Casein-Gelatine als einziger Eiweißträger, wirkte jede Zulage an Casein über 20% hinaus wachstumssteigernd, doch waren 50% Proteinanteile nötig, um 70–75% des maximalen Wachstums zu erreichen. Fish-Solubles verbesserten das Wachstum immer, wenn die Mischung mehr als 20% Protein enthielt — bei 50–66% Protein bis auf 90–95%. Die Aktivität der Xanthin-Dehydrogenase der Leber sprach auf die verschiedenen Proteinquellen (Fish-Solubles, Casein oder Sojabohneneiweiß) nicht unterschiedlich an; sie nahm geradlinig mit der Erhöhung des Gesamteiweißgehaltes zu, und wies bei Mischungen mit 50% Protein sechsmal höhere Werte auf als bei solchen mit 20% Protein. Zur Erklärung nehmen Vff. an, daß die Caseingelatine über unzureichende Mengen eines mäßig wirksamen Wachstumsfaktors verfügt, der in Sojabohnen vorkommt (50% Casein < 35–50% Soja); in den Fish-Solubles sei ein weiterer, wirksamerer enthalten. C. Engelmann. 8265.

Carew jun., L. B. und Hill, F. W.; Ithaca, N.Y., Cornell Univ., Dep. of Poultry Husbandry. Effect of methionine deficiency on the utilization of energy by the chick. **(Der Einfluß des Methioninmangels auf die Energieverwertung beim Küken.)** J. Nutrit. [Philadelphia] **74** (1961) Nr. 2. S. 185 bis 190. — 1 Abb., 5 Tab., 13 Lit.

Nach schon vorliegenden Versuchsergebnissen ist zur optimalen Futterausnutzung mehr Methionin erforderlich als für optimales Wachstum. Ob das 1. an der nachlassenden Verdaulichkeit des Futters liegt oder 2. am Rückgang des Nettoenergiegehalts des Futters oder 3. an der zunehmenden Wärmeerzeugung der Tiere oder 4. an einer größeren Energiespeicherung durch Ausbildung von Fettgewebe, sollten Mangelversuche mit einer halbgereinigten Futtermischung mit 22,8% Rohprotein und 0,29% Methionin an Küken vom 14. bis 28. Tag klären. Die Mischung enthielt 44% Glucose und 39% Sojaextraktionsschrot (das arm an Methionin ist) und 2,6% schwefelhaltige Aminosäuren im Protein, die Vergleichsmischung 4% durch Methioninzugabe (0,34%). Neben der Versuchs- (Ia) u. Kontrollgruppe (IIa) standen 2 weitere zum Vergleich, die 60% der von Ia bzw. IIa ad libitum verzehrten Futtermenge erhielten (Ib u. IIb). Bei methioninarmer Fütterung (I) erreichte Gruppe Ia über größeren Verzehr das gleiche Gewicht wie IIa bei weit schlechterer Futterausnutzung. Die b-Gruppen wuchsen schlechter bei sonst übereinstimmendem Ergebnis. Durch den Methioninmangel wurde die Körperzusammensetzung verändert: Gruppe Ia wies weniger Eiweiß und mehr Fett auf (je 3,1%) als IIa. Alle anderen Werte (s..o. 1–3) änderten sich nicht.

C. Engelmann. 8265.

F. ERNÄHRUNGSSTÖRUNGEN UND MANGELKRANKHEITEN

Blaxter, K. L.; Kirkhill, Ayr, Hannah Dairy Res. Inst. Muscular dystrophy in farm animals: its cause and prevention. **(Muskeldystrophie bei Haustieren: Ihre Ursache und Verhütung.)** Proc. Nutrit. Soc. **21** (1962) Nr. 2. S. 211–216. — 61 Lit.

Ein hoher Anteil von hoch ungesättigten Fettsäuren im Futter (Lebertran, Pflanzenöle) führte bei Kälbern, Lämmern und Ferkeln bei ungenügender Tocopherolzufuhr zur Muskeldystrophie (MD). Es ist unklar, ob diese Wirkung auf dem ungesättigten Charakter der Verbindungen oder auf entstandenen Peroxyden beruht. Vit. E und einige Antioxydantien (Methylenblau, DPPD), nicht aber Selen (Se) verhindern die experimentell erzeugte MD. Die enzootische MD, die vielfach in Se-armen Gebieten auftrat, konnte durch Se behoben werden, nicht dagegen durch DPPD. Hieraus wird geschlossen, daß biochemisch unterschiedliche Prozesse zu dem Krankheitsbild der MD führen. W. Goldbach. 8330.

Warner, Donald, Smith, Keith und Woods, Walter; Ames, Iowa Agric. and Home Econ. Exp. Stat. Effect of foliar application of urea, glucose and calcium carbonate on bloat in lambs. **(Wirkung einer Blattbehandlung mit Harnstoff, Glucose und Calciumcarbonat auf die Blähsucht von Lämmern.)** J. Animal Sci. **21** (1962) Nr. 4. S. 757–761. — 3 Tab., 12 Lit.
Mittels Rückenspritze wurde Luzerne 24 Std. bis 48 Std. vor der Beweidung mit Harnstoff (**I**) (10–40 lb/acre), Glucose (**II**) (40–60 lb/acre) oder $CaCO_3$ (**III**) (20 lb/acre) behandelt. **40 lb I** erhöhte signifikant die Rate der Blähsuchterkrankung, geringere Gaben zeigten keinen Einfluß. **II** erbrachte wechselhafte Resultate, durch **III** dagegen bekam die Blähsucht einen schwereren Verlauf. **I** und **II** in Kombination waren ohne Wirkung, **I** erhöhte den N-Gehalt der Luzerne zwar, jedoch nicht die durch Trichloressigsäure fällbare Fraktion.
H. H. Budzier. 8330.

Swingle, Karl und Cornelius, Charles E. Ruminant urolithiasis. V. Excretion of certain urinary biocolloid fractions by sheep on alfalfa and grain rations. **(Harnsteinbildung beim Wiederkäuer. 5. Mitt. Ausscheidung verschiedener Biokolloidfraktionen im Harn von Schafen bei Fütterung von Luzerne sowie von Getreide.)** Amer. J. veterin. Res. **23** (1962) Nr. 96. S. 972–976. — 3 Abb., 4 Lit. Zus. in Span.
Im Hinblick auf das gehäufte Auftreten von Harnsteinen bei Schafen mit einem hohen Anteil von Getreidefütterung wurden Untersuchungen über die Ausscheidung verschiedener Proteine und Polypeptide bei Verabreichung von Luzerne bzw. eines Gemisches von Luzerne und von Getreide (20% Luzerne, 80% Getreide) durchgeführt. Auf die mögliche Bedeutung der gesteigerten Ausscheidung bestimmter Biokolloide bei hoher Getreidefütterung für die Harnsteinbildung wird hingewiesen. E. Kolb. 8330.

Schendel, Harold E. und Johnson, B. Connor; Urbana, Univ. of Illinois, Dep. of Animal Sci. Vitamin K deficiency in the baby pig. **(Vitamin-K-Mangel bei Ferkeln.)** J. Nutrit. [Philadelphia] **76** (1962) Nr. 2. S. 124–130. — 1 Abb., 4 Tab., 10 Lit.
Aus den Versuchen mit Ferkeln vom 1. bzw. 2. Lebenstag an folgt, daß Vit. K für neugeborene Ferkel lebensnotwendig ist. Nach Verabreichung einer Vit.-K Mangeldiät an 15 neugeborene Ferkel bildeten sich 14 Krankheitserscheinungen aus (Anstieg der Prothrombinzeit, Hypersensität, Anaemie, Anorexie, allg. Schwäche), die Tiere verendeten z.T. in der 4.–5. Woche. Bei Verabreichung von Vit.-K-Präparaten verschwanden die Krankheitserscheinungen innerhalb von 2–4 Stunden. Neugeborene Ferkel benötigen 5 μg/kg Lgw./Tag Vit. K, die therapeutische Dosis liegt etwa bei 20 μg/kg Lgw. Vff. vertreten die Meinung, daß Coprophagie nur selten bei Vit.-K-Mangel auftritt.
B. Busch. 8335.

Ender, Fredrik, Dishington, Inger W. und Helgebostad, Arne (unter Mitarb. von Martinsons, Eriks); Oslo, Norway, Veterin. Coll., Dep. of Biochem. Parturient paresis and related forms of hypocalcemic disorders induced experimentally in dairy cows. Part II. Studies on the etiological importance of feeding prepartal diets high in calcium and low or normal in phosphorus in relation to development of milk fever. **(Gebärparese und in Beziehung stehende Formen hypocalcämischer Störungen, die experimentell bei Milchkühen hervorgerufen wurden. 2. Mitt. Untersuchungen über die ätiologische Bedeutung von Rationen mit hohem Ca- und niedrigem P-Anteil vor dem Abkalben auf die Entstehung von Milchfieber.)** Acta veterin. scand., Suppl. **3** (1962) Nr. 1. S. 1–52. — 1. Mitt. vgl. LZ. Abt. IV **2** (1957) Nr. 6. S. 908.
An 5–10 Jahre alten Kühen führten Vff. Untersuchungen über das Auftreten von Milchfieber und dem Ca- und P-Gehalt der Ration durch. Die Fütterungsversuche begannen 3 Monate vor dem Abkalben. Das Auftreten von Milchfieber war nicht allein vom Ca- und P-Gehalt, sondern auch von der Alkali-

Alkalität abhängig. Tagesrationen, die einen Ca-Gehalt von 140–170 g und einen niedrigen bzw. normalen P-Anteil sowie eine hohe Alkali-Alkalität (+2888) aufwiesen, bewirkten bei der Hälfte der Versuchskühe Milchfieber. Enthielt die Ration die gleichen Ca- und P-Mengen und eine niedrige Alkali-Alkalität (−223), die durch eine A.I.V.-Silage gesenkt wurde, so konnte in keinem Fall Milchfieber beobachtet werden, ebenfalls nicht bei normaler Alkali-Alkalität. Wurde den Kühen 1 Woche vor dem Abkalben die A.I.V.-Silage abgezogen, so traten wieder Symptome von Milchfieber auf. Prophylaktisch wirkte bei gefährdeten Kühen eine Futtergabe, die bei normaler Alkali-Alkalität reichlich P und wenig Ca enthielt. Hohe Ca-Zufuhr wirkt also dann besonders förderlich auf das Auftreten von Milchfieber 5–10 Jahre alter Kühe, wenn gleichzeitig die Alkali-Alkalität hoch ist.

B. Piatkowski. 8350.

Bratjucha, S. I. Porušennja mineral'nogo žyvlennja u velykoï rogatoi chudoby jak pryčyna tjažkych zachvorjuvań. **(Die Störung der Mineralstofffütterung beim Rind als Ursache schwerer Erkankungen.)** Nauk. praci. Vet. fak. Ukr. akad. sil'śkogospod. nauk **25** (1962) Nr. 18. S. 28–38. — Orig.: ukrain., Ausz.: russ. Aus: Referativnyj žurnal. Biologija, Moskva **1962** Nr. 23. L 46. S. 5.

Übersicht. Es wird festgestellt, daß für die Wirksamkeit der Mineralstofffütterung außer einem genügenden Gehalt an Mineralstoffen in den Futtermitteln ihre Aufnahme durch den Organismus eine wichtige Bedeutung hat. Die Faktoren, die die Aufnahme der Mineralstoffe durch den Tierorganismus sichern, sind die Wechselbeziehungen zwischen den einzelnen Elementen (in erster Linie zwischen P und Ca), der Gehalt an Eiweiß und Kohlehydraten in der Ration, genügende Bewegung sowie Ultraviolettbestrahlung. Die größte Bedeutung hat jedoch das Verhältnis der Säuren- und Basenäquivalente der Asche in den Futtermitteln, das 0,7–1,0 betragen muß. Am häufigsten wird dieses Verhältnis bei überreichem Gehalt an Schnitzeln und Silage in der Ration gestört, die die Acidität des Futters stark erhöhen.

übersetzt v. Ch. Eshkowa. 8350.

H. FÜTTERUNG DER LANDWIRTSCHAFTLICHEN NUTZTIERE

Brown, L. D. und Lassiter, C. A.; East Lansing, Michigan State Univ., Dep. of Dairy Sci. Protein-energy rations for dairy calves. **(Protein/Energie-Verhältnis für Milchkälber.)** J. Dairy Sci. **45** (1962) Nr. 11. S. 1353–1356. — 3 Tab.

Der Einfluß des Protein/Energie-Verhältnisses (% Protein:Nettoenergie) im Starterfutter wurde an 72 Kälbern im Alter von 2–84 Tagen geprüft. Der Proteingehalt der 3 Mischungen betrug 14, 16 und 18%, das Protein/Energie-Verhältnis 1:46, 1:48 und 1:50. (Der Ausgleich der verschiedenen Mischungen erfolgte durch Harnstoff bzw. stabilisiertes Fett.) Mit zunehmendem Protein/Energie-Verhältnis von 1:46 zu 1:50 sank der Tageszuwachs von 1,52 lb. auf 1,28 lb. Als optimal wird das Verhältnis von 1:46 angesehen. Der Einfluß des Proteingehaltes (14 bis 18%) der Mischung war gering. Die günstigste Futterwerwertung wurde bei 1:46 und 14% Protein erzielt.

B. Piatkowski. 8452.

Bernard, C., Dufour, L. und Lemay, J. P. Growth relationships from birth to 240 days of age and their associations with feed efficiency in dairy calves. **(Beziehungen des Wachstums zwischen Geburt und 240-Tage-Alter und ihre Verbindungen mit der Futterverwertung bei Milchkälbern.)** Canad. J. Animal Sci. **42** (1962) Nr. 2. S. 218–225.

Von 1954–1960 wurden 88 Jersey (J)-, 308 Ayrshire (A)- und 359 Holstein(H)-Kälber bei der Geburt gewogen. Annähernd bei der gleichen Zahl von Tieren wurde das 180- und 240-Tage-Gewicht sowie die Futterverwertung in der

Periode von 180–240 Tagen ermittelt. Die Kälber standen auf verschiedenen Farmen, erhielten jedoch bis zur 15. Lebenswoche ein gleiches Kälberstarterfutter und ab der 16. Woche Kälbernährmehl gleicher Zusammensetzung. Zwischen dem Geburtsgewicht und dem Gewicht mit 180 Tagen bestanden nur geringe korrelative Beziehungen (J = 0,16; A = 0,35; H = 0,40). Zum 240-Tage-Gewicht bestanden ähnliche Korrelationen. Dagegen waren die Korrelationen zwischen dem 180– und 240-Tage-Gewicht sehr hoch und statistisch gesichert (J = 0,84; A = 0,81, H = 0,78). Ebenso stark, jedoch negativ, korreliorten die Zunahmen in der 180–240-Tage-Periode mit der Futterverwertung (Gesamtheit der verdaulichen Nährstoffe (lb. Zunahme) (J = –0,79; A = –0,87; H = 0,78). Zwischen der Zunahme in den ersten 180 Tagen und der Futterverwertung im Abschnitt von 180–240 Tagen bestand eine geringe, statistisch jedoch gesicherte Beziehung (J = 0,23; A = 0,22; H = 0,19). Die Körpergewichte (Geburt, 180 und 240 Tage) und die Futterverwertung im Abschnitt 180–240 Tagen waren ebenfalls nur schwach korreliert (von –0,35 bis +0,21). Aus den Ergebnissen der Korrelationen und weiterer Regressionen wird geschlossen, daß die Lebendgewichtszunahme im Abschnitt von 180–240 Tagen eine gute Schätzung der Futterverwertung während des gleichen Zeitraumes getattete und daß es möglicherweise von geringem Vorteil sei, sie während einer anderen Periode zu ermitteln.

G. Koriath. 8454.

Trošin, I. P. und Charitonova, S. M. (Troschin, I. P. und Charitonowa, S. M.); Nowosibirsk, Landwirtsch. Inst. Vyraščivanie teljat na suchich pachte i obrate. **(Kälberaufzucht mit Trockenbuttermilch und Magermilchpulver.)** Vestnik sel'skochozjajstvennoj nauki, Moskva **6** (1961) Nr. 11. S. 52–55. — 3 Tab. Zus. in Engl., Franz., Dtsch.

In 3 Versuchsserien wurde die Möglichkeit des Ersatzes von Voll- und Frischmagermilch durch Trockenbuttermilch und Magermilchpulver untersucht. Als Versuchstiere wurden Kälber im Alter bis 4 Mon. verwendet. In der 1. Serie wurden ab 40. Tag die Vollmilch und ab 70. Tag die Frischmagermilch völlig durch Trockenmilch ersetzt (im Wasser gelöst). Die Zunahmen betrugen (Kontrollgruppe in Klammern) 881 (783), der Futterverbrauch 3,1 (3,3)FE und 0,41 (0,4) kg verdaul. Eiweiß. In der 2. Serie wurde der Anteil von Trockenbuttermilch auf Kosten des Magermilchpulvers erhöht. Tägl. Zunahme betrug 676 (655) g, Futteraufwand 3,5 (3,9) kg FE und 0,44 (0,49) kg verdaul. Eiweiß. Untersuchungen über Fleischausbeute, VK, Stickstoff- und Mineralstoff-Verwertung sowie physiologisches Befinden zeigten keine Unterschiede. Ein niedrigerer Leukocyten- und höherer Hämoglobingehalt im Blut der Versuchstiere weisen auf einen intensiven Stoffwechsel hin. Beim Vergleich der Verfütterung in gelöster bzw. Pulverform betrugen die Zunahmen 796 bzw. 752 g. Bei Gaben von 48–56 kg je Kalb konnte die verausgabte Vollmilchmenge um das Zweifache, die Magermilchmenge um das Dreifache gesenkt werden.

G. Bernert. 8454.

Haring, F.; Göttingen, Univ., Inst. für Tierzucht und Haustiergenetik. **Verlängerte Kälbermast.** Kraftfutter **45** (1962) Nr. 12. S. 578–580. — 4 Tab.

8458.

Piatkowski, B.; Dummerstorf bei Rostock, Inst. für Tierzuchtforsch. der Dtsch. Akad. der Landwirtsch.-Wiss. zu Berlin. **Untersuchungen über den Stoffwechsel an hochleistenden Kühen während der Trockenperiode und Laktation. 3. Mitt. Nährstoffbedarf und Futterverwertung.** Arch. Tierernähr. **12** (1962) Nr. 6. S. 291–295. — 3 Tab., 10 Lit. 2. Mitt. vgl. LZ. Abt. III **8** (1963) Nr. 11. S. 2364.

4 Kühe, die in langfristigen Stoffwechselversuchen standen, hatten während der ersten 100 Lakationstage bei einer Milchleistung von 2248–2753 kg FCM einen tägl. Tr.-Subst.-Verzehr von 14,4–17,1 kg (66–72% davon Grundfutter)

pro Tier aufzuweisen. Nach Abzug des Erhaltungsbedarfs benötigten sie im Durchschnitt 55 g verdaul. Rohprotein und 238 g-StW pro kg Milch. In 305 Laktationstagen und Leistungen von 4649–6208 kg Milch lag der tägl. Tr.-Subst.-Verzehr zwischen 13,3 und 15,5 kg (davon 77,2–81,8% Grundfutter). Der Nährstoffaufwand pro kg FCN betrug für den 305-Tageabschnitt 60 g verd. Rohprotein und 246 g-StW. H. Bergner. 8460.

Christov, V. und Eftimova, L. (Christow, W. und Eftimowa, L.); Knesha, Bulgarien, Landwirtsch. Forsch.-Inst. Opit za zamestvane sŭs silaž na čast ot carevičnata jarma v dažbata na mlečni kravi. **(Versuch des Ersetzens eines Teiles des Maisschrots in der Ration von Milchkühen durch Gärfutter.)** Izvestija na Selskostopanskija naučnoizsledovatelski institut — Kneža, Sofija 4 (1962) S. 201–206. — 7 Tab., 4 Lit. Zus. in Russ., Engl.
In einem wiss. Wirtschaftsversuch mit 2 Gruppen zu je 6 Simmentaler Kreuzungskühen (Iskŭrrind × Simmentaler) wurde festgestellt, daß bei Milchkühen 0,3 kg Sonnenblumenextraktionsschrot + 11,6 kg Maissilage (zu Beginn der Wachsreife bereitet) dem Futtereffekt nach 3,1 kg Maisschrot gleichkommt. N. Platikanow. 8460.

Ganovski, Ch. und Stojkov, D. (Ganowski, Ch. und Stojkow, D.) Vlijanie na dažbi, vključvašti različni po beltŭčen sŭstav chrani ot životinski proizchod vŭrchu fiziologijata na chranosmilaneto i spermoprodukcijata pri govеždi razplodnici. **(Einfluß der nach Eiweißzusammensetzung unterschiedliche Nährstoffe tierischer Herkunft enthaltenden Futterrationen auf die Physiologie der Verdauung und Spermaproduktion bei Zuchtbullen.)** Naučni trudove. Visš veterinarnomedicinski institut „Prof. d-r G. Pavlov", Sofija **10** (1962) S. 415–425. — 1 Abb., 9 Tab., 12 Lit. Zus. in Russ., Dtsch.
Die Untersuchungen wurden während zweier Zeitabschnitte von Versuchsfütterung zweier Bullen mit duodenaler und ileozäkaler Anastomose durchgeführt. In der 1. Periode erhielten die Tiere 6 kg Heu, 4 kg Kraftfuttermischung, 6 kg Möhren, 2 l Vollmilch, 3 Eier, 50 g Kochsalz und während der 2. Periode wurden die Vollmilch und die Eier durch 2 l Magermilch und 90 g Kadavermehl ersetzt. Als Endergebnis bewirkte die erste Futterration eine bessere Verdauung, einen höheren Tageszuwachs, eine Erhöhung der Samenproduktion und eine Verlängerung der Lebensfähigkeit der Samenfäden.
Z. Tomow. 8464.

Coombe, J. B. und Tribe, D. E.; Melbourne, Univ., School of Agric. The effects of urea supplements on the utilization of straw plus molasses diets by sheep. **(Die Wirkung einer Harnstoffergänzung auf die Verwertung einer Melasse-Strohration bei Schafen.)** Austral. J. agric. Res. **14** (1963) Nr. 1. S. 70–92. — 4 Abb., 12 Tab., 33 Lit.
5 volljährige, mit Pansenfisteln versehene Schafe erhielten als Zulage zu einer Stroh-Melasse- (15%) Ration 3% Harnstoff. Die Zulage erhöht den Futterverzehr und die Geschwindigkeit des Celluloseabbaues im Pansen, reduziert die Durchgangszeit des Futters und erhöht ($P > 0,05$) die Verdaulichkeit der Trockenmasse und Rohfaser sowie die N-Retention. Eine Variation der Zulage ergab, daß bis 24 g Harnstoff die Durchgangszeit und damit auch die Futteraufnahme verbessert werden. 32 g wirkten bereits ungünstig.
A. Hennig. 8486.

Maksimović, D., Gradaščević, H., Pobrić, Š. und Vakulović, B.; Sarajevo, Univ., Fac. of Agric., Inst. for Domestic Animal Nutrit. Ureja u ishrani ovaca. **(Harnstoff in der Schaffütterung.)** Veterinarija [Sarajevo] **11** (1962) Nr. 2. S. 197–205. — 7 Tab., 9 Lit. Zus. in Engl.
0 bis 1,0 g Harnstoff je 1 kg Lgw. wurden den Tagesrationen von 6 Hammeln zugegeben. Die Freßlust war gut, wenn aber der Harnstoffanteil auf 1,2 bis 1,6 g erhöht wurde, weigerten sich die Tiere, das Futter aufzunehmen. Die

besten Ergebnisse, die sich in der Erhöhung des Körpergewichtes und Verbesserung der Eiweißverdauung geäußert haben, wurde bei der Zugabe von 0,5 g Harnstoff auf je 1 kg Lgw. festgestellt. D. Ilančić. 8486.

Mentler, L. Süldőetetési kisérlet nyersen pépesitett répafélékkel. **(Läufer-Fütterungsversuch mit roh vermusten Rübensorten.)** Állattenyésztés [Tierzucht] **11** (1962) Nr. 3. S. 215–220. — Aus: Ung. Agrar-Rdsch. **1963** Nr. 2.
Außer dem Kraftfutter und der abgerahmten Milch erhielt Gruppe 1 1,7–2,4 kg roh vermuste Zuckerrüben; Gr. 2 1,7–2,3 kg roh vermuste Möhren. Die Futterration der zur Kontrolle dienenden Gruppe 3 enthielt außer dem Kraftfutter ausschließlich abgerahmte Milch. Die verabreichte Menge an entrahmter Milch war in allen drei Gruppen gleich. Die mit einem durchschnittl. Gewicht von 52,9–52,0 kg eingestellten Gruppen erzielten der Reihenfolge nach während des Versuches tägl. durchschnittl. Gewichtszunahmen von **543**; **533** und **411** g. Die zur Erzeugung von 1 kg Körpergewichtszunahme benötigte Menge an Kraftfutter war in der Gruppe 1, die zusätzlich Zuckerrüben erhielt, die günstigste. 8534.

Csire, L. und Farkas, M. Árpa helyettesitésének lehetősége kukoricával a baconsertéshizlalásban. I. rész. A kukorica etetésének hatása a hizási eredményekre és a vágottáru összetételére. **(Möglichkeit des Ersatzes von Gerste durch Mais in der Baconschweinemast. 1. Mitt. Einfluß der Maisverfütterung auf den Masterfolg und auf die Zusammensetzung der Schlachtware.)** Állattenyésztés [Tierzucht] **11** (1962) Nr. 3. S. 221–230. — Aus: Ung. Agrar-Rdsch. **1963** Nr. 2.
Im Gegensatz zum Gerstenschrot, das auch allein gern gefressen wird, kann man den Mais in der Fleischschweinemast nur mit anderen Futtermitteln zusammen verfüttern. Der als Kraftfutter ausschließlich verabreichte Mais verringerte beträchtlich die Qualität der Schlachtware; dies konnte auch durch Entkeimung des Maises nicht vermieden werden. 8536.

Csire, L., Holdas, S. und Farkas, M. Árpa helyettesitésének lehetősége a sertéshizlalásban. II. rész. A kukorica etetésének hatása a hus és szalonna minőségére. **(Möglichkeit des Ersatzes von Gerste durch Mais in der Baconschweinemast. 2. Mitt. Einfluß der Maisfütterung auf die Fleisch- und Speckqualität.)** Állattenyésztés [Tierzucht] **11** (1962) Nr. 3. S. 231–235. — Aus: Agrar-Rdsch. **1963** Nr. 2. 1. Mitt. vgl. vorst. Ref.
Nach den Versuchsergebnissen war der Tr.-Subst.-Gehalt des Fleisches in der Gruppe 1, die ausschließlich Gerstenschrot, und in der Gruppe 2, die nur Maisschrot erhielt, mit 27,05 bzw. 27,76% signifikant geringer als in den Gruppen 3 und 4, die entkeimten Mais erhielten (28,50 bzw. 28,25%). Wesentliche Unterschiede fand man im Fettgehalt des Fleisches; derselbe betrug in Reihenfolge der Gruppen 2,71; 3,84; 4,16 und 4,20%. Der Fleischfaserdurchmesser in der ausschließlich mit Gerste gefütterten Gruppe 1 betrug im Durchschnitt 62,96 Mikron und war somit signifikant größer als der der übrigen Gruppen, bei welchen Werte von 57,22; 55,75 und 56,70 Mikron gemessen wurden. Aus den Untersuchungen geht hervor, daß — verglichen mit der Verfütterung von Gerste — eine ausschließliche Maisfütterung den Fettgehalt sowohl des Fleisches als auch des Speckes verbessert. Durch Ersatz des Gerstenschrotes zu 70–95% des Kraftfuttergemisches durch entkeimten Mais kann die Qualität der Schlachtware nicht verbessert werden. 8536.

Bowland, J. P.; Edmonton, Canada, Univ. of Alberta, Dep. of Animal Sci. Addition of lysine and/or a tranquilizer to low protein, soybean meal supplemented rations for growing bacon pigs. **(Zusatz von Lysin und/o der eines Tranquilizers zu proteinarmen, mit Sojaschrot supplementierten Rationen für wachsende Baconschweine.)** J. Animal Sci. **21** (1962) Nr. 4. S. 852–856. - 3 Tab., 7 Lit.

Um den Einfluß des Zusatzes von 0,2 mg L-Lysin und/oder 1 mg Hydroxyzin × HCl je lb. Futter auf Zuwachs und Futterverwertung von Schweinen zu prüfen, wurden mit insgesamt 70 Schweinen im Gewichtsabschnitt 36–110 lb. entsprechende Fütterungsversuche durchgeführt. Der Lysin-Zusatz zu einer 13% Protein (0,55% Lysin) enthaltenden Gersten + Weizen + Sojaschrot-Ration erhöhte die Zunahmen und die Futterverwertung und entsprach etwa der 16% Protein- (0,75% Lysin-)Ration. Der Hydroxyzin-Zusatz zur proteinarmen Ration hatte keinen Einfluß auf Gewichtszunahmen und Futterverwertung. Die Ausschlachtung ergab, daß die proteinreicheren und die durch Lysin ergänzten Rationen eine stärkere Lendenausbildung bewirkten. Die Börge wuchsen schneller als die Sauen, letztere hatten aber längere Schlachtkörper mit weniger Rückenspeck. Ein entsprechender Versuch mit Ratten zeigte hinsichtlich Wachstum und Futterverwertung ähnliche Ergebnisse wie bei den Schweinen, durch die Lysinergänzung wurde jedoch nicht die Leistung der proteinreichen Ration erreicht. J. Wünsche. 8536.

Magee, W. T.; East Lansing, Michigan State Univ. Relationship between daily feed consumption and feed efficiency. **(Beziehung zwischen dem täglichen Futterverzehr und der Futterverwertung.)** J. Animal Sci. **21** (1962) Nr. 4. S. 880–882. – 1 Abb., 2 Tab., 5 Lit.
Auf Grund bestehender positiver Korrelationen zwischen der tägl. Gewichtszunahme und dem tägl. Futterverzehr sowie zwischen der tägl. Zunahme und der „wünschenswerten Futterverwertung" wurde vermutet, daß auch zwischen dem tägl. Futterverzehr und der „wünschenswerten Futterverwertung" positive Korrelationen vorhanden sind. In Versuchen mit 80 individuell gefütterten Jungebern und 18 Marktschweinen wurde jedoch festgestellt, daß letztere Korrelation hochsignifikant negativ ist (–0,37 bzw. –0,28). Die am besten fressenden Schweine sind demnach die schlechtesten Futterverwerter. Eine züchterische Auslese nach dem Appetit führt daher zu keiner Verbesserung der „wünschenswerten Futterverwertung", möglicherweise aber eine Auslese nach der tägl. Zunahme. J. Wünsche. 8538.

Petuchova, E. A. und Gorochov, V. V. (Petuchowa, Je. A. und Gorochow, W. W.) Ispol'zovanie oblučennych drožžej i chloristogo kobalt'a v racionach svinomatok. **(Die Verwendung bestrahlter Hefe und Kobaltchlorid in den Futterrationen der Sauen.)** Tr. Mosk. vet. akad. **39** (1961) S. 127–135. – Aus: Referativnyj žurnal. Biologija, Moskva **1962** Nr. 15. L 200. S. 26.
Als Vit.-D-Quelle wird empfohlen, in der 2. Hälfte der Trächtigkeit und in der Säugeperiode bestrahlte Hefe in die Futterrationen der Sauen aufzunehmen. Eine Dosis von 14 g wöchentlich je Sau, bei einer Aktivität von 10000 IE ist ausreichend. Es wird auch empfohlen, eine wöchentliche Gabe von 140 mg $CoCl_2$ in Kombination mit 1,4 g bestrahlter Hefe mit dem Futter zu verabreichen. übersetzt v. I. Posdirca. 8538.

Dimov, A. (Dimow, A.); Widin, Bulgarien, Landwirtsch. Versuchsstat. Ustanovjavane na tipovi dažbi i normi za pileta i mladi ptici ot porodite njuchempšir i legchorn za rajona na Severozapadna Bŭlgarija. **(Feststellung von Typenrationen und Futtermengen für Newhampshire- und Leghornküken und -junghühner in Nordwestbulgarien.)** Izvestija na Selskostopanskija naučnoizsledovatelski institut – Kneža, Sofija 4 (1962) S. 225–235. – 8 Tab., 8 Lit. Zus. in Russ., Engl.
Auf Grund der Ergebnisse aus den beiden Versuchen hat Vf. Futternormen für Junghühner bis zum Alter von 150 Tagen festgelegt. 8544.

Tomov, V. (Tomow, W.); Knesha, Bulgarien, Landwirtsch. Forsch.-Inst. Proučvane vlijanieto na techničeskija biomicin i vitamin B_{12} vŭrchu rasteža i zdravoslovnoto sŭstojanie na piletata ot porodata njuchempšir. **(Untersuchung des Einflusses von technischem Biomycin und von Vitamin B_{12} auf**

Wachstum und Gesundheitszustand von Newhampshireküken.) Izvestija na Selskostopanskija naučnoizsledovatelski institut — Kneža, Sofija 4 (1962) S. 207–214. — 8 Tab., 4 Lit. Zus. in Russ., Engl.

Drei Gruppen zu je 120 Newhampshireküken erhielten die gleiche Kraftfuttermischung, die aus 90% pflanzlichen Futterstoffen und 10% Tierkörpermehl bestand. In die Kraftfuttermischung für Gruppe II wurden 471 mg technisches (= 20 mg reines) Biomycin und 10 μg Vit. B_{12} und in die Kraftfuttermischung für Gruppe III 1176 mg technisches (=50 mg reines) Biomycin und 10 μg Vit. B_{12} je kg zugesetzt. Versuchsdauer 2 Monate. Ergebnisse (in der Reihenfolge der Gruppen): mittleres Lebendgewicht mit zwei Monaten 974, 1003 und 1017 g; Futteraufwand je kg Zuwachs 3,35, 3,35 und 3,27 FE; Schlachtausbeute der Hähnchen 64,3, 64,2 und 64,6%, der Hennchen 63,1, 63,6 und 54,2%; der Fettgehalt des Fleisches von den Hennchen betrug 3,62, 6,81 und 8,98%. N. Platikanow. 8552.

FUTTERMITTELKUNDE

A. FUTTERSTOFFE, IHRE BEEINFLUSSUNG, KONSERVIERUNG UND ZUBEREITUNG

Makarova, M. M. (Makarowa, M. M.) Biologičeskie metody upravlenija processami silosovanija i perspektivy ich ispol'zovanija. **(Biologische Methoden der Lenkung von Silierungsprozessen und die Perspektiven ihrer Anwendung.)** V sb.: Mikrobiol. kormov, Alma-Ata **1961** S. 28–37. — Aus: Referativnyj žurnal. Biologija, Moskva **1962** Nr. 4. L 4. S. 2.

Das vom Unions-Forsch.-Inst. für Landwirtsch. Mikrobiol. vorgeschlagene Verfahren der Anwendung von Silierungsmitteln aus Reinkulturen der Milchsäurebakterien *Lactobact. plantarum* trägt dazu bei, daß das Eiweiß, die löslichen Kohlenhydrate und Vitamine in den Futtermitteln besser erhalten bleiben, ferner dazu, daß sich die Verluste in den oberen Schichten auf $^2/_3$ bis $^1/_3$ sowohl bei der Einsäuerung leicht als auch schwer silierbaren Materials verringern. übersetzt v. Th. C. Boetticher. 8730.

Koptil'nikov, M. (Koptilnikow, M.); Rayon Kauschany, Moldau.SSR, Kolchos „Pobeda". Silosovanie s biopreparatom „SKR". **(Silierung mit dem Biopräparat „SKR".)** Kukuruza, Moskva 7 (1962) Nr. 11. S. 55–56.

Beschrieben wird: 1. die Herstellung von Maissilage mit Anwendung des Biopräparates SKR (eines Komplexes von Milchsäuremikroorganismen in Pulverform; auf 200 t Mais-Grünmasse kommen 50 g des Präparates, aufgelöst in 1 l Wasser); 2. das Hügelverfahren der Silierung mit Aussaat von Roggen auf dem Silagehügel. (Die Roggenkeimlinge saugen die Luftreste aus der Silage auf und tragen dadurch zur besseren Haltbarkeit des Gärfutters bei.) 8730.

Alcantara, P. F., Eusebio, J. A., Puyaoan, R. B. und Supnet, M. G. The effect of cooked and uncooked ration for growing pigs. **(Die Wirkung gekochten und ungekochten Futters auf wachsende Schweine.)** Philippine Agriculturist **46** (1962) Nr. 1. S. 45–52. — 3 Tab., 11 Lit.

Da die Angaben in der Literatur hinsichtlich der Wirkung gekochten Futters sich widersprechen, wurden die nachstehenden Versuche durchgeführt. Versuch A: 2 Gruppen zu je 10 Schweinen wurden geprüft. Gr. I erhielt ungekochtes, Gr. II gekochtes Futter gleicher Zusammensetzung. Die Rationen enthielten 15,2% Rohprotein. Die Fütterung erfolgte restriktiv. Alle Bestandteile des Futters außer Fischmehl und Coprамehl wurden gekocht. Durchschnittliche Tageszunahmen, Futterverbrauch und Futterverwertung waren bei I: 370 g, 2,250 kg und 4,48; bei II: 300 g, 2,134 kg und 5,19. — Ähnliche Ergebnisse wurden im Versuch B erzielt. — Das gekochte Futter wurde nicht so gern wie das ungekochte gefressen. Die Tiere der Gr. II waren im Gegensatz zu I in der Haut unrein und zeigten Mangelerscheinungen.

H. Jung. 8820.

Bishop, S. E., Loosli, J. K., Trimberger, G. W. und Turk, K. L.; New York, Cornell Univ., Dep. of Animal Husbandry. Effects of pelleting and varying grain intakes on milk yield and composition. **(Die Wirkung des Pelletierens und verschiedenen hohen Kraftfutterverzehrs auf Milchleistung und -zusammensetzung.)** J. Dairy Sci. **46** (1963) Nr. 1. S. 22–26. — 4 Tab., 25 Lit.

12 Milchkühe wurden in der Versuchsanordnung des Lateinischen Quadrats geprüft; sie erhielten hohe Grundfuttergaben (ad lib.) und Kraftfutter in Form von Pellets oder Schrot bzw. niedrige Grundfuttergaben und Kraftfutter (ad lib.) als Pellets oder Schrot. Pellets bewirkten gegenüber Schrot eine höhere Milchleistung ($P < 0{,}01$) und eine Erniedrigung des prozentischen Fettgehaltes ($P < 0{,}05$). Die Verzehrsleistung (Tr.-Subst.) ließ nur sehr geringe Unterschiede erkennen, so daß die TDN-Verwertung bei Pellets etwas günstiger lag. Bei der Versuchsanordnung Grundfutter niedrig — Kraftfutter hoch stieg der TDN-Verzehr um 30% gegenüber bei hoher Grundfuttergabe. Der Milchproteingehalt ($P < 0{,}01$) stieg signifikant, der prozentische Milchfettgehalt fiel ($P < 0{,}05$). Ein Einfluß auf das Lgw. lag nicht vor. Bei hohem Grundfutterverzehr lag der C_2-Gehalt im Pansen höher und der C_4-Gehalt niedriger als bei niedriger Grundfuttergabe. Der C_3-Gehalt war wenig verändert.

B. Piatkowski. 8860.

Butcher, J. E. und Raleigh, R. J.; Logan, Utah Agric. Exp. Stat. Effect of oxytetracycline, stilbestrol, and pelleted feed on fattening whiteface and blackface crossbred wether lambs. **(Wirkung von Oxytetracyclin, Stilboestrol und pelletiertem Futter auf die Mast von Weißkopf- und Schwarzkopf-Kreuzungs-Schaflämmern.)** J. Animal Sci. **21** (1962) Nr. 4. S. 716–719. — 1 Abb., 2 Tab., 9 Lit.

In Versuchen mit 108 Lämmern wurden 2 verschiedene Oxytetracyclin-, 2 verschiedene Stilboestrolgaben, pelletiertes gegen gehäckseltes Futter und Schwarzkopf- gegen Weißkopf-Kreuzungslämmer auf Gewichtszunahmen, Futterverzehr, Schlachtqualität und Schlachtausbeute getestet. Die mit pelletiertem Futter gefütterten Lämmer wiesen den besten Futterverzehr und die höchsten Zunahmen auf. Sowohl Oxytetracyclin als auch Stilboestrol verbesserten die Zunahmen unabhängig von der Futteraufnahme. Stilboestrol bewirkte bei Schwarzkopflämmern bessere Gewichtszunahmen als bei den Weißköpfen. Erstere wiesen auch eine bessere Schlachtqualität und höhere Schlachtausbeuten auf als letztere. Die mit Stilboestrol gefütterten Lämmer hatten eine niedrige Schlachtausbeute.

J. Wünsche. 8860.

Seerley, R. W., Miller, E. R. und Hoefer, J. A.; East Lansing, Michigan State Univ. Growth, energy and nitrogen studies on pigs fed meal and pellets. **(Wachstums-, Energie- und Stickstoffstudien an mit Schrot und Pellets gefütterten Schweinen.)** J. Animal Sci. **21** (1962) Nr. 4. S. 829–833. — 5 Tab., 14 Lit.

3 Rationen kamen zur Anwendung: Getreide und Sojabohnenschrot (I), Ration I mit 20% Hafer (II) und Ration I mit 40% Hafer (III). Jeder Ration waren Paare von Schweinen zugeordnet, von denen das eine Schwein das Futter in Schrotform, das andere in Form von Pellets erhielt. Die Fütterung jeden Paares war bis zu einem Gewicht von 180 bis 200 lb. in gleicher Höhe rationiert, danach ad libitum. Das Pelletieren bewirkte bei I bis zu dem Gewicht von 180 lb. gegenüber der Schrotration ein Ansteigen der Zunahmen von 1,47 auf 1,58 lb. Bei II und III erzielte das pelletierte Futter bei der ad libitum-Fütterung höhere Zunahmen. Im Durchschnitt aller Versuche bewirkte das pelletierte Futter eine größere Wachstumsintensität. Die Verdau-

lichkeit der Energie war nur bei der Pelletfütterung mit I gesichert höher als bei der Schrotfütterung. Die Verdaulichkeit des N wurde durch das Pelletieren nicht beeinflußt. H. Jung. 8860.

B. DIE EINZELNEN FUTTERSTOFFE

Sternkopf, G.; Halle/S., Martin-Luther-Univ. Halle-Wittenberg, Inst. für Tierernähr. **Untersuchungen über die chemisch-analytische Auftrennung der stickstofffreien Extraktstoffe in grünem Pflanzenmaterial. 2. Mitt. Veränderungen der Zusammensetzung der stickstofffreien Extraktstoffe im Verlaufe der Vegetation bei Grünroggen, Luzerne und Rotklee.** Arch. Tierernähr. **12** (1962) Nr. 5. S. 241–252. – 9 Abb., 6 Tab. 1. Mitt. vgl. LZ. Abt. III **8** (1963) Nr. 8. S. 1680.

Die N-fr.E. von Grünroggen (**I**), Luzerne (**II**) und Rotklee (**III**) werden mit Hilfe einer bes. Trennungsmethode (vgl. 1. Mitt.) in folgende Hauptbestandteile zerlegt: Glucose, Fructose, Saccharose und Fructosane = lösliche Kohlenhydrate (a), Gesamthemicellulosen (b) und Stärke (c). Die Entwicklungstendenzen dieser Hauptbestandteile im Vegetationsverlauf werden untersucht. In **I** nimmt b im jungen Entwicklungsstadium mit fortschreitender Vegetation zu, durchläuft vom Schossen bis zum Ährenschieben ein Maximum und nimmt dann ab. Parallel dazu verläuft auch die Bildung von a, die jedoch beim Erreichen des Schossens plötzlich abfällt, beim Ährenschieben wieder ansteigt und bis zur Reife stetig abnimmt. Auch c durchläuft während des Schossens ein Minimum, nimmt dann auf Kosten der anderen Saccharide zu und steigt nach der Blüte steil an. In **II** zeigt b während der Blüte ein Maximum, a nimmt bis zum Blühbeginn zu, durchläuft während der Blüte ein Minimum und steigt dann wieder. **II** c ist stets gleichbleibend. **III** zeigt für a, b und c die gleichen Entwicklungstendenzen wie **II**. Regressionsgleichungen für die funktionellen Zusammenhänge zwischen a, b und c (von **I**, **II** und **III**) und dem Vegetationsstadium werden angegeben und graphisch dargestellt. H. Bergner. 8910.

Sternkopf, G.; Halle/S., Martin-Luther-Univ. Halle-Wittenberg, Inst. für Tierernähr. **Untersuchungen über die chemisch-analytische Auftrennung der stickstofffreien Extraktstoffe in grünem Pflanzenmaterial. 3. Mitt. Der Einfluß der Veränderungen der Zusammensetzung der stickstofffreien Extraktstoffe von Grünroggen und Luzerne auf ihre Verdaulichkeit an Kaninchen.** Arch. Tierernähr. **12** (1962) Nr. 5. S. 253–260. – 6 Tab., 8 Lit. 2. Mitt. vgl. vorst. Ref.

An Kaninchen werden neben den VK der Weender Nährstoffgruppen zusätzlich dieselben von Xylose, Arabinose, Glucose, Fructose, Galactose, Saccharose Fructosane und Stärke ermittelt. Als Futtermittel diente Grünfutter in verschiedenen Vegetationsstadien: Grünroggen jung, im Schossen, beim Ährenschieben und nach dem Ährenschieben sowie Luzerne 2. Schnitt vor der Blüte, in der Blüte und nach der Blüte. Alle Einzelwerte und ihre Schwankungsbreiten werden mitgeteilt. Die löslichen Kohlenhydrate zeigten in allen Fällen eine sehr hohe Verdaulichkeit. Im Vergleich zu den VK der Weender N-fr.E. lagen dieselben der analytisch ermittelten N-fr.E. um durchschnittl. 8% höher. H. Bergner. 8910.

Adler, J. H. Anti-oestrogenic activity in alfalfa. **(Die antioestrogene Wirkung der Luzerne.)** Veterin. Rec. **74** (1962) Nr. 43. S. 1148–1150. – 1 Abb., 9 Lit.

Die im Ätherextrakt-Konzentrat aus Luzerneblättermehl nachweisbaren oestrogenen Stoffe fehlen im Chloroformextrakt-Konzentrat. Bei Mischung beider Konzentrate tritt eine Herabsetzung der oestrogenen Wirkung auf, was vermutlich auf eine im Chloroformextrakt enthaltene antioestrogene Substanz zurückzuführen ist. Auch die Wirksamkeit von Oestradiol und Diaethyl-

Stilboestrol wird durch den Chloroformextrakt abgeschwächt. Die Bestimmung der oestrogenen Aktivität der einzelnen Substanzen fand mit Hilfe des Astwood-Testes statt, wobei der Einfluß s.c. Injektionen der Testlösungen auf das Uterusgewicht 21–23 Tage alter weiblicher Ratten ermittelt wurde.
J. Jürgens. 8910.

Matěj, V.; Brno, Katedra Fyziky VŠZ. Kalorická hodnota šťavnaté píce její stanovení. **(Kalorimetrischer Wert des Saftfutters und dessen Ermittlung.)** Sborník Vysoké Školy zemědělské v Brně, Řada A **1962** Nr. 3/4. S. 291–297. — 1 Abb., 2 Tab., 4 Lit. Zus. in Russ., Dtsch.

Bei der Verbrennung frischer und getrockneter Luzerne in Quarztiegeln wurden folgende Werte ermittelt: 4532 cal/g bei 10tägigen Luzernebeständen, 4548 cal/g bei 20tägigen Beständen, 4453 cal/g bei durch Lyophilisation getrockneter Luzerne, 4397 cal/g bei 2 Tage lang freigetrockneter Luzerne, 4290 cal/g bei eine Woche lang frei getrockneter Luzerne und 4173 cal/g bei ein Jahr lang frei getrockneter Luzerne. Bei der Trocknung der Luzerne betrugen die Verluste 250 bis 300 cal je 1 g Tr.-Subst. F. Svoboda. 8910.

Kwiatkowska, Teresa und Witek, Amalia; Czechnica, Inst. Zootechn., Zakład Doświadczahny. Wpływ suszonych zielonek w żywieniu kur na nieśność i na wylęgowość jaj w porównaniu z kiszonką otrzymaną z tej samej rośliny. **(Die Einwirkung von getrocknetem Grünfutter in der Hühnerfütterung auf die Legeleistung und den Schlupf im Vergleich zur Verfütterung von Silage aus der gleichen Futterpflanze.)** Roczniki Nauk rolniczych, Ser B **80** (1962) Nr. 4. S. 507–517. — 10 Tab., 9 Lit. Zus. in Russ., Engl.

Der Versuch erfolgte an 2 Gruppen, jede bestand aus 2 Hühnervölkern von je 14 Junghennen und einem Hahn der Sussex-Rasse. Die Hühner erhielten 96 Tage lang als Zugabe zum Grundfutter pro Tag und Tier: 5 g getrocknete Luzerne oder 5 g getrocknete Brennessel oder 15 g Luzernesilage oder 20 g Brennesselsilage. Die Trockensubstanz der Zugaben betrug einheitlich etwa 4,8 g. Die Art des verfütterten Grünfutters war von wesentlichem Einfluß auf die Legeleistung: die Gruppen, denen Brennessel gereicht wurde, erzielten einen Überhang von 10%. Die Konservierungsweise des Grünfutters wirkte sich anscheinend auf die Legeleistung nicht aus. Die Zugabe von Silage beeinträchtigte das Gewicht der Eier [$P \lesssim 0{,}01$]. Den höchsten Befruchtungs- und Schlupfprozent erzielten die Gruppen, an die getrocknete Luzerne verfüttert wurde, etwas niedriger waren die Ergebnisse der Gruppe, die Brennesselsilage erhielt, die restlichen zwei hatten ausgesprochen schlechtere Resultate. Die Prüfung des Körpergewichts der Versuchstiere bewies ebenfalls, daß Luzerne als Trockengut, dagegen Brennessel als Silage bessere Ergebnisse zeitigt.
G. Znaniecka. 8910.

Wierzchowski, Zenon und Kraczkowska, Janina; Lublin, Wyższa Szkoła Rolnicza, Katedra Chem. Ogólnej. Występowanie alfa i beta — karotenów w koniczynie czerwonej. **(Der Gehalt an α- und β-Carotin im Rotklee.)** Roczniki Nauk rolniczych, Ser. B **80** (1962) Nr. 4. S. 485–506. — 4 Abb., 5 Tab., 12 Lit. Zus. in Russ., Engl.

In den Blattspreiten und den übrigen Teilen von Rotkleepflanzen, die in verschiedenen Vegetationsstadien im Frühling und Herbst geschnitten worden waren, wurde der Gehalt an α-, β- und Gesamtcarotin ermittelt. Die Analyse erfolgte jeweils an 5 Kleeproben, die alle 8 bis 14 Tage aus einem Kleefeld entnommen waren. Ferner ermittelte man den Carotingehalt im Kleeheu aus 2 verschiedenen Schnitten. Der Carotingehalt in der Tr.-Subst. war vom Vegetationsstadium abhängig und am höchsten in der Zeit der vollen Blüte. Der Gehalt des α-Isomers betrug im Durchschnitt 4,8 bis 6,3%. Der Gehalt an Gesamtcarotin in der Tr.-Subst. der Blattspreiten betrug in der Frühlingsblüte 59,2 mg%, in der Sommerblüte 51,2 mg%. In den übrigen Pflanzenteilen betrug er entspr. 1,7 und 1,7 mg% der Tr.-Subst. Das auf Kleereutern oder im Sonnenschatten getrocknete Kleeheu enthielt 5,5 bis 7,1 mg% in der Tr.-Subst. S. Buraczewski. 8910.

Kovačević, J., Čižek, J., Pavičević, Lj. und Kurjaković, V.; Zagreb., Univ., Fac. of Agric.; Titograd, Inst. for Agric. Sjeruša (Salvia verticillata L.), bijeli čapljiz (Asphodelus albus Mill.) i malina (Rubus ideaus L.) kao krmne biljke za ishranu svinja. **(Salvia verticillata L., Asphodelus albus Mill. und Rubus idaeus L. als Futterpflanzen für die Schweinefütterung.)** Veterinaria [Sarajevo] **11** (1962) Nr. 1. S. 91–94. — 13 Lit. Zus. in Engl.
Es wurde eine Beschreibung und die chemischen Analysen dieser 3 Pflanzen, welche in den Gebirgsgebieten von Durmitor und Sinjajevina in Montenegro für die Schweinefütterung benutzt werden, gegeben. D. Ilančić. 8910.

Davies, W. Ellis und Tyler, B. F.; Aberystwyth, Welsh Plant Breeding Stat. The yield and composition of lucerne, grass and clover under different systems of management. IV. Further studies on the effect of frequency of cutting lucerne and lucerne grown with grass. **(Ertrag und Zusammensetzung von Luzerne, Gras und Klee unter verschiedenen Anbau- und Erntebedingungen. 4. Mitt. Weitere Untersuchungen über den Einfluß der Schnitthäufigkeit bei Luzerne und -grasgemisch.** J. Brit. Grassland Soc. **17** (1962) Nr. 4. S. 306 bis 314. — 1 Abb., 6 Tab., 10 Lit.
In den Jahren 1956/59 wurden verschiedene Luzernevarietäten sowohl in Reinsaat als auch im Gemisch mit Grasarten sowie mit wechselnden Schnitthäufigkeiten verglichen, um die maximalen Ertragsmöglichkeiten unter diesen verschiedenen Bedingungen zu klären. — Es zeigte sich, daß die frühreife Luzernevarietät „Du Puits" und ihre Gemische mit Gras 20% mehr Trockenmasse brachten als die entsprechenden Gemische mit der spätreifen Luzernevarietät „AF 1". Wiesenschwingel „S 215"/Luzernegemische waren reiner Luzerne im ersten Jahr überlegen, später dagegen nicht mehr. Gemische mit „S 37" Hahnenfuß oder „S 22" ital. Raygras erbrachten signifikant niedrigere Erträge. Den höchsten Rohproteingehalt hatte reine Luzerne, während derselbe bei Graseinmischung je nach der Art und Menge um 12 bis 25% niedriger lag. — Während der gesamten Versuchszeit zeigte sich im 1. Erntejahr ein 3maliger Schnitt einem nur zweimaligen sowohl bei Reinsaat als auch bei sämtlichen Luzernegrasgemischen überlegen. W. Klippel. 8920.

Bergner, H., Hock, A. und Lehmann, H.; Berlin, Humboldt-Univ., Inst. für Tierernährungslehre. **Nährstoffbilanzen und Qualität von Maissilagen in Großsilos landwirtschaftlicher Betriebe.** Arch. Tierernähr. **12** (1962) Nr. 5. S. 269–280. — 6 Abb., 5 Tab., 13 Lit.
In Großsilos (Betonhochsilo und Durchfahrtsilo) wurden während der Beschickung Perlonnetzsäcke mit ca. 50 kg Silomais zur Nährstoffbilanzierung miteinsiliert. Im Durchschnitt waren folgende Verluste festzustellen: Tr.-Subst. = 15,0%, org. Subst. = 16,6%, Rohprotein = 2,5%, Rohfaser = 1,8%, N-fr. E. = 26,3%, Stärke und reduzierende Zucker = 62,2%. Rohfett und Rohasche zeigten eine positive Bilanz. Eine signifikant positive Korrelation war zwischen der Silagequalität und dem Tr.-Subst.-Gehalt des Frischmaises bzw. dem Tr.-Subst.-Gehalt der Silage vorhanden. Die Verluste an org. Subst. waren bei besserer Silagequalität geringer. H. Bergner. 8920.

Urbányi, L. Ásváni anyagveszteségek különböző silótipusokban silókukorica szilázs készitése során. **(Mineralstoffverluste bei Einsilierung von Silomais in verschiedenen Silotypen.)** Állattenyésztés [Tierzucht] **11** (1962) Nr. 3. S. 245 bis 250. — Aus: Ung. Agrar-Rdsch. **1963** Nr. 2.
Die Mineralstoffverluste der Gärfutterbereitung waren in den verschiedenen Silotypen verschieden und schwankten auch nach der Menge des eingebrachten Gutes. Wesentlich ist der Umstand, daß die Zusammensetzung der aus

verschiedenen Schichten der Silagemasse entnommenen Silageproben beträchtlich vom Durchschnittswert abweicht. Auf Grund der Untersuchungen kann festgestellt werden, daß bei Beurteilung einer Probe der für die ganze Silagemasse charakteristische Durchschnittswert der Silage nur mit einer Fehlerbreite von 10% annähernd beurteilt werden kann. Deshalb müssen zur sicheren Beurteilung der Beschaffenheit eines Silagefutters mindestens 4 von verschiedenen Stellen des Silos stammende, sorgfältig homogenisierte Proben als Unterlage dienen. 8920.

Rimša, P. I. (Rimscha, P. I.) Konservirovanie zelenych kormov mineral'nymi kislotami. **(Die Konservierung von Grünfuttermitteln durch Mineralsäuren.)** V sb.: Racional'n. ispol'zovanie kormov, Moskva **1961** S. 44–55. — Aus: Referativnyj žurnal. Biologija, Moskva **1962** Nr. 11. L 1. S. 1.
Die wichtigsten Konservierungsmittel sind Salzsäure, Schwefelsäure und Phosphorsäure, Glaubersalz und Superphosphat. Die Technik der Konservierung von Grünfuttermitteln mittels chemischer Präparate ist beschrieben. Ein billigeres Konservierungsmittel ist die Phosphorsäure, dann folgt die Salzsäure ohne Glaubersalz. Die Normen der Verfütterung konservierter Grünfuttermittel werden angegeben. In der Silage aus Hülsenfrüchten gehen bei der Gärung durchschnittlich 46,6 FE (sowjet.) je t Futtermasse verloren. Die Verfütterung von Kleesilage mit Phosphorsäure verbesserte den Gesamtzustand der Kühe und steigerte den Gehalt an Hämoglobin und Plasmaeiweiß, sie erhöhte die tägliche Milchleistung um 13,14% und den Fettgehalt der Milch um 0,24% im Vergleich zur Periode der Fütterung mit Maissilage.
übersetzt v. Th. C. Boetticher. 8920.

Pritchard, G. I., Pigden, W. J. und Minson, D. J.; Ottawa, Ontario, Canada Dep. of Agric. Effect of gamma radiation of the utilization of wheat straw by rumen microorganisms. **(Wirkung von Gamma-Strahlung auf die Verwertung von Weizenstroh durch Pansenmikroorganismen.)** Canad. J. Animal Sci. **42** (1962) Nr. 2. S. 215–217. — 1 Abb., 9 Lit.
Gemahlenes Weizenstroh wurde zu Pellets (⌀ 0,75 inch) gepreßt und mit ^{60}Co in Dosen von 1×10^5 bis 1×10^9 rad bestrahlt. Im künstlichen Pansen erfolgte eine Bebrütung mit Ziegeninokulat (Luzerneheu als Ration). Das Maximum der Verdaulichkeit und der Löslichkeit lag bei 1×10^9 rad, das der Produktion flüchtiger Fettsäuren jedoch nur bei $2{,}5 \times 10^8$ rad. Das zeigt, daß über $2{,}5 \times 10^8$ rad der Kohlenhydratabbau zu für die Pansenmikroorganismen ungünstigen Substanzen führt. Aber selbst $2{,}5 \times 10^8$ rad, die eine bessere Verwertung des Weizenstrohs ermöglichen könnten, dürften unökonomisch sein. H. H. Budzier. 8960.

Hackbarth, J.; Scharnhorst. **Süßlupinen als wirtschaftseigenes Kraftfutter.** Mitt. dtsch. Landwirtsch.-Ges. 78 (1963) Nr. 11. S. 356–357.
Die Verdaulichkeit des Lupineneiweißes liegt bei 90%, seine BW bei 55%. Zusammen mit Mais einsiliert ergeben Stoppellupinen „fast ein Fertigfutter". Ein Kornertrag von 20 dt/ha gelber Süßlupinen erbringt 9 dt Roheiweiß und damit etwa die gleiche Eiweißmenge wie der Zukauf von 18 dt Sojaschrot. Im Kraftfutter für Kühe werden 70% Süßlupinen eingemischt. Für die Schweinemast werden folgende Mengen Eiweißfutter je Tier und Tag in g empfohlen:

	Getreidemast Abschnitte			Hackfruchtmast Lebendmassen	
	I	II	III	bis 75 kg	über 75 kg
Süßlupinen	300	200	150	400	300
Fischmehl	100	100	50	100	100

Zuchtsauen erhalten bis zu 12 kg Süßlupinensilage tägl. und dazu 1,5 kg Kraftfutter. W. Schmidt. 9000.

Waugh, W. F.; Bathurst, Res. Stat. Sweet potatoes as pig feed. **(Süße Kartoffeln als Schweinefutter.)** Farming South Africa 38 (1963) Nr. 10. S. 12–13. – 1 Abb., 1 Tab.

Vf. beschreibt die Möglichkeiten und Vorteile des Einsatzes von süßen Kartoffeln als Grundfutter an wachsende Schweine und die notwendigen Ergänzungen mit Eiweißfuttermitteln und energiereichen Konzentraten. Die Lebendgewichtsentwicklung in 6 Versuchswochen verschlechterte sich in folgender Reihenfolge der Versuchsgruppen: 1. süße Kartoffeln + 1 lb. Konzentrat + 1 gal. Magermilch; 2. süße Kartoffeln + 1 lb. Fischmehl; 3. süße Kartoffeln + 1 gal. Magermilch; 4. süße Kartoffeln + 1 lb. Konzentrat, 5. nur süße Kartoffeln. Ein Vergleich der Verfütterung von süßen Kartoffeln bei Weidehaltung (I) und Pferchhaltung (II) ergab bei verschiedenen Ergänzungsfütterungen folgende täglichen Zunahmen pro Schwein (in lb): Nur süße Kartoffeln: I 0,24, II 0,30; süße Kartoffeln + 1 gal. Magermilch: I 1,30, II 1,61; süße Kartoffeln + 1 gal. Magermilch + 1 lb. Konzentrat: I 1,70, II 1,99; süße Kartoffeln + 1 lb. Fischmehl: I 1,46, II 1,89. M. Hoffmann. 9030.

Chrenov, I. I.(Chrenow, I. I.); Leningrad, Pawlow-Inst. für Physiol. der Akad. der Wiss. der UdSSR. Brodil'nye processy v rubce, gazoėnergetičeskij obmen i žirnomoločnost' u korov. **(Gärungsprozesse im Pansen, Gaswechsel und Milchfettleistung der Kühe.)** Vestnik sel'skochozjajstvennoj nauki, Moskva 6 (1961) Nr. 11. S. 56–62. – 2 Abb., 5 Tab., 25 Lit. Zus. in Engl., Franz., Dtsch.

Die Verfütterung von Bierhefe (10 Liter in 3 Tagen) zeigte keinen Einfluß auf die Gärungsprozesse im Pansen und auf den Fettgehalt der Milch. Im Gegenteil war die gegen Ende der Laktationsperiode eintretende Erhöhung des Fettgehaltes nicht mit einer Veränderung der Gärungsintensität verbunden. Ebenso wurden auch bei starken Schwankungen der Gärungsintensität keine Veränderungen in der Milchfettsynthese beobachtet. Bei Verabreichung von verpilztem Futter sank die Intensität der Pansengärung beträchtlich. Positive Ergebnisse bei der Bierhefezufütterung zeigten sich – wohl auf Grund der enthaltenen Vitamine, Eiweiße und Biostimulatoren – nur bei Kühen mit niedrigen Leistungen, während sie bei hochproduktiven Tieren ohne Einfluß blieb. Trotzdem wird die Verfütterung von Bierhefe empfohlen wegen des hohen Eiweiß- und Vitamingehaltes. G. Bernert. 9155.

Kaljužnyj, M. Ja., Bolondź, G. V. und Rajceva, M. K. (Kaljushny, M. Ja., Bolonds, G. W. und Raizewa, M. K.) Polučenie izbytočnych drožžej sbraživanii drevesnych gidrolizatov i sul'fitnych ščelokov. **(Das Erhalten von überschüssiger Hefe beim Vergären von Holzhydrolysaten und Sulfitlaugen.)** V sb.: Kormovye belki i biostimuljatory dlja životnovodstva, Moskva-Leningrad **1961** S. 41–57. – Aus: Referativnyj žurnal. Biologija, Moskva **1962** Nr. 13. L 2. S. 1.

Es wurde der Zuwachs an Hefe untersucht und deren Auslese bei der Vergärung von Holzhydrolysaten und Sulfitlaugen nach verschiedenen Varianten der kontinuierlichen Methode. Es wurde festgestellt, daß der Zuwachs an Hefe in der Periode der Vergärung des Zuckers über die angesetzte Menge hinaus ~ 1 kg je 1 m^3 verarbeitetes Medium beträgt. Eine derartige Menge von Preßhefe (Feuchtigkeit 75%) kann man von 1 m^3 Maische für Futterzwecke ohne Verringerung der Alkoholausbeute gewinnen. Dem Stickstoffgehalt nach kommt die Hydrolysehefe der Futterhefe nahe.

übersetzt v. Ch. Eshkowa. 9160.

Nesheim, M. C., Garlich, J. D. und Hopkins, D. T.; Ithaca, N. Y., Cornell Univ., Dep. of Poultry Husbandry. Studies on the effect of raw soybean meal on fat absorption in young chicks. **(Untersuchungen über den Einfluß rohen Sojabohnenextraktionsschrotes auf die Fettresorption bei Küken.)** J. Nutrit. [Philadelphia] 78 (1962) Nr. 1. S. 89–94. – 6 Tab., 12 Lit.

In mehreren Versuchsreihen mit Kreuzungsküken bestätigten Vff., daß rohes Sojaextraktionsschrot (I) die Fettresorption bei 2 Wochen alten Küken beeinträchtigt, dagegen nicht die Verdaulichkeit. Die Küken resorbierten von Sojabohnenöl oder Fettsäuren aus Sojabohnen, die Futtermischungen mit I zugesetzt waren, nur 67 bzw. 56%, in Mischungen mit erhitztem Sojabohnenextraktionsschrot (II) 88 bzw. 75%. Im Alter von 4 Wochen war dieser Einfluß erloschen. Erst genügten 10% I (die 5% der insges. 25% Rohprotein lieferten), um eine nahezu maximale Hemmung hervorzurufen. Höhere Gaben von I (20; 30 und 50%) wirkten sich in zunehmendem Maße ungünstig auf das Wachstum aus, änderten aber die Fettresorption nicht mehr. Dieser Hemmungsfaktor ist mit dem einen der beiden bekannten, dem kristallinen „Trypsinhemmungsfaktor Kunitz", der aus Sojabohnen gewonnen wird, nicht identisch. (In früheren Versuchen gelang es Vff., die Hemmwirkung durch Trypsin auszugleichen: Brambila, vgl. LZ. Abt. III **7** [1962] Nr. 11. S. 2376.). Hier rief das Präparat Vergrößerung des Pankreas hervor und schlechtere Wüchsigkeit. C. Engelmann. 9170.

McOsker, Don E.; Cincinnati, O., Procter and Gamble Co., Miami Valley Lab. The limiting amino acid sequence in raw and roasted peanut protein. **(Reihenfolge der limitierenden Aminosäuren in rohem und geröstetem Erdnußprotein.)** J. Nutrit. [Philadelphia] **76** (1962) Nr. 4. S. 453–459. – 1 Abb., 5 Tab., 15 Lit.

In Versuchen mit Ratten wurde festgestellt, daß in abgebrühtem, aber nicht geröstetem Erdnußprotein die Aminosäuren(AS), Lysin(Ly), Threonin (T) und Methionin (M) in gleichem Maße limitierend sind; Tryptophan (Tr) und Histidin (H) begrenzen den Wert des ungerösteten Proteins nicht. Der Wert des gerösteten Erdnußproteins wird durch diese AS in der Reihenfolge Ly, T und M begrenzt. Darüber hinaus bewirken Tr und H manchmal eine Verbesserung der Futterverwertung. Mikrobiologische AS-Bestimmungen zeigten im gerösteten Material eine Abnahme der Gehalte an Ly, T und M um 15, 11 und 10%. Es handelt sich hierbei um eine echte AS-Zerstörung. Der Verlust an biologisch verfügbaren AS wurde nicht bestimmt. Bei Berechnung der limitierenden AS aus dem AS-Gehalt des Proteins und dem AS-Bedarf der Ratten erscheint M als 1. und Ly als 2. begrenzende, T dagegen als nicht limitierende AS. Die Unterschiede zwischen der berechneten und der im Tierversuch bestimmten Reihenfolge der limitierenden AS müssen entweder auf einer Veränderung oder auf einer verringerten biologischen Verfügbarkeit von Ly und T oder beiden beruhen. J. Wünsche. 9170.

Clawson, A. J., Smith, F. H. und Barrick, E. R.; Raleigh, North Carolina Agric. Exp. Stat. Accumulation of gossypol in the liver and factors influencing the toxicity of injected gossypol. **(Anhäufung von Gossypol in der Leber und Faktoren, die die Toxizität von injiziertem Gossypol beeinflussen.)** J. Animal Sci. **21** (1962) Nr. 4. S. 911–915. – 4 Tab., 21 Lit.

Lebern von Schweinen, an die Baumwollsaatmehle verschiedener Bearbeitung zur Verfütterung kamen, wurden auf ihren Gehalt an freiem und gebundenem Gossypol (G.) sowie Fe untersucht. Der G.-Gehalt der Lebern korrelierte positiv, der Fe-Gehalt dagegen negativ mit dem Gesamt-G.-Gehalt der Rationen. In 2 weiteren Versuchen mit Absatzratten wurde festgestellt, daß die Toxizität von injiziertem G. durch die Höhe des Proteingehalts der Nahrung nicht beeinflußt wird. Nahrungs-Fe, Nahrungs-Lysin und die Kombination beider waren ebenfalls ohne günstige Wirkung. Durch intraperitoneale Injektion von Fe-Dextran gleichzeitig mit der G.-Injektion konnte zwar die durch das injizierte G. verursachte Wachstumsdepression überwunden, nicht aber das Auftreten von Tierverlusten vermieden werden.

J. Wünsche. 9170.

Sherrod, Lloyd B. und Tillman, Allen D.; Stillwater, Okla., Agric. Exp. Stat. Effects of varying the processing temperatures upon the nutritive values for sheep of solvent-extracted soybean and cottonseed meals. **(Wirkungen verschiedener Behandlungs-Temperaturen auf die Nahrungswerte von flüssig-extrahierten Sojabohnen- und Baumwollsaatmehlen für Schafe.)** J. Animal Sci. **21** (1962) Nr. 4. S. 901–910. – 8 Tab., 28 Lit.

An Schafen wurden Verdaulichkeits- und N-Retentionsversuche mit Sojabohnen- und Baumwollsaatmehlen nach unterschiedlicher Wärmebehandlung (I ohne Wärme, **II** 45 Min. autoklaviert bei 15 lb. Dampfdruck je $inch^2$ und 250 °F, **III** 90 Min. wie **II**) und unterschiedlichen Extraktionsverfahren (Gemisch von Aceton, Hexan und Wasser bzw. ausschließlich Hexan) durchgeführt. Zusätzlich wurde der Einfluß der Mehle auf das Wachstum von Schafen und Ratten geprüft. Die Verdaulichkeit der org. Subst. der Mehle war nach Behandlung **II** am höchsten; zwischen Behandlung **I** und **III** bestanden keine wesentlichen Unterschiede. Die Proteinverdaulichkeit fiel signifikant mit der Wärmebehandlung ab, für Sojabohnenmehl z.B. von **66,6** über **62,8** auf **59,7**%. Die N-Retention wurde durch das Autoklavieren verbessert. Besondere Wirkungen auf Gewichtszuwachs und Futterverwertung bei Schafen in Abhängigkeit von der Wärmebehandlung wurden nicht festgestellt.

L. Hoffmann. 9170.

Saxena, H. C., Jensen, Leo S. und McGinnis, James; Pullman, Washington State Univ., Dep. of Poultry Sci. Influence of dietary protein level on chick growth depression by raw soybean meal. **(Der Einfluß der Nahrungseiweißmenge auf die Wachstumsdepression durch nichterhitztes Sojaextraktionsschrot bei Küken.)** J. Nutrit. [Philadelphia] **77** (1962) Nr. 3. S. 241–244. – 3 Tab., 6 Lit.

Vff. füttern ad libitum an Küken Rationen mit Sojaschrot (S) (mit Hexan extrahiertes) in einer Höhe von 15, 20 und 25% Rohprotein (RP). Alle Diäten erhielten adäquate DL-Methioninergänzungen (bei 15% RP = 0,3%, bei 20% RP = 0,45%, bei 25% RP = 0,6%). In jeder Gruppe wurden Untergruppen gebildet, in denen nichterhitztes S zu erhitztem S wie folgt variiert war: 100:0 (**I**), 75:25 (**II**), 50:50 (**III**), 25:75 (**IV**), 0:100 (**V**). Bei 15% RP zeigten die Küken in der Reihenfolge von **I–V** in 3 Wochen folgende durchschnittliche Gewichtszunahme in g: 106, 115, 129, 139, 150; bei 20% RP = 144, 154, 157, 169, 179 und bei 25% RP = 151, 159, 166, 171, 181. Der Futterbedarf pro g Zunahme fiel in der 15% RP-Reihe von 3,28 auf 2,19, in der 20%-Reihe von 2,30 auf 1,89 und bei 25% RP von 2,10 auf 1,75. Die Pankreasgewichte waren mit höherem Anteil an nichterhitztem S stets gleichsinnig stark erhöht. Zugaben von isoliertem erhitztem Sojaprotein zu nichterhitzter oder erhitzter Sojabohnendiät (nicht extrahiert, 25% RP) verbesserte die Gewichtszunahmen von 219 bzw. 289 g/3 Wochen nicht weiter.

H. Bergner. 9170.

Saxena, H. C., Jensen, Leo S. und McGinnis, James; Pullman, Washington State Univ., Dep. of Poultry Sci. Failure of amino acid supplementation to completely overcome the growth depression effect of raw soybean meal in chicks. **(Versagen von Aminosäureergänzungen zur vollständigen Überwindung des Wachstumsdepressionseffektes von rohem Sojaextraktionsschrot bei Küken.)** J. Nutrit. [Philadelphia] **77** (1962) Nr. 3. S. 259–263. – 5 Tab., 11 Lit.

Nichterhitztes Sojaextraktionsschrot (**I**) wird mit erhitztem (**II**) in Wachstumsversuchen mit Küken verglichen. Alle Diäten enthielten 25% Rohprotein. In 2 Untergruppen wurde entweder 0,6% DL-Methionin (a) oder 0,6% L-Tyrosin + 0,6% DL-Methionin + 0,6% DL-Threonin + 0,2% DL-Valin (b) gefüttert. Die ⌀ 3-Wochen-Gewichte betrugen (in g): **I** = 126, **Ia** = 157, **Ib** = 171, **II** = 164, **IIa** = 196, **IIb** = 196. In einem weiteren Versuch wurden die Diäten erst ab 1. Lebenswoche gefüttert und nach 3 Wochen folgende Gewichte erreicht (in g): **I** a = 199, **I** b = 215, **II** a = 276. In einem 3. Versuch konnte eine Aminosäuremischung nach Fisher und Johnsen die Wachstumsdepression nicht kompensieren. In 2 weiteren Versuchen wurden folgende 10-Tagesgewichte erreicht (in g): **I** a = 56, **I** c = (**I** + 0,8% L-Tyrosin + 0,8% DL-Methionin + 1,2% DL-Threonin + 1,6% DL-Valin) = 61, **I** c + 3,63% L-Glutaminsäure = 67, **II** a = 78; **I** a = 61, **I** c + 3,63% L-Glutaminsäure + 1,35% L-Lysin-HCl = 71, **II** a = 81. Die Futteraufnahme in den **I**-Reihen war nicht vermindert. Das Pankreasgewicht der **I**-Tiere war ca. doppelt so hoch wie bei **II**. Die Aminosäuremischungen verminderten diesen Effekt nur wenig. Die Ergebnisse werden diskutiert. H. Bergner. 9170.

Richardson, L. R., Wilkes, Stella, Godwin, Jackie und Pierce, K. R.; Texas, Agric. Exper. Stat., Dep. of Biochem. and Nutrit.; Dep. of Veterin. Pathol. Effect of moldy diet and moldy soybean meal on the growth of chicks and poults. **(Die Wirkung verschimmelten Futters und verschimmelten Sojabohnenextraktionsschrotes auf das Wachstum von Hühner- und Putenküken.)** J. Nutrit. [Philadelphia] 78 (1962) Nr. 3. S. 301–306. — 1 Abb., 4 Tab., 11 Lit.

Sojabohnenextraktionsschrot mit 19% Wassergehalt, das durch 6wöchige Lagerung bei 31 °C und 78% rel. Luftfeuchtigkeit durch Befall mit *Aspergillus glaucus* und *Penicillium spec.* verschimmelt war, verzögerte bei Putenküken während der ersten 3 Wochen das Wachstum. In getrennten Fütterungsversuchen mit Äthanolauszügen und dem Rückstand aus dem verdorbenen Schrot in Verbindung mit unverändertem verdorbenen Schrot und unverdorbenem erwies sich der Rückstand am schädlichsten; in dieser Gruppe kam es zu Todesfällen. Der Befund ergab toxische Hepatitis und Nephritis. Bei Überprüfung der Aminosäuren fiel der geringe Lysin- und Arginingehalt des verschimmelten Schrotes auf. Durch 0,8% Lysinzusatz wuchsen die weißen Puten normal; Argininzusatz (1%) verbesserte das Wachstum nur in Verbindung mit Lysin; noch höhere Argininгaben (1,5%) hemmten es. Bei Bronzeputen, die 4 Wochen lang das verschimmelte Futter bekamen, zeigten die Schwingen breite weiße Querbänder (Weißfärbung gilt als Zeichen von Lysinmangel). C. Engelmann. 9170.

Casady, R. B., Everson, D. O., Harvey, W. R. und Suitor, A. E.; Fontana, Calif.; Beltsville, Md., U.S. Dep. of Agric. Degossypolized cottonseed meal as a source of plant protein in rabbit feeds. **(Entgossypolisiertes Baumwollsamen-Extraktionsschrot als eine Pflanzenprotein-Quelle in Futtermitteln für Kaninchen.)** J. Nutrit. [Philadelphia] 76 (1962) Nr. 1. S. 69–72. — 2 Tab., 6 Lit.

Entgossypolisiertes Baumwollsamen-Extraktionsschrot (I) (0,016% freies und 0,79% Gesamt-Gossypol) wurde an 30 ausgewachsene ♀ Kaninchen in der Zeit von 4 aufeinanderfolgenden Würfen unter Anwendung der Blockmethode in Mengen von 3, 5, 7 oder 9% der Rationen an Stelle von Sojaextraktionsschrot verfüttert. In den Absatzgewichten der Würfe, in der Mortalität der Jungen und der Futterverwertung ergaben sich keine signifikanten Unterschiede zwischen den Varianten. Bei 7 und 9% in der Ration deuteten sich jedoch Depressionen in den Wurf-Absatzgewichten an. Gaben von 3 oder 5% I in der Ration stellen eine gute Pflanzenproteinquelle für Kaninchen dar. H.-D. Bock. 9170.

Dijkstra, N. D. De voederwaarde van voorbehandeld guarmeel. **(Der Futterwert von getoastetem Guarmehl.)** Landbouwkund. Tijdschr. 74 (1962) Nr. 19. S. 822-830. — 3 Tab., 3 Lit. Zus. in Engl.

Guar (*Cyamopsis Psoralioides* oder *C. tetra gonoloba* Taubert) ist eine in Indien, Pakistan und den USA angebaute Hülsenfrucht. Sie stammt aus Zentralafrika und war bereits zur Zeit der Pharaonen in Ägypten bekannt.

Guar enthält Mannogalactan, das als Appretiermittel für die Textilindustrie wichtig ist. Nach Gewinnung des Mannogalactans bleibt ein hauptsächlich aus den Keimen bestehendes sehr eiweißreiches Nebenprodukt, das als Guarkeimmehl (GM) bezeichnet wird. GM wirkte sich in Versuchen an Hammeln, Kühen und Küken ungünstig aus. Eine günstigere Futterwirkung ergab sich erst, wenn das Fett extrahiert wurde, wobei auch der schädliche Stoff entzogen wurde. Aus Pakistan importiertes GM enthielt keine schädlichen Stoffe, obwohl es nicht extrahiert war. Mit verschiedenen Partien von „getoastetem" GM wurden Verdauungsversuche mit Hammeln durchgeführt. Diese nahmen 600–700 g GM neben 500–600 g Heu täglich auf. Hinsichtlich des Eiweißgehaltes liegt der Futterwert von GM etwa zwischen eiweißreichem Baumwollsaatkuchen und Sojakuchen. J. K. Hinrichsen. 9190.

Shillam, K. W. G., Roy, J. H. B. und Ingram, P. L.; Shinfield, Reading, Nat. Inst. for Res. in Dairying. The effect of heat treatment on the nutritive value of milk for the young calf. 3. The effect of the preheating treatment of spray-dried skim milk and a study of the effect of ultrahigh-temperature treatment of separated milk. **(Die Wirkung der Milcherhitzung auf den Nährwert der Milch für das junge Kalb. 3. Mitt. Die Wirkung einer Vorerhitzung sprühgetrockneter Magermilch und eine Studie über die Wirkung kurzzeitiger Hitzeeinwirkung auf Magermilch.)** Brit. J. Nutrit. **16** (1962) Nr. 4. S. 585 bis 591. – 3 Tab., 9 Lit. 2. Mitt. vgl. LZ. Abt. III 8 (1963) Nr. 3. S. 614.

Die Milchtrocknung erfolgte nach der Gray-Jensen-Methode (Vorerhitzung bei 74°, 30 Min.) (**I**) und nach dem Sprühverfahren (Vorerhitzung bei 77°, 15 Sek.) (**II**). Weiterhin wurde Magermilch, die einer kurzzeitigen Erhitzung (135°, 1–3 Sek.) (**III**) ausgesetzt war und 2% Margarine enthielt, im Vergleich zu 2% Margarine enthaltender frischer Magermilch (**IV**) geprüft. Die Mortalität, die meistens mit *E. coli*-Befall im Darm im Zusammenhang stand, wies zwischen den Gruppen keine signifikanten Differenzen auf, nahm aber in der Reihenfolge **I**, **IV**, **III**, **II** ab. Der Zuwachs war bei **II** am besten. Die Nicht-Casein-Fraktion des Proteins wurde bei **II** im Gegensatz zu **I** (bis 56%) nicht denaturiert. Die Wirkung von **III** konnte noch nicht genügend geklärt werden. B. Piatkowski. 9210.

Shillam, K. W. G., Roy, J. H. B. und Ingram, P. L.; Shinfield, Reading, Nat. Inst. for Res. in Dairying. The effect of heat treatment on the nutritive value of milk for the young calf. 4. Further studies on the effects of the preheating treatment of spray-dried skim milk and of ultra-high-temperature treatment. **(Die Wirkung der Milcherhitzung auf den Nährwert der Milch für das junge Kalb. 4. Mitt. Weitere Untersuchungen über die Wirkung des Vorerhitzens von sprühgetrockneter Magermilch und der hohen kurzzeitigen Hitzeeinwirkung.)** Brit. J. Nutrit. **16** (1962) Nr. 4. S. 593–601. – 4 Tab., 8 Lit. 3. Mitt. vgl. vorst. Ref.

Magermilchpulver, das nach Vorerhitzung bei 77° während 15 Sek. gewonnen wurde,ist wieder in Wasser aufgelöst und 1–3 Sek. einer Temperatur von 135° ausgesetzt worden. Außerdem wurde **I** (vgl. vorst. Referat) die Molkefraktion von **II** zugesetzt. In allen Gruppen, bis auf die, die frische Milch erhielt, war die Mortalität während des 5.–10. Lebenstages recht hoch (4–5 Kälber von 16 je Gruppe, in der Frischmilchgruppe dagegen nur 1 Kalb). Der Zuwachs lag in den Gruppen, die frische Milch und solche der Behandlung **II** erhielten, am höchsten. Die hohe kurzzeitige Erhitzung denaturierte das Molkenprotein um ca. 55% und erwies sich als nachteilig. Der Zusatz des Molkenproteins von **II** zu Milch **I** bewirkte einen günstigen Einfluß auf den tägl. Zuwachs, ohne die Mortalität einzuschränken. B. Piatkowski. 9210.

Bazanova, N. U. und Izmailov, T. U. (Basanowa, N. U. und Ismailow, T. U.) Vlijanie acidofil'noj i moločnoj pasty iz kukuruzy na brodil'nye processy v rubce. **(Der Einfluß azidophiler und Milchpaste auf die Gärprozesse im Pansen.)** Trudy Instituta mikrobiologii i virusologii. Akademija nauk Kazachskoj SSR, Alma-Ata **5** (1961) S. 58–62. — 2 Tab., 15 Lit. 9210.

Woods, Walter und Burroughs, Wise; Ames, Iowa State Univ., Dep. of Animal Sci. Effect of whey and lactose in beef cattle rations. **(Wirkung von Molke und Lactose in Rationen von Mastrindern.)** J. Dairy Sci. **45** (1962) Nr. 12. S. 1539–1541. — 1 Tab., 4 Lit.

In 4 Fütterungsversuchen mit Mastochsen wurde der Wert von Molke und Lactose in Aufzucht- und Mastrationen geprüft. Durch den Molke- bzw. Lactose-Zusatz erhöhten sich die Gewichtszunahmen bei der Mast geringfügig, bei der Aufzucht signifikant. Die Futterverwertung wurde im allgemeinen ebenfalls verbessert. Ein signifikanter Einfluß auf die Schlachtqualität konnte nicht festgestellt werden. Die insgesamt günstige Wirkung der Zusätze auf die Leistung der Tiere beruht vermutlich auf der leichten Vergärbarkeit der Lactose zu Propionsäure. J. Wünsche. 9210.

Morrison, A. B., Sabry, Z. I. und Middleton, E. J.; Ottawa, Dep. of Nat. Health and Welfare, Food and Drug Lab. Factors influencing the nutritional value of fish flour. I. Effects of extraction with chloroform or ethylene dichloride. **(Faktoren, die den Nährwert von Fischmehl beeinflussen. 1. Mitt. Einflüsse der Extraktion mit Chloroform oder Äthylendichlorid.)** J. Nutrit. [Philadelphia] **77** (1962) Nr. 1. S. 97–104. — 1 Abb., 5 Tab., 14 Lit.

Fischmehlproben von Kabeljau, Hering, Rotbarsch oder Lodde waren mit Chloroform extrahiert worden. In Versuchen mit wachsenden ♂ Albinoratten (Wistar-Zuchtstamm) zur Bestimmung der Proteinwirksamkeit (PER) erwiesen sich Gaben dieser so extrahierten Fischmehle in Höhe von 5 und 10% Rohprotein Casein überlegen. Beim Einsatz dieser Fischmehle mit 20% Rohprotein in der Ration wirkten sie auf die Ratten toxisch. Die Toxizität konnte durch anschließende Äther-Extraktion der Fischmehle weitgehend reduziert werden. Proben von Seebarschmehl, hergestellt aus den ganzen Fischen, Filets oder Abfällen, erwiesen sich nach Isopropyl-Alkohol-Extraktion den entsprechenden mit Äthylendichlorid extrahierten Produkten in Bezug auf die PER bei Ratten überlegen. Die mit Äthylendichlorid behandelten Fischmehle riefen trotz höheren organischen Chloridgehaltes im Vergleich zur Chloroform-Behandlung keine toxischen Wirkungen bei den Versuchstieren hervor; sie enthielten jedoch weniger Lysin und Methionin als die mit Isopropyl-Alkohol behandelten Fischmehlproben. H.-D. Bock. 9230.

Astrup, H., Hvidsten, H. und Aure, L. **Heringsmehl, Antioxydanten und Fleischgüte — Ergebnisse von Fütterungsversuchen.** Z. Tierphysiol., Tierernähr. Futtermittelkunde **17** (1962) Nr. 6. S. 325–331. — 4 Tab., 13 Lit.

Es werden 3 Versuchsserien mit je 32 Schweinen durchgeführt. Es gelangte Heringsmehl mit und ohne Zusatz von BHT (Butyliertes Hydroxy-Toluen) zur Verfütterung. Diese Variationen wurden in verschiedenen quantitativen Abstufungen geprüft (BHT = 0,02–0,03%) dl-Alpha-Tocopherol 25 oder 50 mg je Tier und Tag). Hinsichtlich des Wachstums der Versuchstiere wurde kein Unterschied bei mit oder ohne Antioxydant hergestelltem Heringsmehl gefunden. Bei Fütterung großer Heringsmehlmengen (212 g je Tier und Tag) lagerten die Tiere mehr ungesättigtes Fett im Speck und mehr Vit. A in der Leber ab, wenn das Heringsmehl BHT enthielt als wenn es ohne Antioxydant hergestellt wurde. Die Antioxydanten verbesserten nicht die Oxydationsstabilität des Fleisches. Das abgelagerte ungesättigte Fett führte eine Neigung zu Geschmacksfehlern mit sich und die Produkte wurden schneller ranzig. Diese Nachteile traten bei Verwendung üblich mäßiger Mengen von Heringsmehl nicht ein. Geringe Vit.-E-Gaben wirkten dem Heringsmehleffekt entgegen, die Fleischgüte wurde in allen Versuchen und Gruppen mit Vit.-E-Zusatz verbessert. H. Bergner. 9230.

Vogt, H. und Penner, W.; Kiel-Stoenbek, Lehr- und Versuchsanst. für Kleintierzucht. **Kurze Mitteilung über einen Versuch mit Fish solubles im Geflügelmastfutter.** Arch. Geflügelkunde **27** (1963) Nr. 1. S. 81–82. 9230.

Pinevič, V. V. und Verzilin, N. N. (Pinewitsch, W. W. und Wersilin, N.N.) Kul'tura odnokletočnych vodoroslej dlja proizvodstvennych celej. **(Die Kultur einzelliger Algen für Produktionszwecke.)** V sb.: Kormovye belki i biostimuljatory dlja životnovodstva, Moskva-Leningrad **1961** S. 96–102. — 9 Lit. Aus: Referativnyj žurnal. Biologija, Moskva **1962** Nr. 13. L 16. S. 3.
Übersicht. Es werden verschiedene Methoden und Verfahren für die Massenzüchtung von einzelligen Algen p.p. *Chlorella und Scenedesmus* angeführt. übersetzt v. Ch. Eshkowa. 9250.

C. MISCH- UND ZUSATZFUTTERMITTEL

Becher, A., Prinz, W., Schmidtborn, H. und Zucker, H.; München, Univ., Inst. für Physiol. und Ernähr. der Tiere; Abt. für Anwendungsforsch. der DEGUSSA. **Lineare Programmierung bei der Mischfutterherstellung.** Kraftfutter **46** (1963) Nr. 3. S. 107–110. 112. 114–117. — 1 Abb., 6 Tab., 4 Lit.
Vff. fordern als Voraussetzung für die lineare Programmierung (l.P.): Näherungsweise Kenntnisse aller essentieller Nährstoffe und Ergänzungsstoffe (und ihres Bedarfs für die einzelnen Leistungen), die Kenntnis des Gehaltes an diesen Inhaltsstoffen in den einzelnen Futtermitteln, eine große Auswahl an Futtermitteln und die Berücksichtigung der Rohstoffpreise. Das Grundproblem der l.P. für den Fall einer Futtermischung ist, den Wert der Preisfunktion P bei exakter Dosierung der Inhaltsstoffe minimal zu machen. $P = p_1 \cdot x_1 + p_2 \cdot x_2 \cdots p_n\, x_n$ (P = Gesamtpreis, $p_1 \cdots p_n$ = Preise der Futtermittel, $x_1 \cdots x_n$ = Mengenanteile der Futtermittel). Die elektronische Rechenanlage der l.P. kann eine praktisch beliebige Anzahl von Futtermitteln gleichzeitig übersehen und bewerten. Sie rechnet schnell, genau und vernachlässigt keine der Hunderte von eingegebenen Daten (der NaCl-Gehalt eines Futtermittels wird mit der gleichen Genauigkeit berücksichtigt wie irgendeine Aminosäure). Vff. geben dann Beispiele der Berechnung von Minimalkostenmischungen durch l.P. Die Grenzen des Verfahrens der l.P. werden durch die Genauigkeit der obengenannten Voraussetzungen bestimmt. Abschließend wird darauf hingewiesen, daß die l.P. von uns fordert, den Bereich des Quantifizierbaren in der Ernährung noch mehr zu erweitern. H. Bergner. 9330.

Becher, A., Prinz, W. und Schmidtborn, H.; München, Abt. für Anwendungsforsch. der DEGUSSA. **Rationsprogrammierung für Fleischschweine.** Kraftfutter **46** (1963) Nr. 3. S. 126. 131–132. — 13 Tab., 1 Lit.
Vff. weisen einleitend darauf hin, daß nach dänischen Ergebnissen (Clausen) eine gute Fleischbildung bei Schweinen von 50 kg durch folgende Tagesration erreicht wird: 3,0 kg Magermilch, 1,5 kg Gerste, 2,016 g L-Lysin und 0,75 g DL-Methionin. Diese Ration diente als Grundlage für die lineare Programmierung. Unter Berücksichtigung weiterer von Clausen angegebener Bedingungen werden aus anderen Futterkomponenten folgende Restriktionen erhalten: Gesamtnährstoff $\geqq$ 110, Rohprotein $\geqq$ 0,25 kg, Getreideschrote $\geqq$ 1,50 kg, Mais $\leqq$ 0,90 kg, Milocorn $\leqq$ 0,90 kg, Arginin = 11,4 g, Lysin $\geqq$ 14,616 g, Methionin $\geqq$ 6,156 g, Methionin + Cystin $\geqq$ 9,765 g, Tryptophan $\geqq$ 3,9 g, Faser $\leqq$ 86,5 g, Asche $\leqq$ 70,5 g. Hieraus werden anhand genauer Preisberücksichtigung diejenigen Komponenten diskutiert, die in der Mischung verwendet werden sollen. Ebenfalls auf der Preisgrundlage werden die Aus-

tauschbedingungen erörtert und in 10 Rationsbeispielen aufgezeigt. Die Mischungen, in denen Gerste und Magermilch weitgehend ersetzt wurden, waren billiger (Minimalkostenmischungen), ergaben aber hinsichtlich der Schlachtqualität schlechtere Resultate. H. Bergner. 9330.

Scholtyssek, H., Lorenz, G. und Haendler, H.; Hohenheim, Landwirtsch. Hochschule, Inst. für Tierzuchtlehre, Archiv für Futtermittel. **Legehennenfutter und lineare Programmierung.** Kraftfutter **46** (1963) Nr. 3. S. 122. 124–125. – 2 Tab.
Vff. geben einleitend eine Übersicht über die allgemeinen Vorteile der Anwendung der linearen Programmierung. Es wird darauf hingewiesen, daß der Rechenautomat konkrete Zahlen als Angaben benötigt. Z.B. muß die Frage der biologischen Wertigkeit des Eiweißes in den Bedarf an einzelnen Aminosäuren aufgegliedert werden. Vff. geben dann Beispiele für 5 programmierte Legehennen-Alleinfuttermischungen aus nachstehenden Futterkomponenten: Weizenfuttermehl, Reisfuttermehl, Tapiokamehl, Erdnußschrot, Sojaschrot, Weizenkeime, kohlensaurer Kalk, Fett, Knochenfuttermehl, Luzernegrünmehl, Fisch-Solubles, Molkenpulver, Spurenelement-Vormischung, jodiertes Viehsalz, synth. Methionin, Heringsmehl, Mais, Roggen, Fischmehl, Tiermehl. Bei unterschiedlicher Komponentenwahl wurde ein Rohproteinanteil von 18 bis 23%, ein Ascheanteil von 12–14%, ein Ca-Anteil von 2,6–3,2% und ein Rohstoffpreis von 34–39 DM je 100 kg eingehalten. Die Vor- und Nachteile der gegebenen Mischungsbeispiele werden eingehend diskutiert.
H. Bergner. 9330.

Stojkov, D. (Stojkow, D.) Vlijanieto na njakoi mineralni dobavki, bogati na kalcievi soli, vključeni v dažbata vŭrchu chranosmilaneto, smilaemostta i belodrobnija gazoobmen pri ovce. **(Einfluß einiger in die Futterrationen eingeschlossener, kalziumsalzreicher Mineralzusätze auf die Verdauung, die Verdaulichkeit und den Lungengaswechsel bei Schafen.)** Naučni trudove. Visš veterinarnomedicinski institut „Prof. d-r G. Pavlov", Sofija **10** (1962) S. 427 bis **442.** — 5 Abb., 9 Tab., 30 Lit. Zus. in Russ., Dtsch.
Das der Futterration bei Wiederkäuern zugesetzte Knochenmehl beeinflußt die Resorption des Rohproteins, der Mineralstoffe und des Ca im Vergleich zum Muschelmehl und der Kreide. Das Knochen- und Muschelmehl beeinflussen die VK des Rohproteins, der Mineralsalze und des Ca günstig, im Gegensatz zur Kreide. Bei Gasanalysen der von den Schafen ausgeatmeten Luft wurde beobachtet, daß bei Muschelmehlzugaben enthaltenden Futterrationen eine größere Sauerstoffmenge (um 0,191 l mehr), im Vergleich zu solchen mit Knochenmehl, absorbiert wird. Der niedrigere Atmungskoeffizient bei Knochenmehl enthaltenden Futterrationen zeigt einen günstigeren Verlauf der Verdauungs- und Stoffwechselvorgänge im Organismus der landwirtschaftlichen Nutztiere. Z. Tomow. 9350.

Stojkov, D. (Stojkow, D.) Usvojavane na kalcija ot životnite pri podchranvaneto im s mineralno kalcievi pribavki. **(Verdaulichkeit des Kalziums von den Tieren bei ihrer Beifütterung mit Kalziumgaben.)** Veterinarna sbirka, Sofija **59** (1962) Nr. 6. S. 15–18. — 2 Tab.
Die Futterverdaulichkeit in Rationen mit Knochenmehl- und Scheidekalk-Zusätzen ist besser als in Rationen mit Kreide-, Muschelmehl- und Vitaphoska-Zugaben. Z. Tomow. 9350.

Lászlo, É. und Szabó Szücs, J. Karotin előállitása mikrobiológiai uton. **(Herstellung von Carotin durch ein mikrobiologisches Verfahren.)** Magyar Állatorvosok Lapja [Ung. veterinärmed. Bl.] **17** (1962) Sonderh. Sept. S. 26 bis 28. — Aus: Ung. Agrar-Rdsch. **1963** Nr. 2.
Vff. stellten Carotin in den gemischten Kulturen von 2 Varianten der Blakeslea trispora her. Der Schimmelpilz konnte am besten in einem Kulturmedium

gezüchtet werden, das hydrolysierte Sojabohnen, Maisbrei, Sonnenblumenöl und Vit. B_1 enthielt. Der erzielte Carotingehalt der Kulturen konnte durch Ergänzung des Mediums mit Beta-Ionen vervielfältigt werden. Falls die Sporen der beiden Varianten des Schimmelpilzes in einem bestimmten Verhältnis miteinander gemischt in das Medium verimpft wurden, konnten erhöhte Titerwerte (200–300 μg/ml) erzielt werden. Eine derartige gemischte Kultur wurde nach einer Bebrütung von 48 Std. zur Beimpfung von Fermentormedien verwendet. Diese Ergebnisse wurden auch in 5-l-Fermentoren reproduziert. Das durch Fermentation hergestellte Carotin wurde in einer öligen Lösung oder — mit einem Antioxydanten gemischt — als getrocknetes Mycelium gelagert. 9360.

Baintner, K., Bánk, A. und Bánk, H. Csibék A-vitamin szükségletének biztositása „Aquital", illetőleg lucernaliszt utján. **(Die Sicherstellung des Vitamin-A-Bedarfes von Hühnern durch das Präparat „Aquital" bzw. durch Luzernemehl.)** Állattenyésztés [Tierzucht] **11** (1962) Nr. 3. S. 259–270. — Aus: Ung. Agrar-Rdsch. **1963** Nr. 2.

Aus den Ergebnissen der beiden Versuche kann festgestellt werden, daß zur Deckung des Carotinbedarfes der Hühner 2–3% aus junger Luzerne gewonnenes Luzernemehl genügen. In den ersten beiden Tagen ist es zweckmäßig, den Hühnern als Vit.-A-Quelle je kg Futter 12 mg „Aquital" (20 mg Vit.-A-Acetat je ml) ins Trinkwasser zu mischen; nach dem 2.–3. Tag kann sodann mit der Verfütterung von 2–3% Luzernemehl begonnen werden. 9360.

Ádám, T. und Szentmihályi, S. Borjunevelés BÉTÉ I. és BÉTÉ II. borjutápon. **(Kälberaufzucht mit „BÉTÉ I"- und „BÉTÉ II"-Kälberfutter.)** Kísérletügyi Közlemények Állattenyésztés [Mitt. landwirtsch. Versuchsstellen Ungarns, Tierzucht] **54/B** (1961) Nr. 1. S. 3–14. — Aus: Ung. Agrar-Rdsch. **1963** Nr. 2.

Zusammensetzung des Kälberfutters „BÉTÉ I": 58,5% entrahmte Trockenmilch, 16,0% vermalzte Weizenstärke, 10% entbittertes Sojamehl, 8% entschältes Hafermehl, 5% Staubzucker, 2% $CaCO_3$, 0,5% NaCl. 1 kg Kälberfutter enthielt 15 mg $CuSO_4$, 20 mg $MnSO_4$, 20 mg $COCl_2$, 12 mg $ZnSO_4$ und 150 mg $FeSO_4$. In die Futtermilch wurden tägl. 40–80 g Sonnenblumenöl gemischt und — auf je 90 kg Lgw. gerechnet — mit einem Präparat ergänzt, das 8 mg Vit. B_1, 14 mg Vit. B_2, 14 mg Vit. B_6, 50 μg Vit. B_{12}, 140 mg Vit. C, 400 IE Vit. D_3, 10000 IE Vit. A und 50 mg Oxytetracyclin enthielt. In einem Liter Wasser wurden 140 g des Futters gelöst. Zusammensetzung des Kälberfutters „BÉTÉ II": 38% entrahmte Trockenmilch, 20% entschältes Hafermehl, 11,5% entbittertes Sojamehl, 10% Maismehl, 5% Gerstenmehl, 10% vermalzte Weizenstärke, 3,25% Staubzucker, 1,75% $CaCO_3$, 0,50% NaCl sowie die o.a. Spurenelemente des Futters „BÉTÉ I". Die Kälber verbrauchten bis zu ihrem Alter von 150 Tagen durchschnittl.: 30 l Biestmilch, 40,2 l Vollmilch, 335,5 l „BÉTÉ I", 484,4 l „BÉTÉ II", 97,1 kg Kraftfuttergemisch und 113,2 kg Luzerneheu. Bis zum Alter von 150 Tagen erzielten die Versuchskälber einen tägl. Zuwachs von 655 g, die Kontrollkälber von 757 g. 9360.

Bukin, V. N. (Bukin, W. N.); Moskau, Biochem. Bach-Inst. der Akad. der Wiss. der UdSSR. Vitaminy v pticevodstve. **(Vitamine in der Geflügelzucht.)** Pticevodstvo, Moskva **1962** Nr. 12. S. 12–13. — 1 Abb.

Der Einsatz von Vit. ist noch verhältnismäßig gering, weil die spez. Produktion von Vit. für die Tierfütterung fehlt. Dabei wäre es nicht notwendig, synthetische Vit. herzustellen, sondern es würden Vitaminkonzentrate genügen. Das trifft bes. für die Vit. D_3, A und B_{12} zu, die in den natürlichen Futtermitteln in unzureichender Menge vorhanden sind. Für Vit. D_3 hat sich die Stabilisierung in einem Caseinkonzentrat mit 0,5% Vit. D_3 bewährt.

H. Pingel. 9360.

FISCHEREI

A. ALLGEMEINES

Anonym. **Die Berufsausbildung zum Fischer.** Dtsch. Fischerei-Ztg. 8 (1961) Nr. 9. S. 257–258.

Die Durchführung einer vertieften und vervollkommneten Lehrausbildung der Jugendlichen, auch im Beruf des Fischers, wird durch die stetige Weiterentwicklung unserer Volkswirtschaft erforderlich. Die bisherige Trennung zwischen Berufs- und Schulausbildung ist zu beseitigen. Zur Erlernung der Berufe Binnenfischer, Hochseefischer und Küstenfischer ist der Abschluß der 10-klassigen polytechnischen Oberschule notwendig, bis 1964 gelten Übergangsbestimmungen. Die gesetzlichen Grundlagen für den Abschluß des Lehrvertrages und für die Berufsausbildung werden erläutert.

G. Seifert. 6010.

Schäperclaus, W.; Berlin-Friedrichshagen, Inst. für Fischerei der Dtsch. Akad. der Landwirtsch.-Wiss. zu Berlin. **10 Jahre Institut für Fischerei der Deutschen Akademie der Landwirtschaftswissenschaften.** Z. Fischerei Hilfswiss. [N. F.] **10** (1962) Nr. 8/10. S. 561–572. — 10 Abb.

Anläßlich des 10jährigen Bestehens des Instituts für Fischerei der DAL fand in Berlin-Friedrichshagen am 12. und 13. Mai 1961 ein internationales Symposium über Aal- und Zanderwirtschaft statt, an dem zahlreiche Wissenschaftler und Praktiker des In- und Auslandes teilnahmen. In seinem Eröffnungsvortrag gab Vf. zunächst einen Überblick über die Entwicklung des Friedrichshagener Fischereiinstitutes seit seinem Bestehen, insbesondere aber in den letzten 10 Jahren seit Gründung der Deutschen Akademie der Landwirtschaftswissenschaften und ging dann auf die seit 1951 durchgeführten wiss. Arbeiten der einzelnen Abteilungen, Zweigstellen und Arbeitsgruppen ein. Die Ergebnisse dieser Arbeiten seit 1952 wurden in 450 Veröffentlichungen popularisiert.

G. Seifert. 6020.

Sarig, S.; Nir-David, Israel, Lab. for Fish Diseases. Fisheries and fish culture in Israel in 1960. **(Fischerei und Fischzucht in Israel im Jahre 1960.)** Bamidgeh, Bull. Fish Cult. Israel **13** (1961) Nr. 3/4. S. 61–70. — 15 Tab.

Der Gesamtverbrauch an Fischfleisch betrug 20719 t, 41% davon lieferte die Teichwirtschaft. Der Pro-Kopf-Verbrauch belief sich auf 8,6 kg/Jahr. Der Anteil von *Cyprinus carpio* an der heimischen Fischproduktion kann mit ca. 60% angegeben werden. Von 1950–1960 stieg die jährliche Karpfenproduktion um 105%. Das ist hauptsächlich auf Vergrößerung der teichwirtschaftlichen Nutzfläche zurückzuführen, die im gleichen Zeitraum um 98% auf 4178 ha stieg. Die Produktion an Fischfleisch betrug 1960 im Mittel 2020 kg/ha, maximal 3530 kg/ha. Israels Teichwirtschaft leidet sehr unter Wassermangel. 1960 wurde der Markt erstmalig kontinuierlich mit Speisekarpfen versorgt. 85,4% der Speisefische waren 360–600 g schwer.

G. Merla. 6020.

Sarig, S.; Nir-David, Israel, Lab. for Fish Diseases. Fisheries and fish culture in Israel in 1961. **(Fischerei und Fischzucht in Israel im Jahre 1961.)** Bamidgeh, Bull. Fish Cult. Israel **14** (1962) Nr. 4. S. 76–85. — 14 Tab. Vgl. vorst. Ref.

Im Vergleich zu 1960 stieg der Gesamtfischverbrauch um ca. 14%, der Pro-Kopf-Verbrauch stieg auf 10,4 kg/Jahr. Der Anteil der heimischen Produktion zur Deckung des Fischbedarfs ging um ca. 4% leicht zurück, die Produktion an *Cyprinus carpio* nahm jedoch um 8,5% gegenüber 1960 zu. Die Teichwirtschaft lieferte 61,3% des heimischen Fischaufkommens, sie hatte 1961 einen Flächenzuwachs von 340,5 ha aufzuweisen. Der Flächenertrag änderte sich im Landesmittel nur unbedeutend. Die *Tilapia*-Erträge stiegen gegenüber 1960 um 16,5%, wobei 49% des *Tilapia*-Gesamtertrages aus Teichen kommen. In großen Städten war eine rel. Abnahme des Verbrauchs an *C. carpio* feststellbar. Die Markt-Stückgröße für *C. carpio* stieg beträchtlich an, $^2/_3$ der gehandelten Fische wogen über 500 g. G. Merla. 6020.

Anonym. Fisheries Research Board of Canada. Annual report for the fiscal year ended March 31, 1961. **(Jahresbericht 1960/61 des Fisheries Research Board of Canada.)** Annu. Rep. Fisheries Res. Board Canada **1960/61** (hrsg. 1961) S. 1–192. — 28 Abb., 4 Tab., Lit. Vgl. LZ. Abt. III 7 (1962) Nr. 1. S. 177. 6020.

Anonym. Fisheries Research Board of Canada. Annual report for the fiscal year ended March 31, 1962. **(Jahresbericht 1961/62 des Fisheries Research Board of Canada.)** Annu. Rep. Fisheries Res. Board Canada **1961/62** (hrsg. 1962) S. 1–205. — 26 Abb., 1 Tab., 308 Lit. Vgl. vorst. Titel. 6020.

Jírovec, Otto; Prag. **Doz. Dr. Rudolf Šrámek-Hušek (14. 2. 1907 - 9. 6. 1962).** Arch. Hydrobiol. **59** (1963) Nr. 2. S. 281–283. — 1 Abb., 1 Lit. 6030.

B. BIOLOGIE DER FISCHEREILICHEN NUTZTIERE

Biologie der Fische

Berdičevskij, L. S. (Berditschewski, L. S.); Ichthyol. Kommiss. der Akad. der Wiss. der UdSSR. Biologičeskie osnovy racional'nogo vedenija rybolovstva. **(Die biologischen Grundlagen eines rationellen Fischfangs.)** Trudy soveščanij. Ichtiologičeskaja komissija. Akademija. nauk SSSR, Moskva **13** (1961) S. 44–66. — 3 Abb., 26 Tab., 51 Lit. 6080.

Lebedev, V. D. (Lebedew, W. D.); Moskau, Univ., Lehrstuhl für Ichthyol. Vozdejstvie promysla na biologičeskie pokazateli ryb. **(Die Einwirkung der Fischerei auf die biologischen Merkmale der Fische.)** Trudy soveščanij. Ichtiologičeskaja komissija. Akademija nauk SSSR, Moskva **13** (1961) S. 173–179. — 4 Tab., 7 Lit. 6080.

Nabiev, A. I. (Nabijew, A. I.); Inst. für Zool. der Akad. der Wiss. der Aserbaidshan. SSR. O biologii kurinskoj chramuli v Mingečaurskom vodochranilišče. **(Über die Biologie von Varicorhinus capoeta aus der Kura im Staubecken Mingetschaursk.)** Trudy soveščanij. Ichtiologičeskaja komissija. Akademija nauk SSSR, Moskva — Leningrad **10** (1961) S. 293–294. — 4 Lit.
Die zuvor völlig unbedeutende Fischart *Varicorhinus capoeta* hat sich im aserbaidshaner Stausee Mingetschaursk zu einem wertvollen Wirtschaftsfisch entwickelt. Ihr Anteil an den Fängen beträgt 21–27%, womit sie ertragsmäßig an 2. Stelle aufgerückt ist. Die fangwürdige Größe (21–43 cm) erreicht dieser Fisch im Alter von 3–7 Jahren, wobei 80% der gefangenen Exemplare eine Körperlänge von 26–35 cm und ein Gewicht von 450–610 g haben. A. Kozianowski. 6080.

Norden, Carroll R.; Lafayette, Univ. of Southwestern Louisiana. Comparative osteology of representative salmonid fishes, with particular reference to the grayling (Thymallus arcticus) and its phylogeny. **(Vergleichende Osteologie der repräsentativen Salmoniden unter besonderer Berücksichtigung der Äsche [Thymallus arcticus] und ihrer Phylogenie.)** J. Fisheries Res. Board Canada **18** (1961) Nr. 5. S. 679–791. — 18 Abb., 5 Tab., Lit.
Um eine Einschätzung der phylogenetischen Stellung von *Thymallus arcticus* innerhalb der übrigen Salmoniden vornehmen zu können, wurden umfangreiche Studien der Morphologie und insbesondere der Osteologie von 33 Species aus 9 Salmonidengattungen vorgenommen. Die Unterscheidungsmerkmale der einzelnen Unterfamilien, Gattungen und Species werden ausführlich erörtert und eine hypothetische Phylogenie der Salmoniden aufgestellt. Die Gattung *Thymallus* unterscheidet sich von den anderen Salmoniden durch das

Fehlen eines Orbitosphenoidknochens und durch das Vorhandensein von 17 oder mehr Dorsalflossenstrahlen. Aus der Unterfamilie Salmoninae wurden 5 Gattungen und aus der Unterfamilie Coregoninae 3 Gattungen untersucht und beschrieben. Die Unterfamilie Thymallinae enthält nur die Gattung *Thymallus* mit 4 Arten. Es wurde erkannt, daß *Prosopium* eine Basibranchialplatte besitzt, was die Aufstellung dieser Gruppe als bes. Gattung rechtfertigt. Das gesamte Skelettsystem von *Thymallus* sowie viele charakteristische Merkmale der Salmoninae und Coregoninae werden abgebildet.
G. Seifert. 6085.

Parakecov, I. A. (Parakezow, I. A.); Moskau, Sewerzow-Inst. für Tiermorphol. der Akad. der Wiss. der UdSSR, Lab. für Ichthyol. Zaščitnoe značenie šipov i koljuček u ryb. **(Die Schutzfunktion der Dornen und Stacheln der Fische.)** Trudy soveščanij. Ichtiologičeskaja komissija. Akademija nauk SSSR, Moskva **13** (1961) S. 360. — 1 Lit. 6085.

Čepurnov, A. V. (Tschepurnow, A. W.); Moskau, Univ. O svjazi izmenčivosti količestva piloričeskich pridatkov u raznych form atlantičeskoj sel'di s obespečennost'ju ich piščej. **(Über den Zusammenhang zwischen der Variabilität der Zahl der Pylorusanhänge bei verschiedenen Formen des atlantischen Herings und seiner Nahrungsaufnahme.)** Trudy soveščanij. Ichtiologičeskaja komissija. Akademija nauk SSSR, Moskva **13** (1961) S. 353–354. — 1 Lit.
6085.

Makarova, N. P. (Makarowa, N. P.); Moskau, Sewerzow-Inst. für Tiermorphol. der Akad. der Wiss. der UdSSR, Lab. für Ichthyol. O nekotorych zakonomernostjach žironakoplenija u sazana. **(Einige Gesetzmäßigkeiten der Fettablagerung beim Wildkarpfen [Cyprinus carpio].)** Trudy soveščanij. Ichtiologičeskaja komissija. Akademija nauk SSSR, Moskva **13** (1961) S. 397 bis 401. — 1 Tab., 5 Lit. 6085.

Krasnoščekov, S. I. (Krasnostschekow, S. I.); Sibir. Abt. des Staatl. Forsch.-Inst. für Binnenfischerei zu Leningrad. O pričinach kolebanija čislennosti omulja v ozere Bajkal. **(Über die Ursachen der Quantitätsschwankungen des Omuls [Coregonus autumnalis] im Baikalsee.)** Trudy soveščanij. Ichtiologičeskaja komissija. Akademija nauk SSSR, Moskva **13** (1961) S. 238 bis 247. — 1 Abb., 5 Tab., 7 Lit. 6085.

Konstantinova, N. A. (Konstantinowa, N. A.); Wolgograd, Abt. des Staatl. Forsch.-Inst. für Binnenfischerei zu Leningrad. Značenie pavodkovogo perioda v sezonnoj dinamike biologičeskich pokazatelej nekotorych vidov ryb nižnej Volgi. **(Die Bedeutung der Hochwasserperiode für die jahreszeitliche Dynamik der biologischen Merkmale einiger Fischarten der unteren Wolga.)** Trudy soveščanij. Ichtiologičeskaja komissija. Akademija nauk SSSR, Moskva **13** (1961) S. 420–426. — 4 Abb., 1 Tab. 6085.

Norris, Kenneth Stafford; Los Angeles, Calif., Univ., Dep. of Zool. The functions of temperature in the ecology of the percoid fish Girella nigricans (Ayres). **(Die Funktion der Temperatur in der Ökologie des Nagebarsches Girella nigricans.)** Ecol. Monogr. **33** (1963) Nr. 1. S. 23–62. — 31 Abb., 3 Tab., 136 Lit.

G. nigricans besitzt eine ausgeprägte Thermotaxis gegenüber 26 °C. Nach Anpassung an konstante Temperaturen im Labor geht diese Reaktion verloren. Das Vorkommen der Tiere ist auf Gewässer beschränkt, deren Temperaturmaxima zwischen 15° und 26°C, und deren -minima zwischen 10° und 17 °C liegen. Fortpflanzung ist nur möglich, wenn das Wasser Temperaturen über den abgegebenen Minima hat. Ältere Fische können kurzzeitig auch geringere Umgebungstemperatur ertragen. Bei gleichem Nahrungsangebot sind unter Laborbedingungen 2 Gruppen von juvenilen Fischen 80 Tage lang bei 17,6 ± 1,0 °C und 27,5 ± 0,5 °C aufgezogen worden. Die warmgehaltene Gruppe hatte eine Durchschnittslänge von 19,1 mm, die kaltgehaltene von 29,0 mm. Bei der Vorzugstemperatur von 26 °C war eine merkliche Zunahme der Nahrungsaufnahme zu verzeichnen. Je größer die Tiere sind, desto niedrigere Temperaturbereiche ertragen sie. Unterschiede in der Vorzugstemperatur verschiedener geographischer Rassen hängen von der im Biotyp vorherrschenden Temperatur ab. Es wird angenommen, daß die Temperaturorientierung ein Faktor der Fischwanderung von Süß- und Seewasserfischen ist. M. Hegemann. 6085.

Kinne, Otto; Helgoland, Biol. Anst. **Über den Einfluß des Salzgehaltes auf verschiedene Lebensprozesse des Knochenfisches Cyprinodon macularius.** Veröff. Inst. Meeresforsch. Bremerhaven, Sonder-Bd. **3** meeresbiol. Symposium (1962, hrsg. 1963) S. 49–66. — 10 Abb., 1 Tab., Lit. 6085.

Baker, B. I.; Paris, Coll. de France, Lab. d'Histophysiol. Effect of adaptation to black and white backgrounds on the teleost pituitary. **(Der Effekt der Adaptation an schwarzen und weißen Untergrund auf die Hypophyse von Knochenfischen.)** Nature [London] **198** (1963) Nr. 4878. S. 404. — 2 Tab., 5 Lit.
Über die Anzahl der melanophorenstimulierenden Hormone der Hypophyse der Knochenfische und das Produktionszentrum innerhalb der Drüse herrscht Unklarheit. Vf. berichtet über einleitende Untersuchungen an verschiedenen Knochenfischen. An Hypophysen einiger Arten, die zuvor hell- bzw. dunkeladaptiert waren, konnten zytologische Unterschiede festgestellt werden, jedoch nicht bei allen untersuchten Arten. Die Hypophyse der Knochenfische scheint Zellen zu enthalten, die sich in färbbarer und histochem. Hinsicht unterscheiden lassen, wenn die Fische an dunklen Untergrund adaptiert sind. Bei *Carassius*, *Ameiurus* und *Spinachia* war kein Unterschied an den Hypophysen hell- und dunkeladaptierter Exemplare festzustellen. Es wird angenommen, daß die zytologischen Reaktionen der Hypophyse durch den jeweiligen physiol. Zustand der Tiere beeinflußt werden. Weitere Untersuchungen sind in Vorbereitung. J. Waldmann. 6085.

Burgers, A. C. J., Bennink, P. J. H. und Oordt, G. J. van; Utrecht, Univ., Zool. Lab. Investigations into the regulation of the pigmentary system of the blind Mexican cave fish, Anoptichthys jordani. **(Untersuchungen über die Regulation des Pigmentsystems von Anoptichthys jordani.)** Proc., Kon. nederl. Akad. Wetensch., Ser. C **66** (1963) Nr. 2. S. 189–195. — 5 Abb., 1 Tab., 19 Lit.
In der Haut von *Anoptichthys jordani* sind rel. viel Guanophoren vorhanden, die mit Ausnahme des Kopfes und Schwanzes über den ganzen Körper verteilt sind. Xanthophoren sind nur auf der Rücken- und Schwanzflosse zu finden. Der Fisch besitzt außerdem zwei Typen von Melanophoren; die gelappten bedecken vorwiegend die Stirnpartie und den Schwanzflossenrand, während die scheibenförmigen auf dem ganzen Rücken dicht gedrängt liegen. Beide Melanophorentypen sind durch Adrenalin und Licht beeinflußbar. In der Hypophyse ist eine beachtliche Menge von MSH vorhanden. In Hinblick auf die untersuchten Faktoren unterscheidet sich *A. jordani* in keiner Weise von den unter Tageslicht lebenden Fischen. M. Hegemann. 6085.

Wickler, Wolfgang; Seewiesen; Erling-Andechs, Max-Planck-Inst. für Verhaltensphysiol. **Natürliche Augen- und Ei-Attrappen an Fischen: Innerartliche Mimikry als Sonderfunktion der Körperfärbung.** Veröff. Inst. Meeresforsch. Bremerhaven, Sonder-Bd. 3 meeresbiol. Symposium (1962, hrsg. 1963) S. 223 bis 227. — Lit. 6085.

Sick, Knud, Frydenberg, Ove und Tønnes Nielsen, J.; Copenhagen, Univ., Inst. of Genetics. Haemoglobin patterns of plaice, flounder, and their

natural and artificial hybrids. **(Hämoglobinuntersuchungen an Scholle und Flunder und ihren natürlichen und künstlichen Hybriden.)** Nature [London] **198** (1963) Nr. 4878. S. 411–412. – 1 Abb., 12 Lit.
Das Vorkommen von Bastarden zwischen *Pleuronectes platessa* und *Platichthys flesus* ist bekannt. Vff. untersuchten durch Agar-Elektrophorese die verwandtschaftlichen Beziehungen des Hämoglobins zwischen den Hybriden und den Elternpopulationen im Großen Belt. 111 Schollen aus dem Großen Belt und 39 von 4 anderen dänischen Fangplätzen bzw. von der südnorwegischen Küste zeigten identische Hämoglobinbilder. Das Flundermaterial bestand aus 208 Exemplaren. Diese zeigten ebenfalls ein einheitliches Hämoglobinbild, das leicht von dem der Schollen unterscheidbar ist. 34 natürliche Hybriden aus dem Großen Belt hatten mit Ausnahme eines Fisches ein gleiches Hämoglobinbild, das sowohl von denen der Elternarten als auch von einer Vermischung des Blutes von Scholle und Flunder in vitro zu unterscheiden war. Künstliche Hybriden aus Norwegen unterschieden sich im Experiment nicht von den natürlichen. J. Waldmann. 6085.

Kunst, Lj.; Zagreb, Veterin. Fak., Inst. za Zarazne i Invazione Bolesti. Kultura bubrežnog tkiva šarana. **(Über Gewebekultur mit Karpfennieren.)** Veterin. Arh. [Zagreb] **31** (1961) Nr. 9/10. S. 241–245. – 6 Lit. Zus. in Engl., Franz.
Nierengewebe vom Karpfen (*Cyprinus carpio*) ist für Gewebekulturen gleichermaßen geeignet wie Nierengewebe einiger anderer Fische. Als Nährlösung diente Hanks Lösung mit 5% Hühnerembryo-Extrakt und 10–15% Fischserum. Als günstig erwiesen sich eine Temperatur von 23 °C und Wechsel der Nährlösung nach 3–4 Tagen. Kleine Explantate ließen sich besser kultivieren als größere und zeigten stärkeres Wachstum. P. Schmidt. 6085.

Jurovickij, Ju. G. (Jurowizki, Ju. G.); Moskau, Sewerzow-Inst. für Tiermorphol. der Akad. der Wiss. der UdSSR. O zakonomernostjach sozrevanija i dinamiki plodovitosti u ryb. **(Die Gesetzmäßigkeiten des Reifens und die Dynamik der Fruchtbarkeit bei Fischen.)** Trudy soveščanij. Ichtiologičeskaja komissija. Akademija nauk SSSR, Moskva **13** (1961) S. 202. – 1 Lit. 6090.

Rannak, L. A.; Inst. für Zool. und Bot. der Akad. der Wiss. der UdSSR, Lab. für Meeresichthyol. Sootnošenie rosta i polovogo sozrevanija vesennenerestujuščej salaki. **(Die Wechselbeziehung zwischen Wachstum und Geschlechtsreife des im Frühjahr laichenden Strömlings.)** Trudy soveščanij. Ichtiologičeskaja komissija. Akademija nauk SSSR, Moskva **13** (1961) S. 337 bis 343. – 3 Abb., 2 Tab., 15 Lit. 6090.

Anochina, L. E. (Anochina, L. Je.); Moskau, Sewerzow-Inst. für Tiermorphol. der Akad. der Wiss. der UdSSR, Lab. für Ichthyol. O svjazi plodovitosti, žirnosti ryb i izmenčivosti razmerov ikrinok u sel'devych. **(Über den Zusammenhang von Fruchtbarkeit und Fettgehalt der Fische und der Größenvariabilität der Heringseier.)** Trudy soveščanij. Ichtiologičeskaja komissija. Akademija nauk SSSR, Moskva **13** (1961) S. 290–295. – 2 Abb., 3 Tab., 22 Lit. 6090.

Koblickaja, A. F. (Koblizkaja, A. F.); Astrachan, Staatl. Naturschutzgebiet. Vlijanie izmenenij različnych faktorov sredy na charakter i ėffektivnost' neresta poluprochodnych ryb v nizov'ach del'ty Volgi. **(Der Einfluß der Veränderung verschiedener Umweltfaktoren auf den Charakter und die Wirksamkeit des Laichens der Wanderfische im unteren Teil des Wolgadeltas.)** Trudy soveščanij. Ichtiologičeskaja komissija. Akademija nauk SSSR, Moskva **13** (1961) S. 265–276. – 3 Abb., 3 Tab., 20 Lit. 6090.

Vladimirov, V. I. (Wladimirow, W. I.); Kiew, Inst. für Hydrobiol. der Akad. der Wiss. der Ukrain. SSR. Razmnoženie sel'di i osetra v uslovijach zaregulirovannogo stoka reki. **(Die Vermehrung des Herings und Störs im regulierten Flußlauf.)** Trudy soveščanij. Ichtiologičeskaja komissija. Akademija nauk SSSR, Moskva **13** (1961) S. 277–282. — 1 Abb., 3 Tab., 8 Lit. 6090.

Djužikov, A. T. (Djushikow, A. T.); Saratow, Abt. des Unions-Forsch.-Inst. für Binnenfischerei der Akad. der Wiss. der UdSSR. Razmnoženie ozimogo osetra v nižnem b'efe Volžskoj GÈS i perspektivy ego vosproizvodstva na zaregulirovannoj Volge. **(Die Vermehrung des Winterstörs unterhalb des Wolga-Wasserkraftwerkes und die Perspektiven seiner Verbreitung in der regulierten Wolga.)** Trudy soveščanij. Ichtiologičeskaja komissija. Akademija nauk SSSR, Moskva — Leningrad **10** (1961) S. 256–259. — 10 Lit.
Vor dem Staudamm des Wolga-Wasserkraftwerkes erscheinen alljährlich 2 laichreife Störgruppen (*Acipenser sturio*): die Winter- und die Sommerlaicher. Durch die Sperrmauer am weiteren Aufstieg gehindert, wandern beide Gruppen einige km flußabwärts, um dort auf den Steinen im Strom (Sommerstör) oder in Ufernähe (Winterstör) ihre Geschlechtsprodukte abzulegen. Die Entfernung der gewählten Laichplätze von dem Wasserkraftwerk richtet sich nach dem jeweiligen Wasserdurchfluß, wobei die Sommerlaicher die geeigneten Stellen näher (0,5–1,5 km) und die Winterlaicher weiter entfernt (10–20 km) finden. Oberhalb des Staudammes würden beide Störgruppen sehr gute Laichmöglichkeiten vorfinden. Auch die Störbrut kann, wie Versuche bewiesen haben, ohne Risiko durch die Turbinen des Wasserkraftwerkes hindurchwandern, jedoch wird sie durch den verstärkten Strom und den Nahrungsmangel im regulierten Flußbett sehr schnell geschwächt. A. Kozianowski. 6090.

Jónsson, Jón. On the spawning stocks of cod in East Greenland and Iceland waters in 1959. **(Über die Laichbestände des Kabeljaus [Gadus morhua] in ostgrönländischen und isländischen Gewässern 1959.)** Cons. permanent int. Explorat. Mer [Copenhague], Ann. biol. **16** (1959, hrsg. 1961) S. 130–135. — 7 Abb., 3 Tab.
Im Apr. wurden ca. 2000 Fische längs eines 350 sm langen Küstenstreifens östlich Grönlands [Trawlfänge] u. a. auf Reife untersucht, während das isländische Material (Langleinen- und Kiemennetzfänge) von Jan.–Mai auf den Laichplätzen südwestlich der Insel gesammelt wurde. Der Anteil der Laichfische machte bei Ostgrönland insgesamt 90% aus und war auf der südlichsten Station (Fylkir Bank) am höchsten. Der ostgrönlandische Bestand reift altersmäßig etwas später als der isländische und hat geringere Durchschnittslängen. Die Alterszusammensetzung ist in beiden Gebieten überraschend ähnlich. Neben dem Jahrgang 1950 treten die Generationen 1949, 1947 und 1945 in den Fängen hervor. M. Berner. 6090.

Kazančeev, E. N. (Kasantschejew, Je. N.); Astrachan, Forsch.-Inst. für Fischwirtsch. und Ozeanogr. des Kaspischen Meeres. O vozmožnom značenii gibridizacii v izmenenii čislennosti volžskoj sel'di i kaspijskogo puzanka. **(Über die mögliche Bedeutung der Hybridisation bei der Bestandsveränderung des Wolga-Herings und des kaspischen Dickwanstes [Caspiola caspia typ.].)** Trudy soveščanij. Ichtiologičeskaja komissija. Akademija nauk SSSR, Moskva **13** (1961) S. 443–444. 6090.

Čeprakova, Ju. I. (Tscheprakowa, Ju. I.); Moskau, Sewerzow-Inst. für Tiermorphol. der Akad. der Wiss. der UdSSR, Lab. für Ichthyol. Soderžanie žira v neoplodotvorennoj ikre tekučich samok nerestovogo stada vobly. **(Der Fettgehalt unbefruchteter Eier laichreifer Plötzen [Rutilus rutilus caspicus].)** Trudy soveščanij. Ichtiologičeskaja komissija. Akademija nauk SSSR, Moskva **13** (1961) S. 296–300. — 4 Abb., 1 Tab., 12 Lit. 6090.

Lebedev, N. V. und Cheng, Chen-tyung. (Lebedew, N. W. und Cheng, Chen-tyung.); Moskau, Univ., Biol.-Bodenkundl. Fak. Pričina raznokačestvennosti ikry nekotorych ryb. **(Die Ursachen für die unterschiedliche Qualität**

des Rogens einiger Fische.) Zoologičeskij žurnal, Moskva 42 (1963) Nr. 2. S. 256–267. — 12 Abb., 7 Tab., 14 Lit. Zus. in Engl.
Die Oocyten aus unterschiedlichen Abschnitten der Ovarien weisen hinsichtlich ihrer Größe erhebliche Unterschiede auf. Hieraus resultiert auch eine unterschiedliche Größe der Jungfische. Durch Injektion von Tusche (wodurch die Gefäße sichtbar werden) und radioaktiven Substanzen in die Blutgefäße der Ovarien konnten Vff. nachweisen, daß die Oozyten um so kleiner werden, je weiter sie von den Hauptblutgefäßen entfernt sind. Dies hängt offenbar mit der unterschiedlichen Nährstoffversorgung zusammen. Der Anteil der kleinen Oozyten kann gesenkt und die Fruchtbarkeit der Laichfische kann gesteigert werden, wenn diese Fische in guten Ernährungsverhältnissen gehalten werden.
H.-W. Hattop. 6090.

Herman, Sidney S.; Rhode Island Univ., Narragansett Marine Lab. Planktonic fish eggs and larvae of Narragansett Bay. **(Planktische Fischeier und Larven in der Narragansett-Bucht.)** Limnol. and Oceanogr. 8 (1963) Nr. 1. S. 103–109. — 4 Abb., 3 Tab., 13 Lit.
Von März 1957–März 1958 wurden auf 4 Stationen in der Narragansett-Bucht wöchentlich planktische Fischeier und -larven gefangen. Die Laichzeit lag hauptsächlich zwischen Mai und Aug., das Maximum im Juni und Juli. Von Sept.–Febr. war die Laichtätigkeit gering. Die Maxima des Larvenvorkommens wurden im Juli/Aug. und Jan./März festgestellt. Tiefere Gebiete der Bucht beherbergten größere Konzentrationen und Artenzahlen als flachere. Die häufigste Gattung, von der Larven gefangen wurden, war *Myoxocephalus*. Im Untersuchungsgebiet kommen 3 Arten dieser Gattung vor, genaue Bestimmung der Larven war nicht möglich. Insgesamt wurden Eier bzw. Larven von 36 Fischarten gefangen. Die Eier- und Larvenzahlen der Arten werden in Tabellenform mitgeteilt, desgleichen ihre Häufigkeit in Abhängigkeit von Jahreszeit, Größe und Temperatur. J. Waldmann. 6090.

Ginzburg, A. S. (Ginsburg, A. S.) Soedinenie gamet bez aktivacii jajca u lososevych ryb. **(Gametenvereinigung ohne Aktivierung der Eier bei Salmoniden.)** Žurnal obščej biologii, Moskva 24 (1963) Nr. 2. S. 106–119. — 4 Abb., 2 Tab., 35 Lit. Zus. in Engl.
In Cölomflüssigkeit und Ringerlösung geht die Gametenverschmelzung bei *Salmo trutta* m. *lacustris* und *S. salar* m. *sebago* ohne Aktivierung der Eier vor sich, indem das Spermium durch den Mikropylenkanal die kortikale Schicht des Eies erreicht und die Hälfte seines Kopfes im Zytoplasma versenkt. Die Entwicklung der Eier beginnt nach ihrer Einbringung in Wasser. Die Erscheinung, daß Gametenverschmelzung und Eiaktivierung autonomen Charakter haben und sowohl zeitlich getrennt als auch in ihrer Reihenfolge verschieden kombiniert werden können, steht mit dem spez. Bau der Spermien in Verbindung. E. Rieske. 6090.

Dechnik, T. V. (Dechnik, T. W.); Sewastopol, Biol. Stat. der Akad. der Wiss. der UdSSR. Pokazateli ėliminacii v ėmbrional'nyj i ličinočnyj periody razvitija černomorskoj chamsy. **(Die Eliminationsmerkmale in der embryonalen und Larvenperiode der Schwarzmeersardelle [Engraulus encrasicholus ponticus].)** Trudy soveščanij. Ichtiologičeskaja komissija. Akademija nauk SSSR, Moskva 13 (1961) S. 314–329. — 4 Abb., 6 Tab., 22 Lit. 6090.

Kosswig, Curt. **Evolutionsphänomene bei Knochenfischen, genetisch betrachtet.** Veröff. Inst. Meeresforsch. Bremerhaven, Sonder-Bd. 3 meeresbiol. Symposium (1962, hrsg. 1963) S. 178–196. — Lit. 6090.

Wahlert, Gerd von; Stuttgart, Staatl. Museum für Naturkunde, Forschungsstelle für Ichthyol. **Die ökologische und evolutorische Bedeutung der Fischschwärme.** Veröff. Inst. Meeresforsch. Bremerhaven, Sonder-Bd. 3 meeresbiol. Symposium (1962, hrsg. 1963) S. 197–213. — Lit. 6095.

Dement'eva, T. F., Marti, Ju. Ju., Moiseev, P. A. und Nikol'skij, G. V. (Dementjewa, T. F., Marti, Ju. Ju., Moissejew, P. A. und Nikolski, G. W.); Ichthyol. Kommiss. der Akad. der Wiss. der UdSSR; Unions-Forsch.-Inst. für Hochseefischerei und Ozeanogr. O zakonomernostjach dinamiki populjacij ryb. **(Über die Gesetzmäßigkeiten der Populationsdynamik der Fische.)** Trudy soveščanij. Ichtiologičeskaja komissija. Akademija nauk SSSR, Moskva **13** (1961) S. 7–20. 6095.

Nikol'skij, G. V. (Nikolski, G. W.); Moskau, Sewerzow-Inst. für Tiermorphol. der Akad. der Wiss. der UdSSR, Lab. für Ichthyol. O nekotorych zakonomernostjach vozdejstvija rybolovstva na strukturu populjacii i svojstva osobej oblavlivaemogo stada promyslovoj ryby. **(Über einige Gesetzmäßigkeiten des Einflusses des Fischfangs auf die Populationsstruktur und die individuellen Eigenschaften der Nutzfischbestände.)** Trudy soveščanij. Ichtiologičeskaja komissija. Akademija nauk SSSR, Moskva **13** (1961) S. 21–33. – 4 Tab., 30 Lit. 6095.

Beljanina, T. N.; Moskau, Sewerzow-Inst. für Tiermorphol. der Akad. der Wiss. der UdSSR, Lab. für Ichthyol. Vlijanie otbirajuščego dejstvija ob-jačeivajuščich orudij lova na kačestvennyj sostav oblavlivaemoj populjacii ryby. **(Einfluß der selektiven Wirkung von Fischnetzen auf die qualitative Zusammensetzung der Fischbestände.)** Trudy soveščanij. Ichtiologičeskaja komissija. Akademija nauk SSSR, Moskva **13** (1961) S. 254–259. – 5 Abb., 8 Lit. 6095.

Dement'eva, T. F. (Dementjewa, T. F.); Unions-Forsch.-Inst. für Hochseefischerei und Ozeanogr. Značenie rešajuščego faktora v svete godovych i mnogoletnich kolebanij čislennosti populjacii. **(Die Bedeutung des entscheidenden Faktors im Lichte jährlicher und mehrjähriger Schwankungen der Populationen.)** Trudy soveščanij. Ichtiologičeskaja komissija. Akademija nauk SSSR, Moskva **13** (1961) S. 34–43. – 3 Tab., 15 Lit. 6095.

Eremeeva, E. F. (Jeremejewa, Je. F.); Ichthyol. Kommiss. der Akad. der Wiss. der UdSSR. Ėtapnost' razvitija i dinamika čislennosti ryb. **(Die etappenmäßige Entwicklung und Dynamik der Fischbestände.)** Trudy soveščanij. Ichtiologičeskaja komissija. Akademija nauk SSSR, Moskva **13** (1961) S. 180–184. – 3 Lit. 6095.

Ivlev, V. S. (Iwlew, W. S.); Sewastopol, Biol. Stat. der Akad. der Wiss. der UdSSR. Princip matematičeskogo modelirovanija dinamiki promyslovych populjacij ryb. **(Das Prinzip mathematischer Modellierung der Populationsdynamik von Nutzfischen.)** Trudy soveščanij. Ichtiologičeskaja komissija. Akademija nauk SSSR, Moskva **13** (1961) S. 185–193. – 2 Tab., 9 Lit. 6095.

Lapin, Ju. E. (Lapin, Ju. Je.); Moskau, Sewerzow-Inst. für Tiermorphol. der Akad. der Wiss. der UdSSR. O zakonomernostjach izmenenija struktury populjacii ryb s korotkim žiznennym ciklom. **(Die Gesetzmäßigkeiten der Strukturveränderung einer Fischpopulation mit kurzem Lebenszyklus.)** Trudy soveščanij. Ichtiologičeskaja komissija. Akademija nauk SSSR, Moskva **13** (1961) S. 203–204. – 1 Lit. 6095.

Majskij, V. N. (Maiski, W. N.); Rostow/Don, Forsch.-Inst. für Fischwirtsch. des Asowschen Meeres. Zakonomernosti dinamiki čislennosti planktojadnych ryb Azovskogo morja. **(Die Gesetzmäßigkeiten der Bestandsfluktuationen der planktonfressenden Fische des Asowschen Meeres.)** Trudy soveščanij. Ichtiologičeskaja komissija. Akademija nauk SSSR, Moskva **13** (1961) S. 205–210. – 4 Tab. 6095.

Fortunatova, K. R. (Fortunatowa, K. R.); Moskau, Sewerzow-Inst. für Tiermorphol. der Akad. der Wiss. der UdSSR, Lab. für Ichthyol. O charaktere vozdejstvija chiščnych ryb na strukturu populjacii promyslovych ryb. **(Der**

Charakter des Einflusses der Raubfische auf die Populationsstruktur der Nutzfischarten.) Trudy soveščanij. Ichtiologičeskaja komissija. Akademija nauk SSSR, Moskva **13** (1961) S. 108–116. — 3 Abb., 18 Lit. 6095.

Moiseev, P. A. (Moissejew, P. A.); Moskau, Sewerzow-Inst. für Tiermorphol. der Akad. der Wiss. der UdSSR. Nekotorye zakonomernosti dinamiki čislennosti promyslovych ryb severo-zapadnoj časti Tichogo okeana. **(Einige Gesetzmäßigkeiten der Dynamik der Nutzfischbestände des nordwestlichen Teils des Stillen Ozeans.)** Trudy soveščanij. Ichtiologičeskaja komissija. Akademija nauk SSSR, Moskva **13** (1961) S. 130–131. 6095.

Ricker, William E.;Nanaimo, Kanada. Kratkaja istorija razvitija teorii dinamiki čislennosti populjacij ryb v stranach Zapadnoj Evropy i Severnoj Ameriki. **(Kurze Entwicklungsgeschichte der Theorie der Dynamik der Fischbestände in den Ländern Westeuropas und Nordamerikas.)** Trudy soveščanij. Ichtiologičeskaja komissija. Akademija nauk SSSR, Moskva **13** (1961) S. 211 bis 215. — 11 Lit. 6095.

Ioganzen, B. G. und Gundrizer, A. N. (Iogansen, B. G. und Gundriser, A. N.); Tomsk, Kuibyschew-Univ. Metodika opredelenija zapasa prochodnych ryb i stepeni ich ispol'zovanija v rečnych uslovijach. **(Die Methodik der Bestimmung des Wanderfischbestandes und der Grad ihrer Anwendung in Fließgewässern.)** Trudy soveščanij. Ichtiologičeskaja komissija. Akademija nauk SSSR, Moskva **13** (1961) S. 457–465. — 1 Abb., 6 Tab., 6 Lit. 6095.

Poljakov, G. D. (Poljakow, G. D.); Moskau, Sewerzow-Inst. für Tiermorphol. der Akad. der Wiss. der UdSSR, Inst. für Ichthyol. Prisposobitel'noe značenie izmenčivosti priznakov i svojstv populjacij ryb. **(Die praktische Bedeutung der Veränderlichkeit von Merkmalen und Eigenschaften der Fischpopulationen.)** Trudy soveščanij. Ichtiologičeskaja komissija. Akademija nauk SSSR, Moskva **13** (1961) S. 158–172. — 3 Abb., 8 Lit. 6095.

Ostroumov, L. A. (Ostroumow, L. A.) O dinamike čislennosti osnovnych ryb verchnevolžskich vodochranilišč. **(Über die Dynamik der wichtigsten Fischarten in den Stauseen der oberen Wolga.)** Trudy soveščanij. Ichtiologičeskaja komissija. Akademija nauk SSSR, Moskva — Leningrad **10** (1961) S. 206–213. — 5 Abb., 17 Lit.

Systematische Untersuchungen über die Zusammensetzung der wichtigsten Nutzfischbestände in den Stauseen der oberen Wolga gaben Aufschluß über einige Gesetzmäßigkeiten der quantitativen Veränderungen innerhalb der Bestände und gestatteten, einige Faktoren, die diese Veränderungen beeinflussen, aufzudecken. Bes. Aufmerksamkeit wurde hierbei den Blei- (*Abramis brama*), Zander- (*Lucioperca lucioperca*), Zopen- (*A. ballerus*) und Quappenbeständen (*Lota lota*) geschenkt. A. Kozianowski. 6095.

Il'ina, L. K. und Poddubnyj, A. G. (Ilina, L. K. und Poddubny, A. G.); Borok, Inst. für Biol. der Stauseen der Akad. der Wiss. der UdSSR. O nekotorych zakonomernostjach dinamiki stad promyslovych ryb v Rybinskom vodochranilišče. **(Über einige Gesetzmäßigkeiten der Dynamik der Nutzfischbestände des Rybinsker Stausees.)** Trudy soveščanij. Ichtiologičeskaja komissija. Akademija nauk SSSR, Moskva **13** (1961) S. 374–380. — 1 Abb.,4 Tab., 11 Lit. 6095.

Jakovleva, A. N. (Jakowlewa, A. N.); Saratow, Abt. des Staatl. Forsch.-Inst. für Binnenfischerei zu Leningrad. Charakteristika zapasov ryb v zone Stalingradskogo vodochranilišča. **(Die Charakteristik der Fischbestände im Gebiet des Wolgograder Stausees.)** Trudy soveščanij. Ichtiologičeskaja komissija. Akademija nauk SSSR, Moskva **13** (1961) S. 248–253. — 2 Tab., 4 Lit. 6095.

Jakovleva, A. N. (Jakowlewa, A. N.); Saratow, Abt. des Unions-Forsch.-Inst. für Binnenfischerei der Akad. der Wiss. der UdSSR. Ichtiofauna r. Volgi v zone Stalingradskogo vodochranilišča. **(Die Ichthyofauna der Wolga im Bereich des Wolgograder Staubeckens.)** Trudy sovešćanij. Ichtiologičeskaja komissija. Akademija nauk SSSR, Moskva – Leningrad **10** (1961) S. 251 bis 255.
Nach den von 1959–1961 durchgeführten Untersuchungen kommen in der Wolga im Bereich des Wolgograder Staubeckens 34 Fischarten vor, darunter 28 einheimische. Zu den zahlreichsten (33,2–44%) einheimischen Fischarten gehören vor allem Blei, Zander, Karpfen, Aland, Hecht, Quappe und Wels. Die übrigen, außer Sterlet, sind zwar bis zu 55 % an den Fängen beteiligt, haben aber keinen größeren wirtschaftlichen Wert. Unter den typischen Wanderfischen sind im Wolgograder Stausee 3 Acipenseriden und 2 Heringsrassen häufig anzutreffen. Ihr Anteil am Fang betrug von 0,7 bis 21,2%.
A. Kozianowski. 6095.

Kruglova, V. M. (Kruglowa, W. M.); Rostow, Univ., Biol. Forsch.-Inst. Značenie Veselovskogo vodochranilišča v vosproizvodstve poluprochodnych ryb Asovo-Donskogo bassejna. **(Die Bedeutung des Stausees Wesselow bei der Reproduktion der Wanderfische im Asow-Don-Bassin.)** Trudy sovesčanij. Ichtiologičeskaja komissija. Akademija nauk SSSR, Moskva **13** (1961) S. 430 bis 432. – 1 Tab., 4 Lit. 6095.

Bojko, E.G. (Boiko, Je. G.); Rostow/Don, Forsch.-Inst. für Fischwirtsch. des Asowschen Meeres. Osnovnye faktory kolebanija zapasa častikovych i osetrovych ryb Azovskogo morja. **(Die grundlegenden Faktoren der Schwankung des Kleinfisch- und Störbestandes des Asowschen Meeres.)** Trudy soveščanij. Ichtiologičeskaja komissija. Akademija nauk SSSR, Moskva **13** (1961) S. 147–157. – 5 Abb., 1 Tab. 6095.

Taranenko, N. F.; Odessa, Forsch.-Inst. für Fischerei und Ozeanogr. des Asow-Schwarzmeergebietes. Izmenenie biologičeskich pokazatelej i ich prisposobitel'noe značenie na primere černomorskoj i azovskoj chamsy. **(Die Veränderung biologischer Merkmale und ihre praktische Bedeutung im Beispiel der Schwarzmeer- und Asowmeersardelle.)** Trudy soveščanij. Ichtiologičeskaja komissija. Akademija nauk SSSR, Moskva **13** (1961) S. 381–385. – 1 Abb., 9 Lit. 6095.

Kuźmin, A. G. (Kusmin, A. G.); Astrachan, Forsch.-Inst. für Fischwirtsch. und Ozeanogr. des Kaspischen Meeres. Mnogoletnie izmenenija sostava i čislennosti stada volźskogo sudaka. **(Langjährige Veränderungen der Zusammensetzung und Stärke des Zanderbestandes der Wolga.)** Trudy soveščanij. Ichtiologičeskaja komissija. Akademija nauk SSSR, Moskva **13** (1961) S. 414–419. – 3 Abb., 1 Tab., 6 Lit. 6095.

Lukašov, V. N. (Lukaschow, W. N.); Astrachan, Forsch.-Inst. für Fischwirtsch. und Ozeanogr. des Kaspischen Meeres. Dinamika čislennosti ėkspluatiruemych stad vobly, lešča i sudaka Severnogo Kaspija. **(Die Fluktuation der Plötz-, Blei- und Zanderbestände des nördlichen Kaspischen Meeres.)** Trudy soveščanij. Ichtiologičeskaja komissija. Akademija nauk SSSR, Moskva **13** (1961) S. 445–453. – 3 Abb., 11 Tab., 5 Lit. 6095.

Zemskaja, K. A. (Semskaja, K. A.); Unions-Forsch.-Inst. für Hochseefischerei und Ozeanogr. O vlijanii nagula i čislennosti proizvoditelej na veličinu potomstva kaspijskogo lešča. **(Über den Einfluß der Nahrungsaufnahme und der Anzahl der Laicher auf die Größe der Nachkommen des Kaspischen Bleis [Abramis brama].)** Trudy soveščanij. Ichtiologičeskaja komissija. Akademija nauk SSSR, Moskva **13** (1961) S. 307–313. – 3 Abb., 2 Tab., 13 Lit. 6095.

Pajusova, A. N. (Pajussowa, A. N.); Moskau, Lomonossow-Univ. O metodach nabljudenija za molod'ju vobly i lešča v èlementarnych populjacijach. **(Über die Methoden zur Beobachtung von jungen Plötzen und Bleien in den Elementarpopulationen.)** Trudy soveščanij. Ichtiologičeskaja komissija. Akademija nauk SSSR, Moskva **13** (1961) S. 471–479. — 4 Abb., 3 Tab., 7 Lit. 6095.

Semko, R. S.; Kamtschatka, Abt. des Forsch.-Inst. für Fischerei und Ozeanogr. des Pazifiks. Sovremennye izmenenija čislennosti tichookeanskich lososej i ich osnovnye pričiny. **(Die gegenwärtigen Bestandsfluktuationen der pazifischen Salmoniden und ihre Hauptursachen.)** Trudy soveščanij. Ichtiologičeskaja komissija. Akademija nauk SSSR, Moskva **13** (1961) S. 117–129. — 5 Abb., 6 Tab. 6095.

Krogius, F. V. (Krogius, F. W.); Kamtschatka, Abt. des Forsch.-Inst. für Fischerei und Ozeanogr. des Pazifiks. O svjazjach tempa rosta i čislennosti krasnoj. **(Über die Zusammenhänge zwischen Wachstumstempo und Bestandsdichte des Blaurückens [Oncorhynchus nerka].)** Trudy soveščanij. Ichtiologičeskaja komissija. Akademija nauk SSSR, Moskva **13** (1961) S. 132–146. — 6 Abb., 3 Tab., 21 Lit. 6095.

Zlokozov, V. N. (Slokosow, W. N.); Nowosibirsk, Abt. des Staatl. Forsch.-Inst. für Binnenfischerei zu Leningrad. O biologičeskich osnovach regulirovanija vylova sigovych v Obskom bassejne. **(Die biologischen Grundlagen der Regulierung von Coregonenfängen im Einzugsgebiet des Ob.)** Trudy soveščanij. Ichtiologičeskaja komissija. Akademija nauk SSSR, Moskva **13** (1961) S. 433–436. — 1 Tab. 6095.

Pokrovskij, V. V. (Pokrowski, W. W.); Leningrad, Staatl. Forsch.-Inst. für Binnenfischerei. Osnovnye faktory sredy, opredeljajuščie čislennost' rjapuški. **(Die hauptsächlichen Umweltfaktoren, die die Bestandsgröße der Kleinen Maräne bestimmen.)** Trudy soveščanij. Ichtiologičeskaja komissija. Akademija nauk SSSR, Moskva **13** (1961) S. 228–234. — 10 Lit. 6095.

Popova, O. A. (Popowa, O. A.); Moskau, Sewerzow-Inst. für Tiermorphol. der Akad. der Wiss. der UdSSR, Lab. für Ichthyol. O vozdejstvii ščuki i okunja na populjaciju nekotorych ryb v del'te Volgi. **(Über den Einfluß von Hecht und Barsch auf die Population einiger Fische im Wolgadelta.)** Trudy soveščanij. Ichtiologičeskaja komissija. Akademija nauk SSSR, Moskva **13** (1961) S. 283–289 .— 3 Abb., 3 Tab., 6 Lit. 6095.

Burmakin, E. V. (Burmakin, Je. W.); Leningrad, Staatl. Forsch.-Inst. für Binnenfischerei. Absoljutnaja čislennost' okunja i ego ichtiomassa v malych ozerach. **(Die absolute Häufigkeit des Flußbarsches und sein Bestand in kleineren Seen.)** Trudy soveščanij. Ichtiologičeskaja komissija. Akademija nauk SSSR, Moskva **13** (1961) S. 235–237. — 2 Tab. 6095.

Kuznecov, V. V. (Kusnezow, W. W.); Belomorsk, Biol. Stat. der Akad. der Wiss. der UdSSR. Mnogoletnie kolebanija čislennosti sel'di i drugie periodočeskie javlenija v Belom more. **(Mehrjährige Quantitätsschwankungen beim Hering and andere periodische Erscheinungen im Weißen Meer.)** Trudy soveščanij. Ichtiologičeskaja komissija. Akademija nauk SSSR, Moskva **13** (1961) S. 216–227. — 2 Tab., 37 Lit. 6095.

Nikitinskaja, I. V. (Nikitinskaja, I. W.); Moskau, Univ. Prisposobitel'noe značenie raznokačestvennosti ličinok sachalinskoj sel'di. **(Die praktische Bedeutung der Qualitätsvariabilität der Larven des Sachaliner Herings.)** Trudy soveščanij. Ichtiologičeskaja komissija. Akademija nauk SSSR, Moskva **13** (1961) S. 391–392. 6095.

Pravotorova, E. P. (Prawotorowa, Je. P.); Wladiwostok, Forsch.-Inst. für Fischwirtsch. und Ozeanogr. des Pazifiks. O dinamike čislennosti gižiginskogo stada sel'di. **(Die Fluktuation des Heringsbestandes im Meerbusen Gishin.)** Trudy soveščanij. Ichtiologičeskaja komissija. Akademija nauk SSSR, Moskva **13** (1961) S. 437–442. – 1 Abb., 3 Tab., 7 Lit. 6095.

Saville, A. Autumn spawned herring larvae in the Northern North Sea in 1959. **(Herbstheringslarven in der nördlichen Nordsee 1959.)** Cons. permanent int. Explorat. Mer [Copenhague], Ann. biol. **16** (1959, hrsg. 1961) S. 178.
Im Sept. 1959 waren die soeben geschlüpften Heringslarven (*Clupea harengus*) im Gebiet der Orkneys weniger zahlreich als 1958, aber zahlreicher als in den vorangehenden Jahren. Auf den südlicheren Laichgründen waren sie häufiger als 1958, ihre Zahl lag aber nicht über dem Mittel früherer Jahre. Im Nov. wurden sehr wenige Herbstheringslarven im Untersuchungsgebiet gefangen, vielleicht eine Folge der bereits erfolgten Auswanderung. Die Untersuchungen wurden durch schlechtes Wetter im letzten Quartal des Jahres 1959 stark behindert. M. Berner. 6095.

Bratberg, Erling. Norwegian investigations on cod in 1959. **(Norwegische Kabeljauuntersuchungen 1959.)** Cons. permanent int. Explorat. Mer [Copenhague], Ann. biol. **16** (1959, hrsg. 1961) S. 127–130. – 6 Abb., 2 Tab.
Beim westgrönländischen Kabeljau (*Gadus morhua*) hoben sich in den Leinenfängen die Generationen 1953, 1950 und 1947 heraus, die letzteren beiden jedoch nicht mehr so stark wie im Vorjahr. Es wird im nächsten Jahr mit einer weiteren Zunahme des Jahrgangs 1953 und einem weiteren Absinken der Durchschnittslänge gerechnet. An der ostgrönländischen Küste beherrschten die Jahrgänge 1950 und 1947 die Leinenfänge, während der Jahrgang 1953 nicht hervortrat. In den Schleppnetzfängen waren alle Generationen von 1949 bis 1953 ziemlich stark vertreten. M. Berner. 6095.

Meyer, Arno. German investigations on Greenland cod in 1959. **(Deutsche Untersuchungen über den grönländischen Kabeljau [Gadus morhua] 1959.)** Cons. permanent int. Explorat. Mer [Copenhague], Ann. biol. **16** (1959, hrsg. 1961) S. 135–137. – 3 Abb.
Auf der Fylla Bank machte der erstmalig in größeren Mengen ablaichende Jahrgang 1953 ca. 72% der deutschen Trawlfänge aus. Außerdem hoben sich die Jahrgänge 1950 und 1947 bei Westgrönland hervor. Vor Südgrönland war der Jahrgang 1956 zahlreich, und man nimmt an, daß er ab 1962 in diesem Gebiet an Bedeutung gewinnt. An der ostgrönländischen Küste hatte allein die Generation 1950 größere Bedeutung. M. Berner. 6095.

Meyer, Arno. German investigations on Icelandic cod in 1959. **(Deutsche Untersuchungen über den isländischen Kabeljau [Gadus morhua] 1959.)** Cons. permanent int. Explorat. Mer [Copenhague], Ann. biol. **16** (1959, hrsg. 1961) S. 137–138. – 2 Abb.
Die deutsche Fischerei bei Island ist eine gemischte Fischerei. Der meiste Kabeljau wird von Mai–Dez. nordwestlich Island gefangen, während die Laichgründe südwestlich der Insel weniger befischt werden. Auf den Laichgründen beherrschte bis 1956 der reiche Jahrgang 1945 das Bild. Seit 1957 wird er durch die ebenfalls reichen Jahrgänge 1949 und 1950 ersetzt. Auf den Weidegründen bestimmten die Generationen 1949 und 1950 von 1956 bis 1958 die Fänge, seit 1959 in gleichem Maße die Generationen 1954 und 1955.
M. Berner. 6095.

Rutkowicz, St. Polish investigations on cod in the South-Eastern Baltic in 1959. **(Polnische Dorschuntersuchungen in der südöstlichen Ostsee 1959.)** Cons. permanent int. Explorat. Mer [Copenhague], Ann. biol. **16** (1959, hrsg. 1961) S. 140–141. – 2 Tab.

Die Laichperiode des Dorsches (*Gadus morhua*) verlief 1959 im Danziger Tief etwa normal, obgleich sie schnell abgeschlossen wurde und Fischdichte und Fänge gering waren. Seit 1957 hat der Anteil der Laichdorsche an den Fängen abgenommen. Infolge der optimalen ökologischen Bedingungen könnte der Jahrgang 1959 jedoch trotz der kurzen und rel. wenig ausgeprägten Laichzeit ziemlich stark ausfallen. Die Alterszusammensetzung der Fänge deutet auf einen starken Jahrgang 1957 hin, so daß für 1960 eine Verbesserung der Dorschfänge erwartet wird. M. Berner. 6095.

Jensen, Aage J. C. Danish investigations on cod in the Bornholm Region in 1959. **(Dänische Untersuchungen über den Dorsch [Gadus morhua] im Raum von Bornholm 1959.)** Cons. permanent int. Explorat. Mer [Copenhague], Ann. biol. **16** (1959, hrsg. 1961) S. 141–145. — 3 Abb., 4 Tab.
Die Fänge mit dem Standardtrawl deuten auf einen reichen Jahrgang 1959 hin, offenbar eine Folge des starken Salzwassereinstroms und der guten Durchlüftung der Tiefenschichten des Bornholmbeckens in diesem Jahr. Der Jahrgang 1958 hat sich wesentlich verbessert, und man denkt an einen Zustrom aus der Beltsee und dem Kattegat. Die Markierungen der Jahre 1957–1959 im nördlichen und südlichen Bornholmbecken lassen größtenteils Wanderungen im Gebiet der Bornholmsee ohne Bevorzugung einer bestimmten Wanderrichtung erkennen. Nach den Markierungsexperimenten berechnet sich die Gesamtsterblichkeit auf 86–87%, während sich aus den Standardfängen ein Wert von 79% ableiten läßt. M. Berner. 6095.

Lablaika, I. A. Distribution and age composition of cod in Gothland deep in 1959. **(Verteilung und Alterszusammensetzung des Dorsches [Gadus morhua] im Gotlandtief 1959.)** Cons. permanent int. Explorat. Mer [Copenhague], Ann. biol. **16** (1959, hrsg. 1961) S. 146. — 2 Tab.
Ab 1957 verkleinerte sich das Laichgebiet des Gotlanddorsches infolge der Aussüßung der Tiefenwasserschichten bedeutend, und 1958/59 laichte der Dorsch im Gotlandtief fast überhaupt nicht, sondern wanderte hierzu nach Süden und Westen ab. 1959 kehrte er im Gegensatz zu früheren Jahren von dieser Laichwanderung nicht zurück. Die Verschlechterung der Laichbedingungen wird sich auf den Dorschbestand der Ostsee auswirken, und man rechnet nach der rel. geringen Bestandsergänzung 1959 für die Jahre 1960–1962 mit einem weiteren Bestandsrückgang. Der Jahrgang 1957 wird jedoch von mittlerer Stärke sein. M. Berner. 6095.

Kisljakov, A. G. (Kisljakow, A. G.); Murmansk, Forsch.-Inst. für Fischwirtsch. und Ozeanogr. des Polargebietes. Svjaś gidrologičeskich uslovij s kolebanijami čislennosti pokolenij treski. **(Der Zusammenhang zwischen hydrologischen Bedingungen und Bestandsfluktuation der Kabeljaujahrgänge.)** Trudy sovešćanij. Ichtiologičeskaja komissija. Akademija nauk SSSR, Moskva **13** (1961) S. 260–264. — 3 Abb., 2 Tab., 1 Lit. 6095.

Baranenkova, A. S. Soviet investigations on small haddock of age-groups O-III in 1959. **(Sowjetische Untersuchungen über den kleinen Schellfisch [Gadus aeglefinus] der Altersgruppen 0–III im Jahre 1959.)** Cons. permanent int. Explorat. Mer [Copenhague], Ann. biol. **16** (1959, hrsg. 1961) S. 148–149. — 3 Tab.
Wie in den vorangehenden Jahren wurden quantitative Jungfischfänge in den südl., westl., mittleren und küstennahen Bezirken der Barents-See durchgeführt. Danach werden der Jahrgang 1956 als reich, der Jahrgang 1957 als mittel und die Jahrgänge 1958 und 1959 als sehr schwach eingeschätzt.
M. Berner. 6095.

Jones, R. Scottish investigations on North Sea haddock in 1959. **(Schottische Untersuchungen über den Schellfisch [Gadus aeglefinus] der Nordsee 1959.)**

Cons. permanent int. Explorat Mer [Copenhague], Ann. biol. **16** (1959, hrsg. 1961) S. 152. — 5 Tab.

Nach mehreren Reisen der Forschungsschiffe „Scotia" und „Explorer" war der sehr gute Jahrgang 1955 in allen Gebieten noch von großer Bedeutung, während die Generationen 1956 und 1957 als arm gelten müssen. Der Jahrgang 1958 scheint gut auszufallen. Die 0-Gruppe (Jahrgang 1959) wurde jedoch nur in geringer Zahl gefangen. M. Berner. 6095.

Sahrhage, D. German investigations on North Sea haddock in 1959. **(Deutsche Untersuchungen über den Schellfisch [Gadus aeglefinus] der Nordsee 1959.)** Cons. permanent int. Explorat. Mer [Copenhague], Ann. biol. **16** (1959, hrsg. 1961) S. 154. — 3 Tab.

Nach dem Material von 3 Reisen der „Anton Dohrn" erwies sich der Jahrgang 1958 als reich und auch der starke Jahrgang 1955 wurde noch in beträchtlicher Anzahl gefangen. I. allg. hat sich der Schellfischbestand der Nordsee vergrößert, und auf die beiden armen Generationen 1956 und 1957 scheint mit den Jahrgängen 1958 und 1959 ein zahlreicher Nachwuchs zu folgen. M. Berner. 6095.

Sahrhage, D. German investigations on North Sea whiting in 1959. **(Deutsche Untersuchungen über den Wittling [Gadus merlangus] der Nordsee 1959.)** Cons. permanent int. Explorat. Mer [Copenhague], Ann. biol. **16** (1959, hrsg. 1961) S. 157–161. — 2 Abb., 6 Tab.

Nach dem Material von 3 Forschungsreisen überwog in fast allen Gebieten der Nordsee der Jahrgang 1958. Auch die Jahrgänge 1957 und 1955 waren zum Teil gut vertreten. Die Generation 1959 scheint ziemlich zahlreich zu sein. I. allg. war der Wittlingsbestand größer als in den beiden vorangehenden Jahren. Die Wittlinge der nordwestlichen Nordsee setzten sich gegen die Wittlingskonzentrationen der südöstlichen Nordsee durch eine Zone geringer Fischdichte und durch unterschiedliche Wachstumsraten und Wirbelzahlen ab. M. Berner. 6095.

Sahrhage, Dietrich; Hamburg, Bundesforsch.-Anst. für Fischerei, Inst. für Seefischerei. **Über die Verbreitung der Fischarten in der Nordsee im Sommer 1959/60 und im Winter 1960/61.** Veröff. Inst. Meeresforsch. Bremerhaven, Sonder-Bd. **3** meeresbiol. Symposium (1962, hrsg. 1963) S. 90–94. 6100.

Savage, Thomas; College Park, Md., Univ., Dep. of Zool. Cottus girardi Robins, a synonym of Cottus bairdi Girard. **(C. girardi, ein Synonym für C. bairdi.)** Copeia [Philadelphia] **1962** Nr. 4. S. 848–850. — 1 Tab.

Eine Überprüfung von Material aus dem Monacacy-Fluß anläßlich von Untersuchungen über die Fortpflanzung zeigte, daß die 3 Merkmale, die Robins zur Kennzeichnung von *C. girardi* angab, nicht ausreichen. Das betrifft: 1. die Zeichnung am Kopf, 2. die Praeoperculomandibular-Kanäle, die sich zu einem einzigen Porus vereinigen sollen, und 3. die 14–16 Brustflossenstrahlen. Die Untersuchungen über das Verhalten der beiden Formen lieferten weitere Anhaltspunkte dafür, *C. girardi* als Synonym für *C. bairdi* aufzufassen. Eine beträchtliche geographische Variation deutet darauf hin, daß örtliche Populationen dieser Fische leicht als taxionomische Besonderheiten angesehen werden können. G. Merla. 6100.

Holčík, Juraj. Notes on the czechoslovakian lampreys with redescription of Lampetra (Eudontomyzon) vladykovi (Oliva et Zanandrea), 1959. **(Bemerkungen über tschechoslowakische Flußneunaugen mit der Wiederbeschreibung von Lampetra [Eudontomyzon] vladykovi.)** Věstník českoslov. Společnosti zool. **27** (1963) Nr. 1. S. 51–61. — 8 Abb., 3 Tab., 28 Lit. Zus. in Slov.

Vf. stellt fest, daß die Flußsysteme der Donau und der Theiß von 2 Arten der Flußneunaugen besiedelt sind. Im oberen und mittleren Flußgebiet der Donau und ihren Nebenflüssen (Dráva, Morava, Hron Váh) lebt *Lampetra vladykovi*, eine nichtparasitäre Art, die nach der Metamorphose und dem Laichen eingeht. In der Theiß (einschließlich ihrer Nebenflüsse) dagegen lebt *Lampetra danfordi*, welche nach der Metamorphose und dem Laichen weiterlebt und als Parasit von Fischen zu bezeichnen ist. Es wird der Neotyp *L. vladykovi* eingehender beschrieben und ein Schlüssel zur Bestimmung beider Arten gegeben. ČSSR/ÚVTI. 6100.

Nusenbaum, L. M. (Nussenbaum, L. M.); Leningrad, Unions-Forsch.-Inst. für Binnenfischerei der Akad. der Wiss. der UdSSR. O povedenii ryb v priplotinnych učastkach v svjazi s ustrojstvom rybopropusknych i rybozaščitnych sooruženij. **(Über das Verhalten der Fische vor den Staudämmen im Zusammenhang mit dem Bau von Fischdurchlaß- und Fischschutzanlagen.)** Trudy soveščanij. Ichtiologičeskaja komissija. Akademija nauk SSSR, Moskva—Leningrad **10** (1961) S. 235–238. — 4 Lit.
Durch den Strom des abfließenden Wassers begünstigt, verläßt ein Teil der Fischbestände, bes. jüngere Jahrgänge, den Stausee, wobei von jeder Fischart eine bestimmte Tages- und Jahreszeit bevorzugt wird. So wandert z.B. der Zander (*Lucioperca lucioperca*) vorwiegend in den Abendstunden (von 16 bis 21 Uhr), die einsömmrigen Plötzen (*Rutilus rutilus*) morgens und die Grundeln nur nachts. Die unterhalb der Sperrmauer angelangten Fische ziehen meist flußabwärts; ein Teil bleibt jedoch in unmittelbarer Nähe der Mauer zurück und bildet dort mit den im Aufstieg begriffenen laichreifen Fischen starke Konzentrationen. A. Kozianowski. 6105.

Lüling, Karl-Heinz; Bonn, Zool. Forsch.-Inst.; Museum Alexander König. **Süßwasserrochen, Knochenzüngler-Fische und Piranhas im Rio Pacaya im Inneren Perus.** Urania **24** (1961) Nr. 8. S. 309–313. — 10 Abb., 1 Lit.
Beobachtungen an *Osteoglossum bicirrhosum*, *Potamotrygon hystrix*, *Electrophorus electricus* und *Rooseveltiella nattereri*. 6105.

Boruckij, E. V. (Boruzki, Je. W.); Moskau, Sewerzow-Inst. für Tiermorphol. der Akad. der Wiss. der UdSSR, Lab. für Ichthyol. O kormovoj baze i obespečennosti ryb piščej. **(Über das Nährtierangebot und die Ernährung der Fische.)** Trudy soveščanij. Ichtiologičeskaja komissija. Akademija nauk SSSR, Moskva **13** (1961) S. 67–77. — 104 Lit. 6110.

Želtenkova, M. V. (Sheltenkowa, M. W.); Unions-Forsch.-Inst. für Hochseefischerei und Ozeanogr. Obespečennost' piščej vida, populjacii i pokolenij u ryb. **(Die Ernährung der Arten, Populationen und Jahrgänge bei den Fischen.)** Trudy soveščanij. Ichtiologičeskaja komissija. Akademija nauk SSSR, Moskva **13** (1961) S. 82–93. — 3 Abb., 3 Tab., 45 Lit. 6110.

Ponomarenko, I. Ja.; Murmansk, Forsch.-Inst. für Fischwirtsch. und Ozeanogr. des Polargebietes. O vozmožnom vlijanii pitanija molodi treski na ee čislennost'. **(Über den möglichen Einfluß der Ernährung auf die Anzahl der Jungdorsche.)** Trudy soveščanij. Ichtiologičeskaja komissija. Akademija nauk SSSR, Moskva **13** (1961) S. 301–306. — 3 Tab., 8 Lit. 6110.

Grudinin, P. I.; Rostow/Don, Forsch.-Inst. für Fischwirtsch. des Asowschen Meeres. Vlijanie kormovoj bazy na vyživaemost' ličinok azovskoj chamsy. **(Der Einfluß des Nahrungsangebotes auf die Überlebensfähigkeit der Asowsardellenlarven.)** Trudy soveščanij. Ichtiologičeskaja komissija. Akademija nauk SSSR, Moskva **13** (1961) S. 454–456. 6110.

Grigoraš, V. A. (Grigorasch, W. A.); Moskau, Univ., Lab. für Ichthyol. Materialy po pitaniju ličinok plotvy na ėtape smešannogo pitanija. **(Angaben über die Ernährung der Plötzenlarven in der Übergangsetappe zur selbständigen Nahrungsaufnahme.)** Trudy soveščanij. Ichtiologičeskaja komissija. Akademija nauk SSSR, Moskva **13** (1961) S. 348–352. — 3 Tab., 9 Lit. 6110.

Kostomarova, A. A. (Kostomarowa, A. A.); Moskau, Sewerzow-Inst. für Tierphysiol. der Akad. der Wiss. der UdSSR. Značenie ėtapa smešannogo pitanija dlja vyživaemosti ličinok ščuki. **(Die Bedeutung gemischter Nahrung für die Überlebensfähigkeit der Hechtlarven.)** Trudy soveščanij. Ichtiologičeskaja komissija. Akademija nauk SSSR, Moskva **13** (1961) S. **344–347**. — 1 Abb., 13 Lit. 6110.

Girsa, I. I.; Moskau, Sewerzow-Inst. für Tiermorphol. der Akad. der Wiss. der UdSSR, Lab. für Ichthyol. Dostupnost' piščevych organizmov nekotorym rybam pri raznoj osveščennosti. **(Die Fähigkeit einiger Fischarten zur Nährtieraufnahme bei verschiedener Beleuchtung.)** Trudy soveščanij. Ichtiologičeskaja komissija. Akademija nauk SSSR, Moskva **13** (1961) S. 355–359. — 3 Abb., 19 Lit. 6110.

Assman, A. V. (Assman, A. W.); Moskau, Sewerzow-Inst. für Tiermorphol. der Akad. der Wiss. der UdSSR, Lab. für Ichthyol. O dostupnosti ličinok chironomid dlja ryb. **(Über die Greifbarkeit der Chironomidenlarven für Fische.)** Trudy soveščanij. Ichtiologičeskaja komissija. Akademija nauk SSSR, Moskva **13** (1961) S. 361–363. — 11 Lit. 6110.

Marti, Ju. Ju.; Unions-Forsch.-Inst. für Hochseefischerei und Ozeanogr. Migracii i problema obespečennosti piščej morskich ryb. **(Die Wanderung und das Problem der Ernährung der Seefische.)** Trudy soveščanij. Ichtiologičeskaja komissija, Akademija nauk SSSR, Moskva **13** (1961) S. 78–81. 6110.

Steffens, W.; Berlin-Friedrichshagen. **Ausnutzung von Fischnahrung durch den Zander (Lucioperca lucioperca [L.]).** Verh. int. Verein. theoret. angew. Limnol. **14** (1959, hrsg. 1961) S. 746–751. — 4 Tab., 7 Lit.
Ein- und zweisömmrige Zander wurden in Aquarien mit kleinen Cypriniden (*Leucaspius delineatus* und *Tinca tinca*) gefüttert. Dabei wurden Futterquotienten von 3–4 erzielt. Die beste Futterverwertung hatten einsömmrige Zander bei 19–20 °C. Der Vergleich mit den Angaben anderer Autoren zeigte, daß unter vergleichbaren Bedingungen zwischen *Lucioperca lucioperca, Esox lucius, Salmo trutta, S. gairdneri* und *Lota lota* hinsichtlich der Nahrungsverwertung keine wesentlichen Unterschiede bestehen. Das tägl. Nahrungsgewicht lag für einsömmrige Zander mit 7%, bei zweisömmrigen mit 3% in derselben Größenordnung wie bei anderen Raubfischen, bei denen es ebenfalls mit dem Größerwerden abnimmt. Wolfgang Müller. 6110.

Ivlev, V. S. (Iwlew, W. S.); Sewastopol, Biol. Stat. der Akad. der Wiss. der UdSSR. Metod ocenki obespečennosti ryb piščej. **(Eine Methode zur Schätzung des Nahrungsbedarfes der Fische.)** Trudy soveščanij. Ichtiologičeskaja komissija. Akademija nauk SSSR, Moskva **13** (1961) S. 330–336. — 2 Abb., 6 Lit. 6110.

Nikolaev, I. I. (Nikolajew, I. I.); Inst. für Ichthyol. und Fischwirtsch. des Volkswirtschaftsrates der Lett. SSR. Plankton kak faktor raspredelenija i produktivnosti planktojadnych ryb Baltijskogo morja. **(Das Plankton als Verteilungs- und Produktivitätsfaktor der planktonfressenden Ostseefische.)** Trudy soveščanij. Ichtiologičeskaja komissija. Akademija nauk SSSR, Moskva **13** (1961) S. 364–373. — 1 Abb., 5 Tab., 12 Lit. 6110.

Čugunova, N. I. (Tschugunowa, N. I.); Moskau, Sewerzow-Inst. für Tiermorphol. der Akad. der Wiss. der UdSSR, Lab. für Ichthyol. O zakonomernostjach rosta ryb i ich značenii v dinamike populjacij. **(Die Gesetzmäßigkeiten im Wachstum der Fische und ihre Bedeutung für die Dynamik der Population.)** Trudy soveščanij. Ichtiologičeskaja komissija. Akademija nauk SSSR, Moskva **13** (1961) S. 94–107. — 7 Abb., 46 Lit. 6110.

Abakumov, V. A. (Abakumow, W. A.); Unions-Forsch.-Inst. für Hochseefischerei und Ozeanogr. Metodika izučenija dinamiki vesovogo i linejnogo prirosta ryb. **(Untersuchungsmethodik der Dynamik des Gewichts- und Längenzuwachses der Fische.)** Trudy soveščanij. Ichtiologičeskaja komissija. Akademija nauk SSSR, Moskva **13** (1961) S. 194–201. – 4 Abb., 18 Lit. 6110.

Prichod'ko, B. I. (Prichodko, B. I.); Astrachan, Forsch.-Inst. für Fischwirtsch. und Ozeanogr. des Kaspischen Meeres. Vremja zakladki pervogo godovogo kol'ca na češue i sroki polovogo sozrevanija kaspijskoj ančousovidnoj kil'ki. **(Die Bildungszeit des ersten Jahresringes auf den Schuppen und der Eintritt der Geschlechtsreife der kaspischen anchovisartigen Kilka.)** Trudy soveščanij. Ichtiologičeskaja komissija. Akademija nauk SSSR, Moskva **13** (1961) S. 386–390. – 2 Abb., 2 Tab., 2 Lit. 6110.

Šubnikov, D. A. (Schubnikow, D. A.); Unions-Forsch.-Inst. für Hochseefischerei und Ozeanogr. Nekotorye osobennosti linejnogo rosta atlantičesko-skandinavskoj sel'di v letnij period. **(Einige Besonderheiten des Längenwachstums des atlantisch-skandinavischen Herings in der Sommerperiode.)** Trudy soveščanij. Ichtiologičeskaja komissija. Akademija nauk SSSR, Moskva **13** (1961) S. 393–396. – 6 Lit. 6110.

Sergeeva, A. I. (Sergejewa, A. I.); Astrachan, Forsch.-Inst. für Fischwirtsch. und Ozeanogr. des Kaspischen Meeres. Ob izmel'čanii severokaspijskoj vobly. **(Das Kleinerwerden der nordkaspischen Plötze.)** Trudy soveščanij. Ichtiologičeskaja komissija. Akademija nauk SSSR, Moskva **13** (1961) S. 402–410. – 4 Abb., 9 Tab., 8 Lit. 6110.

Chervinski, J.; Dor, Israel, Fish Cult. Res. Stat. Study of the growth of Tilapia galilaea (Artedi) in various saline concentrations. **(Eine Untersuchung über das Wachstum von Tilapia galilaea in Wasser verschiedenen Salzgehaltes.)** Bamidgeh, Bull. Fish Cult. Israel **13** (1961) Nr. 3/4. S. 71–74. – 1 Tab., 7 Lit.
Es wurden 25%iges und 50%iges Meerwasser sowie Süßwasser als Kontrolle verwendet. Die Fische wurden mit *Corixa* gefüttert. Sowohl bei Milchnern als auch bei Rogenern zeigte sich keine signifikante Differenz in der Stückgewichts-Zunahme. Hieraus könnte sich die Möglichkeit ergeben, *T. galilaea* zusammen mit *T. nilotica* in Brackwasser aufzuziehen, wo *Cyprinus carpio* nicht gedeiht. Die Versuche müssen jedoch unter Bedingungen fortgesetzt werden, bei denen die Fische Marktgröße erreichen. G. Merla. 6110.

Cridland, C. C.; Jinja, Freshwater Fisheries Res. Organization. Laboratory experiments on the growth of Tilapia spp. The effect of light and temperature on the growth of T. zillii in aquaria. **(Untersuchungen im Laboratorium über das Wachstum von Tilapia spp. Der Einfluß von Licht und Temperatur auf das Wachstum von T. zillii im Aquarium.)** Hydrobiologia [Den Haag] **20** (1962) Nr. 2. S. 155–166. – 3 Abb., 2 Tab., 8 Lit.
Bei konstanter Temperatur und Fütterung beeinflußten verschiedene Lichtintensitäten im Zeitraum von 8 Mon. die Brutwachstumsrate anscheinend nicht. Andererseits wird die Wachstumsrate bei periodisch geringer Beleuchtung durch die Temperatur sichtlich beeinträchtigt. Sie ist größer bei steigender Temperatur bis 31 °C und nimmt im untersuchten Bereich bis 19,8 °C ab. Die Geschlechtsreife wird bei höheren Temperaturen früher erreicht. Allem Anschein nach ist die Sterblichkeit der Fische bei starken Lichtintensitäten größer als unter Dunkel-Bedingungen. Mit steigender Temperatur über 19,8 °C nimmt die Sterblichkeit ab. G. Merla. 6110.

Savina, N. O. (Sawina, N. O.); Beloruss. Forsch.-Inst. für Fischwirtsch. O balchašskom sazane kak ob-ekte akklimatizacii v vodochraniliščach. **(Über den Balchasch-Karpfen als Akklimatisierungsobjekt in Staubecken.)** Trudy

soveščanij. Ichtiologičeskaja komissija. Akademija nauk SSSR, Moskva-Leningrad **10** (1961) S. 295–296. — 6 Lit.
Nach den Angaben von Dragin kommen im Einzugsgebiet des Balchasch-Sees 2 Karpfenrassen (*Cyprinus carpio*) vor („Seekarpfen" und „Schilfkarpfen"), die sich durch ihr Wachstum deutlich voneinander unterscheiden. Der schnellwüchsige „Seekarpfen" unterteilt sich nach den neusten Untersuchungen im Balchasch-See in 2 Gruppen (Stämme), von denen die Gruppe aus dem östlichen Teil des Sees der aus dem westlichen Teil im Wachstum überlegen ist. Diese Karpfengruppe wäre demnach in erster Linie für die Bewirtschaftung der mittelasiatischen und südsibirischen Stauseen geeignet.
A. Kozianowski. 6110.

Simonova, L. G. (Simonowa, L. G.); Forsch.-Inst. für Fischwirtsch. der Ukrain. Akad. der Landwirtsch.-Wiss. Nekotorye dannye o razvitii čechoni i tjul'ki v Kachovskom vodochranilišče. **(Einige Angaben über die Entwicklung der Ziegen und Kilki im Staubecken von Kachowka.)** Trudy soveščanij. Ichtiologičeskaja komissija. Akademija nauk SSSR, Moskva-Leningrad **10** (1961) S. 290–292. — 1 Tab., 6 Lit.
Die jungen Ziegen (*Pelecus cultratus*) halten sich im Kachowka-Staubecken an flachen und nahrungsreichen Stellen in der Nähe der Laichplätze auf und suchen nur zur Überwinterung tiefere Partien des Stausees auf. Im Nov. haben die Einsömmrigen eine Körperlänge von 12–15 cm und ein Gewicht von 18–35 g. Laichreif werden sie mit 3–7 Jahren. Die 1956 nur vereinzelt vorkommenden Kilki (*Clupeonella*) haben sich in den darauffolgenden Jahren sehr stark vermehrt und gehören nun zum Hauptbestandteil der Zandernahrung im Stausee.
A. Kozianowski. 6110.

Biologie der sonstigen fischereilichen Nutztiere

Meyer-Waarden, P. F. und Tiews, K. Unusual abundance of whiting in the German shrimp catches of 1959. **(Ungewöhnliche Häufigkeit des Wittlings [Gadus merlangus] in den deutschen Garnelenfängen 1959.)** Cons. permanent int. Explorat. Mer [Copenhague], Ann. biol. **16** (1959, hrsg. 1961) S. 253. — 1 Tab., 1 Lit.
1959 waren die Garnelenfänge (*Crangon vulgaris*) mit 25698 t die niedrigsten seit 1952, und der Wittlingsanteil lag 5- bis 30mal höher als in früheren Jahren. Möglicherweise ist der bes. reiche Wittlingsjahrgang 1959 in die Küstengebiete eingewandert, vielleicht angelockt durch den infolge der Trockenheit erhöhten Salzgehalt. Es laufen Untersuchungen zur Ermittlung der durch Raubfische bedingten Veränderungen des Garnelenbestandes.
M. Berner. 6125.

Korringa, P. Larvae and spatfall of oysters in the Oosterschelde (Netherlands) in 1959. **(Larven und Laichen der Austern [Ostrea edulis] in der Oosterschelde [Niederlande] 1959.)** Cons. permanent int. Explorat. Mer [Copenhague], Ann. biol. **16** (1959, hrsg. 1961) S. 253–255. — 1 Abb.
1959 laichten die Austern sehr früh, und ausnahmsweise wurden bereits im Juni große Larven gefunden. Auf Grund der Vorhersagen konnten die guten Absetzbedingungen für Larven in den ersten 12 Julitagen durch das Auslegen von Ziegeln voll genutzt werden. Obgleich der Winter 1959/60 mild war, gingen viele Larven aus nicht geklärten Gründen zugrunde.
M. Berner. 6125.

Drinkwaard, A. C. The quality of oysters in relation to environmental conditions in the Oosterschelde in 1959. **(Die Qualität der Austern [Ostrea edulis] in Abhängigkeit von den Umweltbedingungen in der Oosterschelde 1959.)** Cons. permanent int. Explorat. Mer [Copenhague], Ann. biol. **16** (1959, hrsg. 1961) S. 255–261. — 13 Abb.

Die Fortpflanzungsperiode der Austern fiel 1959 mit einem recht geringen Nahrungsangebot zusammen. Als Anfang Aug. die eigentliche Laichzeit abgeschlossen war, trug die zweite Phytoplanktonblüte zu einer schnellen Erholung bei. Mit dem Beginn des Austernhandels im Sept. war der Konditionsindex im westl. Abschnitt von 59,5 auf 105,0 und im östl. Abschnitt von 73,4 auf 107,6 gestiegen. Die immer noch hohen Wassertemperaturen führten vorübergehend zu einer gewissen Qualitätsabnahme, jedoch waren die Austern während der Überwinterung von ausgezeichneter Qualität. M. Berner. 6125.

C. LEBENSRAUM DER FISCHE
(Hydrographie und Hydrobiologie)

Remane, A.; Kiel, Univ., Zool. Inst. **Verschiedenheiten der biologischen Entwicklung in Meer und Süßwasser.** Veröff. Inst. Meeresforsch. Bremerhaven, Sonder-Bd. 3 meeresbiol. Symposium (1962, hrsg. 1963) S. 122–141. – 2 Abb., Lit. 6130.

Rodhe, Wilhelm; Uppsala. **Die Dynamik des limnischen Stoff- und Energiehaushaltes.** Verh. int. Verein. theoret. angew. Limnol. **14** (1959, hrsg. 1961) S. 300–315. – 26 Lit.

Vf. beschreibt den grundsätzlichen Unterschied zwischen dem irreversiblen Energie- und dem reversiblen Stoffhaushalt der Ökosysteme. Zum Verständnis der Ökosysteme ist die Kenntnis des Energiehaushaltes bes. wichtig, was am Beispiel eines Fließgewässers (ODUM) und einer Quelle (Teal) gezeigt wird. Die Informationstheorie eröffnet für diese Zusammenhänge innerhalb der Ökosysteme neue Einsichten. Für das Problem der Primärproduktion stellt die heterogene räumliche Verteilung des Phytoplanktons eine bes. Schwierigkeit dar. Dabei steht sie wahrscheinlich in Zusammenhang mit der Successionsfolge von kleinen autotrophen Arten (Diatomeen) zu größeren teilweise heterotrophen Formen (Chrysophyceen, Cyanophyceen). Hier ergibt sich die Notwendigkeit engerer Zusammenarbeit mit der Meeresbiologie. Die Untersuchung der Primärproduktion mit Hilfe der ^{14}C-Methode – schafft wesentliche Einblicke, doch muß sie – da im Freiwasser von der Respiration der Bakterien und Tiere beeinflußt – experimentell ergänzt werden. Bes. wichtig ist dabei der Licht- und Temperatureinfluß, wofür es bereits erste mathematische Modelle gibt. Ein bes. Problem stellt die Abhängigkeit der Primärproduktion vom Chemismus des Wassers dar. Hier sind die Verhältnisse infolge z.T. außerordentlich großen Umsatzraten noch ungeklärt. Die Anwendung von Radioisotopen kann hier weiteren Einblick geben. Durch die Kontamination der Gewässer mit künstlichen Radionukliden erhält der Stoff- und Energiehaushalt der Gewässer heute bes. praktische Bedeutung.
W. v. Tümpling. 6135.

Erös, Paul; Budapest. **Einzelne dynamische Zusammenhänge im Wasserlebensraum.** Verh. int. Verein. theoret. angew. Limnol. **14** (1959, hrsg. 1961) S. 189–191.

Vf. untersucht die Selbstregulation des Lebensraumes Wasser in 3 Stufen. Unterste Stufe sind die Algen. Ihre hohe Vermehrungsrate und große Oberfläche ist der Produktion org. Substanz dienlich, während das Zooplankton als zweite Stufe infolge seiner längeren Lebensdauer und geringeren Vermehrungsrate eine Speicherung der in der ersten Stufe gebildeten Energie ermöglicht. Die dritte Stufe stellen die Fische dar. Das Zusammenwirken aller 3 Stufen sichert in der Form einer Selbstregulation in dem ständig veränderten Lebensraum einen Gleichgewichtszustand und den Erhalt der Produktivität. W. v. Tümpling. 6135.

Patalas, Kazimierz; Olsztyn, Polen. **Wind- und morphologiebedingte Wasserbewegungstypen als bestimmender Faktor für die Intensität des Stoffkreislaufes**

in nordpolnischen Seen. Verh. int. Verein. theoret. angew. Limnol. **14** (1959, hrsg. 1961) S. 59–64. — 2 Abb., 2 Tab., 9 Lit.
Vf. untersuchte 69 Seen Masurens, Pommerns und Ermlands. Als Stabilitätskriterium wird die Tiefe des Epilimnions empirisch zu $E = 4{,}4\sqrt{D} \pm 20\%$ bestimmt, wobei die effektive Achslänge D die Hälfte der Summe aus der längsten windschattenfreien Achse plus der längsten dazu senkrechten Achse darstellt. Als zweites Stabilitätskriterium dient das Verhältnis von E/max. Tiefe. Auf der Grundlage dieser beiden Parameter werden die Seen in 5 Stabilitätsgruppen eingeteilt, wozu noch die Temperatur der bodennahen Schichten des Hypolimnions herangezogen wird. W. v. Tümpling. 6135.

Synowiec, Adam; Warszawa. **Über die zahlenmäßige Bestimmung des Relief- und Witterungseinflusses auf einen See.** Verh. int. Verein. theoret. angew. Limnol. **14** (1959, hrsg. 1961) S. 65–69. — 2 Abb., 9 Lit.
In morphol. und chem. ähnlichen Seen einer Klimazone ist die wesentlichste Triebkraft der Zirkulation der Windeinfluß, der differenziert wird durch Gestalt und Lage der Wasseroberfläche, das Relief der Seeumgebung und die Gestalt der Seewanne. An einem See werden für 4 Meßstellen nach Temperaturmessungen der Austauschkoeffizient und die Wärmebilanz aufgestellt. Aus der Größe des Austauschkoeffizienten ist die Einwirkung verschiedener Winde in Abhängigkeit vom Relief der Umgebung des Sees gut ersichtlich.
W. v. Tümpling. 6135.

Mortimer, C. H.; Millport, Scotland. Motion in thermoclines. **(Bewegung in Sprungschichten.)** Verh. int. Verein. theoret. angew. Limnol. **14** (1959, hrsg. 1961) S. 79–83. — 3 Abb., 12 Lit.
Vf. beschreibt die Thermokline als Grenzschicht mit Dichte- und Geschwindigkeitsgradienten zwischen zwei Wasserkörpern. Es werden die Bedingungen für die Turbulenz und damit für den Zusammenbruch der Schichtung untersucht. Entweder stört ein plötzliches Anwachsen der Bewegung in der Sprungschicht durch Wirbel und interne Wellen die Stabilität oder eine Mikroturbulenz wächst allmählich zu wirbelbildender Makroturbulenz aus. In beiden Fällen muß scharf zwischen der Bewegung und der Durchmischung der Wassermassen unterschieden werden. Die Mischung ist vor allem Folge einer gesteigerten Turbulenz bei ungleichförmigen Strömungen. Der Einfluß des Windes auf die Verlagerung der Sprungschicht wird am Beispiel von Windermere dargestellt. W. v. Tümpling. 6135.

Eckel, O.; Wien. **Neue thermische Untersuchungen im Traunsee und Fuschlsee.** Verh. int. Verein. theoret. angew. Limnol. **14** (1959, hrsg. 1961) S. 70–78. — 7 Abb.
Vf. untersucht an Hand kontinuierlicher, elektroautomatischer Temperaturmessungen an mehreren Stationen und in verschiedenen Tiefen die Schichtungs- und Bewegungsverhältnisse im See. Durch periodisch wehende talein- und auswärts gerichtete Winde entstehen interne Wellen mit 24-stündiger Periode. Dazu kommen noch durch aperiodische Winde bedingte interne Wellen verschiedener Frequenz. Driftversuche in verschiedenen Tiefen geben ein anschauliches Bild der auftretenden Strömungen, wobei in Tiefen bis zu 15 m Strömungsgeschwindigkeiten bis zu 100 und 180 m/h festgestellt wurden.
W. v. Tümpling. 6135.

Szczepański, A.; Mikolajki, Polen. **Über die optischen Eigenschaften des Wassers und Typologie.** Verh. int. Verein. theoret. angew. Limnol. **14** (1959, hrsg. 1961) S. 95–98. — 2 Abb., 4 Lit.
Vf. untersuchte die Trübung des Wassers durch Schwebstoffe in masurischen Seen. Die Trübung zeigt einen Jahresrhythmus: während der Zirkulationsperioden ist die Trübung des gesamten Sees gleichmäßig, im Sommer trübt sich zunächst das Epi- später auch das Hypolimnion, während das

Metalimnion klar bleibt. Das Ausmaß der Trübungsschichtung steigt mit der Trophierung des Sees. Die Sichttiefe ist umgekehrt proportional der Trübung und wird begrenzt durch die oberhalb der Sichtscheibe vorhandene Trübungssumme. Versuche mit verschiedenen Sichtscheiben ergaben objektiv keine Differenzen, subjektiv stimmen jedoch alle Beobachter überein, daß die Messung mit einer schwarzweißen Sektorenscheibe am einfachsten ist. W. v. Tümpling. 6135.

Burke, Kevin; Mona, Kingston, Jamaica, Univ. of the West Indies, Dep. of Geol. Dissolved gases in East African lakes. **(Gelöste Gase in ostafrikanischen Seen.)** Nature [London] **198** (1963) Nr. 4880. S. 568–569. – 4 Lit. 6135.

Thomas, E. A.; Zürich, Kantonales Lab. **Thermisch bedingte Horizontalzirkulationen, Wasserchemismus und Algenwucherungen an Zürichseeufern.** Hydrobiologia [Den Haag] **20** (1962) Nr. 1. S. 40–58. – 12 Abb., 16 Lit.
Nach den Untersuchungen des Vf. sind in der Litoralregion des Zürichsees die mineralischen Stickstoffverbindungen und die gelösten Phosphate teils schon im März verbraucht. Die üppige Entwicklung der Uferalgen in den folgenden Mon. wird auf Zufuhr nährstoffreicheren Wassers aus tieferen Schichten zurückgeführt. Zugrunde liegen dieser Nährstoffauffüllung Horizontalströmungen, die durch rasche Erwärmung des Ufersaumes zustande kommen. M. Schlüter. 6135.

Golubić, Stjepko; Rovinj, Jugosl. Akad. der Wiss., Biol. Inst. **Hydrostatischer Druck, Licht und submerse Vegetation im Vrana-See.** Int. Rev. ges. Hydrobiol. **48** (1963) Nr. 1. S. 1–7. – 2 Abb., 1 Tab., 9 Lit.
Vf. setzt die Tiefenverteilung submerser Pflanzen des Vrana-Sees zu der herrschenden Temperatur, den Lichtverhältnissen und den festgestellten Kompensationspunkten in Beziehung. Während sich die Tiefengrenzen der Characeen (max. 42 m) mit den Kompensationspunkten etwa decken, liegt für *Myriophyllum spicatum* der Kompensationspunkt in 35 m Wassertiefe, die untere Vegetationsgrenze jedoch schon in 7,7 m Tiefe bei einem hydrostatischen Druck von 0,8 Atü. Dadurch wird erneut die begrenzende Rolle des hydrostatischen Druckes von rund 1–2 Atü. auf die Tiefenverteilung der höheren Pflanzen bestätigt. M. Schlüter. 6135.

Goldman, Charles R.; Davis, Univ. of California. Primary productivity and limiting factors in Brooks Lake, Alaska. **(Die Primärproduktion und ihre begrenzenden Faktoren im Brooks-See, Alaska.)** Verh. int. Verein. theoret. angew. Limnol. **14** (1959, hrsg. 1961) S. 120–124. – 1 Abb., 1 Tab., 20 Lit.
Vf. untersuchte die Primärpduktion an 4 Stationen des Sees im Flaschenversuch mit der ^{14}C-Methode unter Zusatz von Nährstoffen. Von Juni–Okt. wurde ein Wechsel der begrenzenden Faktoren festgestellt. Im Juni und Juli war Magnesium der begrenzende Faktor, ab Mitte Juli Nitrat. Außerdem stimulierte PO_4-Zugabe die Photosynthese während des ganzen Jahres, doch war der Effekt nie so hoch wie bei Zugabe von $MgSO_4$ und $Ca(NO_3)_2$. Erst ab Mitte Aug. ergab die PO_4-Zugabe eine Leistungssteigerung der Photosynthese, die annähernd so hoch war wie bei den anderen beiden Stoffen. Die Ergebnisse werden in Zusammenhang mit den vulkanischen Aschefällen von 1912/13 diskutiert. W.v. Tümpling. 6135.

Rawson, D. S.; Saskatoon, Canada. A critical analysis of the limnological variables used in assessing the productivity of Northern Saskatchewan lakes. **(Eine kritische Analyse der limnologischen Parameter, die zur Schätzung der Produktivität der Seen Nord-Saskatchewans benutzt werden.)** Verh. int. Verein. theoret. angew. Limnol. **14** (1959, hrsg. 1961) S. 160–166. – 1 Abb., 2 Tab., 4 Lit.
Vf. beschreibt nach Untersuchungen von 12 Seen die wesentlichen morphometrischen, phys.-chem. und biol. Parameter zur fischereilichen Produktivi-

tätsermittlung und Typisierung der Seen. Neben den bekannten Daten wird der Fischbestand durch einen Fang mit einem standardisierten 300-Yard-Kiemennetz in 24 Std. geschätzt. Das hiermit erzielte durchschnittl. Fanggewicht stimmt gut mit den übrigen biol. Daten überein. Aus den ermittelten Daten werden 2 Gruppen gebildet. Phys. Gruppe: Tiefe, Temperatur des Epilimnions, Sichttiefe, O_2-Gehalt nahe dem Grund, Salzgehalt. Biol.: Gewichte/ha des Planktons, der Bodenfauna sowie des Standardnetzfanges. Aus diesen 8 Faktoren lassen sich additiv für jeden See 2 Indices bilden. Die Indices stimmen nach ihrer Größe geordnet gut mit der Lage der Seen in geologisch unterschiedlichen Gebieten überein. Auf der Grundlage der Indices werden die Seen in oligotrophe, mesotrophe und eutrophe Seen eingeteilt.
W. v. Tümpling. 6135.

Kozhow, M. M.; Irkutsk. **Über biologische Produktivität der offenen Regionen des Baikalsees.** Verh. int. Verein. theoret. angew. Limnol. **14** (1959, hrsg. 1961) S. 176–181. — 3 Abb., 7 Lit.

Vf. beschreibt den allg. Entwicklungsverlauf innerhalb des Jahres sowie die Jahresschwankungen in der Biomasse und Produktion. Die in den einzelnen Jahren sehr unterschiedliche Planktonproduktion hängt vor allem von den *Melosira*-Arten ab. Aller 2–3 Jahre zeigt *Melosira* eine bes. reiche Entwicklung, bis zu Frischgewichten von 5–10 g/m³. In den übrigen Jahren bestimmen *Cyclotella, Synedra* und Peridineen das Bild, erreichen jedoch nur eine Biomasse von einigen hundert mg/m³. Das Zooplankton erreicht in ertragreichen Jahren 1–2 g/m³, in anderen Jahren bis 0,6 g/m³, vor allem in Abhängigkeit von der Entwicklung des Calanoiden *Epischura*. Mit der ^{14}C-Methode ergab sich in normalen Jahren eine Produktion von ca. 200 g/m² C, in reichen Jahren mindestens das Doppelte. Die Jahresproduktion der pelagischen Fische liegt bei 7–10 kg/ha, von denen ca. 3,3 kg/ha gewerblich genutzt werden. Die Jahresschwankungen der Produktion zeigen keine Abhängigkeit vom Zufluß, jedoch scheint die Temperatur von bedeutendem Einfluß zu sein. W. v. Tümpling. 6135.

Meschkowa, T. M.; Sewan, UdSSR. **Die Veränderungen des biologischen Regimes des Sewansees im Zusammenhang mit dem Sinken seines Wasserstandes.** Verh. int. Verein. theoret. angew. Limnol. **14** (1959, hrsg. 1961) S. 204–207. — 5 Lit.

Der Wasserspiegel des 1900 m ü. NN gelegenen Sees wurde bis 1959 um 12 m gesenkt. Das nun vorhandene Litoral hat weichen Boden und durch die Brandung tritt eine erhebliche Trübung des Wassers auf. Durch die org. Substanz des Schlammes ist der O_2-Gehalt um 15% gegenüber früher gesunken. Die höhere Wasserflora ist zurückgegangen. Das Phytoplankton ist artenreicher geworden und seine Biomasse hat sich verdoppelt. Das Zooplankton hat sich nicht im Artenbestand, wohl aber in der quantitativen Zusammensetzung und im Jahreszyklus erheblich verändert. Die Zahl der Daphnien hat sich trotz erhöhter Eizahl vermindert. Das Benthos hat seine Biomasse verdoppelt, doch ist eine große Zahl der an festes Substrat gebundenen Litoralformen verschwunden, was sehr nachteilig für die Forellenwirtschaft ist.
W. v. Tümpling. 6135.

Dayal, Ram und Tandon, R. N.; Allahabad, India, Univ., Bot. Dep. Ecological studies of some aquatic phycomycetes. **(Ökologische Studien über einige im Wasser lebende Phycomyceten.)** Hydrobiologia [Den Haag] **20** (1962) Nr. 2. S. 121–127. — 2 Abb., 1 Tab., 19 Lit.

Vff. kultivierten bei +4 °C aus verschiedenen stehenden Wasseransammlungen bei Allahabad 12 verschiedene Phycomyceten, darunter 3 für Indien neue Funde. Die Pilze, die dem *Saprolegniales, Blastocladiales* und den

Peronosporales angehörten, machten im Sommer eine Ruheperiode durch; Keimung und Wachstum traten im Winter bei niedrigeren Temperaturen ein. M. Schlüter. 6135.

Gandhi, H. P.; Junagadh, Saurashtra, India, Bahauddin Coll. Some freshwater diatoms from Lonavla Hill-Station in Bombay-State (Maharashtra). **(Einige Süßwasser-Diatomeen von der Bergstation Lonavla im Staate Bombay [Maharashtra].)** Hydrobiologia [Den Haag] **20** (1962) Nr. 2. S. 128–154. – 39 Abb., 42 Lit.
Vf. gibt eine Florenliste aus der Umgebung von Lonavla mit vulkanischem Untergrund und Monsunklima. Unter den 94 Arten, Varietäten und Formen befinden sich eine neue Art (*Pinnularia lonavlensis*) und eine neue Varietät (*P. borealis* v. *lonavlensis*). Die Formen verteilen sich auf 22 Gattungen. Die für Indien neuen Taxa werden beschrieben, die übrigen nur genannt. Vorherrschend war die Gattung *Navicula* in den Proben. Die Funde werden mit dem Gebiet von Bombay und Salsette verglichen. M. Schlüter. 6135.

Kamat, N. D.; Bombay, India, Inst. of Sci., Dep. of Bot. Two new species of Chroococcidiopsis from India. **(Zwei neue Arten von Chroococcidiopsis aus Indien.)** Hydrobiologia [Den Haag] **20** (1962) Nr. 2. S. 188–192. – 22 Abb., 1 Lit.
Vf. beschreibt zwei neue Blaualgenarten: *Chroococcidiopsis karnatakensis* und *Chr. spinosa* (Reihe: Chamaesiphonales) von Karnatak in Indien. Beide Arten stammen von steinigem Untergrund, wurden in Tropfenkulturen gezüchtet und danach die Entwicklungsstadien abgebildet. Die beiden neuen Arten unterscheiden sich von anderen Vertretern der gleichen Gattung durch dicke, stachlige Zellwände. M. Schlüter. 6135.

Smirnov, N. N.; Borok, USSR. Consumption of emergent plants by insects. **(Der Verzehr von Überwasserpflanzen durch Insekten.)** Verh. int. Verein. theoret. angew. Limnol. **14** (1959, hrsg. 1961) S. 232–236. – 13 Lit.
Vf. untersucht den Nahrungsbedarf von 6 phytophagen Käfern und 1 Schmetterlingsart, wobei 8 Pflanzenarten als Nahrung dienen. Als Parameter dient der „Fraßindex“, das ist die in 24 Std. aufgenommene Nahrungsmenge in % des Gewichtes des Konsumenten. Die emersen Teile von höheren Pflanzen werden im Gegensatz zu ihren submersen Teilen als lebendes Gewebe verzehrt. Der Fraßindex der untersuchten Tierarten lag zwischen 20 und 250%. Dabei werden tägl. 0,4%–7% der Biomasse der Pflanzen verzehrt. Teilweise folgt die Nahrungsaufnahme in ihrer Intensität dem Tagesgang der Temperatur, andere Arten weisen einen temperaturunabhängigen Tagesrhythmus auf.
W. v. Tümpling. 6135.

Boruckij, E. V. (Boruzki, Je. W.); Moskau, Univ., Lehrstuhl für Ichthyol. Vylety Chironomidae (Diptera) kontinental'nych vodoemov raznych klimatičeskich pojasov kak faktor obespečennosti ryb piščej. **(Die Schlupfzeiten der Chironomiden [Diptera] der Binnengewässer unterschiedlicher Klimazonen als Faktor des Futterangebotes für die Fische.)** Zoologičeskij žurnal, Moskva **42** (1963) Nr. 2. S. 233–247. – 5 Abb., 71 Lit. Zus. in Engl.
Die Anzahl der Schlupfperioden der eurythermen Chironomiden in weniger als 2 m tiefen Gewässern, welche nicht höher als 200 m über dem Meeresspiegel gelegen sind, sinkt vom Äquator nach den Polen hin von 12 auf 0. In tropischen und arktischen Gewässern gibt es dabei gewöhnlich zwei Chironomidenpopulationen, deren Schlupfperioden miteinander abwechseln, in gemäßigten Breiten gibt es dagegen nur eine Population. Die Schlupfperioden haben eine große Bedeutung für die Ernährung der Fische, weil die Organismen zu dieser Zeit eine rel. leicht zugängliche Nahrung darstellen. In manchen Fällen werden die bereits unter Eis schlüpfenden Imagines aufgenommen.
H.-W. Hattop. 6135.

Löffler, Heinz; Wien. **Zur Ostrakoden- und Copepodenfauna Ekuadors (mit Beschreibung 6 neuer Arten und 3 neuer Unterarten).** Arch. Hydrobiol. **59** (1963) Nr. 2. S. 196–234. – 15 Abb., 7 Tab., 82 Lit. 6135.

Hauer, J.; Karlsruhe. **Zur Kenntnis der Rädertiere (Rotatoria) von Ägypten.** Arch. Hydrobiol. **59** (1963) Nr. 2. S. 162–195. – 24 Abb., 21 Lit. 6135.

Rahat, M.; Jerusalem, Hebrew Univ., Dep. of Zool. Two polyps of Limnotrachylina from Israel. **(Zwei Polypen von Limnotrachylinen aus Israel.)** Bull. Res. Council Israel, Sect. B **10B** (1961) Nr. 4. S. 171–172. – 1 Abb., 3 Lit.
Vf. beschreibt die Polypen von *Microhydra ryderi* und *Calpasoma dactylophora* aus zwei Aquarien, die mit *Elodea* und *Amblystoma* besetzt waren. Die Herkunft der Polypen konnte nicht ermittelt werden. Untersuchungen an isolierten Polypen sprechen im Gegensatz zu Buchert dafür, daß es sich nicht um 2 Typen einer Art, sondern um 2 getrennte Arten handelt.
W. v. Tümpling. 6135.

Edmondson, W. T.; Washington. Secondary production and decomposition. **(Sekundäre Produktion und Abbau.)** Verh. int. Verein. theoret. angew. Limnol. **14** (1959, hrsg. 1961) S. 316–339. – 1 Tab., 63 Lit.
Vf. untersucht die vielfältigen Zusammenhänge zwischen Konsumenten und primären Produzenten am Beispiel von *Daphnia* als Konsument des Phytoplanktons. Nahrungsbedarf, Assimilation und Exkretion, Wachstum und Reproduktion, Filtrations- und Fraßrate, Energiehaushalt und -ausbeute als die wesentlichsten Faktoren des Systems werden ausführlich dargestellt. Ebenso werden Nahrungsverbrauch und -ausnutzung sowie der Einfluß der Nahrungsdichte und -zuwachsrate auf die Ernährung des Zooplanktons beschrieben. Die Nahrungskette schließt sich zum Kreis durch die Ausscheidung von Nährstoffen (vor allem CO_2) durch das Zooplankton und aus den Sedimenten. Hierbei kommt den physiographischen Verhältnissen der Schichtung eine bes. Bedeutung zu für die Größe der Umschlagsrate der Nährstoffe. Schließlich wird der Einfluß der Nährstoffkonzentration sowie der von außerhalb des Sees eingebrachten Nähr- wie auch Hemmstoffe kurz angedeutet. W. v. Tümpling. 6135.

Hansen, Kaj; Hillerod, Denmark. Lake types and lake sediments. **(Seentypen und Seensedimente.)** Verh. int. Verein. theoret. angew. Limnol. **14** (1959, hrsg. 1961) S. 285–290. – 2 Abb., 2 Tab., 6 Lit.
Nach einer kritischen Betrachtung des dystrophen Seentyps, der besser polyhumoser See hieße, untersucht Vf. die Zusammenhänge zwischen den Sedimenten und den Seentypen nach Naumann und Thienemann. Dy und Gyttja werden durch das Verhältnis von C/N unterschieden. Für Dy ist das Verhältnis größer, für Gyttja kleiner als 10. Von bes. Bedeutung ist außerdem der Anteil der anorg. biogenen Stoffe im Sediment: der alkalilösliche Anteil von SiO_2 und das biogen gefällte $CaCO_3$. In einem 2-dimensionalen Diagramm – Ordinate C/N, Abszisse minerogener bzw. biogener anorg. Bestandteil des Sedimentes – lassen sich die Zusammenhänge zwischen Sediment und Seentyp für 6 schwedische und 9 dänische Seen gut erkennen. Die 6 schwedischen Seen erweisen sich alle als polyhumos und eutroph, woraus sich ergibt, daß die von Naumann beschriebenen Zusammenhänge zwischen Sediment und Seentyp nicht den natürlichen Gegebenheiten entsprechen.
W. v. Tümpling. 6135.

Szabó, Ernö; Tihany, Ungarn. **Über die Enzymtätigkeit der Sedimente des Balaton-Sees.** Verh. int. Verein. theoret. angew. Limnol. **14** (1959, hrsg. 1961) S. 252–255. – 10 Lit.
Vf. untersuchte die Aktivität der im Sediment vorhandenen Invertase und β-Glucosidase. Es wird die Invertierung von Saccharose und der Abbau zweier

Glucoside durch Schlammproben bei 27 °C bestimmt. Die höchste Aktivität zeigen die Proben des detritusreichen Uferschlammes. Hier ist die Invertaseaktivität ca. 3–4mal so hoch wie im Sediment der Laichkrautzone und des offenen Wassers. Gleiches gilt für die Glucosidaseaktivität. Untersuchungen der Sedimentatmung vor und nach Zugabe von Saccharose und Glucose bestätigen die Ergebnisse. W. v. Tümpling. 6135.

Kleerekoper, H., Harcsar, F. und Bates, D. M.; Hamilton, Ontario, Canada. The significance of trace elements in fresh water plankton for the identification of microstratification in lake bottom sediments with special reference to strontium. **(Die Bedeutung der Spurenelemente im Süßwasserplankton für die Aufklärung der Mikroschichtung in Seeschlammablagerungen unter besonderer Berücksichtigung von Strontium.)** Verh. int. Verein. theoret. angew. Limnol. **14** (1959, hrsg. 1961) S. 242–246. – 1 Tab., 1 Lit.

Vff. fanden, daß als Spurenelement im Plankton nur Strontium vorhanden ist, das mit einem Spektrophotometer nach Beckmann bestimmt wurde. Gleichzeitig wurden Calcium und das Verhältnis Sr/Ca·100 ermittelt. Die Untersuchungen wurden im Simcoe-See, im Ontario-See und im Huron-See durchgeführt. Während das Plankton der beiden ersten Seen in den meisten Proben eine Anreicherung von Sr und Ca gegenüber dem Wasser ergibt, werden im Huron-See Sr nicht und Ca kaum angereichert, was auf Unterschiede der vorhandenen Planktonarten zurückgeführt wird. In den oberen Schlammschichten wird ein Sr/Ca-Verhältnis gefunden, das mit demjenigen des Planktons übereinstimmt. D. Nehring. 6135.

Züllig, H.; Rheineck, Schweiz. **Die Bestimmung von Myxoxanthophyll in Bohrprofilen zum Nachweis vergangener Blaualgenentfaltungen.** Verh. int. Verein. theoret. angew. Limnol. **14** (1959, hrsg. 1961) S. 263–270. – 4 Abb., 13 Lit.

Myxoxanthin ist ein für Blaualgen charakteristisches Carotinoid, da es sonst nur noch im Tierreich gefunden wird. Zu seiner Gewinnung wurde die hypophasische Fraktion, die nach Entwässerung, Ausätherung und Verseifung von an *Oscillatoria rubescens* angereichertem Plankton gewonnen worden war, verwendet. Von dem im Vakuum getrockneten Rückstand haftete Myxoxanthophyll aus Chloroform an einer Säule von $CaCO_3$, ließ sich durch Methanol eluieren und konnte aus Pyridin durch Zusatz von Benzin und Benzol ausgefällt werden. Untersuchungen von Sedimentproben aus Seen mit Blaualgenentwicklung ergaben am Startpunkt einen an Myxoxanthophyll stark angereicherten violettroten Ring. Sedimentauszüge von Bohrproben aus der Zeit vor der Blaualgenentwicklung enthielten kein Myxoxanthophyll. Weiterhin wird eine papierchromatographische Isolierung dieser Verbindung beschrieben. D. Nehring. 6135.

Holden, A. V.; Pitlochry, Scotland. The removal of dissolved phosphate from lake waters by bottom deposits. **(Die Entfernung von gelöstem Phosphat aus Seewasser durch Schlammablagerungen.)** Verh. int. Verein. theoret. angew. Limnol. **14** (1959, hrsg. 1961) S. 247–251. – 4 Abb., 2 Lit.

Aerobe Schlammablagerungen können große Mengen an Phosphat aufnehmen. Allerdings geht dieser Vorgang langsam vonstatten. Wenn einem See Phosphat zugeführt wird, so erfolgt die Aufnahme durch den Schlamm langsamer als durch Makrophyten und Phytoplankton. Die Hauptmenge des Phosphats verbleibt in den oberen Schlammschichten, wo es org. gebunden wird. Bei hohen Konzentrationen dringt Phosphat auch bis unter die aerobe Zone ein, sogar bei Abwesenheit einer Schlammfauna. In unfruchtbaren Seen ist die Phosphatkonzentration in der Schlammoberfläche im Verhältnis zur darüberliegenden Wasserschicht hoch. In flachen fruchtbaren Gewässern nimmt die oberste 15 cm-Schicht des Schlammes an der Phosphataufnahme teil. Hierbei werden große Mengen aus der Lösung entfernt und in nicht mehr verfügbare Formen umgewandelt. D. Nehring. 6135.

Hayes, F. R.; Halifax, Canada. Bacteria in sediment as an indicator of lake productivity. **(Bakterien im Sediment als Indikator der Produktivität von Seen.)** Verh. int. Verein. theoret. angew. Limnol. **14** (1959, hrsg. 1961) S. 296–299. – 3 Abb., 1 Tab., 4 Lit.
Der tägl. Sauerstoffverbrauch über der Schlammoberfläche ist direkt und linear proportional der Zahl der Bakterien im Schlamm. Dabei werden jedoch ca. 2 mg O_2/100 cm^2 Schlammoberfläche und Tag auch ohne die Anwesenheit von Bakterien verbraucht. Die Zahl der Bakterien im Sediment ist außerdem direkt proportional der Leitfähigkeit und der Methylorange-Alkalinität des Wassers. Auch zwischen der Wasserfarbe und der Bakterienzahl bestehen gewisse, offensichtliche Abhängigkeiten. Bei genauerer Kenntnis aller Zusammenhänge lassen sich sicher Zusammenhänge zwischen Produktivität und Bakteriengehalt des Sedimentes finden. W. v. Tümpling. 6135.

Vallentyne, J. R.; Ithaca, N. Y. On the rate of formation of black spheres in recent sediments. **(Über die Bildungsweise von schwarzen Kugeln in rezenten Sedimenten.)** Verh. int. Verein. theoret. angew. Limnol. **14** (1959, hrsg. 1961) S. 291–295. – 10 Lit.
Vf. untersucht die von Naumann aus dem Sediment verschiedener Seen beschriebenen „schwarzen Kugeln". Es handelt sich dabei um in Salzsäure unlösliches, in warmer konz. Salpetersäure lösliches Eisendisulfid. Die Röntgenfeinstrukturanalyse isolierter Kugeln ergab die eindeutige Struktur von Pyrit. Die Kugeln fanden sich in allen untersuchten Seen in den obersten Sedimentschichten, woraus sich eine kurze Bildungszeit ergibt. Vereinzelt wurden auch Kugeln im Seston aller Tiefen gefunden, doch stammen diese zweifellos aus dem Sediment. Da 10–80% des Schwefels im Sediment als Pyrit vorliegen, ergibt sich eine bes. Bedeutung für Pyrit als autochthones Mineral in Seesedimenten. Die Bildung des Pyrit geht wahrscheinlich von der Disulfhydrylverbindung des zweiwertigen Eisens $Fe(SH)_2$ aus, wobei möglicherweise Eisenhydroxyd als Wasserstoffacceptor auftritt. W. v. Tümpling. 6135.

Korde, N. W.; Moskau. **Charakteristische Merkmale der Stratifikation der Bodenablagerungen in Seen mit verschiedenartigem Zufluß.** Verh. int. Verein. theoret. angew. Limnol. **14** (1959, hrsg. 1961) S. 524–532. – 10 Abb., 13 Lit.
Vf. berichtet über Sedimentuntersuchungen an einer größeren Zahl von Seen der Waldzone des europäischen wie asiatischen Teiles der UdSSR. Bes. Wert wird auf methodisch saubere und umfassende Untersuchung aller Merkmale und Bestandteile des Sedimentes gelegt. Die Ergebnisse der biol. Untersuchungen werden in ausführlichen Diagrammen zusammengestellt. Aus ihnen ergibt sich eine maßgebliche Rolle des Zuflusses für die Sedimentbildung. Die Diagramme zeigen ganz bestimmte Typen der Zusammensetzung der Sedimente aus verschiedenen Pflanzengruppen, aus deren ökologischen Anforderungen die Geschichte der Seen gut abzulesen ist. Außerdem zeigen alle Diagramme des Gebietes ähnliche und phasengleiche Veränderungen auf, aus denen sich für das Holozän langfristige Klimaänderungen ablesen lassen.
W. v. Tümpling. 6135.

Vallentyne, J. R.; Cornell Univ., Dep. of Zool. Isolation of pyrite spherules from recent sediments. **(Die Isolation von Pyritkristalliten aus frischen Sedimenten.)** Limnol. and Oceanogr. 8 (1963) Nr. 1. S. 16–30. – 5 Abb., 3 Tab., 42 Lit.
Die mikroskopische Untersuchung von nahezu 200 Sedimentproben, meistens aus Binnengewässern, zeigte, daß in fast allen Ablagerungen Pyritkristalle vorhanden waren. In einem Fall wurden 450000 Stck. in 1 g trockenem Sedi-

ment gefunden, was gewichtsmäßig etwa 0,6% der anorg. Masse ausmachte. Der Durchmesser der Kristallite lag zwischen 2 und 100 μ, wobei 75% kleiner als 11 μ waren. Die Abtrennung erfolgte durch Flotation und Zentrifugieren. Die chem. Zusammensetzung ergab bei einer Probe 53,16% S, 46,59% Fe, 0,13% Si und 0,009% C. Diese Ergebnisse zeigen, daß es unwahrscheinlich ist, daß die Pyritkristallite org. Mikrofossilien enthalten, wie andere Forscher vermuten. Über die Untersuchungsmethodik wird berichtet.
D. Nehring. 6135.

Neustadt, M. J.; Moskau. **Zur Geschichte der Seen im Holozän.** Verh. int. Verein. theoret. angew. Limnol. **14** (1959, hrsg. 1961) S. 279–284. — 2 Abb., 1 Tab., 7 Lit.

Vf. untersuchte den See Somino in der Niederung des Wolgaoberlaufes. Dieser 181 ha große See ist heute bis auf eine Tiefe von 1–1,2 m verlandet. Die vorzeitliche Wanne des Sees ist von Seeablagerungen — im südöstlichen Teil mit deutlichen Jahresschichtungen — gefüllt. Die Pollenanalyse der bis zu 40 m mächtigen Seeablagerungen spricht für ein holozänes Alter. Bohrungen ergaben genaue Einsicht in die Mächtigkeit der verschiedenen Sedimente, in denen der Bestand der subfossilen Flora und Fauna untersucht wurde. Dabei zeigen allein die 242 gefundenen Diatomeen deutlich 6 verschiedene Horizonte, die den interglacialen Mindel-Riß Ablagerungen nahestehen. Hieraus läßt sich die Geschichte des Sees im Holozän mit zeitlich recht genau definierten Hebungen und Senkungen des Wasserstandes ablesen.
W. v. Tümpling. 6135.

Frey, David G.; Bloomington, Ind. Developmental history of Schleinsee. **(Die Entwicklungsgeschichte des Schleinsees.)** Verh. int. Verein. theoret. angew. Limnol. **14** (1959, hrsg. 1961) S. 271–278. — 2 Abb., 1 Tab., 11 Lit.

Vf. untersuchte die Cladocerenüberreste im Sediment des Sees. Die Ergebnisse werden mit ausführlichen Pollenanalysen verglichen, wobei die Zahl der Cladoceren/g Aschegewicht als Maß gilt. Dominierende Gattung ist *Bosmina* mit 1,7–22 Mill. Individuen/g. Insgesamt wurden 32 Chladocerenarten, davon 27 Chydoriden nachgewiesen. Es lassen sich quantitative Zusammenhänge zwischen der Zahl der Cladoceren und dem Glühverlust sowie dem Ca- und Mg-Gehalt der Sedimente erkennen. Veränderungen in der chem. Zusammensetzung des Sedimentes, in den Pollendiagrammen sowie in der wechselnden Zusammensetzung der Cladocerenfauna (litorale Chydoriden und pelagiale Bosminiden und Daphniden) zeigen übereinstimmend deutliche Hinweise auf bestimmte historische Veränderungen des seit dem ältesten Dyas existierenden Sees. Bes. gut zu erkennen ist der Wechsel borealer und atlantischer Zeitabschnitte. W. v. Tümpling. 6135.

Shilo, Miriam; Jerusalem, Univ., Dep. of Microbiol. Chem. The phytoplankton of brackish water fish ponds. **(Das Phytoplankton in Brackwasser-Fischteichen.)** Bamidgeh, Bull. Fish Cult. Israel **14** (1962) Nr. 4. S. 86–96. — 8 Abb., 4 Tab., 11 Lit.

Zur Zeit wird etwas mehr als die Hälfte der Teichflächen Israels mit Brackwasser gespeist, der Anteil kann in Zukunft noch steigen. Planktonproben wurden von Juni 1947–Jan. 1948 in 2–4 wöchentl. Abständen aus Teichen nördlich des Toten Meeres (Beith Ha'arava) und im Zevulun-Tal entnommen. Vf. gibt das qualitative und quantitative Algenvorkommen an. Hauptsächlich waren Blaualgen, Diatomeen und Grünalgen vertreten, wobei die Blaualgen-Zahlen im umgekehrten Verhältnis zu denen der beiden anderen Gruppen standen. Häufig traten auch Wasserblüten auf. Gleiche und abweichende Phytoplankton-Ergebnisse aus den einzelnen Teichgebieten werden diskutiert. Die Fähigkeit der Blaualgen zur N-Bindung als mögliche Ursache für dominierendes Auftreten wird gegenwärtig noch untersucht. G. Merla. 6140.

Jaag, O.; Zürich. **Selbstreinigungsmechanismen in Fließgewässern.** Verh. int. Verein. theoret. angew. Limnol. **14** (1959, hrsg. 1961) S. 41–58.

Vf. betrachtet unter dem Aspekt der Selbstreinigung den Absetzvorgang der Sink- und Schwebstoffe sowie die Mineralisation der org. Inhaltsstoffe des Gewässers. Die Verminderung der Bakterienzahl durch Bakterienfresser, Bakteriophagen und durch baktericide Ausscheidungen von Algen werden dargestellt. Die Ausnutzung der natürlichen Selbstreinigung in der künstlichen biol. Abwasserbehandlung häuslicher wie industrieller Abwässer wird besprochen. Ebenso findet die radioaktive Kontamination unserer Gewässer, die Adsorption und biologische Anreicherung der Radionuclide Erwähnung. Schließlich werden der Sauerstoffhaushalt der Gewässer, Probleme der Trophierung und des Saprobiensystems diskutiert. W. v. Tümpling. 6145.

Abell, Dana L.; Hanover, N.H. The role of drainage analysis in biological work on streams. **(Die Bedeutung der Analyse des Einzugsgebietes in biologischen Arbeiten über Flüsse.)** Verh. int. Verein. theoret. angew. Limnol. **14** (1959, hrsg. 1961) S. 533–537. – 4 Abb., 1 Tab., 4 Lit.

Die Analyse beruht auf der Klassifikation der Vorfluter, indem die kleinsten Elemente des Einzugsgebietes zum Gewässer erster Ordnung ernannt werden. Der Zufluß eines Gewässers gleicher Ordnung erhöht die Ordnungszahl des Gewässers um eine Ordnung. Dabei sind monaxiale und dichotome Systeme möglich. Natürlicherweise handelt es sich meist um Formen, die dem monaxialen Typus näherstehen. Als neues Maß wird die „drainage unit" eingeführt, womit der Abschnitt zwischen den Mündungen zweier Nebenflüsse kleinerer Ordnung bezeichnet wird. Als Beispiel wird ein Bergfluß in Vermont klassifiziert. Die Bedeutung des Systems liegt in der Schaffung einer grundlegenden Vergleichsmöglichkeit für die verschiedensten Daten innerhalb eines Einzugsgebietes. W. v. Tümpling. 6145.

Macan, T. T.; Ambleside. A review of running water studies. **(Eine Kritik der Fließgewässerstudien.)** Verh. int. Verein. theoret. angew. Limnol. **14** (1959, hrsg. 1961) S. 587–602. – 8 Abb., 3 Tab., 61 Lit.

Vf. setzt sich zunächst mit den Problemen der Klassifizierung der Fließgewässer nach phys. (Temperatur, Substrat, O_2-Gehalt) und biol. (Zoocoenosen, fischereiliche Regionen) Merkmalen auseinander. Als einzige Tiergruppe haben sich bisher nur die Ephemeriden für eine allg. Klassifizierung der Fließgewässer als geeignet erwiesen. Anschließend werden die verbreitungsbegrenzenden Faktoren besprochen. Von bes. Bedeutung ist zweifellos die Strömungsgeschwindigkeit, da sie mit dem Substrat, der Wasserführung, der Trübung und dem Nahrungsangebot in wechselseitiger Abhängigkeit innig verflochten ist. Der Sauerstoffgehalt wirkt verbreitungshemmend vor allem in Verbindung mit der Temperatur, wobei letztere allein ebenfalls sehr vielseitig wirksam ist: O_2-Bedarf, Entwicklung, Konkurrenz mit besser adaptierter Art. Schließlich kann auch die Größe des Flusses einen bestimmenden Faktor darstellen. W. v. Tümpling. 6145.

Liepolt, R.; Wien. **Limnologische Forschungen im österreichischen Donaustrom.** Verh. int. Verein. theoret. angew. Limnol. **14** (1959, hrsg. 1961) S. 422 bis 429. – 3 Abb., 18 Lit.

Vf. berichtet über Donauuntersuchungen auf der Strecke von Passau bis Wolfsthal. Durch den Einfluß des Inn und anderer Gebirgsflüsse ist der österreichische Abschnitt der Donau ein schnellfließender, kalter (9,7 °C Jahresmitteltemperatur) Strom. Chem., biol. und bakteriol. Verhältnisse werden beschrieben. Der Zustand des oligotrophen Flusses ist im Längsschnitt ziemlich gleichmäßig. Die Diskussion beschäftigt sich hauptsächlich mit den bakteriol. Methoden und Verfahren der Wassergütebeurteilung. W. v. Tümpling. 6145.

Rzóska, Julian; London. Some aspects of the hydrobiology of the River Nile. **(Einige Aspekte der Hydrobiologie des Nil.)** Verh. int. Verein. theoret. angew. Limnol. **14** (1959, hrsg. 1961) S. 505–507. — 3 Lit.
Der Nil und seine Nebenflüsse enthalten ein echtes Flußplankton, das auf bestimmten Strecken in reiner Form, in anderen überdeckt von Detritus und Schlamm auftritt. Infolge der hohen Temperaturen (20 °–33 °C) entwickeln auch kurze Nebenflüsse ein echtes Plankton. Die Besonderheit des Flußplanktons liegt weniger in der Artenzahl und -auswahl als in den ökologischen Bedingungen, die zwar zeitlich begrenzt sind, aber räumlich sehr weit variieren.
W. v. Tümpling. 6145.

Drover, D. P. und Beshai, H. M.; Khartoum, Sudan, Univ., Dep. of Agric. Chem. and Pedol.; Dep. of Zool. A preliminary study of some chemical constituents of the bottom deposits of the White Nile. **(Eine vorläufige Untersuchung einiger chemischer Bestandteile der Schlammablagerungen des Weißen Nils.)** Hydrobiologia [Den Haag] **20** (1962) Nr. 2. S. 179–184. — 4 Abb., 8 Lit.
Vff. untersuchten die Schlammsedimente des Weißen Nils von Khartoum bis Juba. auf einer Strecke von etwa 1700 km. Bestimmt wurde der Phosphat- und Kalziumgehalt im salzsauren Aufschluß und der org. gebundene N nach Kjeldahl. Die Konzentration aller 3 Komponenten sank mit zunehmender Entfernung von Khartoum (N 0,18 → 0,02%, P 104 → 5 mg%, Ca 8,8 → 0,3%). An Stellen, an denen sich der Fluß teichartig verbreiterte, war der Gehalt an N, P und Ca viel höher als in der Strommitte. Die qualitative Prüfung auf Sulfat führte bei allen Proben zu negativen Ergebnissen.
D. Nehring. 6145.

Illies, Joachim; Plön, Holstein. **Gebirgsbäche in Europa und in Südamerika — ein limnologischer Vergleich.** Verh. int. Verein. theoret. angew. Limnol. **14** (1959, hrsg. 1961) S. 517–523. — 2 Abb., 1 Tab.
Die echten Gebirgsbäche der Tropen wie der gemäßigten Breiten stellen physiographisch identische Biotope dar, die demzufolge gleiche Lebensformtypen aufweisen. Diese sind meist systematisch nahe verwandt, manchmal jedoch nur Vikarianzpartner aus systematisch sich fernstehenden Gruppen. Dabei kommt es zu auffälligen Konvergenzen im Körperbau. In südamerikanischen Gebirgsbächen treten dann noch endemisch südhemisphärische Formen auf.
W. v. Tümpling. 6145.

Starmühlner, Ferdinand; Wien. **Biologische Untersuchungen in isländischen, mitteleuropäischen und madagassischen Warmbächen. Vorl. Mitt.** Verh. int. Verein. theoret. angew. Limnol. **14** (1959, hrsg. 1961) S. 404–409. — 4 Abb., 6 Lit.
Vf. untersucht am Beispiel der durch Thermalquellen im Mittellauf plötzlich von 12 °C auf 17 °C Jahresmitteltemperatur erwärmten Schwechacht sowie in einem Warmbach N-Islands und in Bächen Madagaskars den Einfluß der Temperatur auf die Verbreitung von Plecopteren und Mollusken. Alle genannten 9 Plecopterenarten treten nur bei Jahresmitteltemperaturen unter 15 °C auf, während die Gastropoden, bes. *Physa acuta, Lymnaea peregra* in den Warmbächen in großer Zahl auftreten.
W. v. Tümpling. 6145.

Kresser, Werner; Wien. **Hydrographische Betrachtung der österreichischen Gewässer.** Verh. int. Verein. theoret. angew. Limnol. **14** (1959, hrsg. 1961) S. 417–421. — 2 Abb., 1 Tab., 3 Lit.
Vf. teilt die Fließgewässer Österreichs auf Grund der jahreszeitlichen Verteilung der Wasserführung und in Abhängigkeit von ihrer Höhenlage, dem Einzugsgebiet und dem Gletschereinfluß in 6 deutlich unterschiedene Typen. Hieraus ergibt sich die Schwierigkeit einer regionalen Einteilung. Neben der Wasserführung wird noch kurz auf den jährlichen Temperaturgang hingewiesen.
W. v. Tümpling. 6145.

Entz, Béla; Tihany, Ungarn. **Die Beziehungen der Wasserchemie und primären Produktion in kleinen Bächen der Balatonsee-Gegend.** Verh. int. Verein. theoret. angew. Limnol. **14** (1959, hrsg. 1961) S. 495–498. — 4 Lit.

Vf. untersuchte Bäche, die Karstquellen entsprangen und nicht durch häusliche oder industrielle Abwässer verunreinigt waren. An den Quellen konnte niedriger Sauerstoffsättigungsgrad (3–30%), niedriger pH-Wert (7,0–7,5) und mäßiger Mg^{++}-Gehalt neben hohem Gehalt an freier Kohlensäure (20 bis 200 mg/l), Ca^{++} (60–110 mg/l) und HCO_3^- (440–600 mg/l) festgestellt werden. Stromabwärts stiegen die Sauerstoffwerte (80–300%) und pH-Werte erheblich (7,8–8,3) und auch der Mg^{++}-Gehalt bedeutend, während sich der Gehalt an freier Kohlensäure und $Ca(HCO_3)_2$ in hohem Maße verringerte (CO_2 5–0 mg/l, Ca^{++} 60–44 mg/l, HCO_3^- 400–300 mg/l). Die Primärproduktion betrug an sonnigen Stellen mindestens 1,7 kg/m² und Jahr. Die Zönosen ließen sich hydrochem. charakterisieren, wobei der Bewuchs des Ufers eine wichtige Rolle spielte. D. Nehring. 6145.

Kühl, Heinrich und Mann, Hans; Hamburg. **Vergleichende hydrochemische Untersuchungen an den Mündungen deutscher Flüsse.** Verh. int. Verein. theoret. angew. Limnol. **14** (1959, hrsg. 1961) S. 451–458. — 2 Abb., 16 Lit.

Das hydrochem. Geschehen in den Mündungsgebieten der Elbe, Weser und Ems wird bestimmt durch das Zusammentreffen des Süßwassers aus dem Fluß mit dem Salzwasser aus dem Meer. Für die Durchmischung und die Entstehung von Brackwasserzonen sind die Gezeitenbewegung und die Dichteunterschiede von großer Wichtigkeit. Unter den naturgegebenen Faktoren ist der Salzgehalt von ausschlaggebender Bedeutung für die chem. und biol. Verhältnisse in der Flußmündung. Weiterhin spielen die Verteilung der Wassertrübe sowie häusliche und industrielle Abwässer eine wichtige Rolle. Von den verschiedenen Brackwasserzonen werden Angaben gemacht über die Sauerstoffverhältnisse, den Gehalt des Wassers an Phosphat, Silizium, anorg. Stickstoffverbindungen und Eisen sowie über Süßwasser- und Salzwasserphytoplankter. D. Nehring. 6148.

Mikulski, J. S.; Torún, Poland. Ecological studies upon bottom communities in the River Wisła (Vistula). **(Ökologische Studien über die benthischen Lebensgemeinschaften der Weichsel.)** Verh. int. Verein. theoret. angew. Limnol. **14** (1959, hrsg. 1961) S. 372–375. — 3 Lit.

90% des untersuchten Flußabschnittes weisen sandigen Boden auf. Schlammige Sedimente treten nur bei Niedrigwasser und in Altarmen sowie anderen Stillwasserzonen auf. Der Boden in der Strömung ist hauptsächlich von kleinen Oligochaeten, Tendipediden und Sphaerien besiedelt. Zwischen den Einbauten zur Flußregulierung findet sich ein sandiger Schlamm mit einer fast doppelt so dichten und artenreicheren Besiedlung, in der die Tendipediden überwiegen. Dieses Habitat stellt einen Übergang zu den Altarmen dar, die eine sehr reiche Bodenfauna haben. Die Besiedlung weist einen deutlichen Jahreszyklus in Abhängigkeit von den hydrol. Verhältnissen auf. W. v. Tümpling. 6145.

Ruttner-Kolisko, A.; Lunz, Österreich. **Biotop und Biozönose des Sandufers einiger österreichischer Flüsse.** Verh. int. Verein. theoret. angew. Limnol. **14** (1959, hrsg. 1961) S. 362–368. — 2 Abb., 4 Lit.

Vf. untersuchte Sandstellen an den Ufern der Ybbs und anderer Fließgewässer. Das Psammon ist in seiner Zusammensetzung weder vom Mineralspektrum des Sandes noch vom Chemismus des freien Wassers abhängig, sondern allein bestimmt durch die Kornzusammensetzung des Sandes und die damit verbundene Zirkulation des Porenwassers. Sofern mindestens 50% des Kornes die Größe von 250-500μ hat, entsteht eine vertikale chem. Schichtung, die einer arten- und individuenreichen Biocoenose aus Rotatorien, Oligochaeten, Harpacticiden, Ciliaten und Turbellarien Lebensmöglichkeit bietet. Bei mehr als 30% Kornbestandteilen unter 250 μ entstehen fast anaerobe Bedingungen mit einer dadurch stark veränderten Biocoenose. W. v. Tümpling. 6145.

Pomeisl, Ernst; Wien. **Ökologisch-biologische Untersuchungen an Plecopteren im Gebiet der niederösterreichischen Kalkalpen und des diesem vorgelagerten Flyschgebietes.** Verh. int. Verein. theoret. angew. Limnol. **14** (1959, hrsg. 1961) S. 351-354. — 6 Lit.

Vf. untersucht die Zusammenhänge zwischen der Plecopterenfauna und den geologisch und klimatisch bedingten Fließgewässertypen. Die Plecopteren sind zum größten Teil an Gewässer mit einer jährlichen Temperaturamplitude von weniger als 15 °C gebunden. So kommen im Flysch nur 31, im höher gelegenen Kalkgebiet 35 Arten vor. Von den Arten im Flysch sind nur 4 an den Flysch gebunden, 27 kommen auch im Kalkgebiet vor. Von den 55 Arten im Kalkgebiet sind 15 — vorwiegend große Setipalpier — an das Kalkgebiet gebunden. W. v. Tümpling. 6145.

Müller-Liebenau, Ingrid; Krefeld-Hülserberg. **Capnioneura Ris, 1905, eine für die deutsche Fauna neue Plecopteren-Gattung (Insecta, Plecoptera).** Arch. Hydrobiol. **59** (1963) Nr. 2. S. 253-256. — 1 Abb., 11 Lit. 6145.

Tsuda, Matsunae; Nara, Japan. Important role of net-spinning caddis-fly larvae in Japanese running waters. **(Die wichtige Rolle der netzspinnenden Trichopteren-Larven in japanischen Fließgewässern.)** Verh. int. Verein. theoret. angew. Limnol. **14** (1959, hrsg. 1961) S. 376-377. — 1 Abb.

Vf. untersucht den prozentualen Anteil der Stenopsychiden an der Bodenbesiedlung. Der Anteil der netzspinnenden Formen beträgt — sofern das Makrobenthos mehr als 20 g/m² wiegt — stets über 80% der Bodenbesiedlung. Neben der großen Rolle als Fischnährtiere haben sie noch eine weitere wirtsch. Bedeutung. Durch die Besiedlung der Stollen zwischen Stausee und Kraftwerk mit *Hydropsyche* und *Macronema* kann sich der Wirkungsgrad der Kraftwerke um 10% vermindern. Abhilfe ist möglich durch mech. Reinigung und durch die Anwendung von Kupfersuboxyd oer Insecticiden.
W. v. Tümpling. 6145.

Marlier, G.; Bruxelles. Les métamorphoses de deux Limnophilidae (Trichoptera) de l'Amérique du Sud. **(Die Metamorphose von zwei Limnophiliden [Trichoptera] aus Südamerika.)** Arch. Hydrobiol. **59** (1963) Nr. 2. S. 243 bis 252. — 25 Abb., 2 Tab., 5 Lit. 6145.

Ulmer, Georg; Hamburg-Meiendorf. **Trichopteren (Köcherfliegen) aus Ägypten.** Arch. Hydrobiol. **59** (1963) Nr. 2. S. 257-271. — 12 Abb., 18 Lit. 6145.

Dorier, A. Le genre Prosimulium (Diptères, Simuliidae) dans le Sud-Est de la France. **(Die Gattung Prosimulium [Diptera, Simuliidae] im Südosten Frankreichs.)** Trav. Lab. Hydrobiol. Piscicult. Univ. Grenoble **52/53** (1960/61, hrsg. 1961) S. 83-86. — 1 Abb., 1 Lit.

Die französische Simuliidenfauna besteht aus ca. 30 Arten, welche 4 Gattungen angehören: *Simulium*, *Prosimulium*, *Cnephia* und *Greniera*. Bis vor kurzem war innerhalb der Gattung Prosimulium nur eine Art: *P. hirtipes* Fries und ihre Varietät *arvernense* bekannt. Die *Prosimulium*-Larven sind stenotherme Kaltwassertiere und in Gebirgsgegenden heimisch. Vorliegende Untersuchung erstreckte sich über 285 Stationen auf einer Route vom Genfer See bis zum Mittelmeer. Die 3 Arten *P. inflatum*, *P. rufipes* und *P. hirtipes* konnten hier identifiziert werden. Sie sind voneinander bereits im Larvenstadium gut zu unterscheiden. Zwischen 1000 m und 2650 m Höhenlage dominiert *P. inflatum*. *P. rufipes* ist in den Alpen am weitesten verbreitet. Man begegnet der Art zwischen 190 m und 2500 m. *P. hirtipes* herrscht in Höhenlagen von 300-700 m vor. M.-L. Albrecht. 6145.

Dorier, A. und Grenier, P. Description de l'imago et de la larve de Simulium gaudi Grenier et Faure. **(Beschreibung der Imago und der Larve von Simulium gaudi Grenier und Faure.)** Trav. Lab. Hydrobiol. Piscicult. Univ. Grenoble **52/53** (1960/61, hrsg. 1961) S. 87-91. — 10 Abb., 1 Lit.

1956 beschrieben P. Grenier und R. Faure die Puppe und männliche Imago einer neuen *Simulium*-Art, *S. gaudi.* Diese Art wurde 1958 in der Umgebung von Grenoble wiedergefunden, so daß jetzt die Diagnose durch Beschreibung des Weibchens und der Larve vervollständigt werden kann. Die Larven und Puppen leben in Bächen mit kalkreichem Wasser (pH = 8, CaO = 116 mg/l) und in Höhen um 400 m. *S. gaudi* hat mindestens 2 Generationen im Jahr, denn sowohl im Sept. als auch im März und Apr. wurden Puppen festgestellt.
M.-L. Albrecht. 6145.

Schwoerbel, Jürgen; Falkau, Schwarzwald. **Die Bedeutung der Wassermilben für die biozönotische Gliederung.** Verh. int. Verein. theoret. angew. Limnol. **14** (1959, hrsg. 1961) S. 355-361. — 3 Abb., 6 Lit.

Vf. gibt eine Darstellung der spez. Milbenbesiedlung verschiedener Quellentypen und Fließgewässer des Schwarzwaldes, der Vogesen und der obersten Donau. Von bes. Bedeutung für die Milbenbesiedlung sind die Faktoren Temperatur, Strömung, Sauerstoffgehalt, Kalkgehalt des Wassers sowie das Verhältnis von Wasser zu Substrat. Die Temperaturanpassung sowie das Verhältnis von Temperatur und O_2-Verbrauch werden für einige Arten und Biotope dargestellt. Der Einfluß der Strömung und des Verhältnisses von Wassermenge zu Substrat werden am Beispiel der Donaubesiedlung dargestellt. Der Einfluß beider Faktoren ist an der Reduktion der Schwimmhaare bei nahe verwandten Arten mit steigender Quellnähe gut zu erkennen. Außerdem sind fast alle Hydracarinen sehr empfindlich gegen org. Verschmutzung.
W. v. Tümpling. 6145.

Stella, Emilia; Rome. Ecology and biology of a new species of Pseudamnicola (Gastropoda, Prosobranchia) of the Peschiera River (Rieti, Italy). **(Ökologie und Biologie einer neuen Art von Pseudamnicola [Gastropoda, Prosobranchia] aus dem Peschiera-Fluß [Rieti, Italien].)** Verh. int. Verein. theoret. angew. Limnol. **14** (1959, hrsg. 1961) S. 538-540. — 1 Abb., 3 Lit.

Vf. gibt eine kurze Beschreibung von *P. reatina.* Die max. 1,7 mm hohe Schnecke wurde in der Quelle des Flusses gefunden, wo sie auf dicht bewachsenen Steinen in einer Menge von 80 Individuen/100 cm^2 der Unterlage vorkommt. Sie ernährt sich von Vegetabilien, aber auch von Tierleichen. Die Art ist oovivipar und pflanzt sich im zeitigen Frühjahr fort. Sie steht morphol. den Balkanarten der Gattung *Pseudamnicola* näher als den italienischen Arten und ist also wahrscheinlich gemeinsam mit anderen Arten im Pleistocän eingewandert. W. v. Tümpling. 6145.

Baumann, Hermann; Bremen. **Der Lebensablauf von Hypsibius (H.) convergens Urbanowicz (Tardigrada).** Zool. Anz. **167** (1961) Nr. 9/12. S. 362-381. — 17 Lit.

Vf. gelang es, *H. convergens* — aus dem Rasen von *Enteromorpha minima* im Tidegebiet der Weser isoliert — zu züchten. Die Haltung geschah in „Salzfäßchen" auf einem Rasen von *Chlorella pyrenoidosa* als Substrat. Die Zahl der in der Exuvie abgelegten Eier beträgt durchschnittl. 7-10. Die Embryonalentwicklung dauert bei 20 °C 5(–10) Tage. Die Art zeigt zunächst ausgeprägt positive Phototaxis, die sich mit der zweiten Häutung verliert. Zur Ernährung bevorzugt die Art wohl chlorophyllhaltige Pflanzen, vermag jedoch auch zeitweise auf Bakterienrasen zu gedeihen. Die Häutungen erfolgen durchschnittl. am 4., 9., 17., 25., 39. Tag nach dem Schlüpfen, danach im Abstand von je 21 Tagen. Die Häutungszahl scheint durchschnittl. 12 zu betragen. Die Tiere wachsen von 100 μ nach dem Schlüpfen bis zu max. 500 μ Länge. Es existieren keine sekundären Geschlechtsmerkmale. Die Ovarien unter-

liegen einer periodischen Veränderung: jeweils kurz vor der Häutung wachsen die unbefruchteten Eier zur normalen Größe heran. Hat keine Kopulation stattgefunden, werden die Eier wieder zurückgebildet. Die Fortpflanzungsfähigkeit tritt mit der zweiten Häutung ein. Eindeutige Alterserscheinungen konnten nicht festgestellt werden, doch finden sich „krankhafte" Veränderungen, die oftmals während einer Häutung zum Tode führen.
W. v. Tümpling. 6145.

Lüneburg, Hans; Bremerhaven, Inst. für Meeresforsch. **Über die Wassermischvorgänge vor der Weser- und Elbmündung.** Veröff. Inst. Meeresforsch. Bremerhaven, Sonder-Bd. **3** meeresbiol. Symposium (1962, hrsg. 1963) S. 95 bis 100. 6148.

Subklew, H.-J. und Thomaschky, H.; Greifswald, Ernst-Moritz-Arndt-Univ., Zool. Inst. **Der Bewuchs an Seetonnen im Mündungsgebiet des Peenestroms.** Zool. Anz. **170** (1963) Nr. 3/4. S. 108-117. — 8 Abb., 12 Lit. 6148.

Kalle, Kurt; Hamburg, Dtsch. Hydrograph. Inst. **Neuere Anschauungen über die Entstehung des Ozeans.** Veröff. Inst. Meeresforsch. Bremerhaven, Sonder-Bd. **3** meeresbiol. Symposium (1962, hrsg. 1963) S. 228-236. — 4 Tab., 2 Lit. 6150.

Goedecke, E. German hydrographic observations in the Western Baltic in 1959. **(Deutsche hydrographische Beobachtungen in der westlichen Ostsee 1959.)** Cons. permanent int. Explorat. Mer [Copenhague], Ann. biol. **16** (1959, hrsg. 1961) S. 57-58. — 1 Abb., 2 Tab.
Die üblichen Werte werden für die Feuerschiffe „Flensburg", „Kiel" und „Fehmarnbelt" aufgeführt und die Wind-, Strömungs- ,Wassertemperatur- und Salzgehaltssituationen in Dekadenwerten dargestellt. Bei allen Feuerschiffen zeigten die Jahresmittel positive Anomalien der Oberflächentemperatur und negative Anomalien des Oberflächensalzgehaltes. Hiermit harmoniert die überwiegend ausgehende Strömung, unterstützt durch nordöstliche und nordwestliche Winde. Die meteorologische Situation des Jahres 1959 führte zu einer ausgeprägten Antizyklone über West-, Mittel- und Nordeuropa mit zusätzlichem Luftzustrom aus Süden und bedingte vor allem die hohen Wassertemperaturen. M. Berner. 6150.

Svansson, Artur. Hydrography of the Kattegat area in 1959. Swedish waters. **(Die Hydrographie des Kattegats 1959, schwedische Gewässer.)** Cons. permanent int. Explorat. Mer [Copenhague], Ann. biol. **16** (1959, hrsg. 1961) S. 54 bis 55. — 2 Tab.,
Für die Feuerschiffe „Vinga" und „Svinbådan" werden Monatsmittel und Abweichungen vom Durchschnitt angegeben. Die Oberflächentemperaturen waren 1959 fast ständig höher als das Mittel. In den tieferen Wasserschichten wurde bes. gegen Ende des Jahres ein ausnahmsweise hoher Salzhalt festgestellt, so daß sich für „Vinga" in 40 m Tiefe 34,8‰ für Dez. ergeben, ein seit 1947 nur dreimal erreichter ooder überschrittener Wert. Im gleichen Mon. wurden im Skagerrak in 200 m Tiefe 35,34‰ berechnet.
M. Berner. 6150.

Andersen, Knud P. Hydrographic conditions in the North Sea 1959. **(Die hydrographischen Bedingungen in der Nordsee 1959.)** Cons. permanent int. Explorat. Mer [Copenhague], Ann. biol. **16** (1959, hrsg. 1961) S. 31. — 3 Abb.
Die „Dana" führte im Mai/Juni und im Sept. hydrographische Untersuchungen in der südlichen Nordsee durch. Temperatur und Salzgehalt auf dem internationalen R-Schnitt werden dargestellt. Im Frühling waren die Temperaturen etwa normal, im Herbst lagen sie an der Oberfläche über dem Durchschnitt, am Boden darunter. Dies ist eine Folge des ruhigen und warmen Sommers. M. Berner. 6150.

Otto, L., Postuma, K. H. und Zijlstra, J. J. Hydrographic conditions in the Southern and Central North Sea in July 1959. **(Die hydrographischen Bedingungen in der südlichen und mittleren Nordsee im Juli 1959.)** Cons. permanent int. Explorat. Mer [Copenhague], Ann. biol. **16** (1959, hrsg. 1961) S. 41-43. — 6 Abb.
Nach den Beobachtungen auf der „Willem Beukelsz" waren die Oberflächentemperaturen in der 2. Julihälfte 1-2,5 °C höher als der langjährige Durchschnitt. Nördlich der Dogger Bank wurde ein rel. hoher Salzgehalt an der Oberfläche gefunden. In der Deutschen Bucht war der Oberflächensalzgehalt dagegen infolge geringer Mischungsvorgänge niedrig. Die Bodentemperaturen lagen im Vergleich zu anderen Jahren insgesamt ziemlich hoch, die Salzgehaltswerte des Bodenwassers ziemlich niedrig, insbesondere südlich der Dogger Bank. M. Berner. 6150.

Rogalla, E. Hydrographic conditions in the Southern North Sea and the English Channel in January 1959. **(Die hydrographischen Bedingungen der südlichen Nordsee und des Englischen Kanals im Januar 1959.)** Cons. permanent int. Explorat. Mer [Copenhague], Ann. biol. **16** (1959, hrsg. 1961) S. 39. — 2 Abb.
Nach dem auf 187 hydrographischen Stationen der „Anton Dohrn" gesammelten Material werden Bodentemperatur und -salzgehalt dargestellt. Beide lassen in ihrer starken horizontalen Gliederung die verschiedenen Wasserkörper der Nordsee erkennen. Hierzu steht das fast völlige Fehlen einer vertikalen Schichtung im Gegensatz. M. Berner. 6150.

Filarski, J., Postuma, K. H. und Andersen, K. P. Hydrographic conditions in the Southern North Sea in August/September 1959. **(Die hydrographischen Bedingungen in der südlichen Nordsee im August/September 1959.)** Cons. permanent int. Explorat. Mer [Copenhague], Ann. biol. **16** (1959, hrsg. 1961) S. 40. — 2 Abb.
Polen, die Niederlande und Dänemark bearbeiteten im genannten Zeitraum sich überlappende Untersuchungsgebiete. Die gemeinsam veröffentlichten Karten über Bodensalzgehalt und -temperatur zeigen, daß auf der Dogger Bank und nördlich davon hohe Temperaturen vorherrschten, die 2-3 °C über den normalen Werten lagen, während über dem Blødengrund die Bodentemperaturen infolge der stabilen Wasserschichtung 2-3 °C unter dem Mittel lagen. M. Berner. 6150.

Rogalla, E. Hydrographic conditions in the Dogger Bank region in October 1959. **(Die hydrographischen Bedingungen im Raum der Dogger Bank im Oktober 1959.)** Cons. permanent int. Explorat. Mer [Copenhague], Ann. biol. **16** (1959, hrsg. 1961) S. 45-46. — 4 Abb.
Temperatur und Salzgehalt werden in ihrer vertikalen und horizontalen Verteilung über Grund nach den Beobachtungen auf der „Anton Dohrn" dargestellt. Der größte Teil des Untersuchungsgebietes war von Nordseewasser bedeckt. In dieses drang beim Patch Wasser mit einem Salzgehalt über 34,9‰ ein. Ein ausgedehnter Warmwasserkern von 16,22 °C lagerte auf der Ostbank, während die niedrigsten Temperaturen mit 11,33 °C bei der Kaffeesuhle gemessen wurden. Über dem Kaltwasserkörper war die Sprungschicht 1 m dick. Nördlich und südlich der Dogger Bank wurden Thermoklinen beobachtet, im übrigen wies das Wasser infolge der bereits wirksamen Vertikalzirkulation keine Schichtung auf. M. Berner. 6150.

Goedecke, E. Means and anomalies of temperature and salinity on the Hamburg-Hull route in 1959. **(Mittelwerte und Anomalien der Temperatur und des Salzgehaltes auf der Route Hamburg-Hull 1959.)** Cons. permanent int. Explorat. Mer [Copenhague], Ann. biol. **16** (1959, hrsg. 1961) S. 47-50. — 2 Abb., 4 Tab.

Die von den deutschen Handelsschiffen auf 7 Positionen gemessenen Werte werden für die Jahre 1957-1959 als monatl. Mittel zusammengefaßt und die monatl. Anomalien für die Jahre 1953-1959 auf der Basis der Jahre 1902-1928 berechnet. Aus dem Material geht hervor, daß im 2. Halbjahr 1955 und 1959 sowie im 4. Quartal 1958 die Oberflächentemperaturen abnorm hoch lagen, dagegen im Sommer 1954 und fast während des ganzen Jahres 1956 abnorm niedrig. 1957 waren die Temperaturen etwa normal. Der Salzgehalt zeigt ähnliche Schwankungen. In der Deutschen Bucht war er 1959 und im Sommer 1954 abnorm hoch. Die extremen Werte des Jahres 1959 finden ihre Erklärung in der Dürre und den hohen Lufttemperaturen dieses Jahres.

M. Berner. 6150.

Stefánsson, Unnsteinn. Hydrographic conditions in Icelandic waters in May-June 1959. **(Hydrographische Bedingungen in den isländischen Gewässern im Mai-Juni 1959.)** Cons. permanent int. Explorat. Mer [Copenhague], Ann. biol. **16** (1959, hrsg. 1961) S. 18-20. — 8 Abb.

Auf zahlreichen Stationen westl. und nördl. Islands wurden Temperatur und Salzgehalt festgestellt. Ende Mai kam die Treibeisgrenze vorübergehend der nördlichen Küste näher als normal. An der Westküste waren die Temperaturen in 20 und 100 m Tiefe etwa normal. Im Salzgehalt hob sich eine Zunge atlantischen Wassers ab, die sich bis ins nördliche Küstengebiet erstreckte. Infolge des starken atlantischen Einflusses lagen an der nördl. Küste Temperaturen und Salzgehalt über dem Mittel. Ähnlich hohe Salzgehaltswerte wurden seit 1954 nicht erreicht. Die Temperatur des Ostislandstroms scheint dagegen beträchtlich unter dem Durchschnitt zu liegen.

M. Berner. 6150.

Hermann, Frede. Hydrographic conditions in the Davis Strait in 1959. **(Hydrographische Bedingungen in der Davis-Straße 1959.)** Cons. permanent int. Explorat. Mer [Copenhague], Ann. biol. **16** (1959, hrsg. 1961) S. 16-18. — 6 Abb.

Im Juli wurden im genannten Gebiet 4 hydrographische Schnitte durch das dänische Forschungsschiff „Dana“ gefahren. Südlich der Fylla-Bank machte sich ein sehr starker Einfluß der arktischen Komponente des Westgrönlandstroms bemerkbar. Dies harmoniert mit der zeitigen und starken Eisdrift um Kap Farvel. Der Baffin-Island-Strom breitete sich bedeutend weiter nach Osten aus als gewöhnlich. Dennoch waren die Temperaturen über den flachen Teilen der Kleinen und Großen Heilbuttbank normal oder nur wenig darunter. Für eine feste Station am Eingang des Fjordes von Godthåb wird der Jahreszyklus der Temperaturschwankungen dargestellt. M. Berner. 6150.

Craig, R. E. Upper water temperature in the North Minch 1959. **(Die obere Wassertemperatur im nördlichen Minch 1959.)** Cons. permanent int. Explorat. Mer [Copenhague], Ann. biol. **16** (1959, hrsg. 1961) S. 53. — 1 Abb.

Für 2 Stationen wird der Jahreszyklus der Wassertemperaturen in 3 m Tiefe dargestellt. Im Frühling und Sommer 1959 war die Wassertemperatur etwa normal, von Sept.–Dez. aber sehr viel höher als der Durchschnitt. Das Jahr 1959 ähnelt damit dem Jahr 1958, fiel aber noch extremer aus.

M. Berner. 6150.

Bratberg, Erling. Norwegian investigations in Greenland waters in 1959. **(Norwegische Untersuchungen in grönländischen Gewässern 1959.)** Cons. permanent int. Explorat. Mer [Copenhague], Ann. biol. **16** (1959, hrsg. 1961) S. 14-16. — 4 Abb.

Die Forschungsschiffe „Johan Hjort“ und „G. O. Sars“ legten im Apr. westlich Grönland 6 hydrographische Schnitte und im Juli/Aug. westlich und östlich Grönland 7 bzw. 4 Schnitte. Auf allen Fischereistationen wurde mit dem Bathythermographen gearbeitet. Während im Apr. die arktische Komponente des Westgrönlandstromes recht gut entwickelt war, trat sie im späten Sommer gegenüber der atlantischen Komponente zurück, bedeckte aber immer noch die Spitzen der südl. Bänke bis hinauf zur Kleinen Heilbuttbank und ihre landseitigen Abhänge. Die nördl. Bänke zeigten Abweichungen von dieser allg. Situation. An der Ostküste reichte der ostgrönländische Polarstrom in den Sommermon. nur selten über 125 m Tiefe hinab, und die parallel verlaufende Abzweigung des Irmingerstroms schuf überall günstige Voraussetzungen für die Fischerei. M. Berner. 6150.

Uda, Michitaka; Nanimo, Brit. Columbia, Fisheries Res. Board of Canada, Pacific Oceanographic Group. Oceanography of the subarctic Pacific Ocean. **(Ozeanographie des subarktischen Pazifiks.)** J. Fisheries Res. Board Canada **20** (1963) Nr. 1. S. 119-179. — 43 Abb., 31 Lit. 6150.

Prahm, Gertrud; Hamburg, Dtsch. Hydrograph. Inst. **Die thermischen Verhältnisse im Bodenwasser des Meeres.** Veröff. Inst. Meeresforsch. Bremerhaven, Sonder-Bd. **3** meeresbiol. Symposium (1962, hrsg. 1963) S. 67-75. — 4 Abb., Lit. 6150.

Kalle, Kurt; Hamburg, Dtsch. Hydrograph. Inst. **Chemische Umsetzungen am Meeresboden.** Veröff. Inst. Meeresforsch. Bremerhaven, Sonder-Bd. **3** meeresbiol. Symposium (1962, hrsg. 1963) S. 27-31. 6150.

Jarke, Joachim; Hamburg, Dtsch. Hydrograph. Inst. **Der Meeresboden als Siedlungsraum für Pflanzen und Tiere.** Veröff. Inst. Meeresforsch. Bremerhaven, Sonder-Bd. **3** meeresbiol. Symposium (1962, hrsg. 1963) S. 18-26. — 4 Abb., 3 Lit. 6150.

Schlieper, Carl; Kiel, Univ., Inst. für Meereskunde; Los Angeles, Univ. of California, Dep. of Zool. **Biologische Wirkungen hoher Wasserdrucke. Experimentelle Tiefsee-Physiologie.** Veröff. Inst. Meeresforsch. Bremerhaven, Sonder-Bd. **3** meeresbiol. Symposium (1962, hrsg. 1963) S. 31-48. — 14 Abb., Lit. 6150.

Siepmann, Rolf; Bremerhaven, Inst. für Meeresforsch.; Bonn, Univ., Chem. Inst. **Hefen im Meer.** Veröff. Inst. Meeresforsch. Bremerhaven, Sonder-Bd. **3** meeresbiol. Symposium (1962, hrsg. 1963) S. 76-79. 6150.

Post, Erika; Kiel. **Zur Verbreitung und Ökologie der Bostrychia-Caloglossa-Assoziation.** Int. Rev. ges. Hydrobiol. **48** (1963) Nr. 1. S. 47-152. — 16 Abb., 3 Tab., 163 Lit.
Vf. behandelt monographisch die *Bostrychia-Caloglossa*-Assoziation. Die genannte Rotalgengesellschaft kommt vorwiegend im marinen Bereich der Tropen vor, ist häufig in den Mangroven und strahlt bis in gemäßigte und Süßwassergebiete aus. Der Algenassoziation gehören Vertreter der Gattungen *Bostrychia, Caloglossa, Catenella* und *Murrayella periclados* an, für die umfangreiche Angaben über Fundort, Standort, Systematik, Morphologie und Entwicklungsgeschichte gemacht werden. M. Schlüter. 6150.

Friedrich, Hermann; Bremen, Überseemuseum. **Über neuere Auffassungen zur Entwicklung der Tiefseefauna.** Veröff. Inst. Meeresforsch. Bremerhaven, Sonder-Bd. **3** meeresbiol. Symposium (1962, hrsg. 1963) S. 7-17. 6150.

Uhlig, Gotram; Helgoland, Biol. Anst. **Untersuchungen über die Folliculiniden (Ciliata; Heterotricha) der Deutschen Bucht.** Veröff. Inst. Meeresforsch. Bremerhaven, Sonder-Bd. **3** meeresbiol. Symposium (1962, hrsg. 1963) S. 115-121. — 4 Abb. 6150.

Werner, Bernhard; Hamburg-Altona, Zentrale der Biol. Anst. Helgoland. **Experimentelle Beobachtungen über die Wirksamkeit von Außenfaktoren in**

der Entwicklung der Hydrozoen und Erörterung ihrer Bedeutung für die Evolution. Veröff. Inst. Meeresforsch. Bremerhaven, Sonder-Bd. 3 meeresbiol. Symposium (1962, hrsg. 1963) S. 153-177. — 10 Abb., 1 Tab., Lit. 6150.

Ziegelmeier, Erich; List, Sylt, Wattenmeerstat. der Biol. Anst. Helgoland. **Das Makrobenthos im Ostteil der Deutschen Bucht nach qualitativen und quantitativen Bodengreiferuntersuchungen in der Zeit von 1949-1960.** Veröff. Inst. Meeresforsch. Bremerhaven, Sonder-Bd. 3 meeresbiol. Symposium (1962, hrsg. 1963) S. 101-114. — 8 Abb., Lit. 6150.

Richter, G.; Wilhelmshaven, Forsch.-Anst. für Meeres-Geol. und Meeres-Biol. „Senckenberg". **Untersuchungen zur Morphogenese der Gastropodenradula.** Veröff. Inst. Meeresforsch. Bremerhaven, Sonder-Bd. 3 meeresbiol. Symposium (1962, hrsg. 1963) S. 142-152. — 5 Abb., Lit. 6150.

Johnson, Martin W.; Univ. of California, Scripps Instn. of Oceanography. Zooplankton collections from the high Polar Basin with special reference to the copepoda. **(Zooplanktonfänge aus dem hohen Polarbecken unter besonderer Berücksichtigung der Copepoden.)** Limnol. and Oceanogr. 8 (1963) Nr. 1. S. 89–102. — 4 Abb., 4 Tab., 27 Lit.

Vf. untersuchte 57 Planktonnetzzüge bis in Tiefen von 2000 m von 81°14′N bis 85°16′ während der Drift der Station Alpha im hohen Polarbecken 1957/58. 31 calanoide und 3 cyclopoide Copepodenarten konnten bestimmt werden. Einige unsichere Arten werden diskutiert und abgebildet. Die häufigsten Arten waren *Calanus glacialis*, *C. hyperboreus* und *Metridia longa*. Sie waren oberhalb der 200 m am häufigsten, kamen aber bis in Tiefen von 1000-2000 m vor. Bis in Tiefen von 1000 und 1500 m erhöhte sich die Zahl der vorkommenden Arten. Die Vermehrung einiger Arten, bes. von *Paracheuta glacialis*, scheint während einer ausgedehnten Periode stattzufinden. Obwohl die meisten Copepoden aus der Beringsee und der Chukchi See, die durch Strömungen in die hohe Arktis verfrachtet werden, zugrunde gehen, wurden Exemplare von *Eucalanus bungii* und *Mimocalanus distinctocephalus* festgestellt.
J. Waldmann. 6150.

Anraku, Masateru und Omori, Makoto. Preliminary survey of the relationship between the feeding habit and the structure of the mouth-parts of marine copepods. **(Vorläufiger Überblick über das Verhältnis zwischen Freßgewohnheiten und Bau der Mundwerkzeuge mariner Copepoden.)** Limnol. and Oceanogr. 8 (1963) Nr. 1. S. 116-126. — 10 Abb., 4 Tab., 21 Lit.

Die Nahrungsaufnahme von 6 Copepoden (*Calanus finmarchicus*, *Acartia tonsa* *Centropages hamatus*, *C. typicus*, *Labidocera aestiva* und *Tortanus discaudatus*) wurde anhand von 3 verschiedenen Nahrungszusammensetzungen geprüft (Diatomeen, Diatomeen und *Artemia*-Nauplien und nur *Artemia*-Nauplien) und mit dem Bau der Mundwerkzeuge verglichen. *C. finmarchicus* ist hauptsächlich herbivor, er kann jedoch bei Fehlen pflanzlicher Nahrung kleine Tiere fangen. *Acartia tonsa* ist omnivor, *Centropages hamatus* und *C. typicus* sind ebenfalls omnivor, bevorzugen jedoch tierische Nahrung. *Labidocera* und *Tortanus* sind Räuber. Zwischen Freßgewohnheiten und Bau der Mundwerkzeuge besteht eine enge Beziehung. Bei Herbivoren sind 2. Antenne, Mandibularpalpen, 1. Maxille und Maxillipeden gut entwickelt und bilden „Freßstrudel". Bei Räubern haben die Mundteile wenige Borsten und sind einfacher gebaut. Die 1. Maxillen, 2. Maxillen und Maxillipeden sind zu Greiforganen umgebildet, die Mandibeln haben scharfe Zähne. Omnivore Arten nehmen eine Zwischenstellung ein. J. Waldmann. 6150.

Pomeroy, Lawrence R., Mathews, Henry M. und Min, Hong Shik; Univ. of Georgia, Dep. of Zool.; Marine Inst. Excretion of phosphate and soluble organic phosphorus compounds by zooplankton. **(Exkretion von Phospha**

und löslichen organischen Phosphorverbindungen durch das Zooplankton.) Limnol. and Oceanogr. 8 (1963) Nr. 1. S. 50-55. – 1 Abb., 5 Tab., 24 Lit.
Netzplankton scheidet im Laufe eines Tages fast die gleiche Menge seines Gesamtphosphorgehaltes aus. Der Phosphatgehalt der Exkrete beträgt etwas mehr als 50%, der Rest besteht aus löslichen org. Verbindungen. Der durch das Zooplankton ausgeschiedene Phosphor stellt eine signifikante Fraktion derjenigen Menge dar, die zur Photosynthese des Phytoplanktons erforderlich ist. J. Waldmann. 6150.

Gunkel, Wilfried; Helgoland, Biol. Anst. **Daten zur Bakterienverteilung in der Nordsee.** Veröff. Inst. Meeresforsch. Bremerhaven, Sonder-Bd. 3 meeresbiol. Symposium (1962, hrsg. 1963) S. 80-89. – 4 Abb. 6150.

Berger, F.; Lunz, Österreich. **Grenzflächenerscheinungen, die die Lichtmessung unter Wasser beeinflussen.** Verh. int. Verein. theoret. angew. Limnol. **14** (1959, hrsg. 1961) S. 104-108. – 5 Abb., 5 Lit.
Vf. beschreibt die durch Reflexion an den vorhandenen Grenzflächen auftretenden Intensitätsverminderungen bei der photoelektrischen Lichtmessung unter Wasser. Neben dem Taucheffekt, dem Verhältnis des Meßwertes unter Wasser zum Meßwert in Luft, existiert in geringen Tiefen ein Oberflächeneffekt. Hier werden – bedingt durch die Totalreflexion an der Unterseite der Wasseroberfläche – zu hohe Werte gemessen. Die phys. Grundlagen des Taucheffektes wie des Oberflächeneffektes werden für Klarglasscheiben, Opalscheiben und Mattscheiben dargestellt. W. v. Tümpling. 6200.

Elgmork, K.; Blindern, Norway, Univ. of Oslo, Dep. of Limnol. A bottom sampler for soft mud. **(Ein Bodenproben-Entnahmegerät für weichen Schlamm.)** Hydrobiologia [Den Haag] **20** (1962) Nr. 2. S. 167-172. – 3 Abb., 1 Tab., 3 Lit.
Oft ist die Schlamm-Schichtung in einem Gewässer zu untersuchen. Bislang fehlte jedoch ein gut arbeitendes und dabei unkompliziertes, handliches Gerät für die Probennahme. Spez. für weichen Schlamm wurde daher nach dem Typ des Friedinger Wasserschöpfers ein Gerät entwickelt. Die Gesamtlänge beträgt 85 cm, der Durchmesser des Glaszylinders 7 cm. Im Bodendeckel befindet sich eine verschiebbare Kolbenscheibe, die nach der Probennahme eine schichtenweise Entnahme des Schlammes aus dem Gerät gestattet. Im Ergebnis der Arbeitsweise des Gerätes wird die vertikale Besiedlung eines Schlammes in 2,5 cm-Schichten bis 20 cm Tiefe durch *Chaoborus punctipennis* aufgezeigt. G. Merla. 6200.

Harrod, J. J. und Hall, R. E.; Southampton, Univ., Dep. of Zool. A method for determining the surface areas of various aquatic plants. **(Eine Methode zur Bestimmung der Oberfläche von verschiedenen Wasserpflanzen.)** Hydrobiologia [Den Haag] **20** (1962) Nr. 2. S. 173-178. – 2 Abb., 9 Lit.
Zur quantitativen Untersuchung der Fauna von Wasserpflanzen beschreiben Vff. eine Methode zur Bestimmung der pflanzlichen Oberfläche. Diese beruht auf der ausgezeichneten Korrelation zwischen berechneter Oberfläche und dem Gewicht eines dünnen Flüssigkeitsfilmes, mit dem *Ranunculus fluitans, Callitriche platycarpa* und *Carex* spec. überzogen wurden.
M. Schlüter. 6200.

Vollenweider, Richard A. und Nauwerck, A.; Pallanza; Uppsala. Some observations on the C 14 method for measuring primary production. **(Einige Beobachtungen über die ^{14}C-Methode zur Messung der Primärproduktion.)** Verh. int. Verein. theoret. angew. Limnol. **14** (1959, hrsg. 1961) S. 134-139. – 4 Abb., 1 Tab., 8 Lit.
Vff. prüften im Erken-See die ^{14}C-Methode in 5 Serien mit 4- und 20-stündiger Expositionszeit. Die Langzeitversuche zeigten regelmäßig ein Defizit gegenüber der Summe von Kurzzeitversuchen. Die Differenz ist bereits nach 8 Std.

vorhanden und nimmt im Laufe des Tages zu. Das größte Defizit trat in den oberen Wasserschichten auf. Die günstigste Expositionszeit liegt zwischen 3 und 6 Std. die Extrapolation von Halbtagsversuchen auf die Produktion des ganzen Tages ist nicht möglich. Die Abhängigkeit der beobachteten Differenzen von der Lichtintensität, dem Tagesrhythmus der Atmung sowie der Phytoplanktondichte wird diskutiert. W. v. Tümpling. 6200.

Thomas, E. A.; Zürich. **Vergleiche über die Planktonproduktion in Flaschen und im Plankton-Test-Lot nach Thomas.** Verh. int. Verein. theoret. angew. Limnol. **14** (1959, hrsg. 1961) S. 140-146. — 2 Abb., 2 Tab., 4 Lit.
Vf. führte 3 vergleichende Untersuchungen mittels Planktonlot und nach der Flaschenmethode im Baldegger See durch. Die 3 Versuchsreihen enthielten einfaches Seewasser, Zugabe an PO_4, an NO_3 und an PO_4 und NO_3. Es wurden verdunkelte und helle Flaschen bzw. Lote verwendet. *Oscillatoria rubescenz* gedieh in den Flaschen schlechter, *Fragilaria crotonensis* besser als in den Loten. Chem. ergab sich während der Versuche ein Anstieg des pH, der in den Flaschen höher als in den Loten war. Das freie Wasser lag zwischen beiden Werten. PO_4 und NO_3 waren nur in einzelnen Flaschen nach Versuchsende noch nachweisbar. Der NH_4-Gehalt war durch Zersetzungsvorgänge in den Dunkelversuchen erhöht. Insgesamt war die biol. Aktivität also in den Flaschen höher als in den Loten. W. v. Tümpling. 6200.

Albrecht, Marie-Luise; Berlin. **Ein Vergleich quantitativer Methoden zur Untersuchung der Makrofauna fließender Gewässer.** Verh. int. Verein. theoret. angew. Limnol. **14** (1959, hrsg. 1961) S. 486-490. — 4 Tab., 6 Lit.
Vf. vergleicht in 2 Erzgebirgsbächen die bei der Anwendung des Surber-Samplers, des Shovel-Samplers sowie mit der Methode der größten Projektion nach ALM erhaltenen Ergebnisse für die Untersuchung des Makrobenthos. Die Fehler und Fehlerquellen der einzelnen Sammeltechniken werden diskutiert. Die realsten Werte liefert der Surber-Sampler, doch sind auch die anderen Methoden nach Lage und Ziel der Untersuchung mit gutem Erfolg zu verwenden. Die mit gleicher Technik gewonnenen Ergebnisse sind gut miteinander vergleichbar. W. v. Tümpling. 6200.

Allanson, B. R. und Kerrich, J. E.; Pretoria; Witwaterstrand, South Africa. A statistical method for estimating the number of animals found in field samples drawn from polluted rivers. **(Eine statistische Methode zur Bestimmung der Zahl von Tieren in Proben aus verschmutzten Flüssen.)** Verh. int. Verein. theoret. angew. Limnol. **14** (1959, hrsg. 1961) S. 491-494. — 3 Abb.
Die mit einem Netz von 0,3 mm Maschenweite erbeutete Probe wird im fixierten Zustand durch ein Sieb mit 0,7 mm Maschenweite in 2 Fraktionen zerlegt. Die gröbere Fraktion wird direkt gezählt, von der feineren Fraktion wird nach gutem Durchmischen nur 1/8 in 25 ml Flüssigkeit ausgezählt. Zur Prüfung des Verfahrens wurde eine größere Zahl von Proben mit 150 bis 6000 Individuen in der „Mikrofraktion" ausgezählt. Die Ergebnisse werden statistisch ausgewertet, wobei bes. Wert auf die statistischen Schwankungen der bestimmten Zahlen gelegt wird. Die 1/8 Proben weisen, solange die Individuenzahl in ihnen größer ist als 150, gegenüber der Gesamtprobe einen Fehler von 7-8% in der Individuenzahl auf. In graphischen Darstellungen werden die 95%igen Vertrauensintervalle für die Gesamtzahl der Probe in Abhängigkeit von den Zahlen der 1/8 Probe angegeben. Die beschriebene Methode erweist sich als zeitsparend und hinreichend genau. W. v. Tümpling. 6200.

Unter d. Red. v. *Vinberg, G. G.* (Winberg, G. G.) **Pervičnaja produkcija morej i vnutrennich vod.** (Die Urproduktion der Meere und Binnengewässer.) Minsk: Izd. Minist. vysšego, srednego special'nogo i professional'nogo obrazovanija BSSR. 1961. (407 S. m. 103 Abb., 140 Tab. u. 550 Lit.) 4°. Rbl. 2,55. Im Anschluß an Berichte über die Urproduktion verschiedener Meere

und Binnengewässer wird der Problemkomplex der Zusammenhänge zwischen Planktonentwicklung und Produktivität der Teiche umrissen. Die Methoden der Ermittlung des Umfanges der Urproduktion und des Chlorophyllgehaltes beim Phytoplankton werden beschrieben. Weitere Arbeiten sind den Lichtverhältnissen in den Gewässern sowie den Faktoren gewidmet, die die Planktonentwicklung begrenzen. Außerdem wird auf die Bedeutung der Photosynthese für die Selbstreinigung und auf die Ausnutzung der Urproduktion in den Gewässern eingegangen.
H.-W. Hattop.

D. FISCHEREIWIRTSCHAFT

Binnenfischerei

Müller, H.; Berlin-Friedrichshagen, Inst. für Fischerei der Dtsch. Akad. der Landwirtsch.-Wiss. zu Berlin. **Probleme und Aufgaben der Binnenfischerei.** Dtsch. Fischerei-Ztg. 8 (1961) Nr. 11. S. 325–331.
Vf. erläutert die Aufgabengebiete der Binnenfischerei und geht dabei insbesondere auf die Ziele ein, die sich dieser in der DDR rel. kleine Wirtschaftszweig im Rahmen des Volkswirtschaftsplanes gestellt hat. Weil derartige kleine Wirtschaftszweige in der Öffentlichkeit oftmals weniger bekannt sind und in ihrer Bedeutung unterschätzt werden, wird bes. auf die hohe Rentabilität der Binnenfischereibetriebe hingewiesen, in denen sich die aufgewendeten Mittel rasch amortisieren. An dem Beispiel der Karpfenteichwirtschaft, die in der Lage ist, ohne Stickstoffdüngemittel und eiweißhaltige Futtermittel einen von anderen Tierzuchtzweigen nicht erreichbaren hohen Ertrag an tierischem Eiweiß zu liefern, wird die gute Perspektive der Fischwirtschaft auch auf ärmsten Böden gezeigt. In der Seen- und Flußfischerei kann eine Ertragssteigerung verbunden mit der Erhöhung des Feinfischanteils durch veränderte Wirtschaftsmethoden (Besatzmaßnahmen, Fangmethoden und Gewässerpflege) erreicht werden. Die Bewirtschaftung muß sich auf wenige bes. zu fördernde Fischarten konzentrieren. Die Seen sollten mit allen verfügbaren Mitteln (Zugnetz-Elektrofang-Stellnetz-Kombinationen) in möglichst kurzer Zeit 1–3 mal im Jahr intensiv befischt werden, damit die Arbeitskräfte während der übrigen Zeit für andere Arbeiten frei werden. Eine gute Perspektive liegt in der teichähnlichen Bewirtschaftung natürlicher Gewässer mit Karpfen. Bei einer intensiven fischereilichen Gewässernutzung ist vor allem eine fruchtbare Zusammenarbeit aller an den Gewässern interessierten Kreise anzustreben. G. Seifert. 6225.

Ioganzen, B. G., Petkevič, A. N. und Podlesnyj, A. V. (Ioganzen, B. G., Petkewitsch, A. N. und Podlesny, A. W.); Tomsk, Univ.; Nowosibirsk, Abt. des Unions-Forsch.-Inst. für Binnenfischerei der Akad. der Wiss. der UdSSR; Sibir. Abt des Unions-Forsch.-Inst. für Binnenfischerei. Nekotorye voprosy rybochozjajstvennogo osvoenija vodochranilišč Sibiri. **(Einige Probleme der fischereilichen Erschließung der Staubecken Sibiriens.)** Trudy soveščanij. Ichtiologičeskaja komissija. Akademija nauk SSSR, Moskva-Leningrad **10** (1961) S. 185–189. – 2 Tab.
Die schon vorhandenen oder noch im Bau befindlichen sibirischen Stauseen können durch ihre große Fläche (von 107000– 5 Mill. ha) eine bedeutende Rolle in der Binnenfischerei des Landes spielen. Die Sauerstoffverhältnisse sind, bis auf einzelne flache Stellen, während des ganzen Jahres sehr gut. Wegen der in Stauseen üblichen Wasserschwankungen müssen für wertvolle Nutzfischarten künstliche Laichplätze geschaffen werden. Das Nährtierangebot wird in allen Fällen ausreichend sein. Durch eine planmäßige Förderung der Fischbestände und durch die Reinhaltung der Flüsse können diese Gewässer sehr ertragreich werden. A. Kozianowski. 6230.

Movčan, V. A. und Polivannaja, M. F. (Mowtschan, W. A. und Poliwannaja, M. F.); Kiew, Univ. Biologičeskij režim malych vodochranilišč Stalinskoj oblasti v svjazi s ich rybochozjajstvennym osvoeniem. **(Die biologischen Verhältnisse kleiner Stauseen und ihre fischereiliche Erschließung.)** Trudy

soveščanij. Ichtiologičeskaja komissija. Akademija nauk SSSR, Moskva-Leningrad **10** (1961) S. 268–273. — 4 Tab.
Um ihre Eignung für die fischereiliche Nutzung festzustellen, wurden die im Einzugsgebiet des Asowschen und des Schwarzen Meeres gelegenen 8 kleineren Stauseen der Ukrain.SSR hydrol. und biol. untersucht. Neben den sehr guten hydrochem. Verhältnissen konnte auch ein reiches Angebot an Phyto- und Zooplankton (14,9–21,1 g/m^3 im Sommer und 0,14–1,82 g/m^3 im Winter) festgestellt werden. Die Bodenbesiedlung, bes. der tiefer gelegenen Flächen, war nicht übermäßig stark (4,9–6,9 g/m^2), nahm aber zum Ufer hin etwas zu. Die rel. schwachen Fischbestände der Stauseen setzten sich vorwiegend aus Wildkarpfen (*Cyprinus carpio*), Blei (*Abramis brama*), Zander (*Lucioperca lucioperca*) und Schleie (*Tinca tinca*) zusammen. Zur Ergänzung wird der verstärkte Einsatz dieser Hauptfischarten, bes. des Karpfens und des Bleies, vorgeschlagen. A. Kozianowski. 6230.

Stepanova, N. A. (Stepanowa, N. A.); Inst. für Zool. und Parasitol. der Akad. der Wiss. der Usbek.SSR. Biologičeskij režim i rybochozjajstvennoe značenie vodochranilišč Uzbekistana. **(Die biologischen Verhältnisse und die fischereiliche Bedeutung der Staubecken Usbekistans.)** Trudy soveščanij. Ichtiologičeskaja komissija. Akademija nauk SSSR, Moskva-Leningrad **10** (1961) S. 280–286. — 1 Tab., 9 Lit.
Die usbekischen Staubecken können in durchströmte und nichtdurchströmte unterteilt werden, wobei die letzteren in natürlichen Mulden abseits der Flüsse angelegt wurden. Die guten hydrochem. und planktolog. Verhältnisse sowie die quantitativ und qualitativ ausreichende Bodenbesiedlung könnten die Stauseen als gute Fischgewässer kennzeichnen, jedoch die häufigen und außergewöhnlich starken Wasserstandsschwankungen machen ihre fischereiliche Bewirtschaftung zum Problem. Von den 5 usbekischen Stauseen haben z. Z. nur 3 eine gewisse fischereiliche Bedeutung. Die Hauptfischarten dieser Gewässer sind vor allem die Wild- und Spiegelkarpfen (*Cyprinus carpio*), die bis zu 70% der gesamten Fänge bestreiten und im geringeren Maße *Barbus capito conocephalus*, *Varicorhinus steindachneri*, *Chalcalburnus chalcoides aralensis* und *Silurus glanis*. A. Kozianowski. 6230.

Sidorov, M. F. (Sidorow, M. F.) Schema rybochozjajstvennogo osvoenija vodochranilišč na rekach bassejna verchnego Amura. **(Schema der fischereilichen Erschließung der Staubecken des oberen Amur.)** Trudy soveščanij. Ichtiologičeskaja komissija. Akademija nauk SSSR, Moskva-Leningrad **10** (1961) S. 195–199. — 2 Tab., 2 Lit.
Zur fischereilichen Bewirtschaftung der projektierten Stauseen des oberen Amur wurde ein Programm mit folgenden Punkten erarbeitet: 1. Fangverbot für Nutzfische bis zur vollständigen Formierung der Ichthyofauna; 2. Verstärkter Fang wirtschaftlich wertloser Fische; 3. Einbürgerung neuer Fischarten (Maränen); 4. Bau von Brutanstalten und Aufzuchtteichen für die Produktion von Störbrut und -setzlingen; 5. Abstimmung der Wasserstandsschwankungen mit der Laichzeit der Fische.
A. Kozianowski. 6240.

Moskalenko, B. K. und Votinov, N. P. (Moskalenko, B. K. und Wotinow, N. P.); Ob-Tasowsker Abt. des Unions-Forsch.-Inst. für Binnenfischerei der Akad. der Wiss. der UdSSR. Problemy napravlennogo formirovanija rybnych zapasov buduščego Nižneobskogo vodochranilišča. **(Probleme der zielgerichteten Fischbestandsentwicklung im künftigen Unterobstausee.)** Trudy soveščanij. Ichtiologičeskaja komissija. Akademija nauk SSSR, Moskva-Leningrad **10** (1961) S. 190–194. — 2 Tab.
Der geplante Unterobstausee ist der größte aller bisher vorhandenen und projektierten Stauseen. Seine mittlere Tiefe soll 11,1 m und seine Fläche ca.

5 Mill. ha betragen. Die Fische werden in diesem Gewässer sehr gute Lebensbedingungen vorfinden und sich schnell vermehren. Nach Vorstellungen der Vff. muß die Entwicklung der Fischbestände durch den Eingriff des Menschen in die für die Fischerei günstigsten Bahnen gelenkt werden.
A. Kozianowski. 6240.

Mel'nikov, G. B. und Čaplina, A. M. (Melnikow, G. B. und Tschaplina, A. M.); Dnepropetrowsk, Univ., Forsch.-Inst. für Hydrobiol.; Lehrstuhl für Hydrobiol. Ichtiofauna vodochranilišč predgornogo Kryma i puti ee napravlennogo izmenenija. **(Die Ichthyofauna der Staubecken der Vorgebirgs-Krim und Möglichkeiten ihrer zielgerichteten Veränderung.)** Trudy soveščanij. Ichtiologičeskaja komissija. Akademija nauk SSSR, Moskva-Leningrad **10** (1961) S. 274–279. — 12 Lit.
Nach den Untersuchungen von Pusanow u. a. ist die Süßwasserfauna und -flora der Krim durch ihre isolierte Lage recht arten- und individuenarm. Die Fischfauna der Stauseen besteht aus 20 Arten (7 einheimischen und 13 eingeführten). Zu den wichtigsten eingeführten Fischarten gehört vor allem der Blei (*Abramis brama*), der Zander (*Lucioperca lucioperca*) und die kaspische Plötze (*Rutilus rutilus heckeli*), die sich in den Stauseen der Vorgebirgs-Krim bes. gut akklimatisiert hat. Um das zur Steigerung der Fischerträge notwendige Angebot an Nährtieren zu erhöhen, wird die org. Düngung der Stauseen sowie die Aufzucht von Zooplankton in flachen, durch Dämme abgetrennten Buchten vorgeschlagen. A. Kozianowski. 6240.

Berval'd, É. A. (Berwald, E. A.); Rostow, Univ., Biol. Inst. Vosproizvodstvo promyslovych ryb Veselovskogo vodochranilišča i vozmožnye puti povyšenija ego ryboproduktivnosti. **(Die Reproduktion der Nutzfischbestände des Wesselowsker Stausees und die Möglichkeiten zur Steigerung seiner Produktivität.)** Trudy soveščanij. Ichtiologičeskaja komissija. Akademija nauk SSSR, Moskva–Leningrad **10** (1961) S. 244–247. — 1 Abb., 5 Lit.
Durch die Zerstörung der Sperrmauer während des letzten Krieges ist der gute Fischbestand (124 kg/ha) des Wesselowsker Stausees vernichtet worden. Nach dem Wiederaufbau des Staudammes ist infolge der zunehmenden Industrialisierung des Landes die Bodenfauna bis auf 12 g/m² im Frühjahr und 1,4 g/m² im Sommer zurückgegangen, wodurch auch die Fangergebnisse auf 30 kg/ha abgesunken sind. Zur Steigerung der Erträge werden die Abstimmung der Pegelschwankungen, bes. im Frühjahr, eine zweckmäßige Regulierung des Fischbestandes und entsprechende Schonmaßnahmen vorgeschlagen.
A. Kozianowski. 6240.

Trusov, V. Z. (Trussow, W. S.); Wolgograd, Abt. des Unions-Forsch.-Inst. für Binnenfischerei der Akad. der Wiss. der UdSSR. Problema vosproizvodstva stada Volgo-Kaspijskogo osetra posle sozdanija Stalingradskogo vodochranilišča. **(Probleme der Reproduktion der Wolga-Kaspischen Stör-Bestände nach dem Bau des Wolgograder Staubeckens.)** Trudy soveščanij. Ichtiologičeskaja komissija. Akademija nauk SSSR, Moskva-Leningrad **10** (1961) S. 260–264. — 2 Tab., 17 Lit.
Nach der Errichtung des Wolgograder Staudamms wurde einem großen Teil der zu den höher gelegenen Laichplätzen ziehenden Acipenseriden der Weg versperrt. Die im Frühjahr oder im Herbst vor der Sperrmauer eintreffenden Laicher müssen auf die wenigen unterhalb liegenden Laichplätze zurückgreifen, wodurch nur ein rel. geringer Teil zur Ablage der Geschlechtsprodukte kommt. Um die Störbestände der Wolga zu erhalten und zu vergrößern, ist man zur künstlichen Erbrütung und Aufzucht übergegangen. Es wird auch die Möglichkeit erwogen, ob die Errichtung künstlicher Laichplätze von Nutzen sein könnte, denn die Laichgewinnung für die schon bestehenden 9 Brutanstalten wird durch den ungleichmäßigen Reifezustand (Reifestadium III–IV) der Laicher erschwert. A. Kozianowski. 6240.

Craddock, Donovan R.; Seattle, Wash., Bureau of Commercial Fisheries. An improved trap for the capture and safe retention of salmon smolts. **(Eine verbesserte Reuse für den Fang und zur Hälterung von Salmoniden-Setzlingen.)** U.S. Dep. Interior, Fish Wildlife Serv., progr. Fish-Culturist **23** (1961) Nr. 4. S. 190–192. – 2 Abb., 1 Lit.
Die Reuse ist dadurch gekennzeichnet, daß am Steertende eine flexible Röhre zu einem an der Oberfläche schwimmenden Hälterkasten führt. Die Konstruktion des Gerätes wird im einzelnen beschrieben. Es ist bes. dort mit großem Vorteil einzusetzen, wo es gilt, stromabwärts wandernde Salmoniden in größerer Anzahl zu fangen und für Untersuchungszwecke längere Zeit am Leben zu erhalten, wenn dabei Arbeitskräfte gespart werden sollen. Das Selektionsvermögen der Reuse bei Verwendung verschiedener Maschenweiten wurde getestet. G. Seifert. 6245.

Ožegova, V. E. (Oshegowa, W. Je.); Inst. für Zool. und Parasitol. der Akad. der Wiss. der Tadshik.SSR. Vodochranilišča Tadžikistana i perspektivy ich rybochozjajstvennogo ispol'zovanija. **(Die Staubecken Tadshikistans und die Perspektiven ihrer fischereilichen Nutzung.)** Trudy soveščanij. Ichtiologičeskaja komissija. Akademija nauk SSSR, Moskva-Leningrad **10** (1961) S. 287–289. – 3 Lit.
Die Staubecken Tadshikistans sind verhältnismäßig kleine (bis 7500 ha) und flache (mittlere Tiefe 6 m) Gewässer ohne größere fischereiliche Bedeutung. Der seit 1953 bewirtschaftete Stausee Farchat (4600 ha) hat bisher Erträge von 8–10 kg/ha gebracht, wobei bis zu 80% Karpfen, Bleie, Zobel und Welse gefangen wurden. A. Kozianowski. 6255.

Volodkin, A. V. (Wolodkin, A. W.); Aralsk, Abt. des Inst. für Ichthyol. und Fischwirtsch. der Akad. der Wiss. der Kasach.SSR. O faktorach, vlijajuščich na kolebanija ulovov ryb v Aral'skom more. **(Über die fangbeeinflussenden Faktoren im Aral-See.)** Trudy soveščanij. Ichtiologičeskaja komissija. Akademija nauk SSSR, Moskva **13** (1961) S. 427–429. – 2 Tab.
A. Kozianowski. 6255.

Lapickij, I. I. (Lapizki, I. I.); Wolgograd, Abt. des Unions-Forsch.-Inst. für Binnenfischerei der Akad. der Wiss. der UdSSR. Rybnye zapasy Cimljanskogo vodochranilišča i ich promyslovoe ispol'zovanie. **(Die Fischbestände des Zimljansker Stausees und ihre wirtschaftliche Bedeutung.)** Trudy soveščanij. Ichtiologičeskaja komissija. Akademija nauk SSSR, Moskva-Leningrad **10** (1961) S. 223–231. – 5 Tab., 11 Lit.
Der 1952 entstandene Stausee Zimljansk wird nach neusten Methoden bewirtschaftet und bringt nun Erträge von 28 bis 30 kg/ha. Durch Intensivierung der Wirtschaftsmethoden, d. h. durch zielgerichtete Förderung der Nutzfischbestände, bes. der Karpfen wird der Stausee in den nächsten Jahren 44 kg Fischfleisch/ha erzeugen. Zu den wichtigsten Fischarten dieses Gewässers gehören: Zope (*Abramis ballerus*), Blei (*A. brama*), Hecht (*Esox lucius*), Karpfen (*Cyprinus carpio*) und Zander (*Lucioperca lucioperca*). A. Kozianowski. 6255.

Višnjakova, R. I. (Wischnjakowa, R. I.); Kuibyschew, Fischereitrust. Vlijanie poniženija urovnja vody v Kujbyševskom vodochranilišče na zimovku sazana. **(Einfluß der Wasserspiegelsenkung im Kuibyschewer Stausee auf die Überwinterung des Wildkarpfens.)** Trudy soveščanij. Ichtiologičeskaja komissija. Akademija nauk SSSR, Moskva-Leningrad **10** (1961) S. 221–222.
Im Kuibyschewer Stausee wird alljährlich von Nov.–März der Wasserspiegel um 5–7 m gesenkt, wodurch die Fläche des Stausees bis auf 32% zurückgeht. In der trockengelegten Zone bleiben kleine Seen zurück in denen sich sehr viele Jungfische, bes. Wildkarpfen (*Cyprinus carpio*), ansammeln und dort an Sauerstoffmangel zu Grunde gehen. Im Winter 1957/58 ist z. B. ein Sterben eingetreten, wobei ca. 35000 Karpfen aller Altersgruppen ums Leben gekom-

men sind. In Anbetracht dessen, daß der Karpfen sich im Kuibyschewer Stausee nicht vermehrt, sondern eingesetzt werden muß, ist das für die Bewirtschafter des Stausees ein empfindlicher Verlust. A. Kozianowski. 6255.

Hofer, J.; Sursee, Schweiz. **Die Schwankungen des Balchenbestandes.** Österreichs Fischerei **15** (1962) Nr. 1/2. S. 8–10.
Vf. gibt einen Überblick über die Verhältnisse der Felchenfischerei (*Coregonus wartmanni* und *C. macrophthalmus*) im Sempachersee in der Schweiz. Durch verschiedene Ursachen gingen die Felchenbestände von Zeit zu Zeit erheblich zurück, und man hat durch Besatz mit Fremdbrut die Bestände verbessert. Weiterhin werden die Fangvorschriften, Maschenweiten und Schonzeiten für die Felchenfischerei in diesem See behandelt. Der Umtausch oder Ankauf von Felcheneiern aus verschiedenen Seen und Rassen sollte gefördert werden. G. Seifert. 6255.

Müller, Horst; Berlin-Friedrichshagen, Inst. für Fischerei der Dtsch. Akad. der Landwirtsch.-Wiss. zu Berlin. **Die Aalwirtschaft in den Binnengewässern der Deutschen Demokratischen Republik.** Z. Fischerei Hilfswiss. [N.F.] **10** (1962) Nr. 8/10. S. 573–580. — 4 Tab.
Der Aal (*Anguilla anguilla*) war 1960 der bedeutendste Fisch der Seen- und Flußfischerei in der DDR. Sein Fang betrug 431 t und wertmäßig war er mit 36% am Gesamtertrag dieses Fischereizweiges beteiligt. In den küstennahen Gebieten wurden 3,9–7,8 kg/ha gefangen, im Binnenland betrug der durchschnittl. Aalfang 3,3 kg/ha. Zur weiteren Förderung der Aalwirtschaft sind folgende Maßnahmen erforderlich: 1. Schaffung von Aufstiegsmöglichkeiten und künstlicher Besatz, 2. Satzaale nur dort einsetzen, wo die Männchen nicht abwandern können, 3. Auswahl möglichst kleiner Satzaale, damit sich der größte Teil noch zu Weibchen entwickeln kann, 4. Förderung des Glasaalbesatzes aus dem gleichen Grunde und 5. Zurücksetzen der beim Fang anfallenden Aale unter 50 cm Länge. G. Seifert. 6255.

Herrmann, Günther und Marre, Günther; Kiel. **Aalfang und Aalwirtschaft in Schleswig-Holstein.** Z. Fischerei Hilfswiss. [N.F.] **10** (1962) Nr. 8/10. S. 611 bis 624. — 4 Abb., 4 Tab.
In der Seen- und Flußfischerei Schleswig-Holsteins ist der Aal (*Anguilla anguilla*) der bedeutendste Fisch, dessen Erträge im Zusammenhang mit den Bemühungen um die Erhöhung der „Wertfischbestände" in den letzten Jahren ständig gewachsen sind. Die Anwendung synthetischer Netzmaterialien hat an dieser Ertragssteigerung neben den erhöhten Besatzmaßnahmen entscheidenden Anteil. Der Gesamtaalfang betrug 1960 in den Binnengewässern 170 t (ca. 6 kg/ha). Jährlich wird ein Besatz von 0,5–1 kg Satzaal/ha vorgenommen. Zur Klärung der Frage, ob der Einsatz von Aalbrut zweckmäßiger ist als der von Satzaalen, sind in der letzten Zeit eine Anzahl markierter Satzaale eingesetzt worden. Die Aalfänge der Kutter- und Küstenfischerei haben sich seit Kriegsende ebenfalls bedeutend erhöht. In der Küstenfischerei wird der Fang mit Reusen, Großreusen, Aalschnüren und Waden betrieben. Das wichtigste Gerät ist die Aalreuse aus synthetischem Material, deren Konstruktion beschrieben wird. Insgesamt produzierte die Fischerei Schleswig-Holsteins 1960 520 t Aal, der Verbrauch lag im gleichen Jahr in Westdeutschland bei 4500 t, davon waren 3600 t Importe. G. Seifert. 6255.

Mišík, Vítazoslav; Bratislava, Lab. Rybárstva. Príspevok k poznaniu početného a váhového množstva rýb v odvodňovacích kanáloch žitného ostrova. **(Beitrag zur Kenntnis der zahlen- und gewichtsmäßigen Menge an Fischen in den Entwässerungskanälen der Schütt-Insel.)** Biológia [Bratislava] **18** (1963) Nr. 2. S. 149–155. — 5 Tab., 1 Lit. Zus. in Russ., Dtsch.
Untersuchungen des Fischbestandes in den Entwässerungskanälen der Schütt-Insel in der Slowakei mit einer Gesamtlänge von 750 km ergaben, daß diese

Kanäle, von denen das ganze Jahr hindurch nur ca. 30% bewässert sind, ungefähr 250000 Fische mit einem Gesamtgewicht von 27500 kg besiedeln. Diese Zahlen sind als Minimalwerte zu betrachten, da sie nicht aus der Biomasse der Fische, sondern aus der tatsächlich abgefischten Menge berechnet wurden. Diese Ergebnisse beweisen die große Bedeutung des Kanalsystems auf der Schütt-Insel für die slowakische Fischzucht. ČSSR/ÚVTI. 6255.

Schefold, Karl; Wien. **Einiges über die Ausnützung kleiner Seitenbäche.** Österreichs Fischerei **15** (1962) Nr. 1/2. S. 5-6.
Kleine Seitenbäche eignen sich oftmals in idealer Weise zur Aufzucht von Salmonidensetzlingen, bes. wenn nahe der Mündung ein höheres Wehr vorhanden ist, über welches die Fische aus dem Hauptbach nicht aufsteigen können. Hochwasserverluste treten dabei nur scheinbar auf, denn die abgeschwemmten Fische werden meist später im Hauptbach wieder gefangen. G. Seifert. 6255.

El-Bolock, Abdel Rahman Mohamed; Erlangen; Nürnberg, Univ., Zool. Inst., Untersuchungsstelle für Teichwirtsch. **Auffallend kleine reife Rogener beim Karpfen.** Fischwirt **13** (1963) Nr. 3. S. 79-84. — 4 Abb., 1 Tab., 8 Lit.
In einer mittelfränkischen Teichwirtschaft wurden 2 kleine, auffallend dicke Spiegelkarpfen (*Cyprinus carpio*) gefunden. Es handelte sich dabei um viersömmrige, laichreife Rogener mit einer Länge von 29,5 bzw. 26,5 cm und einem Gewicht von 420 bzw. 310 g. Das Rogengewicht von 80 bzw. 84 g betrug 19 bzw. 27% des Körpergewichts der Fische. Der Rogen war somit 80 mal schwerer als bei normalen K_2. Wegen ihres schlechten Wachstums und der Möglichkeit unerwünschten Ablaichens sollten solche Fische nicht als Besatz verwendet werden. G. Merla. 6310.

Kessler, S., Wohlfarth, G., Lahman, M. und Moav, Rom; Dor, Fish Cult. Res. Stat.; Jerusalem, Hebrew Univ., Dep. of Bot. Monosex culture of carp. **(Getrennter Abwachs von Milchnern und Rogenern bei Cyprinus carpio.)** Bamidgeh, Bull. Fish Cult. Israel **13** (1961) Nr. 3/4. S. 57-60. — 2 Tab., 6 Lit.
Um das Wildlaichen zu verhindern, wurden Karpfen von 100-200 g Ende Febr./Anfang März nach Geschlechtern getrennt in Abwachsteiche gesetzt. Trotz der schnellen Sortierung (25 Fische/Min. durch 1 Mann) betrug der Sortierfehler bei den Milchnern fast 0%, bei den Rogenern 4%. Auf diese Weise wurde das Wildlaichen in den Abwachsteichen bei Milchner-Besatz im wesentlichen verhindert, infolge des Sortierfehlers jedoch nicht bei Rogener-Besatz. Die Rogener wuchsen anscheinend besser als die Milchner. G. Merla. 6315.

Wohlfarth, G., Lahman, M. und Moav, Rom; Dor, Fish Cult. Res. Stat.; Jerusalem, Hebrew Univ., Dep. of Bot. Transporting live carp in polyethylene bags. **(Transport lebender Karpfen in Polyaethylen-Beuteln.)** Bamidgeh, Bull. Fish Cult. Israel **13** (1961) Nr. 3/4. S. 74-75. — 3 Lit.
Bei Nachkommenschaftsprüfungen mußten Karpfen (*Cyprinus carpio*) bis 250 km weit transportiert werden. Die Fische wurden nötigenfalls zunächst gegen Parasiten gebadet und mit Brandzeichen versehen. Die Transportbeutel sind 60 × 36 × 36 cm groß und werden in Pappkästen gestellt. In einen Beutel kommen 5 kg Satzfische mit 10-15 l Wasser, das mit O_2 bis zur prallen Füllung des Beutels überschichtet wird. Die längste Transportzeit betrug 8 Std., was die Fische gut überstanden. Nur in seltenen Fällen gingen infolge schadhafter Beutel oder mangelhafter Verpackung einzelne Fische ein. G. Merla. 6350.

Mihálík, Jozef. Nový způsob odchovu štiky v plovoucích kolébkách. **(Neue Art der Aufzucht von Hechtbrut in „schwimmenden Wiegen".)** Českoslov. Rybářství **1963** Nr. 1. S. 4-5. — 2 Abb.

Zur Verminderung der verhältnismäßig hohen Verluste der Hechtbrut (*Esox lucius*) in den frühen Lebensstadien wurden vom Vf. schwimmende sog. Wiegen konstruiert, in welchen die Brut im kritischen Alter aufgezogen wird. Die eingehend beschriebene Wiege ist 4 m lang, 1,5 m breit und auf der einen Seite 1 m, auf der anderen Seite 30 cm hoch. Die Seitenwände sind mit einem Netzgewebe (mit 2 mm großen Öffnungen) versehen. Diese Aufzuchtwiegen werden mit je 15000-20000 Stück Brut besetzt und in der Nähe des Ufers ausgesetzt. Bereits am 2. oder 3. Tage beginnt sich die Brut von dem durch die Öffnungen der Seitennetze eindringenden Plankton zu ernähren. Am 6.-7. Tage erreichen die Brutfischchen eine Länge von 2 cm. In diesem Stadium kann die Brut in freie Gewässer ausgesetzt werden. Aus der ausgesetzten Brut werden bei guten Bedingungen 60-70% große Hechte aufgezogen. Je 1 ha Wasserfläche werden 300-400 Stück Besatzfische (Brut) ausgesetzt. Der Aussatz der in den schwimmenden Wiegen aufgezogenen Brutfischchen soll nicht auf einer Stelle, sondern verteilt in Gruppen zu je 40-50 Stück erfolgen.
ČSSR/ÚVTI. 6450.

Küsten- und Hochseefischerei

Roy, H.; Saßnitz, Zweigstelle für Ostseefischerei des Inst. für Fischerei der Dtsch. Akad. der Landwirtsch.-Wiss. zu Berlin. **Der gegenwärtige Stand der Aalfischerei in den Küstengewässern der Deutschen Demokratischen Republik.** Z. Fischerei Hilfswiss. [N.F.] **10** (1962) Nr. 8/10. S. 625-634. — 3 Abb., 10 Tab.

Vf. analysiert die Aalfänge (*Anguilla anguilla*) aus den Küstengewässern der DDR in den Jahren 1954-60 unter bes. Berücksichtigung der Blankaalfänge mit Großreusen an der Küste Rügens. Schwerpunkte des Aalfanges sind das Kleine Oderhaff, das Nordufer des Greifswalder Boddens, die rügenschen Gewässer und die Wismarer Bucht. Als Fanggeräte setzen sich Kum- und Dachreusen immer mehr durch, während Treibzeesen, Aalkörbe, Aalangeln und Aalspeere von einem Rückgang betroffen sind. Durch Einsatz verbesserter Reusen, Verwendung elektrischer Lichterketten und Einführung der Elektrofischerei in den Boddengewässern können die Aalbestände in weit stärkerem Maße ausgenutzt werden als es bisher geschieht. Auf das Auftreten der Aalrotseuche und der Blumenkohlkrankheit wird ebenfalls eingegangen.
G. Seifert. 6480.

Dement'eva, T. F. (Dementjewa, T. F.); Unions-Forsch.-Inst. für Hochseefischerei und Ozeanogr. Opredelenie usilija na edinicu lova dlja ocenki izmenenija plotnosti stada. **(Die Bestimmung des Kraftaufwandes pro Fangeinheit zur Bewertung der Schwarmdichte.)** Trudy soveščanij. Ichtiologičeskaja komissija. Akademija nauk SSSR, Moskva **13** (1961) S. 466-470. 6560.

Meyer, Arno. German investigations on Arcto-Norwegian cod in 1959. **(Deutsche Untersuchungen über den arkto-norwegischen Kabeljau [Gadus morhua] 1959.)** Cons. permanent int. Explorat. Mer [Copenhague], Ann. biol. **16** (1959, hrsg. 1961) S. 139-140. — 3 Abb.

An der norwegischen Küste betreibt die BRD eine gemischte Fischerei, deren Kabeljauerträge in starkem Maße von dem Reichtum der befischten Jahrgänge abhängen. So führten die starken Generationen 1948 und 1950 in den Jahren 1956 und 1958 zu einer Steigerung der Fänge. Neuerdings wurden einige Kabeljauuntersuchungen bei Malangen durchgeführt. Im Gebiet von Bäreninsel und Spitzbergen wird die Fangflotte nur eingesetzt, wenn ein reicher Jahrgang das Alter von wenigstens 6 Jahren erreicht hat. In dieser Weise wurden die Jahrgänge 1937, 1943 und 1950 in den Jahren 1946/47, 1949 und 1956/57 befischt.
M. Berner. 6565.

Meyer, Arno. German investigations on Icelandic haddock in 1959. **(Deutsche Untersuchungen über den isländischen Schellfisch [Gadus aeglefinus] 1959.)**

Cons. permanent int. Explorat. Mer [Copenhague], Ann. biol. **16** (1959, hrsg. 1961) S. 146-147. — 1 Abb.
Südwestlich Irlands stiegen die Schellfischanlandungen der deutschen Dampfer von 2,3% 1953 auf 7,0-9,5% 1956-58, um 1959 wiederum auf die Hälfte des Vorjahres abzufallen. Die vorübergehende Erhöhung der Anlandungen ist auf die reichen Jahrgänge 1949-1951 zurückzuführen.
M. Berner. 6565.

Meyer, Arno. German investigations on Arcto-Norwegian haddock in 1959. **(Deutsche Untersuchungen über den arkto-norwegischen Schellfisch [Gadus aeglefinus] 1959.)** Cons. permanent int. Explorat. Mer [Copenhague], Ann. biol. **16** (1959, hrsg. 1961) S. 148. — 1 Abb.
An der norwegischen Küste wurden von Jan.-Mai 1955/56 mit 12000 bis 18000 t die größten Schellfischfänge seit 1934 erzielt. Diese Erträge sind auf die außergewöhnlich guten Jahrgänge 1948 und 1950 zurückzuführen. Zur Zeit gehen die Schellfischerträge zurück, während die mittlere Länge mit 60,8 cm hoch liegt. Nach dem Jahrgang 1950 stellen die Generationen 1953 und 1954 den größten Anteil der Fänge. M. Berner. 6565.

Počkalov, V. K. (Potschkalow, W. K.); Forsch.-Inst. der Ind. der Nordgebiete. Furcelljarija kak dopolnitel'nyj istočnik syŕja dlja vodoroslevoj promyšlennosti. **(Furcellaria als zusätzliche Rohstoffquelle der Algenindustrie.)** Rybnoe chozjajstvo, Moskva **39** (1963) Nr. 1. S. 15-17. — 2 Tab., 2 Lit.
Die Produktion von *Furcellaria fastigiata* hat in der Ostsee einen Umfang von ca. 10-20000 t Trockensubstanz pro Jahr. Untersuchungen der Zusammensetzung dieser Alge, die auch im Weißen Meer vorkommt, lassen erkennen, daß der daraus hergestellte Agar bes. gute Eigenschaften hat. Es wird daher empfohlen, die Bestände wirtschaftlich zu nutzen und bes. Verarbeitungsbetriebe an der Ostsee zu errichten. H.-W. Hattop. 6620.

E. BEEINFLUSSUNG DER FISCHEREI DURCH DIE UMWELT

Edmondson, W. T.; Washington. Changes in Lake Washington following an increase in the nutrient income. **(Die Veränderungen im Washington-See, die auf eine Zunahme der Nährstoffzufuhr folgten.)** Verh. int. Verein. theoret. angew. Limnol. **14** (1959, hrsg. 1961) S. 167-175. — 5 Abb., 2 Tab., 12 Lit.
Es werden die Veränderungen im Chemismus des Sees seit 1950 beschrieben. Der Chlorophyllgehalt im Epilimnion hat sich seit 1950 um das 4fache erhöht, das Phytoplanktonvolumen um das 6fache. Der PO_4-Gehalt stieg auf das 2- bis 3fache. Bedingt sind die Veränderungen durch den Zufluß der gereinigten Abwässer von 64000 Einwohnern im Einzugsgebiet des Sees. Die zufließenden Flüsse weisen bis zu 10 mg/l PO_4 auf. Der Einfluß der Nährstoffzufuhr wird durch die potentielle Konzentration = Zufluß in g/m² Seeoberfläche dividiert durch die mittlere Tiefe gut erfaßt. W. v. Tümpling. 6665.

Hamilton, J. D.; Glasgow. The effect of sand-pit washings on a stream fauna. **(Der Einfluß von Sandgruben-Spülwässern auf die Fauna eines Flusses.)** Verh. nt. Verein. theoret. angew. Limnol. **14** (1959, hrsg. 1961) S. 435-439. — 2 Tab., 9 Lit.
Es wird der Einfluß von stark getrübten Spülwässern aus einer Sand- und Kiesgrube auf das Makrobenthos eines Flusses untersucht. Da das Wachstum der Algen und Moose durch die Trübe im strömenden Wasser nicht beeinflußt wird, zeigt sich im strömenden Wasser auch kein Einfluß auf die Fauna. Die Fische werden nicht geschädigt, doch laichen sie nicht mehr in dem getrübten Flußabschnitt. W. v. Tümpling. 6665.

Nebol'sina, T. K. (Nebolsina, T. K.); Astrachan, Forsch.-Inst. für Fischwirtsch. und Ozeanogr. des Kasp. Meeres. Vlijanie zaregulirovanija stoka Volgi na veličinu urožaja vobly, lešča i sudaka. **(Der Einfluß der Flußbettregu-**

lierung der Wolga auf die Plötzen-, Blei- und Zandererträge.) Trudy soveščanij. Ichtiologičeskaja komissija. Akademija nauk SSSR, Moskva **13** (1961) S. 411-413. 6685.

Smolej, A. I. (Smolei, A. I.); Hydrobiol. Sewan-Stat. der Akad. der Wiss. der Armen. SSR. Vlijanie spuska ozera Sevan na sostojanie zapasov forelej. **(Der Einfluß des Absenkens des Sewan-Sees auf die Zusammensetzung der Forellenbestände.)** Trudy soveščanij. Ichtiologičeskaja komissija. Akademija nauk SSSR, Moskva **13** (1961) S. 480-486. – 4 Tab., 7 Lit. 6685.

Osadčich, V. F. (Osadtschich, W. F.); Astrachan, Forsch.-Inst. für Hochseefischerei und Ozeanogr. des Kasp. Meeres. Bentos severnoj časti Kaspijskogo morja v uslovijach zaregulirovannogo stoka Volgi. **(Das Benthos des nördlichen Teiles des Kaspischen Meeres unter den Verhältnissen, die durch die Regulierung der Wolga entstanden sind.)** Zoologičeskij žurnal, Moskva **42** (1963) Nr. 2. S. 184-196. – 7 Abb., 2 Tab., 15 Lit. Zus. in Engl.
Die Untersuchungen der Jahre 1953-1960 ergaben, daß die größten Konzentrationen der Bodentierwelt sowohl vor als auch nach der Regulierung der Wolga in der westlichen Hälfte des nördlichen Kaspischen Meeres auftraten, und zwar hauptsächlich dort, wo die Salzwasserformen leben. Es verstärkte sich die Entwicklung der marinen Formen, vor allem der mediterranen Emigranten und eingebürgerter Arten, wie z.B. *Mytilaster* und *Syndesmia*. Auch die Biomasse der Brackwasserformen, z.B. *Dreissena, Monodacna* und *Didacna*, erhöhte sich, obwohl aus dem regulierten Fluß weniger biogene Elemente in das Meer gelangten. H.-W. Hattop. 6685.

Redaktionsschluß: 22. 8. 1963

Herausgeber: Deutsche Demokratische Republik · Deutsche Akademie der Landwirtschaftswissenschaften zu Berlin, Institut für Landwirtschaftliche Information und Dokumentation, Berlin W 8, Krausenstraße 38/39; Fernsprecher: 225161. Chefredakteur: Dr. Ursula Wittbrodt, stellvertretender Chefredakteur: Dr. Werner Kleeberg, Berlin W 8, Krausenstraße 38/39; Fernsprecher: 225161. Redaktion der Abteilung III – Tierzucht · Tierernährung · Fischerei: Dr. Hans Dieter Hennig, Dr. habil. Bernhard Piatkowski und Dr. Werner Steffens, Berlin W 8, Krausenstraße 38/39; Fernsprecher: 225161. Verlag: Akademie-Verlag GmbH, Berlin W 8, Leipziger Straße 3—4; Fernsprecher: 220441, Telex-Nr. 011773, Postscheckkonto: Berlin 35021. Bestellnummer dieses Heftes: 1030 III – VIII/11. Das Landwirtschaftliche Zentralblatt, Abt. Tierzucht · Tierernährung · Fischerei, erscheint monatlich. Einzelheft DM 20,–; einseitig bedruckte Ausgabe DM 24,–. Jahresbezugspreis DM 240,–; einseitig bedruckte Ausgabe DM 288,– einschl. Register, zuzüglich Porto- und Versandkosten. Gesamtherstellung: VEB Druckerei „Thomas Müntzer" Bad Langensalza. Veröffentlicht unter der Lizenznummer 1290 des Presseamtes beim Vorsitzenden des Ministerrates der Deutschen Demokratischen Republik.

Bei Fragen zur Produktsicherheit wenden Sie sich bitte an:
If you have any questions regarding product safety,
please contact:

Walter de Gruyter GmbH
Genthiner Straße 13
10785 Berlin
productsafety@degruyterbrill.com